AFRIKA-KARTENWERK

Serie E, Beiheft zu Blatt 11

Die dazugehörigen Karten befinden

sich in der Kartensammlung !!!

Geographisches Institut
der Universität Kiel
ausgesonderte Dublette

AFRIKA - KARTENWERK

Herausgegeben im Auftrage der Deutschen Forschungsgemeinschaft
Edited on behalf of the German Research Society
Edité au nom de l'Association Allemande de la Recherche Scientifique
von / by / par Kurt Kayser, Walther Manshard, Horst Mensching,
Joachim H. Schultze †

Gesamtredakteur, Editor-in-Chief, Editeur principal: Joachim H. Schultze †
Redakteure, Assistant Editors, Editeurs adjoints: Gerd J. Bruschek, Dietrich O. Müller

Serie, Series, Série N
Nordafrika (Tunesien, Algerien)
North Africa (Tunisia, Algeria)
Afrique du Nord (Tunisie, Algérie)
Obmann, Chairman, Directeur: Horst Mensching

Serie, Series, Série W
Westafrika (Nigeria, Kamerun)
West Africa (Nigeria, Cameroon)
Afrique occidentale (Nigéria, Cameroun)
Obmann, Chairman, Directeur: Walther Manshard

Serie, Series, Série E
Ostafrika (Kenya, Uganda, Tanzania)
East Africa (Kenya, Uganda, Tanzania)
Afrique orientale (Kenya, Ouganda, Tanzanie)
Obmann, Chairman, Directeur: Joachim H. Schultze †

Serie, Series, Série S
Südafrika (Moçambique, Swaziland, Republik Südafrika)
South Africa (Mozambique, Swaziland, Republic of South Africa)
África do Sul (Moçambique, Suazilândia, República da África do Sul)
Obmann, Chairman, Director: Kurt Kayser

GEBRÜDER BORNTRAEGER · BERLIN · STUTTGART

AFRIKA · KARTENWERK

Serie E: Beiheft zu Blatt 11
Series E: Monograph to Sheet 11
Série E: Monographie accompagnant la feuille 11

E 11

Gesamtredakteur, Editor-in-Chief, Editeur principal: Joachim H. Schultze †
Redakteure, Assistant Editors, Editeurs adjoints: Gerd J. Bruschek, Detlef Gassert

Hans Hecklau

Agrargeographie — Ostafrika
(Kenya, Uganda, Tanzania) 2° N — 2° S, 32° — 38° E

Agricultural Geography — East Africa (Kenya, Uganda, Tanzania)

Géographie agricole — Afrique orientale (Kenya, Ouganda, Tanzanie)

Landwirtschaftliche Flächennutzungsstile

Mit 40 Figuren und 62 Tabellen sowie Summary und Résumé

1978

GEBRÜDER BORNTRAEGER · BERLIN · STUTTGART

Das Manuskript für dieses Beiheft lag bereits vor, ehe das Redaktionelle Merkblatt für die Autoren der Beihefte des Afrika-Kartenwerkes erscheinen konnte. Um weitere Verzögerungen bei der Publikation zu vermeiden, wurde auf eine redaktionelle Umarbeitung dieses Beiheftes weitgehend verzichtet.

Der Gesamtredakteur

Für den Inhalt der Karte und des Beiheftes ist der Verfasser verantwortlich.

Als Habilitationsschrift auf Empfehlung des Fachbereichs Geowissenschaften der Freien Universität Berlin gedruckt im Auftrage und mit Unterstützung der Deutschen Forschungsgemeinschaft sowie mit Unterstützung (Übersetzungskosten) durch das Bundesministerium für Wirtschaftliche Zusammenarbeit (BMZ).

ISBN 3 443 28324 1

Vorwort

Agrargeographische Studien umfassen nicht nur Beobachtungen im Gelände; ihr Schwerpunkt liegt im Studium publizierter und nicht publizierter Quellen sowie in der Befragung der Personen, die am landwirtschaftlichen Produktionsprozeß im Untersuchungsgebiet direkt oder indirekt beteiligt oder über ihn informiert sind.

Mein Dank gilt den Regierungen und Behörden von Kenya, Uganda und Tanzania, die die agrargeographischen Untersuchungen in ihren Ländern erlaubten. Insbesondere danke ich den District Agricultural Officers und den zahlreichen anderen Landwirtschaftsbeamten, die mir ihre Zeit zu umfangreichen Befragungen und vielen Besichtigungen landwirtschaftlicher Betriebe geopfert und mir Einsicht in ihre Jahresberichte, Entwicklungspläne und sonstigen agrargeographisch interessanten Akten gewährten. Mrs. E. Luckham danke ich für die Hilfe bei der Materialsuche in der Bibliothek des Landwirtschaftsministeriums von Kenya. Nicht zuletzt bin ich jenen vielen Landwirten verbunden, die mir bereitwillig die Besichtigung ihrer Betriebe gestatteten: den afrikanischen Bauern, den Farmern in den Large Farm Areas, den Plantagenverwaltern, den Leitern der großen modernen Agrarprojekte und vielen anderen mehr. Herzlich danke ich auch den Fachkollegen in Nairobi, Kampala und Dar es Salaam, deren Hilfe ich mich erfreuen und mit denen ich die Ergebnisse meiner Arbeit diskutieren konnte.

Zur Arbeit im Gelände, zur Datenermittlung und zur Überprüfung der Arbeitsergebnisse waren drei Forschungsreisen nach Ostafrika von jeweils drei bis vier Monaten notwendig. Die Finanzierung dieser Forschungsreisen hat die Deutsche Forschungsgemeinschaft im Rahmen ihres Schwerpunktprogrammes Afrika-Kartenwerk übernommen. Der Deutschen Forschungsgemeinschaft danke ich für diese finanzielle Förderung, ohne die meine ostafrikanischen Studien nicht möglich gewesen wären. Es ist dem Verfasser nicht möglich, die statistischen Daten auf den neuesten Stand zu bringen und die aktuellen Entwicklungen in den drei ostafrikanischen Ländern zur Zeit der Drucklegung dieser Abhandlungen zu berücksichtigen. Das hätte ergänzende Forschungen in Ostafrika erfordert. Die Arbeit möge als ein Zeitdokument betrachtet werden, das den epochalen Wandel der Landwirtschaft in Ostafrika an der Wende vom Kolonialzeitalter zur staatlichen Unabhängigkeit der ostafrikanischen Länder beschreibt.

Meine Dankbarkeit gilt meinem verehrten Lehrer, Herrn Professor Dr. Dr. J. H. Schultze, Berlin, der mich mit dem Entwurf der agrargeographischen Karte von Ostafrika betraut hat.

Gern erinnere ich mich an die interessanten, vergleichenden Beobachtungen im Gelände in Moçambique und in Kenya mit den Herren Professor Dr. G. Richter und D. Cech, den Mitarbeitern an der agrargeographischen Karte von Südafrika (S 11).

Fruchtbare Diskussionen konnte ich in unserem 1. Geographischen Institut der Freien Universität Berlin in ebenso kritischer wie kameradschaftlicher Weise mit meinen Kollegen Dr. B. Aust, Dr. K.-H. Hasselmann und D. O. Müller führen, sowie mit Dr. F. Bader, dem Bearbeiter der vegetationsgeographischen Karte (E 7) unseres Arbeitsgebietes und Reisegefährten auf zwei Afrikareisen 1965 und 1966.

Trier, 13. 9. 1977   Hans Hecklau

Inhalt

Verzeichnis der Figuren

Verzeichnis der Tabellen

Contents

List of figures

List of tables

Table des matières

Table des figures

Table des tableaux

Umrechnungsschlüssel

1 inch (″) $=$ 25,4 Millimeter (mm)

1 mile (mi.) $=$ 1,6093 Kilometer (km)

1 square mile (sq. mi.) $=$ 2,59 Quadratkilometer (km²)

1 acre (a.) $=$ 0,4047 Hektar (ha)

1 pound (lb.) $=$ 453,59 Gramm (g)

1 hundredweight, US (cwt.) $=$ 100 lb. $=$ 45,36 Kilogramm (kg)

1 hundredweight, Brit. (cwt.) $=$ 112 lb. $=$ 50,80 Kilogramm (kg)

1 bag $=$ 200 lb. $=$ 90,718 Kilogramm (kg)

1 short ton $=$ 20 US cwt. $=$ 2000 lb. $=$ 907,18 kg

1 long ton $=$ 20 Brit cwt. $=$ 2240 lb. $=$ 1016,05 kg

1 metric ton $=$ 2204.6 lb. $=$ 20 dz $=$ 1000 kg

1 US gallon $=$ 231 cubic inches $=$ 3,7853 Liter (l)

1 Brit. (Imp.) gallon $=$ 277.42 cubic inches $=$ 4,546 Liter (l)

1 Millimeter (mm) $=$ 0.03937 inch

1 Kilometer (km) $=$ 0.621 mile

1 Quadratkilometer (km²) $=$ 0.3861 square mile

1 Hektar (ha) $=$ 1 square hectometer $=$ 2.471 acres

1 Gramm (g) $=$ 0.01543 grain

1 Kilogramm (kg) $=$ 1,000 g $=$ 2.2046 pounds

1 Zentner (Ztr.) $=$ 50 kg $=$ 110.23 lb. $=$ 0.9842 cwt. (Brit.) $=$ 1.1023 cwt. (US)

1 Doppelzentner (dz) $=$ 100 kg $=$ 220.46 lb. $=$ 1.9684 cwt. (Brit.) $=$ 2.2046 cwt. (US)

1 Tonne (t) $=$ 1,000 kg $=$ 2204.6 lb.

1 Liter (l) $=$ 61.02 cubic inches $=$ 0.2201 Brit. (Imp.) gallon $=$ 0.264 US gallon

1 Hektoliter (hl) $=$ 100 l $=$ 22.009 Brit. (Imp.) gallons $=$ 26.418 US gallons

Aufgabenstellung

Die Aufgabe des Verfassers lautete, im Rahmen des Schwerpunktprogrammes Afrika-Kartenwerk der Deutschen Forschungsgemeinschaft[1]) eine agrargeographische Karte des Gebietes von Ostafrika zwischen 2° N und 2° S sowie zwischen 32° und 38° E im Maßstab 1 : 1 000 000 zu entwerfen. Diese Karte sollte nicht nur die Verbreitung der landwirtschaftlichen Nutzpflanzen zeigen. Von Anfang an waren deshalb die methodischen Überlegungen des Verfassers darauf gerichtet, eine synthetische Karte herzustellen und außer der Verbreitung der landwirtschaftlichen Nutzpflanzen andere agrargeographisch relevante Sachverhalte in die Darstellung einzubeziehen, und zwar die Viehhaltung, die Formen der Bodennutzung, die Agrarverfassungen und die Stellung der landwirtschaftlichen Betriebe zum Markt. Der Verfasser knüpfte an den Begriff des Flächennutzungsstiles[2]) an und erweiterte ihn im Verlauf der Forschungen in Ostafrika zu folgender Definition: D e r   l a n d w i r t s c h a f t l i c h e   F l ä c h e n n u t z u n g s s t i l ist die generalisierende Synthese der landwirtschaftlichen Betriebssysteme, der Formen der Landbautechnik, der Agrarverfassungen und anderer Einrichtungen und Methoden, deren sich der landwirtschaftlich tätige Mensch in Abhängigkeit von ökologischen, sozio-ökonomischen und politischen Bedingungen bei der Produktion landwirtschaftlicher Güter bedient. Diese Synthese drückt sich in der landwirtschaftlichen Erscheinungsform aus. Im einzelnen soll die Synthese bei der kartographischen Darstellung der Sachverhalte berücksichtigen[3]):

a) Arten und quantitatives Artenverhältnis der angebauten landwirtschaftlichen Nutzpflanzen;

b) Arten und quantitatives Artenverhältnis der gehaltenen Nutztiere;

c) Stellung der Tierhaltung innerhalb des landwirtschaftlichen Betriebes bzw. Haushaltes;

d) Technik der Bodenbearbeitung (Hackbau, Pflugbau, Maschineneinsatz);

e) Bodenbesitzverfassung, Betriebsgröße;

f) Stellung des landwirtschaftlichen Betriebes zum Markt.

In der vorliegenden Karte konnte der Verfasser die von ihm ausgewählten Sachverhalte nur statisch darstellen, bezogen auf die sechziger Jahre. Entwicklungen konnten in der Karte nur angedeutet werden. Die Landwirtschaft Ostafrikas unterliegt jedoch seit Beginn dieses Jahrhunderts einem epochalen Wandel[4]), verursacht letztlich durch den Zusammenprall afrikanischer Tradition mit europäischer Zivilisation.

---

[1]) KAYSER, K., W. MANSHARD, H. MENSCHING u. J. H. SCHULTZE 1966, S. 85—95
[2]) HECKLAU 1964, S. 75—76
[3]) HECKLAU 1967, S. 137
[4]) Vgl. dazu auch VON BLANCKENBURG 1965.

Deshalb soll das Ziel der verbalen Darstellung der ostafrikanischen agrargeographischen Verhältnisse sein, diesen außerordentlich komplexen und sehr schwierig zu ergründenden Wandlungsprozeß zu erfassen. Es übersteigt die Arbeitskapazität eines einzelnen, alle Ursachen dieser Wandlungen zu erkennen, wenn sie überhaupt ganz erkennbar sind. Es übersteigt auch den begrenzten Umfang dieser Veröffentlichung, alle erkannten Ursachen darzustellen. Aus diesem Grunde soll der Versuch unternommen werden, die Wandlungen der ostafrikanischen Landwirtschaft unter ausgewählten Gesichtspunkten zu skizzieren und ihre Auswirkungen auf die Agrarlandschaft darzustellen.

Die agrargeographischen Wandlungen sollen untersucht werden in ihrer Abhängigkeit von den verschiedenartigen sozialen Gruppierungen in den verschiedenen Räumen, den landwirtschaftlichen Traditionen dieser Gruppen, dem Wachstum der Bevölkerung und den sozialgeographischen Reaktionen[5]) der Gruppenmitglieder auf die sich ändernden wirtschaftlichen, sozialen und politischen Bedingungen.

Die agrargeographischen Wandlungen sollen weiterhin untersucht werden in ihrer Abhängigkeit von den außerordentlich unterschiedlichen ökologischen Ausstattungen der verschiedenen Räume, die bestimmte Flächennutzungsstile und deren Wandlungen ermöglichen, hemmen oder verhindern. Dabei ist das Verhältnis zwischen Bevölkerungsdichte und Tragfähigkeit bei gegebenen und sich ändernden landwirtschaftlichen Verhaltensweisen und sich ändernden Bevölkerungsdichten zu berücksichtigen.

Schließlich müssen die agrargeographischen Wandlungen untersucht werden in ihrer Abhängigkeit von der Landwirtschaftspolitik der früheren Kolonialregierungen und der der heutigen afrikanischen Regierungen sowie von den volkswirtschaftlichen und weltwirtschaftlichen Verflechtungen der Landwirtschaft im Untersuchungsgebiet.

Die Darstellung muß auf die Herausarbeitung der großen Entwicklungslinien beschränkt bleiben. Viele interessante regionale Einzelheiten müssen der Generalisierung geopfert werden, weil der Untersuchungsraum im Hinblick auf seine ökologische Ausstattung und seine Bevölkerung allzu differenziert ist.

---

[5]) SCHULTZE 1966, S. 20

Arbeitsmethode

Drei Bereisungen des Arbeitsgebietes von jeweils drei bis vier Monaten Dauer in den Jahren 1965, 1966 und 1967/68 gaben dem Verfasser Gelegenheit, das Untersuchungsgebiet mit Ausnahme des Nordostens kennenzulernen. Der Nordosten konnte wegen der zu dieser Zeit herrschenden Shifta-Unruhen nicht besucht werden. In diesem Trockengebiet spielt Ackerbau jedoch so gut wie keine Rolle, so daß eine Bereisung nicht unbedingt erforderlich war. Während dieser Reisen konnten an den Routen punkthaft Räume verschiedener Nutzung nach dem Erscheinungsbild ausgewiesen werden. Einzelheiten der Flächennutzungsstile, wie z. B. die Arten und das Artenverhältnis der angebauten Nutzpflanzen unmittelbar im Gelände zu beobachten, war häufig nur eingeschränkt möglich. Angesichts der Größe des Arbeitsgebietes und der zur Verfügung stehenden Zeit konnten die Beobachtungen im Gelände nicht überall zu den Zeiten durchgeführt werden, zu denen die Anbaufrüchte auf den Feldern stehen. Auch die übrigen Daten, wie die Betriebsgrößengliederung in einer Region, der Viehbesatz der Betriebe, Art und Menge der Verkaufsfrüchte u. a. m. konnten nicht unmittelbar im Gelände, d. h. in den Bauernbetrieben ermittelt werden. Diese Aufgaben hätte auch ein größeres Team nicht bewältigen können. Deshalb wurden mit Hilfe eines umfangreichen Fragebogens die lokalen Landwirtschaftsbeamten über die landwirtschaftlichen Verhältnisse ihrer Bezirke befragt, vor allem alle District Agricultural Officers. Die Landwirtschaftsbeamten erwiesen sich als überaus entgegenkommend und gewährten auch Akteneinsicht, so daß die Wandlungen der Landwirtschaft in der Nachkriegszeit mit allen ihren Problemen in den verschiedenen Regionen studiert werden konnten. Die Landwirtschaftsbeamten begleiteten den Verfasser zu Besuchen landwirtschaftlicher Betriebe ihrer Verwaltungsbezirke. Sie zeigten jedoch verständlicherweise mit Vorliebe die musterhaften Betriebe der „progressive farmers", obwohl die traditionellen Bauernbetriebe typischer für die Flächennutzungsstile der Regionen sind. Es gab jedoch Gelegenheit, auch die traditionellen Bauernbetriebe zu besuchen und die Bauern zu befragen.

Der Vergleich der Erkenntnisse aus den Akten mit den Auskünften der Landwirtschaftsbeamten und Bauern, mit Veröffentlichungen und eigenen Beobachtungen ergab schließlich ein der Realität angenähertes Bild der landwirtschaftlichen Flächennutzungsstile. Zur Abgrenzung der Areale wurden auch die Luftbilder herangezogen, die den Bearbeitern des Afrika-Kartenwerkes flächendeckend zur Auswertung zur Verfügung standen. Die Luftbilder — in verschiedenen Maßstäben zwischen ca. 1 : 12 500 und ca. 1 : 40 000 — haben jedoch nur begrenzten Aussagewert. Klar ist Ackerbau zu erkennen. Man kann auch an Form und Größe unterscheiden zwischen traditionellem afrikanischen Hackbau und Pflugbau einerseits und den gemischten Farmwirtschaften und Plantagen in den „Large Scale Farm Areas" andererseits. Aber sehr schwer ist abzuschätzen, wie hoch der Anteil des bebauten Landes an der Gesamtfläche zur Zeit der Befliegung war, weil die schon lange brachliegenden Parzellen auf den Luftbildern wie bebaute Feldstücke aussehen. Im Siedlungsgebiet der Luo am Nordufer des Kavirondogolfes können auf den

Luftbildern die Umrisse der aufgelassenen Pflugfelder noch klar gesehen werden. Die zur Zeit der Aufnahme bebauten Felder liegen quer über den aufgelassenen Parzellen, die man als bebaut interpretieren würde, wenn die darauf liegenden bebauten Felder fehlten. Unmöglich ist es, auf den Luftbildern zu erkennen, welche landwirtschaftlichen Nutzpflanzen angebaut werden, von Ausnahmen abgesehen, wie z. B. Sisal-, Kaffee-, Zuckerrohr- oder Teepflanzungen.

Viele wissenschaftliche Sachverhalte können nicht ohne Maß und Zahl dargestellt werden, aber die Unzulänglichkeit des landwirtschaftlichen statistischen Materials in Ostafrika setzte der genauen Darstellung der landwirtschaftlichen Flächennutzungsstile Grenzen. 1960/61 hat in Kenya eine statistische Erhebung in den afrikanischen Bauerngebieten stattgefunden. In den Large Farm Areas wird jährlich eine statistische Erhebung durchgeführt, die als relativ zuverlässig gilt. In Uganda müssen die lokalen Landwirtschaftsbehörden jährlich statistische Meldungen erstatten, und auch in Tanzania enthalten die Jahresberichte der regionalen Landwirtschaftsverwaltungen Angaben über die landwirtschaftlichen Verhältnisse ihrer Verwaltungsbezirke. Aber die traditionellen afrikanischen Flächennutzungsstile entziehen sich weitgehend einer genauen zahlenmäßigen Erfassung (vgl. auch MASEFIELD 1962, S. 93). Die bebauten Parzellen sind häufig unregelmäßig in der Form und daher nur schwer meßbar. Weit verbreitet sind Mischkulturen mit schwer abschätzbaren Flächenanteilen der beteiligten Anbaufrüchte. In manchen Regionen nehmen Dauerkulturen einen breiten Raum ein, unterbrochen von Anbaufrüchten, die während der langen oder während der kurzen Regenzeit ihre Wachstumsperiode haben, sowie von Anbaufrüchten, deren Wachstumszeit sich über beide Regenzeiten erstreckt. In den Gebieten mit zwei ausgeprägten Regenzeiten können von vielen Anbaupflanzen zwei Ernten im Jahr erreicht werden, von manchen Früchten sogar drei (Bohnen). In anderen Gebieten dagegen wird nur eine einzige Ernte im Jahr erzielt. In der Karte wurden deshalb zweimal im Jahr bebaute Flächen doppelt berücksichtigt.

Die Tierbestände bei den Stämmen zu ermitteln, die in den spärlich besiedelten Weiten Ostafrikas verschiedene Formen des Nomadismus betreiben, ist kaum möglich. Die Zahlenangaben beruhen meistens auf groben Schätzungen. Sehr schwierig ist die Ermittlung des Viehbestandes auch bei der seßhaften Bauernbevölkerung, die ihr Vieh weitab von ihren Siedlungsplätzen weiden läßt. Nur ein Bruchteil des ackerbaulich genutzten Bodens im Arbeitsgebiet ist vermarkt und vermessen, entsprechend ungenau sind die Angaben über die Betriebsgrößen. Völlig ungenügend sind die Unterlagen über den Verkauf von Farmprodukten durch afrikanische Kleinbauern, weil nur solche Produkte genauer erfaßt werden können, die ausschließlich über Vermarktungsorganisationen gehandelt werden, wie z. B. Kaffee, Baumwolle, Tee, Pyrethrum. Subsistenzfrüchte können auch auf lokalen Märkten unkontrolliert verkauft werden. Als sicher kann jedoch angenommen werden, daß fast alle afrikanischen Kleinbauern einen Teil ihrer Ernte verkaufen, um Bargeld zur Bezahlung der Steuern und zum Kauf einiger Handelsgüter zu erlangen. Die Datenermittlung wird schließlich auch dadurch sehr erschwert, daß die Flächennutzungsstile der Afrikaner in den meisten Regionen sich wandeln, wie bereits betont.

Wie nicht anders zu erwarten, weisen die statistischen Erhebungsgebiete nur selten eine gleichartige ökologische Ausstattung aus, es sei denn sie sind sehr klein. Das vorhandene Zahlenmaterial wurde deshalb beim Entwurf der Karte nicht auf das statistische Erhebungsgebiet bezogen, sondern auf das tatsächliche Verbreitungsgebiet der betreffenden Nutzpflanze. Erleichtert wird dieses Verfahren dadurch, daß man aufgrund der Standortansprüche bestimmter Pflanzen bestimmte Areale ausschließen kann.

Wegen des geringen Zuverlässigkeitsgrades des Zahlenmaterials wurden die Werte mit verbalen Beschreibungen in den jährlichen Berichten der örtlichen Landwirtschaftsverwaltungen, der Literatur und durch eigene Beobachtungen und Befragungen im Gelände überprüft und gruppiert. Aufgrund der Erfahrungen, die dabei gesammelt wurden, kann geschätzt werden, daß die Hauptsubsistenzfrüchte überall dort mehr als 20 % Flächenanteil an der bebauten Fläche einnehmen, wo ein oder zwei Früchte Hauptnahrungsmittel sind. Nur in Ausnahmefällen nehmen auch Verkaufsfrüchte mehr als 20 % Flächenanteil an der bebauten Fläche ein, wie Baumwolle und Kaffee in Teilgebieten Ugandas. Wenn mehr als zwei Früchte die Grundnahrungsmittel der Bevölkerung bilden und keine Verkaufsfrüchte einen überragenden Flächenanteil haben, wurden diese in einer mittleren Gruppe mit etwa 5—20 % Anteil an der bebauten Fläche zusammengefaßt. In die letzte Gruppe mit einem Flächenanteil von weniger als 5 % wurden die Nutzpflanzen aufgenommen, die geringe Bedeutung für die Ernährung haben und nicht über das ganze Areal verteilt sind. In diese Gruppe mußten jedoch auch diejenigen Verkaufsfrüchte aufgenommen werden, die zwar einen sehr geringen Flächenanteil, aber große wirtschaftliche Bedeutung für die Bauernfamilien haben. Kleine Kaffee-, Tee- oder Pyrethrumparzellen sind oft die einzigen Einnahmequellen für die Bauern.

Das quantitative Artenverhältnis der angebauten Nutzpflanzen zueinander kann nicht mit genau gleicher Konstanz über die ausgewiesenen Areale verteilt sein. Hier liegt die Grenze der Genauigkeit einer synthetischen Karte. Unter der Voraussetzung, daß das Zahlenmaterial genau ist und die Anbauflächen exakt lokalisierbar sind, läßt sich eine genaue Verbreitung der einzelnen Anbauprodukte nur zeigen, wenn man die Verbreitung jeder einzelnen Pflanze gesondert darstellt und auf die Einbeziehung anderer Sachverhalte verzichtet. Im vorliegenden Fall verbot sich dieses Verfahren von der Aufgabenstellung her. Der Verfasser wollte jedoch trotzdem nicht darauf verzichten, eine Größenordnungsvorstellung über das quantitative Artenverhältnis der angebauten Nutzpflanzen in den verschiedenen Regionen zu vermitteln. Für die Beurteilung der wirtschaftlichen Lage einer Bauernbevölkerung ist es wichtig zu wissen, ob die Bauern den größten Teil ihrer Wirtschaftsflächen mit Subsistenzfrüchten oder Verkaufsfrüchten bebauen können.

Der Verfasser hat sich bemüht, das statistische Material bis an die Grenze des Vertretbaren auszuwerten, ohne dabei jedoch eine Genauigkeit vortäuschen zu wollen, die nicht erreicht werden kann.

Kartographische Darstellung

Zur Darstellung der verschiedenen Faktoren der landwirtschaftlichen Flächennutzungsstile sollen Farben und Schraffuren verwendet werden. Dabei wird das Ziel verfolgt, krasse Unterschiede möglichst drastisch in der Karte erscheinen zu lassen, während die feineren Differenzierungen verhalten gezeichnet werden. Der lichte Gelbton ohne Schraffuren zeigt die Gebiete, in denen Ackerbau eine so kleine Rolle spielt, daß er im Maßstab 1 : 1 Mio. vernachlässigt werden kann. In diesen Gebieten wird extensive Subsistenz-Weidewirtschaft getrieben.

Die gelben Streifen innerhalb der Schraffuren sollen andeuten, daß über die Hälfte des Landes im Jahr unbebaut bleibt und als Weideland genutzt wird.

In den Gebieten ohne gelbe Streifen dominiert der Ackerbau, die Bevölkerungsdichte ist hoch, das Land knapp, die Betriebseinheiten sind klein. Durch diese Darstellungsweise tritt sehr klar hervor, daß das ackerbaulich genutzte Land sich im Arbeitsgebiet von Südosten nach Nordwesten erstreckt und den Victoriasee nach Süden hin umschließt.

Zur Kennzeichnung der Anbauverhältnisse werden ein bis drei Leitpflanzen durch farbige Streifen auf der Karte dargestellt, wobei ausgewählten Leitpflanzen ein Farbwert zugeordnet ist. Diese Leitpflanzen nehmen in der Regel den größten Flächenanteil an der bebauten Fläche in den ausgewiesenen Arealen ein. In einigen Gebieten charakterisieren die Leitpflanzen die ökologischen Bedingungen jedoch so stark, daß sie deshalb als Leitpflanzen ausgewählt wurden, obwohl ihr Flächenanteil gering ist. Das gleiche gilt für die Anbauprodukte, die trotz ihres geringen Flächenanteiles an der Gesamtfläche der Areale für die Bauernbevölkerung von erheblicher wirtschaftlicher Bedeutung sind. Die Auswahl der Leitpflanzen soll nur die verschiedenen Areale unterscheiden, weitere Einzelheiten müssen der Legende entnommen werden.

Zur Erleichterung der Orientierung wurden die Areale mit einheitlichen Flächennutzungsstilen in der agrargeographischen Karte und Legende mit Ziffern versehen.

Die Richtung der Schraffuren kennzeichnet zunächst die verschiedenen Bodenbesitzverfassungen und die Landbautechnik der Areale. Die anderen Aspekte der landwirtschaftlichen Flächennutzungsstile bedürfen keiner Kennzeichnung in der Karte, weil sie im Rahmen der genannten Kriterien den verschiedenen Typen zugeordnet werden können, wie der Aufbau der Legende erkennen läßt. Der Anordnung der Schraffuren liegt folgendes System zugrunde:

1. Die senkrechten Schraffuren ohne Querlinien werden für die früheren White Highlands[6]) von Kenya sowie die Plantagen in Uganda und im Areal 221 ver-

---

[6])   „White Highlands" war die inoffizielle Bezeichnung der Gebiete, in denen während der Kolonialzeit bis 1960 nur Europäer de facto rechtsgültig Land erwerben konnten. Heute gehören diese früheren „Scheduled Areas" ebenso wie die Zuckerrohrplantagen im Areal 221 und der außerhalb des Arbeitsgebietes liegende Großgrundbesitz in Kenya zu den Large Farm Areas.

wendet. Die Agrarverfassung dieser Gebiete wird durch das Vorherrschen landwirtschaftlicher Großbetriebe gekennzeichnet, deren Betriebsflächen durch Pachtverträge von 99 und 999 Jahren Laufzeit vom Staat an die Betriebe verpachtet sind. In der Landbautechnik überwiegt der Maschineneinsatz. Die Betriebe produzieren fast ausschließlich für den Markt.

2. Alle Schraffuren mit Querlinien kennzeichnen die afrikanischen kleinbäuerlichen Flächennutzungsstile. Fast alle afrikanischen Kleinbauernbetriebe produzieren in erster Linie für den eigenen Verbrauch und nur partiell für den Verkauf. Maschineneinsatz fehlt weitgehend. Hackbau wird durch gleichseitige, Pflugbau durch ungleichseitige Vierecke dargestellt, die durch die Querlinien entstehen.

Senkrechte Schraffuren mit waagerechten Querlinien kennzeichnen Bodenbesitzverfassungen, die nach europäischem Vorbild geschaffen wurden. Die Betriebsflächen sind im Landregister eingetragenes individuelles Grundeigentum.

Schräge Schraffuren mit rechtwinklig zu ihnen verlaufenden Linien wurden für die afrikanischen, traditionellen stammesrechtlichen Landbesitzverfassungen gewählt, die in der Karte nicht weiter differenziert werden können. Gemeinsam ist ihnen das wichtigste Kriterium: Das Land ist zum größten Teil bereits individuelles De-facto-Grundeigentum geworden bzw. die Individualisierung des Grundeigentums ist im Gange.

Schräge Schraffuren, die von senkrechten Linien geschnitten werden, stellen den Sonderfall des Mailo-Bodenrechtes in Buganda dar.

Die schrägen Schraffuren, die von waagerechten Linien geschnitten werden, sollen in dem zu Tanzania gehörenden Teil des Arbeitsgebietes ausdrücken, daß die traditionellen Bodenbesitzverfassungen noch respektiert, von der Verwaltung jedoch kontrolliert werden.

Das Problem beim Entwurf der Karte bestand darin, einen Kompromiß zwischen der Darstellung regionaler Einzelheiten und der Erhaltung der Lesbarkeit der Karte zu finden. Schließlich mußte an die Kosten der Drucklegung bei der Gestaltung der Legende zur Karte in drei Sprachen gedacht werden. In einigen Gebieten hätte der Verfasser gern kleinräumiger differenziert, wie z. B. in den Arealen 1101, 1102, 1217, 1221, 1222 und 1250, wo die Anbaufrüchte wegen der durch die großen Höhenunterschiede bedingten unterschiedlichen ökologischen Ausstattung auf kleinem Raum wechseln. Diese und andere regionale Besonderheiten mußten der Generalisierung geopfert werden. Unberücksichtigt blieb auch die landwirtschaftliche Zwischennutzung in den Forstgebieten, die Landwirtschaft der afrikanischen Landarbeiter und illegalen Siedler auf den Farmen der Large Farm Areas, sowie der sehr kleinflächig an manchen Stellen betriebene Bewässerungsfeldbau[7]).

---

[7]) Vgl. HECKLAU 1970: Bewässerungsfeldbau in Kenya.

1 Kleinbäuerliche und viehhalterische Subsistenzwirtschaft ohne oder mit partieller Marktproduktion

10 Nomadische, halbnomadische und seßhafte Subsistenz-Weidewirtschaft (Ackerbau fehlt oder ist von untergeordneter Bedeutung)

100 Die Hirtenbevölkerung[8])

Die Hirtenstämme im Arbeitsgebiet gehören mit Ausnahme der Somali zu den Nilo-Hamiten[9]). Die Lebensräume der Karamojong in Uganda, der Karasuk und Turkana in Kenya reichen nur mit ihren südlichen Teilen in das Untersuchungsgebiet herein. Das Territorium der Samburu liegt im Nordosten des Arbeitsgebietes und grenzt im äußersten Nordosten an den Lebensraum der Rendille, von dem nur eine relativ kleine Fläche zum Untersuchungsgebiet gehört. Ganz im nördlichen Blattbereich liegen die Stammesgebiete der Pokot (Suk), Elgeyo, Marakwet, Tugen, Njemps und Ndorobo im Bezirk Mukugodo nördlich des Mount Kenya. Hier reicht auch ein schmaler Ausläufer des Lebensraumes der kuschitischen (hamitischen) Somali in das Arbeitsgebiet herein. Im Südteil des Untersuchungsraumes in den zu Kenya gehörenden Distrikten Kajiado und Narok liegt das Masailand, das sich weit über die Grenze des Blattbereiches nach Tanzania erstreckt.

In frühkolonialer Zeit mußten die Briten einige der recht kriegerischen Hirtenstämme durch sog. Strafexpeditionen zwingen, die Pax Britannica zu respektieren, die sie im Territorium herstellten. So führte zum Beispiel Colonel Ternan 1897—98 eine militärische Aktion gegen die Tugen durch. Die Turkana, die Waffen von abessinischen Händlern erhielten, lieferten der „Turkana Patrol" im Ersten Weltkrieg langwierige Gefechte. Den Briten ging es dabei nicht nur darum, ihr Prestige bei den Stämmen in Ostafrika und im Sudan zu wahren, die sie bereits unter ihre Kontrolle gebracht hatten, sondern auch darum, zu verhindern, daß die Turkana ihre südlichen Nachbarn nach Süden abdrängten, wo britische Siedler sich auf dem Laikipia-Plateau niederließen (COLLINS 1961, S. 16 ff.). In dem abgelegenen, spärlich besiedelten und verkehrsmäßig kaum erschlossenen Norden Kenyas konnten die Turkana bis in die jüngste Zeit hinein ihren Lebensraum vergrößern (GULLIVER 1966, S. 27). Die Samburu, umgeben von kriegerischen Stämmen und in der 1880er Jahren durch hohe Viehverluste und um 1890 durch eine Pockenepidemie stark geschwächt, erlitten schwere Niederlagen im Kampfe gegen die benachbarten Boran. Bedroht von den Turkana im Norden, ließen sie sich von der britischen Verwaltung 1914 südwärts in ihr heutiges Gebiet evakuieren (SPENCER 1965, S. XVIII). Jedoch weit stärker als die Lebensräume der Hirtennomaden in den abgelegenen Trockengebieten Nordkenyas lag das riesige Territorium der Masai

---

[8]) Die Ausführungen beschränken sich auf knappe Informationen, die zum Verständnis der Subsistenz-Weidewirtschaft notwendig sind. Einzelheiten sind den einschlägigen Kartenblättern der Serie E des AFRIKA-KARTENWERKES und deren Erläuterungen zu entnehmen.

[9]) Sprachgebrauch, Schreibweise und Klassifizierung nach dem KENYA POPULATION CENSUS, 1962, S. 2, und ATLAS OF KENYA, 1959, Blatt „Tribal & Ethnographic".

in der unmittelbaren Interessensphäre der ins Land kommenden Briten. Die Masai waren in präkolonialer Zeit die gefürchteten Herren der offenen Savannen zwischen dem Küstenland am Indischen Ozean im Osten und dem Mount Elgon, dem Nandi-Gebiet und der Bergländer von Kericho und Kisii im Westen. Auf dem Höhepunkt ihrer Macht Mitte des vorigen Jahrhunderts reichte ihre Herrschaft im Norden bis an die Plateaus von Uasin-Gishu, Trans-Nzoia und Laikipia. Im Süden erstreckte sich ihr Lebensraum bis zum Usagara-Gebirge im späteren Tanzania. Kriege zwischen den Masai selbst sowie zwischen ihnen und ihren nicht weniger kriegerischen Nachbarstämmen, Rinderpest und Rinder-Lungenseuche und eine Pockenepidemie brachen Ende des vorigen Jahrhunderts ihre Macht. Unfähig, die weiten Gebiete weiterhin zu behaupten und beeindruckt von der absoluten militärischen Überlegenheit der neuen Weißen Herren, schloß Leibon Lenana 1904 ein Reservatsabkommen mit der Protektoratsverwaltung. Kampflos muß- ten sich die Masai in zwei Reservate auf dem Laikipia-Plateau und südlich der Ngong-Berge zurückziehen. Unter dem Einfluß der ins Land strömenden weißen Siedler zwang die Protektoratsverwaltung die Masai schließlich, auch das Laikipia- Plateau aufzugeben. 1911 wurde ein weiteres Abkommen geschlossen, nach dem die Masai in Kenya in ihren heutigen Distrikten Kajiado und Narok konzentriert wurden. Durch die Zusammenfassung der Masai, ebenso wie durch die Zurückdrängung anderer Stämme wurde Raum frei für die Besiedlung der White Highlands durch Europäer. Das Schicksal der Masai und ihre Behandlung durch die Europäer stieß häufig auf Kritik und wurde von vielen Autoren beschrieben[10]).

Die Herstellung des Landfriedens und einer gewissen Rechtssicherheit, die Verbesse- rung der Wasserversorgung, die Eindämmung bzw. Verhinderung von Seuchen bei Mensch und Tier beendeten katastrophale Bevölkerungsdezimierungen. Hohe Vieh- verluste infolge anhaltender Dürren führten bis in die jüngste Vergangenheit zu Hungersnöten, die jedoch in neuerer Zeit durch Hilfsprogramme gemildert werden, so daß hohe Bevölkerungsverluste vermieden werden[11]).

Für sich genommen ist die Bevölkerungsdichte in den Subsistenz-Weidewirtschafts- gebieten sehr gering. Sie beträgt in riesigen Gebieten unter 4 und in kleineren Arealen zwischen 4 und 10 E./km² bezogen auf die Zählbezirke (MORGAN 1964). Die Trag- fähigkeit der Trockengebiete mit weniger als 25″ (635 mm) durchschnittlichem Nieder- schlag im Jahr könnte in Kenya 7—20 E./sqm (rund 2—7 E./km²) betragen, moderne Weidewirtschaft und Anschluß an die Geldwirtschaft vorausgesetzt, d. h. Verkauf von Vieh und Kauf anderer Nahrungsmittel (nach Berechnungen von L. H. BROWN 1963 a, S. 40). Gegenwärtig sind diese Voraussetzungen jedoch nur sehr unvollkommen in den Subsistenz-Weidewirtschaftsgebieten gegeben. Verschärft wird die Lage dadurch, daß sich die Hirtenbevölkerung nicht gleichmäßig über die Trockengebiete verteilt, weite Landstriche mit unproduktivem Busch bestanden sind oder wegen Wassermangels und

---

[10]) Als Beispiele seien genannt: JAMES 1939, S. 52 ff., HUNTINGFORD 1953 b, S. 104, HUPPERTZ 1959, S. 942—943

[11]) In der Dürreperiode 1961/62 wurden an die Hirtenbevölkerung Nahrungsmittel für einige Millionen Pfund aus öffentlichen Mitteln und Spenden verteilt (vgl. z. B. REPUBLIC OF KENYA 1966: Development plan 1966—1970, S. 134).

Tsetse-Fliegen-Verseuchung gemieden werden. Zieht man ferner in Betracht, daß die Tragfähigkeit semi-arider Gebiete bei primitiver Subsistenz-Weidewirtschaft und irrationaler Wirtschaftshaltung außerordentlich gering ist, so wird offenbar, daß sehr viele Areale unter den gegenwärtigen Bedingungen stark überbevölkert sind. Bei gleichbleibender Lebens- und Wirtschaftsweise ist deshalb die Zukunft der meisten Hirtenstämme Kenyas außerordentlich problematisch. Die wachsende Bevölkerung verringert mit dem vermehrten Viehbestand durch Übernutzung und Zerstörung des Weidelandes in immer stärkerem Maße die Tragfähigkeit ihres Lebensraumes.

101 Die ökologischen Bedingungen

Die Geofaktoren Oberflächenform[12]) (einschl. Höhenlage und Exposition zu den Regen bringenden Winden), Klima[13]), Boden[14]) und Vegetation[15]) sind in den Subsistenz-Weidewirtschaftsgebieten sehr verschiedenartig ausgeprägt. Ihr Wirkungsgefüge bedingt eine starke Differenzierung der ökologischen Ausstattung, die außerdem durch Weidegang und Buschbrennen verändert wird.

Von überragender Bedeutung für die Landwirtschaft Ostafrikas sind vor allen anderen Faktoren Höhe und Verteilung der Niederschläge. Allgemein hat sich die Erfahrung durchgesetzt, daß nur Gebiete, die mehr als ca. 30 inch (762 mm) Niederschlag im Jahr erhalten, sicher ackerbaulich nutzbar sind, wenn die anderen natürlichen Faktoren Ackerbau zulassen. Es sind dies in etwa die in *Figur 1* dargestellten ökologischen Zonen II und III, die in den Subsistenz-Weidewirtschaftsgebieten nur relativ kleine Flächen einnehmen. Nach PRATT, GREENWAY & GWYNNE (1966, S. 371) besteht die Vegetation in der ökologischen Zone II aus „forests and derived grasslands and bushlands, with or without natural glades". Nach den gleichen Verfassern handelt es sich um Gebiete, die für forstwirtschaftliche und intensive landwirtschaftliche Nutzung geeignet sind. Soweit sie weidewirtschaftlich genutzt sind, erfordern sie intensive Weidewirtschaftsmethoden zur optimalen Produktion. In Abhängigkeit davon, ob es sich um Grasland aus *Pennisetum clandestinum,* einer *Themeda*-Pflanzengesellschaft, oder um *Pennisetum schimperi — Eleusine jaegeri* handelt, werden 1—2$^1/_2$ ha für eine Vieheinheit benötigt. Die ökologische Zone III ist für die forstwirtschaftliche Nutzung nicht geeignet und trägt verschiedene Vegetationsformen: „moist woodland, bushland or ‚savanna',[16]) the trees characteristically broadleaved (e. g. *Combretum*) and the larger shrubs mostly evergreen". Wenn Boden- und Oberflächenform es zulassen, ist das landwirtschaftliche Potential hoch. Bei intensiver Weidewirtschaft werden

---

[12]) J. SPÖNEMANN, Blatt 2 „Geomorphologie" der Serie E des AFRIKA-KARTENWERKES.

[13]) R. JÄTZOLD, Blatt 5 „Klimageographie" der Serie E des AFRIKA-KARTENWERKES.

[14]) W. E. BLUM, W. MOLL, Blatt 4 „Bodenkunde" der Serie E des AFRIKA-KARTENWERKES.

[15]) F. J. W. BADER, Blatt 7 „Vegetationsgeographie" der Serie E des AFRIKA-KARTENWERKES.

[16]) Fußnote der Verfasser: „The term ‚savanna' is generally avoided in this report (see appendix) but is included here to indicate that the zones concerned are those to which the term is most often applied."

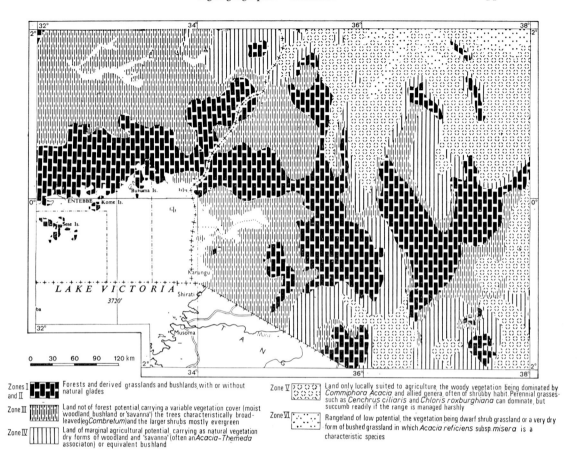

Zones I and II — Forests and derived grasslands and bushlands, with or without natural glades

Zone III — Land not of forest potential, carrying a variable vegetation cover (moist woodland, bushland or 'savanna') the trees characteristically broad-leaved (eg *Combretum*) and the larger shrubs mostly evergreen

Zone IV — Land of marginal agricultural potential, carrying as natural vegetation dry forms of woodland and 'savanna' (often an *Acacia-Themeda* associaton) or equivalent bushland

Zone V — Land only locally suited to agriculture, the woody vegetation being dominated by *Commiphora Acacia* and allied genera, often of shrubby habit. Perennial grasses- such as *Cenchrus ciliaris* and *Chloris roxburghiana* can dominate, but succumb readily if the range is managed harshly

Zone VI — Rangeland of low potential, the vegetation being dwarf shrub grassland or a very dry form of bushed grassland in which *Acacia reficiens* subsp. *misera* is a characteristic species

Fig. 1 Ökologische Zonen
Ausschnittkopie aus Fig. 7 Ecological Zones of Kenya and Uganda. Compiled by M. D. GWYNNE.
In: PRATT, GREENWAY & GWYNNE (1966). © Blackwell Scientific Publications Ltd., Oxford.

weniger als 2 ha für eine Vieheinheit benötigt. (Pratt, Greenway & Gwynne 1966, S. 371).

Die meisten dieser fruchtbaren, gut beregneten Landstriche wurden schon in präkolonialer Zeit von Ackerbau treibenden Bantustämmen gegen die Angriffe der Hirtennomaden — vor allem der Masai — behauptet. Andere nilotische Stämme, wie z. B. Teso, Lango und Luo, sind in prä- oder frühkolonialer Zeit von der mehr viehhalterischen Wirtschaftsweise zu einer stärkeren Betonung des Ackerbaues übergegangen. Das gleiche gilt für die nilo-hamitischen Nandi und Kipsigis, bei denen der Ackerbau mehr und mehr an Bedeutung gewinnt, und für eine große Anzahl der nilo-hamitischen Elgeyo, Marakwet, Tugen und Pokot (Suk), die in allen ackerbaulich nutzbaren Arealen ihrer Siedlungsgebiete zu seßhaftem Ackerbau übergegangen sind.

In einigen Arealen der ökologischen Zonen II und III im Gebiet der Subsistenz-Weidewirtschaft treibenden Stämme, vor allem der Masai, machen seit Jahrzehnten im Schutz der Pax Britannica eindringende Ackerbauern den Hirtenstämmen das Land streitig. An den Ostausläufern der Ngong-Berge bei Nairobi im Masai-Distrikt Kajiado haben sich Kikuyu angesiedelt. „Most of the inhabitants, although not willing to admit it, are acceptees of Kikuyu origin, and indeed some of the plain Masai do not regard Ngong as truly part of Masai land", heißt es in den unveröffentlichten „Development proposals and problems, Kajiado district" (ca. 1964 o. S.). Etwas schwieriger sind die Probleme im Norden und Nordwesten des Masai-Distriktes Narok. In den Loita- und Mau-Bergen haben sich Kikuyu niedergelassen. Kipsigis, Nandi und Ndorobo dringen in das Gebiet von Kilgoris ein. Die Masai sind hier nicht damit einverstanden, daß den eingedrungenen Ackerbauern Landeigentumstitel zugesprochen werden, weil dann das Land den Stammesmitgliedern der Masai legal verlorengeht[17]). Im Nordosten des Untersuchungsraumes sind größere Teile der ökologischen Zonen II und III als „forest reserves" ausgewiesen, so daß es hier zu Interessenkollisionen zwischen den Hirtennomaden und der Forstverwaltung von Kenya kommt.

Die ökologische Zone IV gilt mit ungefähr 20—30″ (508—762 mm) als Grenzgebiet des Regenfeldbaus. Die Vegetation besteht nach Pratt, Greenway & Gwynne (1966, S. 371) aus „dry forms of woodland and ‚savanna'[16]) (often an *Acacia-Themeda* association), or equivalent bushland". Nach den gleichen Autoren werden für eine Vieheinheit weniger als 4 ha Weideland gebraucht. Die Tragfähigkeit wird vorwiegend durch Verbuschung beeinträchtigt. Das Grasland reagiert empfindlich auf Überweidung, und die Weidewirtschaftssysteme müssen gelegentliches Buschbrennen einschließen (Pratt, Greenway & Gwynne 1966, S. 371). Die ökologische Ausstattung erlaubt die Einführung moderner Umtriebsweidewirtschaft und die Individualisierung des noch größtenteils in Stammesbesitz befindlichen Landes. Im Bereich der ökologischen Zone IV, doch meist schon außerhalb des Blattbereiches, liegen die permanenten Siedlungsplätze der Karamojong. Dort bauen die Frauen Sorghum an, während die Männer Fernweidewirtschaft bis in das Untersuchungsgebiet hinein betreiben (Hecklau 1967, S. 138). Auch im Baringo-Distrikt wird ein Teil der ökologischen Zone IV von den Tugen

---

[17]) Republic of Kenya 1966: Report of the mission on land consolidation . . . 1965—66, S. 25.

ackerbaulich genutzt. Einige Stämme, wie die Samburu und Masai, treiben jedoch keinerlei Ackerbau, auch dort nicht, wo die ökologischen Bedingungen dies zulassen. So könnten nach Auffassung mancher Landwirtschaftsbeamten alle in Kenya lebenden Masai in den ökologischen Zonen II bis III der Distrikte Kajiado und Narok bessere Lebensbedingungen bei seßhaftem Ackerbau finden als bei ihrer traditionellen Subsistenz-Weidewirtschaft.

Die ökologische Zone V wird — von kleinflächigen Bewässerungsfeldern[18]) abgesehen — nur weidewirtschaftlich genutzt. Die Vegetation charakterisieren Pratt, Greenway & Gwynne (1966, S. 371) wie folgt: „the woody vegetation being dominated by *Commiphora*, *Acacia* and allied genera, often of shrubby habit. Perennial grasses such as *Cenchrus ciliaris* and *Chloris roxburghiana* can dominate, but succumb readily if the range is managed harshly". Mehr als 4 ha Weideland sind nach Ansicht der Verfasser für eine Vieheinheit erforderlich. Eine rationale Ausnutzung des Weidepotentials erfordert Umtriebsweidewirtschaft auf Großflächen. Wegen der gebietsweise bereits zu hohen Bevölkerungsdichte ist die Individualisierung des Weidelandes undurchführbar. Es wird deshalb die Einführung von Gruppeneigentum propagiert, wobei die Gruppen aus Familien bzw. erweiterten Familien bestehen können.

Die ökologische Zone VI mit unregelmäßigen und gebietsweise weniger als 10″ (254 mm) Niederschlägen im Jahr ist nur geringwertiges Weideland und kann teilweise als Halbwüste bezeichnet werden. Nach Pratt, Greenway & Gwynne (1966, S. 371) besteht die Vegetation aus „dwarf shrub grassland or a very dry form of bushed grassland in which *Acacia reficiens* subsp. *misera* is a characteristic species. The vegetation may be confined to runnels, depressions and water courses, with barren land between. Perennial grasses (e. g. *Chrysopogon aucheri*) are localized within a predominantly annual grassland".

Zur Zeit werden keinerlei Versuche unternommen, diese Gebiete zu entwickeln, und was Dames (1964, S. 11) nach einer Untersuchung des landwirtschaftlichen Potentials des Turkana-Distriktes feststellte, gilt nicht nur in den Trockengebieten von Süd- und Zentral-Turkana, sondern überall in der ökologischen Zone VI: Die einjährigen Gräser und Kräuter wachsen und blühen schnell nach Regenfällen, und sie vertrocknen ebenso schnell in den Trockenperioden. Viele der Bäume und Sträucher, deren Laub von Kamelen, Schafen und Ziegen angenommen wird, sind während der langen Trockenzeiten blattlos. Umtriebsweidewirtschaft ist unter solchen extremen Bedingungen nicht durchführbar. Der Hirtennomadismus ist die einzige Lebens- und Wirtschaftsform, die unter den zur Zeit gegebenen Verhältnissen die hier und da nach zufälligen und nicht voraussehbaren Niederschlägen sich bildende Vegetation ausnutzen kann. Zur Ungunst der ökologischen Ausstattung kommt der geringe Kulturkontakt der betroffenen Hirtennomaden und ihr mangelhafter Anschluß an die Geldwirtschaft. Sie werden ihr hartes Dasein in den unwirtlichen Gebieten weiterhin fortführen, stets auf der Suche nach Wasser- und Weidegrund, rückständig und unterernährt, ständig durch den möglichen Verlust ihrer Herden von Hungersnot bedroht.

---

[18]) Hecklau 1970: Bewässerungsfeldbau in Kenya.

102 Die landwirtschaftlichen Nutztiere

Der Viehbesitz der Hirtenstämme bildet ihre ausschließliche Lebensgrundlage. Der Viehbestand weist große regionale Unterschiede in der Höhe und in der Artenzusammensetzung auf. Er ist ferner erheblichen zeitlichen Schwankungen unterworfen, die durch hohe Viehverluste infolge Dürren verursacht werden. Viehseuchen, die in der Vergangenheit große Viehsterben verursacht haben, sind heute weitgehend unter Kontrolle gebracht. Zahlenangaben über den Gesamtviehbestand einer Region sind schwer zu ermitteln, und die Angaben der folgenden *Tabelle 1* können nur als Größenordnungen angesehen werden.

Tab. 1   Viehbesatz im Durchschnitt der Jahre 1961—1964 in den Subsistenz-Weidewirtschaftsgebieten (Areal 100)

Distrikt	Viehbesatz im Durchschnitt der Jahre 1961—1964				
	Rinder	Ziegen	Schafe	Kamele	Einwohner
Turkana	103 000	511 000	101 000	30 000	159 000
Samburu	288 000	129 000	129 000	30 000	56 000
West Pokot	131 000	116 000	38 000	—	59 000
Baringo	210 000	407 000	236 000	—	130 000
Kajiado	313 000	103 000	58 000	—	68 400
Narok	412 000	103 000	412 000	—	110 000

Quellen: SPINKS 1966, S. 41 ff. KENYA POPULATION CENSUS 1962, S. 4.

Bei den Masai herrschen Zeburinder vor, in den nördlichen Bereichen des Arbeitsgebietes werden auch die qualitativ besseren Boranrinder gehalten. Bei den Schafen handelt es sich um Haarschafe. In der Kamelhaltung der Turkana und im Distrikt Samburu zeigt sich die Anpassung an die extremen ökologischen Bedingungen für die Viehhaltung. Im Distrikt Samburu gehören die Kamele den im Nordosten des Verwaltungsgebietes lebenden kuschitischen Rendille[19]. Während das Rindvieh auf Grasweide angewiesen ist, leben die Kamele von den Blättern der Bäume und Sträucher. Die Ziegen und Schafe nehmen zwar sowohl Grasweide als auch Blattnahrung an, jedoch bevorzugen die Schafe Grasweide. Von den Hirten wird geschätzt, daß die Schafe und Ziegen nur eine geringe Weidekonkurrenz für die Rinder sind. Für die Weide- und Bodendevastierung sind ihre Weidegewohnheiten bekannt. Als Tragtiere werden auch hier und da Esel von den Hirten gehalten. Durch natürliche Auslese sind die Tiere der Hirtenstämme in Ostafrika genügsam und relativ resistent gegen Krankheiten, obwohl die Viehsterblichkeit hoch ist. ENLOW (1958, S. 4) gibt folgendes Urteil ab: „The cattle and sheep can be classed largely as mongrels, or scrubs, with perhaps their

---

[19] Schon außerhalb des Untersuchungsgebietes.

outstanding characteristics as the qualities that enable them to withstand hardship — more or less disease tolerant, hardy, able to survive on rough grass and bush that would not keep a European animal alive; able to go long periods without water, and to reproduce under starvation rations. In general they are undersized, of poor conformition by respectable beef or dairy cow standards, and of low meat and milk productivity."

Die geringe Qualität des Viehbestandes ist vor allem auf die schlechten Weidebedingungen und die mangelnde Zuchtauslese zurückzuführen. Die Landwirtschaftsverwaltung in Kenya unternimmt große Anstrengungen, durch künstliche Besamung und Kastration den Viehbestand hochzuzüchten. Bei den seßhaften Ackerbauern hat sie bereits beachtliche Erfolge errungen. Ihre Einflußmöglichkeiten bei den Hirtenstämmen sind zur Zeit noch gering. Der Zusammenhang zwischen dem qualitativ minderwertigen Viehbestand und der Übernutzung des Weidepotentials liegt auf der Hand. Denn bei höheren Fleisch- und Milcherträgen könnte bei geringerem Viehbestand eine größere Menschenzahl ernährt werden. Für die Ernährungslage der Hirtenbevölkerung insgesamt und für die Überweidung des Weidelandes, die weiter unten noch erörtert wird, ist neben der irrationalen Einstellung zur Viehhaltung, die gravierende Ungleichheit des Viehbesitzes von größter Bedeutung. Nach mündlicher Auskunft des District Agricultural Officers von Narok (1965) schwankt der Tierbestand bei den Masai je Familie von einigen wenigen bis zu einigen hundert Tieren. Zahlreiche Masai haben ihren Viehbesitz ganz verloren.

Über die Viehbesitzverhältnisse der Samburu schreibt SPENCER (1965, S. 2): „On the average each homestead has a herd of about 80 cattle (i. e. 11—12 per person). But the range is considerable: One herd in five is less than half this size, and one in 15 is more than double. The poorer homesteads must inevitably rely on the family and the number of cattle actually in milk". Ebenso große Besitzunterschiede werden von GULLIVER (1966, S. 39) von den Turkana berichtet. Sie könnten auch für die anderen Stämme belegt werden. Einige der Viehhalter sollen sogar zu den reichsten Afrikanern Kenyas gehören. Es gibt verschiedene Formen der gegenseitigen Hilfe, so daß derjenige, dessen Viehbestand vermindert oder verloren gegangen ist, sich von Freunden und Verwandten Vieh ausbitten kann, um die eigene Herde wieder aufzubauen. Da jeder Viehbesitzer in ständiger Gefahr lebt, den eigenen Viehbestand einzubüßen, wird diesen Bitten im allgemeinen auch entsprochen. Beispielhaft schildert GULLIVER (1966, S. 196 ff.) den Austausch von Vieh zwischen Freunden, die er als „stock-associates" bezeichnet. Doch wird durch die gegenseitige Hilfe offenbar kein ausreichender Ausgleich des Viehbesitzes je Familie erreicht. „A wealthy man never finds it difficult to make new bond-friends, but a poor man is usually acceptable only to similarly poor men" (GULLIVER 1966, S. 210).

Vielfältig sind auch die Formen bei den Hirtennomaden, wie der Viehbestand unter den Mitgliedern der Familien aufgeteilt wird. Es sei hier auf die einschlägige ethnologische Literatur verwiesen.

103 Die Bedeutung der landwirtschaftlichen Nutztiere für die Hirtenbevölkerung

Der Viehbestand ist die einzige Lebensgrundlage der meisten Hirtenfamilien. Nach Berechnungen von L. H. Brown[20]) (1963 a, S. 6 ff.) ist die Ernährungslage der Hirtenbevölkerung besorgniserregend. Besonders schwierig sind die Ernährungsbedingungen bei den Turkana. Dames (1964, S. 2) urteilt: „The Turkana people as a whole cannot continue their traditional way of life as nomadic pastoralists. A large part of them will have to find other means of living", und L. H. Brown (1963 a, S. 24) schätzt, daß nur ein Achtel der Bevölkerung des Distriktes, das sind 2 430 Familien, vom vorhandenen Vieh angemessen leben könnte. Viele Hirten tauschen Vieh, vor allem Schafe und Ziegen, gegen Körnerfrüchte bei den in der Nähe lebenden Ackerbauern ein, und heute tritt neben den Naturaltausch in zunehmendem Maße der Kauf von Nahrungsmitteln. In den weiten Trockengebieten Nordkenyas jedoch kann dieser Handel nur völlig unzureichend sein. Verschärft wird das Problem der Überbevölkerung durch die Gepflogenheiten der Hirten, die eine optimale Ausnutzung des Tierbestandes nach wirtschaftlichen Gesichtspunkten beeinträchtigen. Der Tierbestand ist nicht nur die Ernährungsgrundlage der Hirten, er gilt vielmehr auch als Statussymbol. Auch heute noch sind die Tiere als Zahlungsmittel für den Brautpreis unentbehrlich. Ferner dient der Tierbestand als Daseinssicherung. Je größer der Tierbestand ist, desto größer ist die Chance, die nächste Dürre ohne Hungersnot zu überstehen. In der Vergangenheit wie in der Gegenwart hat die emotionale Einstellung der Hirten zu ihrem Vieh große Bedeutung. Schon Merker (1910, S. 161) schrieb: „Das höchste Glück des Masai ist ein möglichst großer Viehbesitz, sein ganzes Denken und Tun gilt der Erhaltung und Vergrößerung der Herden."

Die Rolle des Viehs als Statussymbol, als Daseinssicherung, als Gegenstand zahlreicher Tabus, seine Bedeutung für Zeremonien, als Geschenk, als Brautpreis und Tauschobjekt ist in der ethnologischen Literatur für alle Hirtenstämme Ostafrikas untersucht und oft beschrieben worden.

104 Formen der Subsistenz-Weidewirtschaft

Die Formen der Subsistenz-Weidewirtschaft zeigen im Arbeitsgebiet alle Übergänge vom voll ausgeprägten Nomadismus bis hin zu Ansätzen zu moderner Umtriebsweidewirtschaft. Bei den Rendille im äußersten Nordosten des Arbeitsgebietes, bei den Samburu, den Turkana, bei den Karasuk und vielen Pokot sind noch Formen des voll ausgeprägten Nomadismus vorhanden. Sporadisch fallende Niederschläge zwingen die Hirtennomaden immer wieder, nach neuen Weideplätzen und Wasserstellen zu suchen,

---

[20]) L. H. Brown war zur Zeit der Abfassung dieses Berichtes Acting Director of Agriculture im Landwirtschaftsministerium von Kenya. Sein Urteil dürfte daher besonderes Gewicht haben.

die nach kurzen Regenfällen hier und da entstehen und bald wieder vertrocknen. Die Hütten und Viehkraals, die Bomas, können entweder gar nicht ganzjährig benutzt werden, oder nur die Alten und Kinder, die die langen Märsche nicht durchhalten, bleiben ganzjährig am Siedlungsplatz. Im letzteren Falle wird der Viehbesitz einer Familie zeitweilig aufgeteilt. Schafe, Ziegen und eine Anzahl Milchkühe bleiben zur Versorgung der Zurückgebliebenen in der Nähe des Siedlungsplatzes, während die leistungsfähigeren Familienmitglieder mit den übrigen Rindern in weiter abgelegene Gebiete ziehen, wie es SPENCER (1965, S. 7) z. B. für die Samburu beschreibt. Wanderwege und Wandergewohnheiten weisen die unterschiedlichsten Formen auf, je nach den traditionellen Überlieferungen des Stammes oder Clans und in Abhängigkeit von den ökologischen Bedingungen in den Lebensräumen. Immer richtet sich der Weidewechsel nach dem Vorhandensein von Weideplätzen und Wasserstellen: Während der Regenzeit zerstreuen sich die Hirten mit ihren Herden über weite Flächen. Mit zunehmender Trockenheit konzentrieren sie sich an den permanenten Wasserstellen und an den in der Nähe liegenden Siedlungsplätzen. Dabei ist es weitgehend der Entscheidungsfreiheit des einzelnen Viehhalters überlassen, wohin er seine Herde treibt, wie lange er an bestimmten Plätzen bleibt und welche Routen er wählt. Die Folge dieser Verhaltensweise ist, daß große Flächen ungenutzt bleiben, vor allem jene, die keine natürlichen Wasserstellen besitzen, während die Umgebung der permanenten Wasserstellen, der Siedlungsplätze und der natürlichen Salzlecken überweidet und in immer stärkerem Maße devastiert wird. Häufig ist saisonaler Weidewechsel zwischen ganzjährig feuchten Gebieten und regenzeitlich feuchten Gebieten. Es handelt sich hierbei um Weidewechsel zwischen den ebenen, offenen Savannen und den Gebirgen und deren Vorländern. Die Hirten bleiben mit ihren Herden so lange in der Ebene, bis die Weide nach der Regenzeit knapp wird, dann ziehen sie in die feuchteren und mehr oder weniger bewaldeten Gebirge. Hier bleiben sie jedoch nur so lange, bis sich in den Ebenen wieder ausreichende Grasflächen gebildet haben. Denn viele Hirten bevorzugen aus vielen Gründen — auch aus emotionalen — die weiten offenen Savannen. Die meisten bewaldeten Gebirge sind Forstreservate, und zwar aus forstwirtschaftlichen Gründen oder zum Schutz der Wassereinzugsbereiche der im Gebirge entspringenden Flüsse. Hier kommt es häufig zu Interessenkollisionen zwischen den Hirtennomaden und der Forstverwaltung.

In manchen dichter besiedelten Gebieten — wie zum Beispiel in einigen Teilen des Lebensraumes der Masai — ist die Bewegungsfreiheit der Hirtennomaden schon so weit eingeengt, daß das Land unter den Sektionen des Stammes aufgeteilt worden ist. Die Aufteilung kann so weit gehen, daß innerhalb der Sektionen die Familien bestimmte Teile des der Sektion gehörenden Gebietes für sich allein beanspruchen. Dort wandern sie in mehr oder weniger regelmäßigen Zyklen von Manyatta zu Manyatta[21], um die verschiedenen Weidegründe zu verschiedenen Jahreszeiten ausnützen zu können. In tiefer liegenden Gebieten des Baringo-Distriktes beiderseits des Ilkamsya- und Tugen-Berglandes, wo die abkommenden Flüsse eine ganzjährige Wasserversorgung und die Niederschläge ganzjährige Weide hervorbringen, gibt es keine nennenswerten Wande-

[21) Manyatta = Siedlungsplatz

rungen der Viehhalter mehr. Ebenso trachten die im Vorland der Cherangani-Berge lebenden Pokot danach, ganzjährig an ihren Siedlungsplätzen zu bleiben, aber in vielen Jahren werden sie durch die Trockenheit gezwungen, bessere Weidegründe aufzusuchen (SCHNEIDER 1957, S. 280).

Was den Beobachter im Gelände erschüttert, was mit zahlreichen Zitaten aus der Literatur, aus unveröffentlichten Untersuchungsberichten und aus Jahresberichten der örtlichen Landwirtschaftsbehörden belegt werden kann, ist das große Ausmaß der Boden- und Vegetationszerstörung, die durch die traditionelle Subsistenz-Weidewirtschaft verursacht wird. L. H. BROWN (1963a, S. 1) urteilte: „The problem posed on the semi-arid areas is basicly one of bad land use, through the keeping of poor livestock, or through inefficient systems of subsistence cultivation, or a combination of both. In areas of such low rainfall there is less latitude for errors in land use methods than in areas of better rainfall and the effects of the bad land use are consequently seen more quickly and more severely. Unless the present system of land usage can be rapidly radically and extensively modified or altered, about 1/6 of Kenya's population are in danger of destroying the habitat in which they subsist, and on which they must subsist in the future. These peoples, therefore, are likely to become an increasingly heavy liability in the future unless action is taken now to deal with their problems. The problem: overstocking with large numbers of unproductive livestock."

Zusammenfassend muß festgestellt werden, daß in den meisten Subsistenz-Weidewirtschaftsgebieten die agrare Tragfähigkeit unter den zur Zeit herrschenden Bedingungen überschritten ist, weil

1. die Bevölkerung, die sich unmittelbar vom Viehbestand ernährt, zu zahlreich ist,

2. der vorhandene Viehbestand unter der Bevölkerung zu ungleich verteilt ist,

3. infolge der irrationalen Einstellung der Hirtenstämme zum Viehbestand eine optimale Ausnutzung der Herden unterbleibt,

4. infolge der schlechten Weidebedingungen sowie der minderen Qualität des Viehs der Fleisch- und Milchertrag gering ist,

5. infolge der ungleich verteilten Wasserstellen weite Gebiete ungenutzt bleiben müssen,

6. infolge der Verseuchung durch Tsetsefliegen weite Gebiete von den Hirtennomaden gemieden werden,

7. große Landstriche mit unproduktivem Busch bestanden sind,

8. große Flächen durch Überweidung bereits devastiert sind,

9. die Hirtenstämme noch immer in einem ungenügenden Maß in die Geldwirtschaft einbezogen sind, so daß sie unproduktives Vieh nicht verkaufen können oder wollen. Das Geldeinkommen der Hirtenstämme zum Ankauf von Ackerbauprodukten ist deshalb noch zu gering.

105 Stagnation und Formenwandel der Subsistenz-Weidewirtschaft

Schon die Kolonialverwaltung führte in den dreißiger Jahren sog. „grazing schemes" durch, die die unterschiedlichsten Formen aufwiesen. Wie geschildert, ist in der Regel die Vegetationszerstörung und Bodenerosion als Folge der Überweidung und des Viehtritts in der Umgebung der Siedlungsplätze und der permanenten Wasserstellen am größten. In Arealen mit nur periodisch gefüllten oder fehlenden Wasserstellen wird das natürliche Weidepotential nicht genügend oder gar nicht gnutzt. Durch die planvolle Anlage von Brunnen und kleinen Staudämmen an sporadisch abkommenden Flüssen hat man die Hirten veranlassen können, mit ihren Herden so lange aus der Umgebung der permanenten Wasserstellen fernzubleiben, wie das Wasser der künstlichen Wasserstellen während der Trockenzeit in anderen Gebieten vorhält. Dadurch können der Weidegang des Viehs besser über das Land verteilt und die Überweidung in der Umgebung der permanenten Wasserstellen und Siedlungsplätze verringert werden. Die Hirtennomaden reagieren jedoch auf die Verbesserung der Wasserversorgung und auf die Vergrößerung der Weidemöglichkeiten in der Regel mit der weiteren Erhöhung des Viehbestandes, wenn dieser nicht durch behördliche Verordnungen begrenzt wird. Sie halten aus eigenem Antrieb die Wasserstellen nicht in Ordnung und weigern sich oft, Abgaben zur Deckung der Instandhaltungskosten zu leisten, wenn die Landwirtschaftsbehörde die Pflege der Wasserstellen übernimmt. Trotzdem ist diese Form der Entwicklung in vielen semi-ariden Bereichen, in denen Subsistenz-Weidewirtschaft betrieben wird, vorgenommen worden. Einen direkten und stärkeren Eingriff in die Verhaltensweise der Hirtennomaden stellt die Einführung der Umtriebsweidewirtschaft dar, die in neuerer Zeit in jenen Gebieten versucht wird, in denen die Boden-, Vegetations- und Niederschlagsverhältnisse dies zulassen. Bei der unregelmäßigen Umtriebsweidewirtschaft (irregular rotation) wird ein bestimmtes Areal in Blöcke eingeteilt, die durchaus unterschiedliche Tragfähigkeit haben können. Jeder Block muß jedoch mit Wasserstellen ausgestattet sein. Das Vieh wird so lange auf einem Block gehalten, bis dieser abgeweidet ist. Dann wird es auf den nächsten Block getrieben, so daß auf den abgeweideten Blöcken das Gras nachwachsen kann. Bei der regelmäßigen Umtriebsweidewirtschaft wird das Areal in mehrere Blöcke gleicher Tragfähigkeit eingeteilt. In Kenya hat sich das Vier-Block-System (four block system) vor allem in den „grazing schemes" des Baringo-Distriktes eingebürgert. Jeder Block wird vier Monate beweidet und bleibt anschließend 12 Monate der Wiederbegrasung überlassen (HENNINGS 1961, S. 192).

In drei Verwaltungsdistrikten soll die Entwicklung kurz skizziert werden:

Distrikt Samburu

1936 erließ die Verwaltung die Samburu Grazing Control Rules. Nach ihnen sollte auf dem Leroghi-Plateau in einem Areal von rund 2 000 km² der Rinderbestand auf

40 000 Stück begrenzt werden. Zusätzlich mußten für eine Herde von 20 Rindern 2 Schillinge und für jedes weitere Tier 10 Cents Abgaben entrichtet werden. Hieran knüpfte in den fünfziger Jahren die Entwicklung aufgrund des Swynnerton-Planes an. Rund £ 60 000 wurden investiert, um die Wasserversorgung zu verbessern und andere Infrastruktureinrichtungen zu schaffen. 1955 erreichte man, daß der schon 1936 festgelegte Viehbesatz eingehalten wurde. Dann setzten die Rückschläge ein, die in der einen oder anderen Form auch in anderen Distrikten Kenyas die „grazing schemes" beendeten. 1956 mußte wegen Maul- und Klauenseuche das Gebiet unter Quarantäne gestellt werden. Jeder Viehverkauf wurde verboten, und sehr bald überschritt der Viehbestand die Tragfähigkeit wieder. 1957 setzte anhaltende Dürre ein, und von neuem reichten die Weidegründe nicht aus, hohe Viehverluste setzten ein. 1958 wurde das Gebiet unter den neun Sektionen der auf dem Leroghi-Plateau ansässigen Samburu aufgeteilt und für jede Sektion der Viehbesatz festgelegt. Ferner sollte anstatt des geübten saisonalen, traditionellen Weidewechsels die Umtriebsweidewirtschaft eingeführt werden.

1946 wurde mit der Entwicklung des übrigen, tiefer als das Leroghi-Plateau liegenden Landes des Samburu-Distriktes begonnen, zunächst in einem Areal von rund 10 000 km². Mit einem Aufwand von rund £ 73 000 wollte man ein System von temporären Wasserstellen anlegen und damit die Samburu zur Übernahme der Umtriebsweidewirtschaft veranlassen. Außerdem sollte erreicht werden, daß die Samburu alles Vieh verkauften, das die Tragfähigkeit des Weidelandes überschreitet.

Alle Weidewirtschaftspogramme im Distrikt Samburu scheiterten schließlich am Mangel an Einsicht und aus politischen Gründen. Die Samburu zahlten ihre Abgaben nicht und trieben ihre Herden in die Blöcke, die im Rahmen der Umtriebsweidewirtschaft zur Erholung des Grasbestandes nicht beweidet werden sollten. Damit brach die Umtriebsweidewirtschaft zusammen. Wiederkehrende Quarantänen stoppten den Viehabsatz, Trockenheit und Viehsterben verschärften 1960/61 die Situation. 1961 entschied der African District Council schließlich, alle Hilfe einzustellen, bis die Samburu-Hirten anderen Sinnes würden[22]. Im Landwirtschaftsbericht von 1963 heißt es: „The people themselves are at the moment obviously against any form of control and this is where our line of attack will have to be concentrated"[23]. Mit der Erringung der Unabhängigkeit Kenyas von der britischen Kolonialherrschaft haben sich die Verhältnisse kaum verändert. „ . . . to date hundreds of thousands of pounds of government money, and a magnificent chance to adapt, gently, their way of life to a changed economy — to say nothing of the possibility of maintaining and improving the pasture on which their life depends — has been thrown away by the Samburu[24]." Und weiter unten heißt es im gleichen Bericht, daß Weidewirtschaftsprogramme nur mit Erfolg durchgesetzt werden könnten, wenn strenge Kontrollen gewährleistet würden, die auch die Überwachung

[22] COLONY AND PROTECTORATE OF KENYA. MINISTRY OF AGRICULTURE, ANIMAL HUSBANDRY AND WATER RESOURCES 1962: African land development in Kenya 1946—1962. Nairobi.
[23] ANNUAL REPORT. Kenya. Rift Valley Region 1963, S. 26.
[24] DEVELOPMENT PLAN. Kenya. 1964—1970. Samburu District.

der Samburu durch bewaffnete Patrouillen einschlössen. „Given these, it could be forced through. Whether this would be desirable, with the object of preserving to the children the pastures their fathers are now exhausting, is not for me to say."

Distrikt Baringo

Nur die 1 800 bis 2 700 m hohen Ilkamasia (Tukin) Hills des Distriktes sind ackerbaulich nutzbar, der weitaus größere Teil des Verwaltungsbezirkes liegt unter 1 800 m im Ostafrikanischen Graben, erhält weniger als 30″ (762 mm) Niederschläge, und ist nur weidewirtschaftlich nutzbar. Der hohe Viehbesatz infolge der Bevölkerungsdichte und der seßhaften Lebensweise verursachte schon in den zwanziger und dreißiger Jahren die stärkste Zerstörung der Weidegründe in ganz Kenya. „Baringo is a case where human population, in an attempt to maintain enough stock for their needs have already to a large extent destroyed their own habitat", urteilt L. H. BROWN (1963 a, S. 17).

Durch die South Baringo Grazing Rules, die von 1930 bis 1946 in Kraft waren, sollte der Viehbesatz an die Tragfähigkeit angepaßt werden. Sie enthielten außerdem Bestimmungen zur Kennzeichnung und Auslese der Tiere, und in einigen Arealen wurde die Ziegenhaltung entweder ganz verboten oder mit Abgaben belegt. Als höchste Besatzdichte wurde ein Rind je ha zugelassen. Der Erfolg der „grazing rules" blieb aus, weil das Verwaltungspersonal häufig wechselte, die Verwaltung im Zweiten Weltkrieg mit anderen Aufgaben beschäftigt war, es an der nötigen Autorität fehlte, die „grazing rules" durchzusetzen, in Dürrejahren vom Norden eindringende Nomaden den Weidemangel verschärften und es an einem geordneten Absatz schlachtreifen Viehs fehlte. Die Weidezerstörung hielt ungehindert an. Nach unzureichenden Maßnahmen begannen Mitte der fünfziger Jahre neue Entwicklungsversuche. Die wichtigsten waren die Einführung der regelmäßigen Umtriebsweidewirtschaft in einer Reihe von „grazing schemes" in der Größenordnung von 4 000–15 000 ha[25]). In den Weidewirtschaftsprogrammen folgten die Hirten im allgemeinen den Anordnungen der Verwaltung, aber gemessen am Gesamtareal des semi-ariden Weidegebietes von rund 9 000 km² im Distrikt Baringo können diese „grazing schemes" nur als äußerst bescheidene Anfänge einer Entwicklung bezeichnet werden. Die Not der Bevölkerung kommt im Jahresbericht der Landwirtschaftsverwaltung des Baringo-Distrikts 1966 zum Ausdruck: „There is now no widespread killing famine as in 1965[26]). But there are many people who have sold or eaten all their stock to keep alive in 1965 and 66 and who are now in a completely destitute condition[27])." Nach Angaben im gleichen Bericht ist das Weideland im Baringo-Distrikt rund 9 000 km² groß. Davon sind 57 % stark überweidet und erodiert, rund 36 % sind überweidet und weisen Mangel an Futtergräsern auf, d. h. daß 93 % der gesamten Weideflächen aufwendiger Verbesserungsmaßnahmen bedürfen. Nur die

[25]) AFRICAN LAND DEVELOPMENT IN KENYA 1946—1962, S. 117 ff.
[26]) 1965 war eine Hungersnot infolge Dürre und Viehsterbens.
[27]) ANNUAL REPORT. Kenya. Department of Agriculture. Range Management Division. 1966. Baringo District.

verbleibenden 7 % sind zwar auch überweidet, weisen jedoch reichliche Futtergräser auf und würden sich erholen, wenn sie eine Zeit unbeweidet bleiben könnten. Wo jedoch sollte das Vieh bleiben, von dem die Bevölkerung lebt? Kapital zur Entwicklung des Weidelandes im Distrikt Baringo stand Mitte der sechziger Jahre nicht zur Verfügung.

Masai-Distrikte Kajiado und Narok

Beobachtungen im Gelände, Erkundungen bei den örtlichen Verwaltungsstellen und das Quellenstudium, namentlich der unveröffentlichen Verwaltungsberichte und des Masai Development Plan, lassen den Eindruck entstehen, als wäre in der Wirtschafts- und Lebensweise in einigen Sektionen der wohl bekanntesten Hirtennomaden Ost- afrikas ein grundlegender Wandel mit allen seinen Auswirkungen auf das Landschafts- bild im Gange. Es würde zu weit führen, auf die Entwicklungsversuche einzugehen, die schon während der Kolonialzeit unternommen wurden. Sie stießen auf das Mißtrauen der Masai und änderten ihre konservative Lebenshaltung nicht. Hier wären einige mehr oder weniger erfolgreiche „grazing schemes" zu nennen, ferner die Versuche, durch „grazing demonstration schemes" und durch Schulung und Aufklärung die Masai von ihrer traditionellen Lebensweise abzubringen. Vor allem die weiter oben erwähnte Katastrophe 1960/61 brachte offenbar einen Gesinnungswandel bei einigen jüngeren Masai, die Schulbildung genossen haben und nun zur traditionell herrschenden Alters- gruppe gehören. Sie gewinnen zunehmend an Einfluß. Die breite Masse der Masai jedoch folgte ihnen noch nicht, wie ein Zitat aus dem Landwirtschaftsbericht 1963 be- legen mag: „Unfortunately the Masai people have not learnt much in the way of better practices as a result of the hardships of 1961. With few exceptions life continues to be based on the old pattern of nomadic grazing dictated by water availability. The cry from the bulk of the people is for more and better water supplies, but there is little interest in coupling these requests with improving grazing practices. The result will be that overstocking and extensive deterioration of grazing must inevitably reoccur[28]." Nach dem Masai-Entwicklungsplan 1965 soll der Ansatz einer durchgreifenden Wand- lung über die Reform der Landbesitzverfassung erfolgen, in deren Verlauf die Masai den Nomadismus aufgeben sollen. Das Land ist zwar — wie erwähnt — im Gemein- schaftsbesitz des Stammes, aber die Sektionen des Stammes beanspruchen bestimmte Gebiete, in denen wiederum in einigen Sektionen die Familien Teile ausschließlich be- nutzen. In diesen Arealen haben sie an verschiedenen Stellen ihre Manyattas errichtet und wandern von einer zur anderen, um die verschiedenen Weideplätze und Wasser- stellen zu nutzen. Von diesem begrenzten Nomadismus zur seßhaften Lebensweise ist es nur noch ein kleiner Schritt, den einige Masai-Familien bereits vollzogen haben. Im Kajiado-Distrikt hat der County Council als individuelles „Quasi-Grundeigentum" die in *Tabelle 2* aufgeführten Betriebe und Flächen anerkannt.

Aber die Landvergabe durch lokale Verwaltungsstellen ist nach der „Land Registra- tion Act" von Kenya illegal, ausgenommen solche, die unter besonderen Umständen vor-

---

[28]) Annual Report. Kenya. Department of Agriculture. 1963. Kajiado District. S. 1.

Tab. 2   Individuelles „Quasi-Grundeigentum" im Masai-Distrikt
Kajiado

Örtlichkeit der Section	Zahl der Betriebe	Annähernde Größe in ha
Ilkaputei	23	16 000
Ilmatapatu	18	10 000
Central Kajiado	10	7 000
Loodokelami	16	13 000
Ilkisongo	15	8 000

Quelle: REPUBLIC OF KENYA: Report of the mission on land consolidation ..., 1965—1966, S. 31.

genommen werden und durch den Minister of Lands bestätigt werden müssen. „The
Land Registration Act" war für die Bodenreform in der Central Province Kenyas er-
lassen, wo schon individuelle Eigentumsrechte genau begrenzter Grundstücke bestanden.
Seine Anwendung in den Subsistenz-Weidewirtschaftsgebieten ist schwierig, weil hier
keine derartigen Rechte im Sinne dieses Gesetzes bestehen. Aus diesem Grund wurde eine
Kommission, die Working Party on Land Registration on Masailand, gegründet, die
die Anwendung der Land Registration Act geprüft hat. Die Kommission empfiehlt die
Anwendung dieses Gesetzes mit einigen Modifikationen, die der besonderen Situation im
Masailand Rechnung tragen sollen[29].

Aus dem Entwicklungsplan für das Masailand schließt die Commission on Land
Consolidation, daß die in der oben angeführten Tabelle genannten Zahlen der illegal
vergebenen Landeigentumstitel in der Realität größer seien und daß es sehr bald zu
einer gefährlichen Bodenknappheit kommen würde, wenn die Landvergabe durch lokale
Behörden in der genannten Weise weitergehe. Denn die durchschnittliche Größe der
vergebenen Bodenflächen je Landinhaber ist 660 ha. Die Kommission wurde jedoch
informiert, daß jeder erwachsene männliche Masai nur etwa 81 ha Weideland erhalten
könne, wenn alles verfügbare Land verteilt würde. Wenn diese Größe auch umstritten
sei, so läge sie doch weit unter dem Durchschnitt der bereits vergebenen Besitztitel.
Um die Probleme zu vermeiden, die durch die willkürliche Bodenverteilung entstehen,
und trotzdem die Entwicklung sicherzustellen, schlägt die Regierung die Gründung von
Gruppenfarmen vor, genauer übersetzt: von Weidewirtschaftsbetrieben im Gruppen-
besitz. Die Führer der Masai haben gegen diese Vorschläge große Vorbehalte, und sie
ziehen es vor, die Individualisierung des Weidelandes voranzutreiben. Die Probleme
wurden Mitte der sechziger Jahre noch heftig diskutiert. Die Individualisierung des
Grundeigentums oder die Begründung von Formen des Gruppeneigentums am Boden
sind die Voraussetzung für die Sicherung von Entwicklungsanleihen, ohne die jeder
Fortschritt von vornherein unmöglich ist, da die Einführung moderner Weidewirtschaft
Investitionen für den Bau von Wasserstellen, Zäunen, Tauchbeizanlagen, Gebäuden

---

[29] REPUBLIC OF KENYA 1966: Report of the mission on land consolidation ... 1965—1966, S. 32.

usw. voraussetzt. Sie wäre ferner ein Anreiz, mit dem vorhandenen Weidepotential pfleglich umzugehen, es durch Meliorationen zu verbessern und den Viehbesatz an die Tragfähigkeit anzupassen.

Kaum zu übersehende Schwierigkeiten werden hier noch zu bewältigen sein, von denen jedoch die größte Schwierigkeit — wie überall in Ostafrika — die Lösung des „human problem" ist.

106 Die Integration der Subsistenz-Weidewirtschaft in die Marktwirtschaft

Conditio sine qua non für das Überleben der Hirtenbevölkerung in angemessenen Lebensbedingungen ohne Unterernährung und ohne sporadische Hungersnöte sowie für die Erhaltung, Wiederherstellung und schließlich für die nachhaltige Verbesserung des Weidepotentials ist die Umwandlung der Subsistenz-Weidewirtschaft in eine marktorientierte Viehwirtschaft. Das Hauptproblem ist — wie immer wieder erwähnt — die Verringerung des Viehbestandes bis zur Anpassung an die Tragfähigkeit des Weideareals. ENLOW (1958, S. 5) vertritt den Standpunkt, daß 75 % des vorhandenen minderwertigen Viehbestandes abgeschafft werden müßten, damit ein verbesserter Viehbestand bei verbesserten Weidebedingungen gehalten werden kann.

Bis zum Zweiten Weltkrieg wurde die landwirtschaftliche Entwicklung vor allem in den gemischten Farmwirtschaftsgebieten der ehemaligen White Highlands vorangetrieben. Der Schutz der dort gehaltenen wertvollen Rinderbestände vor Seuchen, besonders der Maul- und Klauenseuche, hatte Vorrang vor dem Viehabtrieb aus den Subsistenz-Weidewirtschaftsgebieten zu den Verbrauchs- bzw. Verarbeitungszentren, da die Viehtriftwege streckenweise durch diese Gebiete führen (JONES 1959, S. 10).

Der Ankauf des Viehs wurde zunächst ganz privaten Händlern überlassen. Um die Hirtenstämme in weit stärkerem Maße in die Geldwirtschaft einzubeziehen und die Verringerung des Viehbestandes voranzutreiben, mußte eine Vermarktungsorganisation gegründet werden, die mit großen organisatorischen Schwierigkeiten und erheblichen Risiken zu kämpfen hat, die weit über das Maß dessen hinausgehen, was private Händler leisten können. Die ersten größeren staatlichen Versuche, die Hirtenstämme für die Produktion zu gewinnen, erfolgten im Zweiten Weltkrieg, jedoch nicht um der Erhaltung des Weidepotentials willen, sondern um die britischen Truppen in Afrika und im Mittleren Osten mit Fleisch zu versorgen. Im Rahmen des Veterinary Department der Kolonialverwaltung in Nairobi wurde ein Vermarktungsamt gegründet, das nach mehreren Änderungen der Organisation und der Bezeichnung heute als „The Livestock Marketing Division" (L.M.D.) bezeichnet wird und dem Veterinary Department der Regierung von Kenya untersteht. Der Aufgabenbereich dieses Amtes wird durch den Regierungsauftrag klar umrissen, den die African Livestock Marketing Organization 1952 erhielt, bevor das Amt den jetzigen Namen erhielt:

„The main function of A.L.M.O. is to organize, sponsor and encourage, in close collaboration with the local Administration, the maximum outlets within Kenya for the sale of African stock produced in the Pastoral Reserves with the object of reducing overstocked areas to the carrying capacity of the land and removing the natural increase from those areas which are not overstocked, thus maintaining stability of stock population. In carrying out this primary function, A.L.M.O. shall have regard to the statutory responsibilities of the Kenya Meat Commission for maintaining meat supplies for the urban population of the Colony, the armed Forces and for the supply by contract to large employers of labour. Priority of supplies of stock will therefore be given to the Commission up to the numbers required for these purposes. It is not the intention that the stock legitimately required for fresh meat consumption in the African consuming areas of Kenya should be directed away from such areas by A.L.M.O. for the purpose of maintaining an export outside the Colony either of fresh or canned meat[30]).“

Die Landwirtschaftsverwaltung hatte schon in früherer Zeit Viehmärkte in den Subsistenz-Weidewirtschaftsgebieten errichtet und Auktionstage festgesetzt. Durch die Grazing Control Rules wurden, wie geschildert, die Hirten angehalten, Vieh zu verkaufen. „The Crop Production and Livestock (Livestock in Controlled Areas) Rules, 1958 (Legal Notice 199/58)“ regelte die Einrichtung von Committees, die jedes überweidete Gebiet eines Distriktes zur „controlled area“ erklären können, in denen der Viehbestand begrenzt werden muß. Es ist leicht einzusehen, daß es eine sehr schwierige Aufgabe ist, die Hirten zum Viehverkauf zu veranlassen, wenn man in Betracht zieht, welche Rolle das Vieh in ihrem Leben spielt. Der Wunsch nach Bargeld zur Bezahlung der Steuern, der „grazing fees“, falls diese zu entrichten sind, sowie für den Kauf von Nahrungsmitteln und Gebrauchsgütern ist geringer als der Wunsch, den Viehbesitz zu erhalten oder zu vergrößern. Deshalb ist sicher auch bei anderen Hirtenstämmen zu beobachten, was R. BAKER (1968, S. 219) von den Karamojong berichtet: Bei höheren Viehpreisen verkaufen die Hirten weniger Vieh als bei niedrigen.

Eine weitere schwierige organisatorische Aufgabe ist die Bewegung des Viehs aus den Subsistenz-Weidewirtschaftsgebieten in die Verbrauchs- bzw. Verarbeitungszentren. Das Vieh wird über weite Strecken auf behördlich festgelegten Viehtriftwegen getrieben. SPINKS (1966, S. 114) hat die Triftwege Kenyas skizziert. Im nördlichen Teil des Arbeitsgebietes treffen die aus nordwestlichen bis nordöstlichen Richtungen kommenden Viehwege in Nanyuki zusammen, wo das Vieh mit der Bahn zur Fleischkonservenfabrik am Athi River in der Nähe von Nairobi transportiert wird. Weitere Triftwege führen aus dem Distrikt Narok in die Central Nyanza und South Nyanza Province und nach Tanzania, sowie aus dem Distrikt Kajiado in die dicht besiedelte Central Province, nach Tanzania und zur obenerwähnten Fleischkonservenfabrik. Die Viehtriftwege aus Karamoja treffen sich in Iriri an der Grenze zwischen den Distrikten Karamoja und Teso. Von dort führt ein Triftweg nach Soroti, wo das Vieh mit der Bahn nach Kampala und Jinja, in bescheidenerem Umfang nach Mbale transportiert wird (R. BAKER 1968, S. 221; Skizze der Auktionsplätze und Viehtriftwege in Karamoja S. 213, ATLAS OF UGANDA 1967, S. 57).

---

[30]   COLONY AND PROTECTORATE OF KENYA 1960: Report of the Committee on the Organization of Agriculture, S. 95.

Naturbedingte Schwierigkeiten in den semi-ariden Gebieten behindern die Viehvermarktung schwer. An den Triftwegen müssen für das Vieh, das bis zu mehreren Wochen unterwegs ist, Wasser- und Weideplätze sowie Koppeln für die Nachtzeit vorhanden sein. Daher ist der Viehtrieb von Niederschlägen bzw. von den Regenzeiten abhängig. Bei Auftreten von Seuchen müssen ganze Gebiete unter Quarantäne gestellt werden, und aus Sicherheitsgründen werden die Tiere vor oder auf dem Transport in Quarantänekoppeln gehalten. Im Samburu-Distrikt, um nur ein Beispiel zu nennen, mußten 3 000 Rinder wegen Maul- und Klauenseuche 1962 von April an das ganze Jahr über auf einer Quarantäne-Koppel bleiben[31]. Auf dem langen Weg zu den Verbrauchs- bzw. Verarbeitungszentren verliert das Schlachtvieh an Gewicht und Wert. Groß ist das Risiko, daß ein Teil des Viehs unterwegs verendet. Bis jetzt gibt es nur wenige mobile Schlachthöfe (field abattoirs) mit sehr begrenzter Kapazität, in denen das Schlachtvieh in den Subsistenz-Weidewirtschaftsgebieten geschlachtet und verwertet werden kann. Gegenwärtig werden schätzungsweise in den Subsistenz-Weidewirtschaftsgebieten nur 9 %, in den Weidewirtschaftsgebieten der Large Farm Areas dagegen 19 % des Viehbestandes jährlich verkauft oder konsumiert. Die an die Kenya Meat Commission gelieferten Schlachtrinder aus den Large Farm Areas hatten 1959—64 im Durchschnitt ein Schlachtgewicht von 210 kg, die aus den Subsistenz-Weidewirtschaftsgebieten dagegen nur von 126 kg[32].

Wie die Regierung von Kenya die Entwicklung der Subsistenz-Weidewirtschaftsgebiete beurteilt, geht aus dem folgenden Zitat[33] hervor:

> „Kenya's range country at present constitutes both a liability and an asset. Outside the 2,6 million acres of rangeland developed successfully under commercial ranches, increases in human and stock population have not been matched by social and technological advances. Over-grazing and other forms of mismanagement have led to bush encroachment and a reduction in grass vigour, with the result that famine relief is becoming an increasing commitment in certain areas. Thus, in the difficult year 1961/62 several million pounds was distributed as famine relief in the range areas. This state of affairs has arisen partly as a result of the fact that public resources for agricultural development have in the past been directed principally to areas of high potential for arable agriculture. The Government is now determined to rectify this imbalance, and will undertake major investments in the range areas during the Plan period."

11   Weidewirtschaft und Ackerbau am Beispiel der Nandi und Kipsigis (Ackerbau ist gegenüber der Weidewirtschaft von geringerer Bedeutung)

Die Areale 1101 bis 1103 in der agrargeographischen Karte des Verfassers sind dünn besiedelte Grenzgebiete des Regenfeldbaus, in denen die Entwicklung der Flächennutzungsstile behindert wird. Die schnelle Erschöpfbarkeit der Böden zwingt die Bauern, die Felder nach kurzer Nutzungsdauer zu wechseln. Die Unzuverlässigkeit

---

[31] REPUBLIC OF KENYA: DEPARTMENT OF VETERINARY SERVICES. Annual report 1962, S. 98
[32] REPUBLIC OF KENYA 1966: Development plan 1966—1970, S. 134.
[33] REPUBLIC OF KENYA 1966: Development plan 1966—1970, S. 134.

der Niederschläge und ihre geringe Menge führen zu häufigen Mißernten, so daß die Bevölkerung über lange Perioden allein vom Viehbesitz leben muß. Wanderfeldbau ohne Schutz gegen Bodenerosionen hat an den Abhängen der Cherangani Hills und des Elgeyo Escarpments sowie an den Kamasia Hills große Schäden angerichtet und die geringe Tragfähigkeit weiter eingeschränkt. Im Areal 1101 wird auf kleinen Flächen Bewässerungsfeldbau betrieben (HECKLAU 1970, S. 475 ff.), und stellenweise sind die Bauern in den Arealen 1101—1102 zu semipermanentem Ackerbau übergegangen, wo sie in geringen Mengen auch hochwertige Verkaufsfrüchte wie Kaffee und Pyrethrum anbauen. Eine Untergliederung der genannten Gebiete ist im Maßstab 1 : 1 000 000 nicht möglich. Wegen der großen Höhenunterschiede auf kleinem Raum sind jedoch die ökologischen Bedingungen und damit die Anbauverhältnisse verschieden.

Das große Areal 1103 wird vorwiegend von den Kamba, Meru und Embu, die in den benachbarten Bauerngebieten siedeln, als Weideland genutzt. Familienangehörige oder angestellte Hirten lassen die Herden weitab von den Bauernbetrieben grasen. Auf dem Yatta-Plateau hat bereits die Kolonialverwaltung große Umtriebsweidewirtschafts-Programme eingerichtet. Hier und da wird jedoch im übrigen Gebiet primitiver Wanderfeldbau betrieben, im Norden vor allem von den Tharaka (HECKLAU 1967, S. 139). Auch dieses Areal hätte man in einem größeren Maßstab noch feiner gliedern können. Problematisch ist die Klassifizierung des Areals 1100 als Gebiet mit Wanderfeldbau. Hier sind deutlich Übergänge zum semipermanenten Anbau zu erkennen. Das Areal wird auch von den Bauern in Süd-Mengo (Areal 1220) genutzt, indem sie ihre Herden — oft auch als Gemeinschaftsherden mehrerer Eigentümer — von angestellten Bahima-Hirten weiden lassen.

Wegen der geringen wirtschaftlichen Bedeutung der Areale 1100—1103 und der aus ökologischen Gründen begrenzten Entwicklungsfähigkeit sollen sie hier nicht ausführlicher beschrieben werden[34].

In den Arealen 1110 und 1111, den Siedlungsgebieten der Nandi und Kipsigis dagegen, sind die Flächennutzungsstile typische Übergangsstadien einer Entwicklung von der Subsistenz-Weidewirtschaft mit geringem Anbau zu immer stärker betontem Ackerbau bei Seßhaftwerdung der Bevölkerung. Diese Entwicklung hat es in prä- und frühkolonialer Zeit auch bei anderen Stämmen gegeben, und zwar bei den Lango, Teso und Luo, sowie bei Angehörigen der Elgeyo, Marakwet und Pokot, soweit sie in Gebieten leben, deren ökologische Ausstattung den Ackerbau erlaubt, während die übrigen Mitglieder der Stämme in den Trockengebieten die Subsistenz-Weidewirtschaft beibehalten. Dieser Übergang von der hochgeachteten Viehhaltung zum verachteten Ackerbau war häufig eine harte wirtschaftliche Notwendigkeit, oft ausgelöst durch katastrophales Viehsterben oder sich langsam herausbildend als Folge des Bevölkerungswachstums und der damit einhergehenden Landknappheit, wie man das in den letzten Jahrzehnten deutlich bei den Nandi und Kipsigis beobachten konnte. Die Ackerbau treibenden Hill

---

34) Die Probleme der Areale 1101, 1102 und 1103 werden ausführlich unter anderem in dem Werk von DE WILDE 1967, Band II behandelt. Siehe dort die Kapitel über die Distrikte Machakos S. 84 ff., Baringo und Elgeyo-Marakwet S. 157 ff.

Suk (Pokot) trachteten nach BEECH (1911, S. 4) danach, möglichst so viel Vieh zu erwerben, daß sie wieder zum Hirtenleben in der Ebene bei den Plain Suk zurückkehren
können, und nach HERSKOVITS (1926, S. 260) blicken die Hirten-Suk auf die Ackerbau
treibenden Suk wegen deren Mangel an Vieh herab.

Bei den Nandi und Kipsigis vollzog sich der Übergang von der Subsistenz-Weidewirtschaft mit untergeordnetem Wanderfeldbau zum semipermanenten Ackerbau während der
Kolonialzeit. Er wurde von der Kolonialverwaltung indirekt oder direkt gefördert und
ist gut zu verfolgen. Deshalb soll dieser Wechsel der Lebens- und Wirtschaftsform
exemplarisch ausführlicher dargestellt werden.

110 Die Hirten-Bauern-Bevölkerung

Die Nandi und Kipsigis waren vor der Errichtung der Pax Britannica in Kenya nicht
weniger kriegerisch als die Masai. Die Briten unternahmen fünf Strafexpeditionen gegen
die Nandi, deren letzte 1905 bis 1906 den Landfrieden erzwang. Die in der Nähe der
Bahnlinie Mombasa—Kisumu lebenden Nandi wurden wegen ihrer Übergriffe auf die
Gleisanlagen und die Telegraphenleitung nach Norden evakuiert[35]. Insgesamt verloren

Tab. 3 Bevölkerungswachstum bei den Kipsigis und Nandi 1920—1962

Jahr	Kipsigis in der Native Land Unit bzw. im Distrikt Kericho	Kipsigis außerhalb der Native Land Unit bzw. des Distriktes Kericho	Kipsigis gesamt
1920[a]	62 853	8 238	71 091
1939[b]	keine Angabe	keine Angabe	80 000
1948[c]	152 391	4 820	157 211
1962[d]	285 364	56 407	341 771

Jahr	Nandi in der Native Land Unit bzw. im Distrikt Nandi	Nandi außerhalb der Native Land Unit bzw. des Distriktes Nandi	Nandi gesamt
1931[e]	keine Angabe	keine Angabe	50 440
1945[f]	keine Angabe	keine Angabe	50 340
1948[g]	80 562	32 287	112 849
1962[h]	106 914	63 171	170 085

Quellen: [a] BARTON & JUXON 1923
      [b] PERISTIANY 1939 } zitiert in: HUNTINGFORD 1953 b, S. 40
      [c] EAST AFRICAN CENSUS 1948
      [d] KENYA POPULATION CENSUS, 1962, S. 45 u. S. 66
      [e] ADMINISTRATIVE CENSUS 1931
      [f] VETERINARY DEPARTMENT CENSUS, 1945 } zitiert in: HUNTINGFORD 1953 b, S. 19
      [g] EAST AFRICAN CENSUS 1948
      [h] KENYA POPULATION CENSUS, 1962, S. 45 u. S. 76

[35] Vgl. z. B. HOLLIS 1952 in: HUNTINGFORD 1953 a, S. VII.

die Nandi im Laufe der Zeit von ihrem rund 1 200 km² großen Gebiet rund 100 km²
an die früheren sog. „White Higlands".

1905 wurden auch die Kipsigis durch eine Strafexpedition gezwungen, die britische
Protektoratsherrschaft anzuerkennen und Frieden mit ihren Nachbarstämmen zu halten.
Zu diesem Zweck wurde das 570 km² große Gebiet um Sotik als Pufferzone zwischen
den Siedlungsräumen der Kisii und Luo auf der westlichen Seite sowie der Kipsigis auf
der östlichen Seite freigemacht und später an Europäer als Farmland vergeben. Dieses
Land war teilweise Niemandsland zwischen den feindlichen Stämmen, zum Teil nutzten
es die Kipsigis als Weideland. Die Siedlungsgebiete der Nandi und Kipsigis wurden zu
Reservaten erklärt. Im Schutz der Pax Britannica kam es wie in den anderen Reservaten
Kenyas zu einem starken Bevölkerungswachstum, wie *Tabelle 3* zeigt.

Viele Nandi und Kipsigis finden in ihren Heimatdistrikten bereits keine ausreichenden
Existenzbedingungen mehr und sind gezwungen, in andere Gebiete Kenyas auszu-
wandern. Die meisten Nandi und Kipsigis gingen in die früheren White Highlands, die
heutigen Large Farm Areas, wo sie als Viehhirten zeitweise oder dauernd arbeiten, oder
sie siedeln dort als Squatter auf Farmen, denen sie sich als Arbeitskräfte zur Verfügung
stellten, sofern sie nicht illegal in den Großfarmgebieten siedeln. Fast 4 000 haben
sich im Norden und Westen des ackerbaulich nutzbaren Teils des Masai-Distriktes Narok
festgesetzt und machen dort den Masai das Land streitig, wie weiter oben dargestellt
wurde. *Tabelle 4* zeigt, wie groß die Anzahl der Nandi und Kipsigis 1962 war, die
außerhalb ihrer Heimatdistrikte in anderen Verwaltungseinheiten Kenyas lebte. Seither
hat sich die Einwanderung in den benachbarten Distrikt Uasin Gishu durch die Nandi
wesentlich verstärkt, wie Beobachtungen im Gelände zeigen.

Tab. 4   Nandi und Kipsigis außerhalb ihrer Heimatdistrikte 1962

Verwaltungseinheit[a]	Nandi	Kipsigis
Kericho	12 804	285 364[b]
North Nyanza	9 819	54
Narok	3 989	16 567
Large Farm Areas:		
Laikipia	4 816	5 990
Naivasha	324	1 703
Nakuru	3 134	25 012
Trans Nzoia	3 893	797
Uasin Gishu	17 492	1 745

Quelle: Kenya Population Census, 1962, S. 45 ff. (Advance report
        of Vol. I & II)

a Verwaltungseinheiten vor der Reform der Verwaltungsgliederung
   1963

b Zum Distrikt Kericho — dem Siedlungsgebiet der Kipsigis — gehören auch die großen Teeplantagengebiete sowie die ehemaligen
   Großfarmen-Gebiete von Sotik.

Im Distrikt Nandi erreichte 1962 die Bevölkerungsdichte Werte zwischen 39 und 97 E./km². Nur im Südwesten steigt die Einwohnerdichte auf 97—193 E./km² an. Auch im Distrikt Kericho liegt in den meisten Zählbezirken die Bevölkerungsdichte zwischen 97 und 193 E./km², in den übrigen erreicht sie zwischen 39 und 97 E./km² (MORGAN 1964). Die Bevölkerungsvermehrung und die Änderung des Wirtschafts- und Lebensstiles der Nandi und Kipsigis hat das Bild der Agrarlandschaft völlig verändert, wie weiter unten noch zu schildern ist.

111   Die ökologischen Bedingungen [36])

Die Siedlungsgebiete der Nandi und Kipsigis weisen gewisse Ähnlichkeiten auf: Beide liegen zwischen 1 500 und 2 000 über dem Meer, haben annähernd Mittelgebirgscharakter und waren ehemals vorwiegend mit Bergregenwaldformen, Savannen und Höhengrasfluren bestanden. Das Siedlungsgebiet der Nandi ist im östlichen Teil leicht gewellt und offen zum Uasin-Gishu-Plateau hin. Im Westen wird es vom Nandi Escarpment, dem South Nandi Forest und im Süden vom Nyando Escarpment begrenzt. Das Gebiet der Kipsigis schließt sich an das große, geschlossene Waldgebiet des Mau Forest und an das Teeplantagen-Areal von Kericho an. Durch das gesunde Höhenklima mit jährlichen Niederschlägen zwischen 1 000 mm in den trockensten und 1 800 mm in den höchsten Lagen sowie durch die fruchtbaren, teilweise aus dem Grundgebirge, teilweise aus vulkanischem Material hervorgegangenen Böden gehören beide Distrikte zu den in ökologischer Hinsicht am besten ausgestatteten Hochlagen Kenyas.

112   Die landwirtschaftlichen Nutzpflanzen

Die Kipsigis und Nandi waren Hirtenstämme, die in ihrer früheren Geschichte möglicherweise gar keinen oder doch nur einen sehr geringen Ackerbau betrieben. Bei den Kipsigis wird die Sage überliefert, daß während einer Hungersnot im Gefolge großer Viehverluste einige Frauen Fingerhirse fanden, die in einem Haufen Elefantendung wuchs. Sie kosteten die Hirse, fanden sie schmackhaft und säten die restlichen Körner aus. Seit dieser Zeit bauen die Kipsigis Hirse an (PERISTIANY 1939, S. 127). Bei beiden Stämmen war Fingerhirse die fast ausschließlich verzehrte Körnerfrucht und der Rohstoff zur Herstellung des viel getrunkenen Hirsebieres. Andere Hirsearten werden nur in trockeneren Gebieten in geringem Umfang angebaut. Seit dem Zweiten Weltkrieg geht der Anbau von Fingerhirse mehr und mehr zugunsten des Maisanbaus zurück. Schon 1919 versuchte der damalige District Commissioner Dobbs bei den Kipsigis Mais im Distrikt Kericho einzuführen, denn die Hirseerträge je Flächeneinheit sind gering,

---

[36]) Eine ausführliche Darstellung der ökologischen Ausstattung ist den oben genannten Kartenblättern der Serie E des AFRIKA-KARTENWERKES zu entnehmen.

ihre Ernte im Vergleich zur Maisernte äußerst mühsam. Aber die Kokwet[37]) begegneten diesen Versuchen mit äußerstem Mißtrauen. Sie verbrannten den Mais, weil sie fürchteten, er mache die Menschen steril[38]). PERISTIANY (1939, S. 128) führt noch weitere Gründe an, weshalb die Kipsigis sich bis Mitte der dreißiger Jahre weigerten, Mais in größerem Stil zu übernehmen. Erst im Zweiten Weltkrieg setzte sich der Anbau von Mais — auch als Verkaufsfrucht — in den beiden Distrikten Kericho und Nandi durch, und zwar unter dem sehr starken Einfluß der Kolonialverwaltung, die den Maisanbau in ganz Kenya zur Versorgung der Truppen und der Bevölkerung propagierte. Heute ist Mais mit sehr großem Abstand vor den wenigen anderen Feldfrüchten in beiden Distrikten das Hauptnahrungsmittel zur Eigenversorgung und die Hauptverkaufsfrucht. Fingerhirse wird nur noch im Distrikt Kericho in nennenswertem Umfang angebaut. Der Anbau geht jedoch auch dort von Jahr zu Jahr zurück, wie dies aus den Agricultural Reports der Jahre 1955 bis 1966 hervorgeht.

Der einseitig auf Mais konzentrierte Anbau von Feldfrüchten geht aus *Tabelle 5* hervor, wenn auch die Zahlen nur als Größenordnungen angesehen werden sollten.

Tab. 5   Anbaufrüchte in den Distrikten Nandi und Kericho 1961

Anbaufrucht	Distrikt Nandi ha	Distrikt Kericho ha
Einjährige Kulturen		
Fingerhirse	200	10 000
Mais	16 000	37 000
Bohnen	500	300
Kartoffeln	40	80
Zuckerrohr	40	80
Gemüse	40	—
Sorghum	—	80
Süßkartoffeln	—	120
andere einjährige Früchte	80	120
Dauerkulturen		
Bananen	40	400
anderes Obst	—	300
Kaffee	40	40
Tee	—	80
Gerber-Akazien	900	1 000

Quelle: KENYA AFRICAN AGRICULTURAL SAMPLE CENSUS 1960/61.
1962, Teil II, Tabellen 181, 187, 213, 219.

Das ökologische Potential beider Distrikte erlaubt eine sehr viel stärkere Diversifikation der Anbaufrüchte. Die traditionelle Anspruchslosigkeit der Bevölkerung im Hinblick auf die Eigenernährung und die mangelhafte, noch in der Entwicklung begriffene Absatzorganisation und die geringen Absatzchancen wirken sich hier aus.

[37]) Kokwet = Ältestenräte
[38]) AGRICULTURAL GAZETTEER. Kericho District, ca. 1955, S. 1

Seit 1955 finden auch die für das Hochland von Kenya so typischen Verkaufsfrüchte wie Kaffee, Pyrethrum und Tee Eingang. Zum Anbau im Jahre 1965 vergleiche *Tabelle 6.*

Tab. 6   Anbau von Tee, Kaffee und Pyrethrum in den Distrikten Nandi und Kericho 1965

Anbaufrucht	Distrikt Nandi ha	Distrikt Kericho ha
Tee	500	900
Kaffee	180	90
Pyrethrum	10	120

Quelle: ANNUAL REPORTS 1965, Departments of Agriculture, Distrikte Nandi und Kericho

Bei der Bewertung dieser bescheidenen Anbauflächen muß man berücksichtigen, daß den Nandi und Kipsigis der Anbau von Tee, Kaffee und Pyrethrum während der Kolonialzeit entweder nicht erlaubt oder nicht genügend bekannt war. Nach MANNERS (1962, S. 507) wurde 1959 nur in zwei begrenzten Arealen des Distriktes Kericho wenigen Kipsigis die Anbauerlaubnis für je 1/3 acre (rund 13,5 a) Tee erteilt, die auf 1 acre (rund 40,5 a) erweitert wurde. Die Landwirtschaftsverwaltung vertrat den Standpunkt, die Kipsigis würden bei unbegrenzter Anbauerlaubnis nur noch Tee anbauen. Das würde ihre Existenz bei niedrigen Preisen oder Ernteausfällen gefährden, wie es sich im benachbarten Distrikt Kisii bei einigen Kleinbauern ereignet habe, die ihr ganzes Land mit Kaffee bebaut hätten. Außerdem seien die Europäer in den benachbarten Teeplantagen weder darauf vorbereitet noch besonders interessiert, große Mengen von Teeblättern zur Verarbeitung in ihren Teefabriken von den Kipsigis zu kaufen. Für die Errichtung einer Teefabrik für die Kipsigis fehlt das nötige Kapital. Dieses Argument gilt weniger für Kaffee, denn Kaffee erfordert nur einfache Verarbeitungseinrichtungen, die auf genossenschaftlicher Grundlage von den Bauern angeschafft werden können. Außerdem kann Kaffee auch als „buni" (luftgetrocknete Kaffeebeeren) verkauft werden. Aber Tee ist für die Kipsigis und Nandi weit vorteilhafter als Kaffee. Denn Tee ist weniger durch Schädlinge gefährdet und geringeren Preisschwankungen unterworfen als Kaffee.

Wegen des Beitrittes Kenyas zum Internationalen Kaffeeabkommen sind der Ausbreitung des Kaffeeanbaues in Kenya Grenzen gesetzt, wie weiter unten noch geschildert wird. Auch der Anbau von Pyrethrum wird durch Anbauquoten und durch niedrige Preise begrenzt. Von den wenigen hundert Bauern, die in den Distrikten Kericho und Nandi Pyrethrum angebaut haben, vernachlässigen viele ihre Pyrethrumfelder, wenn sie andere Erzeugnisse verkaufen können. In beiden Distrikten verfolgte die Landwirtschaftsverwaltung während der Kolonialzeit die Politik, die Kipsigis und Nandi anzuhalten, Früchte für die Eigenernährung in einem angemessenen Verhältnis anzubauen und ausreichende Weideflächen für ihr Vieh zu reservieren. Sie propagierte seit dem

Zweiten Weltkrieg den verstärkten Anbau von Bohnen, und zwar wegen ihres Wertes für die Ernährung der Bauernbevölkerung und für die Bodenpflege. Die Anbauflächen haben sich im Distrikt Kericho von 300 ha im Jahre 1961 auf 3 000 ha im Jahre 1965 vergrößert. Im gleichen Zeitraum stieg die Anbaufläche im Distrikt Nandi von 500 auf 2 000 ha, wenn man voraussetzt, daß die Schätzung der Landwirtschaftsverwaltung größenordnungsmäßig richtig ist. Im Zweiten Weltkrieg wurde auch der Anbau europäischer Kartoffeln in beiden Distrikten eingeführt. Er hat eine wechselvolle Entwicklung genommen. Seine Ausweitung wurde behindert durch geringe Erträge infolge schlechter Anbautechnik und durch die mangelhafte Vermarktung durch indische Händler, die nur geringe Erzeugerpreise zahlten. Absatzschwierigkeiten entstanden auch durch die minderwertige Qualität der Kartoffeln[39]). Gegenwärtig werden Kartoffeln in beiden Distrikten in bescheidenen Mengen angebaut. Sie dienen vorwiegend der Eigenernährung, weniger dem Verkauf.

Ebenfalls während des Zweiten Weltkrieges wurde Weizen im Distrikt Kericho und Anfang der fünfziger Jahre im Distrikt Nandi eingeführt. Er wird meist gemischt mit Fingerhirse gezogen und erreicht nur sehr bescheidene Anbauflächen. Obwohl das ökologische Potential den Weizenanbau in größerem Maße zuläßt, ist seine Kultur schwierig, weil wegen der Rostgefahr stets neue rostresistente Varietäten ausgesät werden müssen.

Zuckerrohr wird von den Kipsigis und Nandi nur in der Nachbarschaft der großen Zuckerrohrplantagen von Muhoroni und Kibori angebaut, wo sie das Zuckerrohr an die Plantagenbetriebe verkaufen können.

Gemüse, wie z. B. Kohl, Zwiebeln, Kürbisse, Karotten, Tomaten und einheimische Gemüsearten werden vorwiegend zur Eigenversorgung der Familie, seltener zum Verkauf in den benachbarten Plantagen- und Großfarmgebieten in den Hausgärten gezogen.

Süßkartoffeln und Kassawa werden in beiden Distrikten sehr wenig angebaut. Für Kassawa liegen beide Distrikte zu hoch. Bei den Kipsigis haben die Luo-Kindermädchen, die von wohlhabenden Kipsigis angestellt werden, die Süßkartoffeln eingeführt, die sie den Kindern zum Essen geben[40]). Im Nandi-Distrikt werden Süßkartoffeln und Kassawa nur im Südwesten angebaut. Anfang der fünfziger Jahre hat die Landwirtschaftsverwaltung in Anbetracht einer drohenden Heuschreckeninvasion Süßkartoffelsenker aus Nord-Nyanza eingeführt und an die Nandi verteilt. Aber die Nandi verfütterten die Senker an das Vieh, so daß der Distrikt Agricultural Officer resignierend feststellte, es sollten keine Anstrengungen mehr unternommen werden, die Süßkartoffeln einzuführen. Bei einem Heuschreckenbefall sollten die Nandi ihr Kleinvieh verzehren und sich zusätzlich von den eßbaren Waldkräutern ernähren, die es in Hülle und Fülle im Nandi Forest gäbe[41]).

[39]) Agricultural Gazetteer. Kericho District 1955, S. 39
[40]) Agricultural Gazetteer. Kericho District 1955, S. 55
[41]) Agricultural Gazetteer. Nandi District 1955, Section I, S. 3

Langsam breitet sich aus den traditionellen Bauerngebieten der Nachbarschaft die Banane in beiden Distrikten aus, ohne daß diese Entwicklung durch die Verwaltung besonders propagiert würde. Überblickt man die Entwicklung der Anbauverhältnisse in den letzten Jahrzehnten, so gewinnt man den Eindruck, daß trotz aller Widrigkeiten eine beachtliche Diversifikation der Anbaufrüchte im Gange ist, wenn auch bis zur Gegenwart das ackerbaulich nutzbare Land bei weitem nicht voll ausgenutzt wird.

113 Die landwirtschaftlichen Nutztiere

Zeburinder, Schafe und Ziegen spielen im Leben der Nandi und Kipsigis eine überragende Rolle, und vieles, was über die Viehhaltung der Subsistenz-Weidewirtschaft treibenden Stämme gesagt wurde, gilt auch für sie. Das Vieh hat für die Ernährung größte Bedeutung. Milch gehört mit zur täglichen Nahrung. Darüber hinaus hat das Vieh große rituelle Bedeutung. Es spielt ferner eine große Rolle als Statussymbol, als Zahlungsmittel bei der Entrichtung des Brautpreises. Als Versicherung gegen Notzeiten erfüllt es die Funktion des Sparkontos. Häufig legten und legen die Nandi und Kipsigis Geld, das sie als Lohn oder Verkaufserlös erhalten, in Vieh an. Vor der Individualisierung des Grundeigentums wurde das Vieh auf dem ackerbaulich nicht genutzten Land gehalten, das sich im Gemeineigentum der Stämme befand. Unter dem Schutz der Pax Britannica und durch die verbesserten veterinärmedizinischen Maßnahmen der Verwaltung gegen Viehseuchen und in der Folge der geschilderten Bevölkerungsexplosion entstand in beiden Reservaten ein Viehbestand, der die Tragfähigkeit des Weidepotentials bei weitem übersteigt.

Tab. 7 Viehbestand im Durchschnitt der Jahre 1961 bis 1964 (ausgenommen "exotic and grade dairy cattle") in den Distrikten Kericho und Nandi

	Rinder	Ziegen	Schafe	GVE./E.
Distrikt Kericho	300 000	31 000	155 000	1,1
Distrikt Nandi	255 000	42 000	91 000	2,5

Quelle: SPINKS 1966, Tab. 11, 12 und 13

Die Verbuschung der Weidegründe und schwere Erosionsschäden waren die Folge. Das einzelne Stammesmitglied konnte unter den gegebenen Bedingungen an einer Reduzierung des eigenen Viehbestandes nicht interessiert sein, wenn es auch die Notwendigkeit der Reduzierung des Viehbesatzes einsah. Es war — verständlicherweise — die Ansicht vorherrschend, „if Jack destocks I will too, but not until he does so", wie P. H. BROWN (1958, S. 25—33) die Einstellung der Nandi kennzeichnete. Ebensowenig konnte der einzelne Weidepflege betreiben, vom Buschbrennen abgesehen, wenn das Land der Gemeinschaft gehört.

Nach der traditionellen Wirtschaftsweise der Nandi und Kipsigis wurde das Vieh über Nacht in engen „Bomas" (Viehkraals) in knietiefem Morast gehalten. Erst spät am Morgen wurde es zur Weide getrieben[42]). Nomadismus war bei den Nandi und Kipsigis nicht üblich, da ihre Siedlungsgebiete ganzjährig Weidemöglichkeiten bieten. Aber viele Nandi pflegten einen Teil ihres Viehs auf dem Uasin-Gishu-Plateau auf dem Weideland europäischer Farmen weiden zu lassen. Teilweise waren sie dazu berechtigt, weil die Weiderechte Teil der Entlohnung waren, die sie als Farmarbeiter erhielten. Oft war die Benutzung der Weideflächen durch die Nandi illegal und führte zu Interessenkonflikten zwischen den Nandi und den europäischen Farmern. Vor allem fürchteten die europäischen Farmer die Übertragung der Maul- und Klauenseuche aus dem Nandi-Reservat in ihr Farmgebiet.

Zu einer tiefgreifenden Änderung kam es gegen Ende des Zweiten Weltkrieges, als bei beiden Stämmen die Individualisierung des Grundeigentums einsetzte. Die Nandi und Kipsigis begannen nun, ihr Vieh auf dem De-facto-Grundeigentum zu halten. Es wurde dadurch die Voraussetzung geschaffen, daß die Familien den Viehbesatz an die Tragfähigkeit ihres Weidelandes anpaßten und zur Vergrößerung und Verbesserung der Weidemöglichkeiten die Verbuschung durch Buschroden bekämpften. Auch die Bodenerosion kann besser eingedämmt werden, wenn die Bauern auf eigenem Land bereit sind, Gegenmaßnahmen, wie z. B. die Verbauung von Erosionsrinnen, in Angriff zu nehmen. Die Bauern wurden von der Verwaltung angehalten, ihr Land durch Hecken einzuhegen, so daß das Vieh nicht mehr über Nacht bis in den späten Morgen hinein ohne Futter in engen Bomas gehalten zu werden braucht. Es findet nun bessere Weidebedingungen in der Kühle der Nacht und am frühen Morgen, wenn das Futter noch naß vom Tau ist[43]). Durch die Haltung des Viehs auf eigenem Grund werden auch die Verbreitung von Tierkrankheiten und der Viehdiebstahl eingeschränkt und erschwert. Das förderte eine weitere Umwälzung in der Viehhaltung der Nandi und Kipsigis: die Einführung europäischer Milchrinderrassen in die Reservate. Da die Milchleistung der einheimischen Rinder sehr gering ist, versuchten die Kipsigis schon gegen Ende der Kolonialzeit von der Verwaltung die Erlaubnis zu erlangen, europäische Milchrinder zu erwerben. Diese Erlaubnis wurde ihnen zunächst verweigert, weil die Verwaltung und die europäischen Farmer meinten, die Kipsigis könnten die weniger krankheitsresistenten europäischen Rinder nicht gesund erhalten. Die Veterinäre fürchteten, weit um sich greifende Seuchen nicht mehr unter Kontrolle halten zu können, die einer ungehinderten Einführung europäischer Rinderrassen in die Eingeborenen-Reservate folgen könnten. Von seiten der Verwaltung konnte diese Sorge durchaus berechtigt sein. Bei den europäischen Farmern trat jedoch zweifellos das Bestreben hinzu, die afrikanische Konkurrenz niederzuhalten. Denn 1958 gaben die Kipsigis rund 360 000 Schillinge für Milch aus, die zum größten Teil auf europäischen Farmen erzeugt wurde. Nur von 114 Kipsigis war bekannt, daß sie Milch in sehr kleinen Mengen verkauften.

---

[42]) AGRICULTURAL GAZETTEER. Kericho District ca. 1955, S. 81, HUNTINGFORD 1953 a, S. 20 u. S. 41, BARWELL 1956, S. 99

[43]) AGRICULTURAL GAZETTEER. Kericho District 1955, S. 81, und BARWELL 1956, S. 99

1960 hatten die Kipsigis ihre Forderungen durchgesetzt, „grade cattle" zu halten. Es kam zu den befürchteten hohen Viehverlusten, bis die Kipsigis lernten, die empfindlichen europäischen Milchrinder besser zu pflegen, d. h. vor allem gegen die Krankheiten übertragenden Zecken zu desinfizieren (MANNERS 1962, S. 510). Ähnlich verlief die Entwicklung bei den Nandi. Allein im Jahr 1966 stieg der Bestand an europäischen Milchrindern im Distrikt Nandi von 6 000 zu Beginn des Jahres auf 10 000 zum Ende des Jahres. Die Zahl der einheimischen Rinder verringerte sich im gleichen Zeitraum von 300 000 auf 260 000[44]).

Die Einführung hochgezüchteter, teurer Milchrinder ist vom wirtschaftlichen Standpunkt aus gesehen nur sinnvoll, wenn die Anschaffung mit eigenen Mitteln finanziert werden kann. Die Erträge aus den Milchverkäufen sind so gering, daß sie oft nicht ausreichen, die Kreditkosten für Darlehen zu decken, wie aus einer Untersuchung ausgewählter Bauernbetriebe im Distrikt Nandi hervorgeht[45]). Auch in der Haltung verbesserter Milchrinderrassen in den Distrikten Nandi und Kericho zeigt sich, daß Produktivitätssteigerungen in afrikanischen Kleinbauernbetrieben nicht nur dadurch behindert werden, daß die Afrikaner erst an neue Produktionsmethoden herangeführt werden müssen, sondern vor allem durch unzureichende Absatzbedingungen und zu niedrige Preise.

114   Die Formen der Bodennutzung

Grabstock und Hacke waren die wichtigsten Werkzeuge der Nandi und Kipsigis zur Bodenbearbeitung beim traditionellen Brandrodungs-Wanderhackbau, der einseitig auf Fingerhirse ausgerichtet war. Daneben bauten die Frauen in den „Hausgärten" einige Gemüsearten an. Die Kultur der Fingerhirse war in das Brauchtum der beiden Stämme eingebettet. Sie spielte in den Mythen eine große Rolle und war von zahlreichen Zeremonien begleitet, die PERISTIANY (1939, S. 131) für die Kipsigis ausführlich beschrieben hat. Seinen Ausführungen wird die folgende Schilderung des landwirtschaftlichen Jahres entnommen, das bei den Nandi etwa gleich abläuft. Im November bis Dezember wurden die Stellen markiert, wo die Hirsefelder angelegt werden sollten. Dort, wo viele Ziegen gehalten wurden, legte man die Felder mehrerer Familien zusammen an, damit sie gemeinsam eingehegt werden konnten. Die Felder wurden nur ein Jahr lang mit Hirse bebaut, dann mußten sie mindestens zwei Jahre brach liegen bleiben, weil die Kipsigis und die Nandi glaubten, Fingerhirse dürfe nur auf frisch gerodetem Land ausgesät werden. Im Januar bis Februar wurde der Busch gerodet und der Rasen losgehackt, zum Trocknen ausgelegt und schließlich in kleinen Haufen verbrannt. Die Asche wurde über die Felder verteilt. Das Säen übernahm bei den Kipsigis ein ganz bestimmter Mann, der im Bereich des jeweiligen Kokwet[46]) lebte.

---

[44]   ANNUAL REPORT. Nandi District 1966, S. 1
[45]   REPUBLIC OF KENYA 1965: Some economic case studies of farms in Nandi and West Pokot Districts 1963—64, S. 57.
[46]   Kokwet = Ältestenrat

Das Saatgut wurde untergehackt, und das zu dieser Zeit bereits wieder aufgegangene Unkraut wurde gejätet. Im Juni bis Juli begann das erste Unkrautjäten nach dem Keimen der Hirse. Vier bis fünf Wochen später folgte ein zweites, langwieriges und gründliches Jäten, das sich über drei Monate hinzog. Im Oktober bis November wurde die Fingerhirse geerntet. An der Ernte beteiligten sich alle Familienangehörigen. Die Ähren wurden mit einem kleinen Messer abgeschnitten, in Körben gesammelt und unter dem Dach der Hütten gespeichert. Die Hauptlast der Feldarbeit trugen die Frauen. Namentlich bei den Kipsigis — weniger bei den Nandi — war gegenseitige Hilfe bei den Feldarbeiten zwischen Verwandten, Freunden oder innerhalb der Mitglieder eines Kokwet üblich. Die meisten Arbeiten wurden entweder durch Hirsebiergelage eingeleitet, begleitet, beendet oder belohnt. Unter dem Einfluß der Kolonialverwaltung und durch den Kontakt, den die Nandi und Kipsigis mit den ins Land gekommenen benachbarten europäischen Farmern fanden, wurde nicht nur die Fingerhirse durch Mais weitgehend verdrängt, sondern mit der Verbreitung des Maisanbaues war auch die Aufgabe des Hackbaus zugunsten des Pflugbaus verbunden. Außerdem, wie an anderer Stelle bereits erwähnt, führte der immer stärker um sich greifende Maisanbau schließlich zur Änderung der Landbesitzverfassung und von der reinen Subsistenzwirtschaft zur partiellen Marktproduktion. Nach MANNERS (1962, S. 504) wurde 1921 der erste Pflug von einem Kipsigis gekauft. Dieser Mann leitete eine neue Epoche ein. Die Zahl der Pflüge stieg bis 1930 auf 400, heute werden die Pflüge schon nicht mehr gezählt. Sie haben sich im ganzen Siedlungsgebiet der Kipsigis durchgesetzt, wenn auch ihre Zahl zur pünktlichen Ausführung der Feldarbeiten nicht ausreicht. Das gleiche gilt für das Gebiet der Nandi, in dem nach HUNTINGFORD (1953 a, S. 20) von 1927 bis 1939 die Zahl der Pflüge von vier auf 250 stieg. Den Anfang im Pflugbau machten diejenigen Bauern, die klug genug waren und es sich leisten konnten, einige Rinder zu verkaufen, um sich einen Pflug anzuschaffen. Man kann sie auch als die ersten einheimischen Unternehmer bezeichnen, denn sie verliehen ihre Pflüge mit den Ochsengespannen gegen Entgelt an ihre Nachbarn. Auf diese Weise wurde die Ausbreitung des Pflugbaus sehr gefördert. Nach dem Zweiten Weltkrieg erwarben besonders wohlhabende Bauern Traktoren. Manche Bauern legten das Geld für die gemeinsame Anschaffung zusammen. Aber der Umgang mit der modernen Technik und ihrer Finanzierung mußte von manchen Bauern teuer bezahlt werden, indem sie ihre Traktoren verkaufen mußten, weil sie die Ersatzteile nicht bezahlen konnten. Auch Inder haben mit Traktoren Kontraktpflügen auf afrikanischen Kleinbauernstellen begonnen[47].

Der Pflugbau und der Anbau von Mais in Form von Monokulturen nahmen im Zweiten Weltkrieg großes Ausmaß an, als die Kolonialverwaltung die Erzeugung von Mais zur Versorgung der Truppen und der Bevölkerung unter den Afrikanern stark propagierte.

Die Kultur des Maises war mit keinerlei Zeremoniell verbunden, und man kann sagen, daß der Ackerbau weitgehend entmythologisiert wurde. Mais durfte im Gegensatz zu Fingerhirse ohne Brache auf dem gleichen Feld Jahr für Jahr angebaut werden.

---

[47]) ANNUAL REPORT. Kericho 1959, S. 13.

Jetzt brauchte man nicht mehr jedes Jahr große Mühen aufzuwenden, um neues Land
zu roden. Man baute so lange Mais auf dem gleichen Feld an, bis der Boden erschöpft
war. Nach 10—12 Jahren blieb schließlich ein struktur- und humusloser Boden zurück,
während der Bauer an einer anderen Stelle ein neues Stück Stammesland unter Kultur
nehmen konnte[48]). Erst nach dem Zweiten Weltkrieg wurde von seiten der Verwaltung
stärker auf bodenpflegerische Maßnahmen geachtet, namentlich auf dem Gebiet der
Bodenerosion. Erfolgreich waren die Bemühungen der Verwaltung jedoch erst nach der
Individualisierung des Grundbesitzes. Von vornherein sahen die Beamten der Landwirtschaftsverwaltung keine Möglichkeit, die Bauern zu veranlassen, steilere Hänge zu
terrassieren. Deshalb wurden die Bauern angehalten, quer zum Hang zu pflügen und in
bestimmten Abständen Grasstreifen als Erosionsschutz stehen zu lassen. Auf kleineren
Bauernstellen wurde den Nandi geraten, Hecken aus Mauritius-Dornen als „anti-erosion
wash stops" anzupflanzen[49]). Die landwirtschaftlichen Jahresberichte der Jahre 1955
bis 1966 legen Zeugnis ab, von den Bemühungen der Verwaltung, die Bauern fortschrittlichen, die Bodenfruchtbarkeit erhaltenden Ackerbau zu lehren und ihnen so den Weg
zur besseren Produktion und zu besseren Lebensbedingungen zu zeigen. Gemessen an
europäischen Verhältnissen, ist die Bodenbearbeitung der Nandi und Kipsigis nachlässig.
Sie geben sich mit niedrigen Erträgen zufrieden, die sie auf entsprechend großen Flächen
erwirtschaften, statt durch intensivere Bodenbearbeitung höhere Erträge auf kleineren
Flächen zu erzielen. Mitte der fünfziger Jahre wird von den Landwirtschaftsbeamten
im Distrikt Kericho der Maisanbau der Kipsigis wie folgt kritisch geschildert: Zur
Vorbereitung der Saat werden die Felder zwei- bis dreimal gepflügt. Trotzdem bleibt
noch Unkraut zwischen den Pflugfurchen stehen. Beim letzten Pflügen folgt die Frau
dem Pflug und wirft das Saatgut in die Pflugfurche. Zwei Pflugfurchen bleiben frei,
dann wird wieder eine Reihe Mais gesät. Das Saatgut wird zu tief gelegt. Dadurch keimt
es zu schwach oder gar nicht. Die Aussaat verzögert sich wegen des Mangels an Pflügen,
wegen Unwissenheit und Nachlässigkeit bis Mai und Juni. Dann ist die Regenzeit zu
weit fortgeschritten, und der Boden ist zu naß und zu kalt. Das erschwert das Keimen
der Saat ebenfalls. Die Saatgutauslese sei mangelhaft. Während der Wachstumsperiode,
die in höheren Lagen 8 bis 9 Monate dauern kann, wird der Mais ein- bis zweimal von
Hand gejätet. Obwohl sich unter der Anleitung der Landwirtschaftsverwaltung die
Reihensaat durchgesetzt hat, nutzen die Kipsigis den Vorteil nicht, ochsenbespannte
Geräte beim Unkrautjäten einzuführen. Die Felder seien in der Regel stark verunkrautet.
Bei der Ernte im November bis Dezember tragen die Frauen die Kolben in Körben zum
Hüttenplatz, wo die Maiskolben in strohgedeckten Speichern gelagert werden. Das ist
ungünstig, weil die Maiskolben dort nur schlecht trocknen und verschimmeln. Ratten,
Mäuse und Insekten richten weitere Ernteschäden an[50]). Nach PERISTIANY (1939, S. 129)
unterschieden die Kipsigis zwischen den Feldern, die von den Frauen betreut wurden
und jenen, die allein von den Männern bearbeitet wurden. Die Erträge der ersteren
dienten ausschließlich der Versorgung der eigenen Familie, während die Männer über

---

[48]) AGRICULTURAL GAZETTEER. Nandi District 1955, S. 8
[49]) AGRICULTURAL GAZETTEER. Nandi District 1955, Section 7
[50]) AGRICULTURAL GAZETTEER. Kericho District 1955, S. 24 ff.

die Erträge ihrer eigenen Felder frei verfügen konnten. Auch diese Sitte wird der Wandlung der Landwirtschaft im Laufe der Zeit zum Opfer fallen. Eine weitere Veränderung der Landbautechnik brachte die Individualisierung des Grundbesitzes mit sich. Als das Land noch Stammeseigentum war, wurde einmal gerodetes Land — wie erwähnt — so lange bebaut, bis es erschöpft war. Dann erst wurde ein neues Feld an einer anderen Stelle angelegt. Jetzt, nach der Individualisierung des Grundeigentums dämmert bei vielen die Erkenntnis, daß die Erträge auf ihrer Bauernstelle schnell sinken werden, wenn sie die Anbaujahre nicht durch Brachjahre unterbrechen. Unter dem Einfluß der intensiven Propaganda der Landwirtschaftsverwaltung setzt sich langsam eine einfache Rotation mit drei Baujahren und drei Brachjahren durch[51]).

Die Verwendung von Kunstdüngern und tierischem Dünger steckt noch in den Anfängen. Die wenigen sog. fortschrittlichen Farmer legen auf ihren Feldern bewegliche Viehkraals an, wo sie das Vieh nachts halten und damit eine gewisse Düngung erzielen. Während der Trockenmonate halten sie das Vieh in überdachten Bomas und füttern es mit Ernterückständen. Der Stallmist wird ebenfalls auf den Feldern verwendet.

Vielfältig sind die Maßnahmen der Landwirtschaftsverwaltung seit Ende der fünfziger Jahre, um die Nandi und Kipsigis mit modernen Landwirtschaftstechniken bekannt zu machen und sie zu fortschrittlichen Bauern zu erziehen. Feldtage, an denen fortschrittliche Bauernbetriebe besichtigt werden, Wettbewerbe, Besuche in den europäischen Farmgebieten und die Entsendung von Bauern zu Fortbildungskursen seien als Beispiele genannt. „Community development officers" organisieren Gruppenarbeit zwischen den Farmern, die sich gegenseitig bei der Buschrodung, der Einhegung der Felder, beim Pflügen und anderen landwirtschaftlichen Tätigkeiten helfen. Die Gruppenarbeit scheint jedoch nicht von Dauer zu sein, vielmehr gewinnt man den Eindruck, daß die Nandi und Kipsigis die individuelle Entwicklung ihrer eigenen Farm vorziehen. Gegebenenfalls stellt man lieber bezahlte Arbeitskräfte ein. Ein Rückschlag in der Entwicklung der Landbautechnik, namentlich im Distrikt Nandi, setzte Anfang der sechziger Jahre ein, als viele der besten Farmer Großfarmen von den Europäern erwarben. 1960 bewarben sich zum Beispiel 100 Nandi um Empfehlungen bei der Landwirtschaftsverwaltung zum Erwerb von Europäerfarmen[52]). Betrachtet man den Stand der Landbautechnik, dann darf man nicht vergessen, daß die Nandi und Kipsigis in wenigen Jahrzehnten einen epochalen Wandel vollzogen haben, der ihren Lebensstil maßgeblich beeinflußt und ihren Lebensraum verändert hat. Von Brandrodungs-Wanderhackbau auf stammeseigenem Land mit Fingerhirse als Hauptfrucht sind sie in kurzer Zeit zu seßhaftem Pflugbau auf individualisiertem Grundeigentum mit Mais als Hauptfrucht übergegangen.

Eine moderne, produktive Landwirtschaft ist jetzt bei den Nandi und Kipsigis im Entstehen begriffen. Aber es bedarf noch großer Entwicklungsarbeit, bis das fruchtbare Land voll ausgenutzt wird.

[51]) AGRICULTURAL GAZETTEER. Nandi District 1955, S. 8
[52]) AGRICULTURAL REPORT. Nandi District 1962, S. 1

115 Die Agrarverfassungen

Die Bodenbesitzverfassungen der eng verwandten Nandi und Kipsigis waren in präkolonialer Zeit sehr ähnlich, und sie haben in der kolonialen und nachkolonialen Zeit eine ähnliche Entwicklung erfahren. Bis etwa zum Zweiten Weltkrieg befand sich das Land in den beiden „Native Reserves" im Besitz der Stämme. Die Kokwet wiesen den Familien jedes Jahr eine neues Stück Land zu, auf dem sie im Zuge des üblichen Brandrodungs-Wanderfeldbaus Fingerhirse anbauten. Denn Fingerhirse mußte — wie erwähnt — nach Auffassung der Nandi und Kipsigis jedes Jahr auf neu gerodetem Land gesät werden. Diese Lebens- und Wirtschaftsform änderte sich im Laufe der Kolonialzeit, und damit mußte sich auch die Bodenbesitzverfassung ändern.

Die Bevölkerungsvermehrung in den fixierten Stammesreservaten führte zu einer immer stärkeren Einschränkung der Bewegungsfreiheit bei der Landzuweisung durch die Kokwet. Die Familien beanspruchten mehr Land, als sie begannen, über den Eigenverbrauch hinaus Mais zum Verkauf anzubauen. Ferner muß man berücksichtigen, daß infolge des extensiven Ackerbaues die Erträge je Flächeneinheit geringer sind. Der Viehbestand hatte sich — wie erwähnt — infolge der Bevölkerungsvermehrung und des verbesserten veterinärmedizinischen Schutzes ebenfalls erhöht. Dagegen wurde das gemeinsame Weideland immer stärker durch den Ackerbau eingeschränkt. Hinzu kam, daß wegen der Überweidung des Weidelandes und wegen des Fehlens wirksamer Weidepflege die Tragfähigkeit des Weidelandes immer mehr sank.

Zum Schutz gegen das Vieh hatten die Familien einzeln oder auch gemeinsam ihre Ackerflächen eingehegt. Mitte der vierziger Jahre begannen die Familien, größere Flächen einzuhegen, und zwar nicht nur Ackerland, sondern auch Brachland zu Weidezwecken. Aus dem Krieg zurückkehrende Askari und von den Europäerfarmen zurückkommende junge Landarbeiter mit neuen Erfahrungen setzten sich schließlich gegen die Kokwet durch, die die private Landnahme zunächst nicht billigten. In wenigen Jahren hatte sich die Individualisierung des Grundbesitzes durchgesetzt, wenn auch nur in der Form des amtlich nicht anerkannten De-facto-Grundeigentums.

Nach Angaben der örtlichen Verwaltungsbeamten in den Verwaltungsberichten scheint die Aufteilung des Landes zwischen den Familien in gegenseitigem Einvernehmen stattgefunden zu haben, ohne daß es zu häufigen Grenzstreitigkeiten gekommen ist. Bei Meinungsverschiedenheiten schlichtete der Kokwet. In den sechziger Jahren trat die Individualisierung in ein neues Stadium: In Übereinstimmung mit der Landeigentumspolitik in Kenya wurde begonnen, den Grundbesitz der Nandi und Kipsigis zu vermarken, zu vermessen und in das Land-Register einzutragen. Damit wird nach europäischem Vorbild eine Landbesitzverfassung geschaffen, die die Voraussetzung für eine landwirtschaftliche Entwicklung nach westlichen Mustern ist.

Die Individualisierung des Grundeigentums und seine Eintragung in das Landregister ermöglicht die hypothekarische Sicherung von Krediten, die zur Entwicklung der kleinbäuerlichen Landwirtschaft erstmalig gegen Ende der Kolonialzeit in Kenya vergeben wurden. 1965 betrug die Summe der gewährten Kredite immerhin schon 834 000 Schillinge.

Die Kredite werden jedoch nicht nur zur Entwicklung von kleinbäuerlichen Betrieben verwendet, sondern auch zu deren Erwerb ausgegeben. Die schleppende Tilgung der Kredite und die Kapitalknappheit behindern die Kreditvergabe zu Entwicklungszwecken. So erhielten z. B. 1966 von den rund 20 000 vorhandenen Kleinbauernbetrieben im Distrikt Nandi nur 3 Kleinbauernbetriebe 11 000 Schillinge und 4 größere Farmer zusammen 90 000 Schillinge Kredit[53].

Die Individualisierung des Grundeigentums hat eine starke Veränderung der Struktur der Agrarlandschaft nach sich gezogen: Die Bauern friedeten auf Geheiß der Landwirtschaftsverwaltungen ihre neuen Besitzeinheiten mit Euphorbien- oder Akazienhecken ein. Da inzwischen die Nandi und Kipsigis zum Pflugbau übergegangen waren — also dadurch mehr oder weniger geradlinig begrenzte Äcker schufen — herrschen auch annähernd geradlinige Besitzgrenzen vor (vgl. *Fig. 7*). Die Bauern strebten an, ihre Besitzeinheiten — wie auch in anderen bergigen Bauerngebieten Ostafrikas — so zu legen, daß sie vom Rücken zum Tal verlaufen. So erhält die Bauernfamilie einen gesunden und luftigen Hüttenplatz auf dem Rücken und Zugang zum Wasser im Tal. Zu Dorfbildungen ist es auch bei den Nandi und Kipsigis nicht gekommen. Beide Stämme bevorzugen — wie die meisten Ackerbauern Ostafrikas — die Einzelsiedlung. Der Abstand zum nachbarlichen Hüttenplatz ist so groß gewählt, daß das Land der Familie in einem Block um den Hüttenplatz liegt. Die meisten Familien haben mehr Land erhalten als sie zur Zeit bei intensivem Ackerbau bewirtschaften können, wie weiter oben dargestellt wurde.

In weidewirtschaftlicher Hinsicht sind zwei Probleme einer Lösung durch die Individualisierung des Grundbesitzes nähergebracht. Die Überweidung des Weidelandes wird verringert, weil der Einzelne auf seinem eigenen Grund den Viehbesatz eher der Tragfähigkeit anzupassen bereit ist. Zum zweiten ist der Grundeigentümer daran interessiert, weidepflegerische Maßnahmen zu treffen.

1939 schrieb PERISTIANY sinngemäß: „Der Anblick eines Tales im Gebiet der Kipsigis darf vom Künstler als malerisch bezeichnet werden ... Meilen und Meilen Busch oder Gras, dann ein dunkler Fleck — ein Feld — und dann zwei braune Punkte — eine Hütte mit Vorratsspeicher, manchmal ein Kraal; dann wieder Busch" (PERISTIANY 1939, S. 126). Wie hat sich das Bild gewandelt! Überfliegt man die Siedlungsgebiete der Kipsigis und Nandi oder betrachtet man die Luftbilder (vgl. *Fig. 7*), dann glaubt man eine blühende Ackerbaulandschaft zu erkennen. Die Beobachtung im Gelände lehrt jedoch, daß von blühendem Ackerbau nicht die Rede sein kann. Aber das „Meer von Busch", das in Landwirtschaftsberichten erwähnt wird, wenn die örtlichen Landwirtschaftsbeamten die Überweidung und den Mangel an Weidepflege beklagen, ist verschwunden. Was viele behördlich angeregte Gemeinschaftsvorhaben nicht vermochten, hat die Individualisierung des Grundbesitzes bewirkt: die Rodung des unproduktiven Busches, der viele Quadratkilometer bedeckte. Was noch aussteht, ist die Intensivierung des Ackerbaues. Sie wird mit der Verknappung des Bodens durch

---

[53] ANNUAL REPORT. Department of Agriculture. Nandi District 1966, S. 8

die anhaltende Bevölkerungsvermehrung erzwungen werden. Noch ist nicht geklärt, in welcher Form der Boden an die Erben weitergegeben wird. Wie in anderen Kleinbauerngebieten Ostafrikas wird sich die Realteilung mit all den bekannten negativen Folgen durchsetzen, wenn nicht wirksame Gegenmaßnahmen ergriffen werden. Bis jetzt gibt es noch keine weit verbreitete Fragmentation des Grundbesitzes (vgl. *Tab. 25*), und die Betriebsgrößenstruktur in den beiden Distrikten zeichnet sich durch das Überwiegen der größeren Betriebseinheiten aus, ganz im Gegensatz zur Central Province. Im Distrikt Nandi ist z. B. die Hälfte aller bäuerlichen Betriebe noch größer als 6 ha. In den ökologisch ähnlich ausgestatteten, dicht besiedelten Gebieten der Central Province ist die Hälfte aller Betriebe bereits kleiner als 2 ha. Die Größe der Betriebe erlaubt den Nandi und Kipsigis noch, die Viehhaltung gemäß ihrer Tradition besonders zu pflegen. Je stärker jedoch die Bevölkerungsdichte ansteigen wird, desto mehr muß der Ackerbau auf Kosten der Viehhaltung ausgeweitet werden, das heißt, daß der Anteil des Weidelandes an der Gesamtbetriebsfläche immer kleiner wird.

Das Bevölkerungswachstum führt zu einer Verkleinerung der Betriebseinheiten und auch in den Siedlungsgebieten der Nandi und Kipsigis kündigt sich an, was in anderen, dicht besiedelten Gebieten Ostafrikas bereits unvermeidlich ist: die Verdrängung einer steigenden Bevölkerungszahl vom Land in ein ungewisses wirtschaftliches Schicksal.

116 Die Stellung der landwirtschaftlichen Betriebe zum Markt

Die Nandi und Kipsigis können ihre Erzeugnisse auf lokalen Märkten verkaufen, soweit sie dort private Käufer finden. Früher haben private, meist indische Händler die landwirtschaftlichen Produkte aufgekauft. Wegen der niedrigen Preise, die sie den Bauern zahlten, und der hohen Handelsspannen, mit denen sie die Verkaufspreise kalkulierten, wurden genossenschaftliche und staatliche Vermarktungsorganisationen in Kenya geschaffen.

Die Kenya Farmers Association und der Nyanza Province Marketing Board kaufen auch in den Distrikten Kericho und Nandi den Mais auf, den die Bauern abgeben. Kaffee und Tee werden über die „co-operative societies" an die staatlichen Vermarktungsorganisationen weiterverkauft, wie weiter unten ausführlicher beschrieben wird.

Vieh wird auf staatlich kontrollierten Auktionsplätzen unter staatlicher Aufsicht versteigert. Als Käufer treten neben privaten Händlern und Fleischern auch die staatliche Kenya Meat Commission auf, so daß die Preise von privaten Händlern nicht manipuliert werden können. In beiden Distrikten wird mehr Schlachtvieh verkauft als von der Bevölkerung in den Distrikten verbraucht werden kann. Für Kericho liegen nur lückenhafte Angaben vor. Für den Distrikt Nandi vergleiche *Tabelle 8*.

In den Distrikten Kericho und Nandi entstand mit der Einführung europäischer Milchrinderrassen ein Überschuß an Milch, der aus den beiden Distrikten ausgeführt werden mußte. Mit dem Ziel, die Absatzmöglichkeiten für Milch zu organisieren,

Tab. 8 Verkäufe von Rindern im Distrikt Nandi

1963	17 871 Schlachtrinder
1964	21 476 Schlachtrinder
1965	23 435 Schlachtrinder

Davon wurden 1965 in andere Gebiete exportiert:

Western Province	1 069 Rinder
Nyanza	121 Rinder
Uasin Gishu District	127 Rinder
Kiambu	323 Rinder
Kenya Meat Commission Eldoret	425 Rinder
Kenya Meat Commission Athi River	100 Rinder
	2 165 Rinder

Quelle: NANDI DISTRICT. VETERINARY DEPARTMENT 1965 Annual report, 1965, S. 10 und Appendix c.

bildeten sich Anfang der sechziger Jahre Absatzgenossenschaften, die die Milch von den einzelnen Mitgliedern sammeln, z. T. entrahmen und an die Molkereien der Kenya Creamery Cooperative weiterverkaufen. Allein im Distrikt Nandi bildeten sich von 1960 bis 1965 sechs Kooperativen, die 1965 zusammen für rund zwei Millionen Schillinge Milch absetzten[54]). Weitere Genossenschaften werden von den Bauern unter der Leitung eines „Co-operative Development Officers" gebildet, sobald das Milchaufkommen genügend groß und die Absatzchancen gesichert sind.

Die niedrigen Erzeugerpreise bieten den afrikanischen Bauern nicht genügend Anreize, die Produktion zu steigern. Es kann angenommen werden, daß der größte Teil der landwirtschaftlichen Produkte in den beiden Distrikten über staatliche oder genossenschaftliche Vermarktungseinrichtungen verkauft wird, die über die gehandelten Produkte Statistiken führen und diese an die Verwaltung weitergeben. Nach den Zahlenangaben des landwirtschaftlichen Jahresberichtes der Landwirtschaftsverwaltung des Nandi-Distriktes 1965 darf geschätzt werden, daß im Laufe des Jahres 1965 abgesetzt wurden:

Schlachtrinder	für	5,5 Mio. Sh.
Milch	für	2,0 Mio. Sh.
Mais	für	2,0 Mio. Sh.
anderes	für	3,0 Mio. Sh.

Das entspricht einem Jahresumsatz von rund 12 Mio. Schillingen im Nandi-Distrikt 1965. Bei einer für das gleiche Jahr angenommenen Bevölkerung von rund 120 000 Einwohnern würde das Pro-Kopf-Einkommen der Nandi aus Verkäufen landwirtschaftlicher Produkte etwa 100 Schillinge (1965 etwa 56,— DM) im Jahr betragen. Außerdem wurde eine nicht quantifizierbare Menge landwirtschaftlicher Produkte wie Mais, Milch,

[54]) ANNUAL REPORT, Department of Agriculture, Nandi District 1965, S. 5

Fleisch, Gemüse u. a. m. erzeugt, die der Eigenversorgung der bäuerlichen Familien dienten oder auf lokalen Märkten unkontrolliert verkauft wurden. Die Zahlenangaben können nur Größenordnungen sein. Die landwirtschaftliche Produktion unterliegt außerdem großen jährlichen Schwankungen infolge von Dürren, Schädlingsbefall und Viehkrankheiten, die den Absatz von Rindvieh zum Erliegen bringen können (Maul- und Klauenseuche!). Trotz all dieser Einschränkungen zeigen diese Zahlen dennoch eines klar und deutlich: Unter den zur Zeit gegebenen Verhältnissen würde selbst eine Verdoppelung der Produktion dem einzelnen Farmer keine so großen finanziellen Vorteile bringen und den Lebensstandard nicht so wesentlich verändern, daß er bereit wäre, dafür große Opfer zu bringen.

12 Ackerbau und Viehhaltung (Ackerbau ist gegenüber der Viehhaltung von größerer Bedeutung)

120 Die Bauernbevölkerung

Die Mehrheit der Ackerbau treibenden Bevölkerung im Arbeitsgebiet gehört zu den traditionellen Bauernstämmen der Bantugruppe. Ihre Siedlungsgebiete werden von den Lebensräumen der nilotischen und nilohamitischen Stämme durchsetzt, die man zu den taditionellen Viehhaltern rechnen kann, bei denen Ackerbau eine mehr oder weniger untergeordnete Bedeutung für die Selbstversorgung hat. Einige dieser Stämme sind — wie oben erwähnt — zu steter Wohnweise und Ackerbau übergegangen. Andere Stämme befinden sich zur Zeit in einem solchen Übergangsstadium.

Es darf angenommen werden, daß die präkoloniale und frühkoloniale Bevölkerungsdichte des Arbeitsgebietes im Vergleich zur gegenwärtigen Bevölkerungsdichte sehr niedrig gewesen ist. Die Errichtung der Pax Britannica über das Territorium, die Unterbindung des Sklavenhandels, Hilfsprogramme bei schädlings- oder dürrebedingten Hungersnöten, die Milderung der Hungersnöte durch die Einführung von schädlings- und dürreresistenten Reservefrüchten, Maßnahmen zum Gesundheitsschutz für Mensch

Tab. 9 Kenya und Uganda: Bevölkerungsentwicklung (in Mio. Einwohner)

	1925	1931	1939	1948	1965	1970	1980	1990	2000
Kenya	2,5	—	3,4	5,3	9,4	10,6	14,7	20,8	30,3
Uganda	—	3,5	—	—	4,9	7,5	—	—	—

Quellen: KENYA POPULATION CENSUS, 1966, vol. III, S. 1—2
         REPUBLIC OF KENYA. Statistical abstract 1966, S. 9
         UGANDA GOVERNMENT. 1965 Statistical abstract, S. 5
         FAMILY PLANNING IN KENYA 1967, S. 4 (Bevölkerungswachstum 1970 bis 2000 bei unveränderter Fruchtbarkeit der Bevölkerung)

und Tier u. a. m. haben in den letzten Jahrzehnten zu einem starken Wachstum der Bevölkerung in Ostafrika geführt.

In präkolonialer Zeit konnten manche Stämme durch Wanderungsbewegungen oder allmähliche Ausdehnung friedlich oder kriegerisch neuen Lebensraum gewinnen. Im Verlauf der britischen Kolonialverwaltung kamen solche Bewegungen — von Ausnahmen abgesehen — zum Stillstand. Die internationalen Grenzen und die Grenzen im Inneren schränkten die Bewegungsfreiheit der Stämme immer mehr ein. In Kenya wurde der Prozeß durch die Errichtung der White Highlands und durch die Reservatspolitik der Regierung noch verschärft. Die Reservate, die die Kolonialverwaltung seit 1906 ausgegliedert hatte, erwiesen sich als zu klein, und die 1932 wegen der Beschwerden der Afrikaner eingesetzte Carter Land Commission untersuchte die Landforderungen der Afrikaner. Aufgrund der Empfehlungen dieser Kommission wurden die Grenzen der Reservate 1939 neu festgelegt. „Once they had been thus adjusted the ethnic boundaries of Kenya were to remain inviolate. The Africans were to be secured for ever both against dispossession and against the voluntary surrender of their heritage. But conversely they were to be debarred for ever from acquiring rights in the remainder of the country" (WRIGLEY 1965, S. 259—260). Eine Folge dieser Reservatspolitik ist die ungleiche Bevölkerungsverteilung in den ackerbaulich nutzbaren Arealen Kenyas, die sich schon in prä- und frühkolonialer Zeit in Ansätzen entwickelt hatte. Auch in Uganda folgt die Verwaltungsgliederung weitgehend ethnischen Grenzen. Bis zur Gegenwart ist die Vermischung der Stämme in beiden Ländern wenig fortgeschritten, wie die Zahlenangaben in den Bevölkerungsstatistiken zeigen[55]. Die Bevölkerungsbewegungen in Kenya, die OMINDE (1968, S. 108 ff.) sehr gründlich beschrieben hat, führten nur in geringem Umfang dazu, daß Afrikaner sich in anderen Stammesgebieten als Bauern niederlassen konnten. Die Wanderungsbewegungen sind vielmehr auf die Städte und die Large Farm Areas gerichtet, wo die Zuwanderer lohnabhängige Beschäftigungen suchen müssen. In Kenya und auch in Uganda wuchs in einigen Stammesgebieten die Bevölkerung über die agrare Tragfähigkeit bei traditioneller Wirtschaftsweise hinaus. Die Wanderungsbewegungen sind zum großen Teil Folgen dieser Entwicklung.

Über die Verteilung der Bevölkerung in Uganda und Kenya um 1960 liegen drei Karten vor[56]. Die Bevölkerungskarte von Uganda zeigt eine deutliche Konzentration der Bevölkerung in den Arealen am Victoriasee und im Areal am Mount Elgon, wo die ökologischen Bedingungen eine hohe Tragfähigkeit erlauben. Die Spitzenwerte liegen in einigen Gombololas bei über 1 000 E./sqm (2 590 E./km²), häufig sind Dichten zwischen 300 bis 1 000 E./sqm (777—2 590 E./km²). Die höchsten Dichten im Arbeitsgebiet liegen in Kenya an den Aberdares mit über 1 500 E./sqm (3 885 E./km²), häufig treten in den Hochlagen Kenyas Bevölkerungsdichten zwischen 500 und 1 000 E./sqm (1 295—2 590 E./km²) auf. Eine sehr gute Übersicht über die wirkliche Verteilung der

---

[55]) Vgl. z. B. KENYA POPULATION CENSUS 1962, advance report of volumes I & II, S. 46 ff.
[56]) Uganda. Population densities by gombololas, UGANDA PROTECTORATE, Uganda census 1959. 1 : 1 250 000
Kenya. Density of population map 1962 von W. T. W. MORGAN. 1 : 1 000 000
Kenya. Population distribution, 1962 von W. T. W. MORGAN. 1 : 1 000 000

Bevölkerung gibt die Karte von MORGAN 1966: „Population distribution, 1962". Ein Vergleich dieser Karte mit der agrargeographischen Karte des Verfassers zeigt deutlich den Zusammenhang zwischen der Bevölkerungsdichte und dem Anteil des jährlich bebauten Landes am Gesamtland der Regionen.

Die steigende Landknappheit führte in einigen Gebieten zur Zersplitterung der Wirtschaftsflächen der einzelnen Familien und zu tiefgreifenden Veränderungen der traditionellen, stammesrechtlichen Bodenbesitzverfassungen. Das übernutzte und unter den veränderten Bedingungen unsachgemäß bearbeitete Ackerland verlor an Ertragsfähigkeit, und die als Folge der Übernutzung auftretende Bodenerosion richtete schwere Schäden in den dichtbesiedelten Bergländern Kenyas an. Der immer größer werdende Anteil des bebauten Landes am Gesamtland schränkte die Weideflächen für das Vieh ein. Die wirtschaftliche Viehhaltung führte zur Überweidung der Brach- und Buschflächen, zur Vegetationszerstörung und -veränderung sowie ebenfalls zur Bodenerosion. Die unausweichliche Folge dieser Entwicklung war die steigende Verschlechterung der Ernährungssituation der Bauernbevölkerung in den übervölkerten Gebieten. Vor diesem Hintergrund muß man die revolutionären Veränderungen in der Agrarlandschaft sehen, die in einigen Gebieten Kenyas stattfinden. Wo der Bevölkerungsdruck weniger groß ist, erstrecken sich die Wandlungsprozesse über längere Zeiträume und haben evolutionären Charakter[57]).

Abgesehen von den Veränderungen, die sich durch die Überbeanspruchung des Bodens ergeben, sind die Wandlungen der Landwirtschaft Ostafrikas nicht von der Bauernbevölkerung selbst ausgegangen. Innovationen wurden in der Regel von der Kolonialverwaltung oder in Einzelfällen von Missionen eingeführt. Die Kolonialverwaltung hat in Extremfällen Innovationen sogar mit Gewalt durchgesetzt. Hier ergeben sich wesentliche Unterschiede zwischen der Landwirtschaftspolitik der Protektoratsverwaltung in Uganda und der Kolonialverwaltung in Kenya. In Uganda wurde die Landwirtschaft seit Beginn dieses Jahrhunderts dadurch entwickelt, daß Verkaufsfrüchte in die bäuerlichen Wirtschaften eingeführt wurden.

In Kenya dagegen wurde zunächst einseitig die wirtschaftliche Erschließung der White Highlands vorangetrieben. Die europäischen Siedler — mit den Spielregeln einer pluralistischen Gesellschaft vertraut — schlossen sich zu Interessengruppen zusammen, deren gewählte Vertreter ihre Wünsche und Forderungen in London und bei der Verwaltung in Nairobi weitgehend durchsetzen konnten.

Neben anderen Autoren hat WAGNER (1940, S. 285—287) den wirtschaftlichen Interessengegensatz zwischen der Gruppe der europäischen Siedler und den Afrikanern betont, der sich daraus ergibt, daß die afrikanischen Bauern Erzeugnisse für den Verkauf produzieren: Die Exportproduktion der Afrikaner konkurriert mit der Exportproduktion der Europäer, und je stärker die Afrikaner für den Verkauf zu angemessenen Preisen produzieren können, desto weniger sind sie bereit, auf den Europäerfarmen zu arbeiten. Von der Arbeitskraft der Afrikaner ist jedoch die wirtschaftliche Existenz

---

[57]) SCHULTZE 1966

der europäischen — und jetzt zum Teil afrikanisierten — landwirtschaftlichen Betriebe in den Large Farm Areas voll abhängig. Die Landarbeiterfrage war wie die Landfrage während der ganzen Kolonialzeit Kenyas ein ernstes und viel diskutiertes Problem. Die Landarbeiterfrage ist inzwischen gelöst, wenn auch nicht auf humane Weise: Seit Jahren leidet das Land unter Arbeitslosigkeit.

Eine Entwicklungspolitik für die Eingeborenen-Landwirtschaft hat es bis zum Ende des Zweiten Weltkrieges in nennenswertem Umfang nicht gegeben. Erst ab 1920 begann die Kolonialverwaltung den Versuch, die „paramountcy of white interest" einzuschränken und eine „dual policy" zur wirtschaftlichen Förderung aller Bevölkerungsgruppen in Kenya zu verwirklichen[58]. Bis zum Ende des Zweiten Weltkrieges wurden in den Eingeborenen-Reservaten jedoch lediglich landwirtschaftliche Verwaltungsbeamte eingesetzt. Die Beamten bemühten sich zwar, die afrikanischen Bauern zu beraten und moderne Landbautechniken zu lehren, aber ihr Einfluß war schon von ihrer geringen Zahl her begrenzt. Zur Herbeiführung tiefgreifender Wandlungen fehlten alle Voraussetzungen. Erst allmählich entwickelte sich eine Infrastruktur, die zur Entwicklung der bäuerlichen Landwirtschaft der Afrikaner notwendig ist. Die europäischen Siedler standen den Bemühungen der Verwaltung um die afrikanische Landwirtschaft feindlich gegenüber. Andererseits fanden die Landwirtschaftsbeamten nur wenige afrikanische Bauern, die bereit waren, ihren traditionellen Lebensstil aufzugeben und neue Techniken sowie Anbaufrüchte einzuführen. Afrikaner, die dazu bereit waren, wurden ihrerseits wieder von ihren weniger fortschrittlichen Nachbarn angefeindet[59].

Im Zweiten Weltkrieg trieb die Bodenzerstörung in einigen Bauerngebieten durch die verstärkte Produktion für die erheblich gewachsene Bevölkerung und zur Versorgung der Truppen unter Beibehaltung der traditionellen Anbaumethoden einer Katastrophe zu. Erst nach dem Zweiten Weltkrieg konnte die Verwaltung Maßnahmen ergreifen, um die fortschreitende Verschlechterung der Produktionsbedingungen der afrikanischen Landwirtschaft aufzuhalten und wieder zu verbessern. MASEFIELD (1962 a) gibt einen Überblick über die Wandlungen in der Landwirtschaft Ugandas von 1945 bis 1960, und L. H. BROWN (1968) schildert die Entwicklung der Landwirtschaft in Kenya im gleichen Zeitraum. Er gliedert sie in

> *recovery phase:* 1945—1950
> *planning phase:* 1950—1955
> *development phase:* 1955—1960.

Von 1946—1962 hat die African Land Development Organization 4 763 751 Pfund in „grant funds" und 1 099 325 Pfund in „loan funds" investiert. Die Publikation „AFRICAN LAND DEVELOPMENT IN KENYA, 1946/1962"[60] gibt einen umfassenden Bericht über „Reconditioning of African Areas and African Settlements". RUTHENBERG (1966 a,

---

[58] Vgl. z. B. DILLEY 1966, S. 279—280
[59] Vgl. z. B. RUTHENBERG 1966 a, S. 3 ff.
[60] COLONY AND PROTECTORATE OF KENYA. MINISTRY OF AGRICULTURE, ANIMAL HUSBANDRY AND WATER RESOURCES 1962: African land development in Kenya 1946—1962. Nairobi.

S. 6 ff.) hat die Entwicklungspolitik in den African Lands von 1946 bis in die frühen fünfziger Jahre zusammengefaßt. Die Ziele dieser Politik waren:

1. Bekämpfung der Bodenerosion durch den Bau von Ackerterrassen in den überbevölkerten Bergländern.

2. Die Umsiedlung von Bauernfamilien aus überbesiedelten Gebieten mit stark erodierten Böden.

3. Einführung von Verkaufsfrüchten, jedoch lag das Schwergewicht noch auf der Verbesserung der Landbautechnik beim Anbau von Früchten zur Selbstversorgung der Bauernbevölkerung.

4. Einführung von Gruppenfarmen und Förderung des Genossenschaftswesens unter dem Einfluß der Labourregierung in England.

Nach RUTHENBERG (1966 a) haben diese Bemühungen die Aktivität der Bauernbevölkerung wenig angeregt, wenn auch gewisse Erfolge erzielt worden sind. Unpopuläre Maßnahmen, wie z. B. der Terrassenbau, trugen mit dazu bei, daß ein Teil der Kikuyu sich am Mau-Mau-Aufstand beteiligte, der die landwirtschaftliche Entwicklung Kenyas erheblich beeinträchtigte. Der Aufstand bewirkte nach RUTHENBERG (1966 a, S. 9—10) jedoch einen völligen Wandel: „The Emergency, furthermore brought drastic changes in the attitude towards African farming. The old agricultural policy which ran under the headline ‚development of the large farm economy first‘ and ‚protection of the African interest in the Reserves within the traditional way of life‘ came to an end. The years 1955 to 1962 were characterized by rapid progress in both farming communities, the European as well as the African. The Emergency gave support to those who for some time already had advocated an active policy of smallholder promotion. The way to develop the economy more rapidly and at the same time to secure properties in the White Highlands was seen not only in suppressing anti-European activities, but also in making the Africans realize the income potential of the land in the Reserves."

Ein neuer Ansatz zur Entwicklung der afrikanischen Landwirtschaft kam im Swynnerton-Plan zum Ausdruck. RUTHENBERG (1966 a, S. 9—10) hat die Ziele dieses Planes skizziert; hier sollen nur einige Stichworte genannt werden, die die kleinbäuerliche afrikanische Landwirtschaft betreffen:

1. Bodenreform

2. Stärkere Betonung der Einführung von Verkaufsfrüchten

3. Ausbau der Infrastruktur (Baumschulen für Kaffee und Tee, Wasserversorgung, Erziehung, Transportwesen, Vermarktung u. a. m.)

RUTHENBERG (1966 a, S. 12) kommentiert die Entwicklung wie folgt: „The smallholder development policies pursued after the emergency resulted in an impressive degree of response from the rural population. Total smallholder production, and in particular market production, increased rapidly (see Tables 2, 3 and 4). Most spectacular was the rise in coffee production from £ 172,000 in 1954 to more than £ 5,000,000 in 1964. Significant progress was made in the production of pyrethrum, tea, sisal, rice, milk, and several other crops. Within an amazingly short period, smallholder market production became a major industry in Kenya."

121 Die ökologischen Bedingungen[61]

Wie die agrargeographische Karte erkennen läßt, erstrecken sich die Ackerbau-regionen von Südosten nach Nordwesten, den Victoriasee im Osten umfassend. Diese Verbreitung ist im wesentlichen bedingt durch die Niederschlagsverteilung im Unter-suchungsgebiet, wenn man von den Forstgebieten, den Höhenlagen über der Anbau-grenze und den vergleichsweise kleinen Flächen absieht, die zwar ackerbaulich nutzbar sind, aber von Hirtenstämmen genutzt werden. Alle Gebiete, die weniger als 20″ (508 mm) Niederschläge empfangen, sind für den Ackerbau ungeeignet. Die Areale mit 20 bis 30″ (508—762 mm) jährlichen Niederschlägen können als Grenzgebiete des Regenfeldbaues betrachtet werden, in denen häufig dürrebedingte Mißernten auftreten. Gebiete mit mehr als 30″ (762 mm) Niederschlag im Jahr gelten als ackerbaulich nutzbar, wenn andere Geofaktoren den Ackerbau nicht ausschließen. Die praktikablen Niederschlagsgrenzen werden in Ostafrika und seinen Nachbargebieten sehr verschieden gewertet. Hinweise darauf hat J. H. SCHULZE 1966, S. 15 gegeben. Variiert wird der Einfluß der Niederschläge auf die landwirtschaftliche Nutzung der Gebiete durch die große Fülle der im Arbeitsgebiet vorkommenden unterschiedlichen Bodentypen mit unterschiedlichen Nährstoffhaushalten, verschiedener Wasserführung und unterschied-licher Tiefgründigkeit. Weiter werden die ökologischen Standortverhältnisse in den verschiedenen Höhenlagen variiert, die im Arbeitsgebiet grob abgerundet von 1 000 bis 5 000 m — also bis über die Anbaugrenze hinaus — reichen.

Abgesehen davon, daß die ökologischen Standortverhältnisse nur die Grenzen der landwirtschaftlichen Nutzung abstecken, kann man doch in einigen Gebieten eine gewisse Höhengliederung des Anbaues klar erkennen. MORGAN (1968, S. 274) hat in einem Diagramm die Unter- und Obergrenzen der wichtigsten in Ostafrika angebauten Nutzpflanzen zusammengestellt.

Grundsätzlich kann festgestellt werden, daß die Areale mit sehr günstigen ökologi-schen Bedingungen sehr dicht besiedelt sind. Es sind dies die in der Karte ohne gelbe Farbstreifen dargestellten Flächen am Victoriasee, am Mount Elgon und in den Hoch-lagen von Kenya. Die Landknappheit hat hier bereits ernste Formen angenommen. Weniger dicht besiedelt sind die übrigen Ackerbaugebiete mit geringerem ökologischen Potential. Trotzdem ist wegen der geringeren Tragfähigkeit bei der zur Zeit herr-schenden Wirtschaftsweise in einigen Arealen die Landnot bereits ebenso groß, wie in den dichtbesiedelten Gebieten. Das gilt insbesondere für den Siedlungsraum der Teso, der Luo und der Kamba.

Im Landwirtschaftsministerium von Kenya hat man gegen Ende der Kolonialzeit für die landwirtschaftliche Planung alles Land, das den Afrikanern für landwirtschaft-liche Zwecke zur Verfügung stand, in „land use categories" eingeteilt. Diese Einteilung vermittelt einen guten Überblick über das Agrarpotential (s. *Tab. 10*).

---

[61] Es würde den Rahmen dieser Publikation überschreiten, im einzelnen auf die Geofaktoren einzugehen, die die ökologische Ausstattung des Arbeitsgebietes bilden. Es sei auf die ein-schlägigen Kartenblätter der Serie E des AFRIKA-KARTENWERKES verwiesen.

Tab. 10 Kenya: Landwirtschaftlich nutzbares Land, gegliedert nach dessen Ertragsfähigkeit
1960/61

A. *High Potential with adequate rainfall (35" and above)*
  (i) Very High Potential Land, with adequate rainfall, good deep soils and
      moderate temperatures (Kikuyu—Star Grass Zones).
  (ii) High Potential Land as above, but too cold to grow two crops per year.
  (iii) Land with adequate rainfall and deep soil but with a soil fertility problem or
      poor drainage.
  (iv) Land with adequate rainfall but with shallow soil unsuited to arable agri-
      culture.

B. *Medium Potential (25"-35" rainfall)*
  (i) With good deep soil suited to agriculture.
  (ii) With soil fertility problem or with poor drainage.
  (iii) With shallow soil unsuited to arable agriculture but suited to grazing.

C. *Low Potential (20"-25" rainfall)*—suited only to ranching except under irrigation.

D. *Nomadic Pastoral (less than 20" rainfall)*—suitable only to poor quality ranching
or wild life exploitations (latter probably best).

The distribution of these classes of land within each province is set out in following
Table.

ANALYSIS OF LAND USE CATEGORIES IN NON-SCHEDULED AREAS BY PROVINCE

Square Miles.

	Ai	Aii	Aiii	Aiv	Bi	Bii	Biii	C	D	Total
Central	1,784	—	234	104	1,058	156	194	2,782	—	6,312
Nyanza	4,192	—	399	1,297	809	755	636	—	—	8,088
Southern	435	—	—	—	1,108	1,177	1,190	4,179	3,861	11,950
Masai[a]	1,535	1,023	485	987	520	—	—	3,618	6,548	14,716
Rift	1,277	345	291	224	1,343	455	1,195	1,491	754	7,375
Coast	445	—	474	643	425	601	679	2,640	14,994	20,901
Northern	—	—	—	—	15	—	—	130	121,727	121,872
	9,668	1,368	1,883	3,255	5,278	3,144	3,894	14,840	147,884	191,214

[a] Masai is in fact Kajiado and Narok Districts of Southern Province but it is convenient for this
purpose to treat the area separately from the rest of Southern Province—Machakos and Kitui
Districts

Quelle: KENYA AFRICAN AGRICULTURAL SAMPLE CENSUS, 1960/61, Part. I, S. 2.

122 Die landwirtschaftlichen Nutzpflanzen

Die traditionellen Hauptsubsistenzfrüchte der afrikanischen Bauernbevölkerung waren
in den meisten Arealen des Arbeitsgebietes verschiedene Hirsen und Leguminosen. In
den Arealen am Victoriasee und im Areal am Mount Elgon sind Kochbananen das
Hauptnahrungsmittel. Die Verbreitung der Subsistenzfrüchte wird von der Tradition
der Bauernstämme und von den ökologischen Bedingungen bestimmt, die in Abhängigkeit von der Höhenlage, den Bodenverhältnissen und den Niederschlägen bestimmte

Anbaugrenzen setzen, wie weiter unten beschrieben wird. Ganz erheblich hat die Landwirtschaftspolitik der Protektoratsverwaltung von Uganda und der Kolonialverwaltung von Kenya die Artenverhältnisse der von der Bauernbevölkerung angebauten Nutzpflanzen verändert. In Kenya haben unter diesem Einfluß die Afrikaner die Hirsen weitgehend durch Mais als Hauptnahrungsmittel ersetzt. Andere Anbaufrüchte zur Eigenversorgung der Bauernbevölkerung wurden entweder eingeführt oder in der Verbreitung gefördert. In noch viel stärkerem Maße wurde die Landwirtschaft der Bauernbevölkerung durch die Einführung früher in Ostafrika wenig oder gar nicht bekannter Verkaufsfrüchte verändert. Baumwolle und Kaffee haben Zehntausende von Bauernfamilien den Anschluß an die Geldwirtschaft ermöglicht und namentlich in Uganda ein für afrikanische Verhältnisse wohlhabendes Bauerntum geschaffen. Auch Tee und Pyrethrum sowie in geringerem Maße Sisal werden von den Bauern angebaut. Jedoch kann vor allem die Überschußproduktion an Subsistenzfrüchten — in Kenya in erster Linie Mais — von den Bauern verkauft werden, so daß man nicht mehr genau zwischen Subsistenz- und Verkaufsfrüchten unterscheiden kann, wie das bisher üblich war. Grundsätzlich kann man heute sagen, daß fast alle Bauernfamilien nicht mehr allein für die Selbstversorgung landwirtschaftliche Erzeugnisse anbauen, sondern daß sie je nach dem Ausfall der Ernte einen mehr oder weniger großen Teil ihrer Produktion verkaufen. Zur besseren Versorgung der Bevölkerung, zur Hebung des Lebensstandards und zur Sicherung des Absatzes der Exportfrüchte wird angestrebt, die landwirtschaftliche Produktion der afrikanischen Bauern weiter zu diversifizieren.

Bananen

Die Banane ist wie die meisten landwirtschaftlichen Nutzpflanzen in Ostafrika nicht autochthon. Es herrscht keine Übereinstimmung in den Auffassungen, zu welcher Zeit und auf welchen Wegen die Banane aus ihrem Ursprungsgebiet in Ostasien nach Ostafrika gelangt ist, wie die Ausführungen von WAINWRIGHT (1952, S. 145—147) und MCMASTER (1963, S. 163 ff.) zeigen. Doch offenbar werden die Bananen seit vielen Jahrhunderten in Ostafrika angebaut, und im Arbeitsgebiet nehmen sie einen festen Platz in der Kultur der Baganda und Basoga und bis zu einem gewissen Grade auch bei den Bagisu ein, die die Kernräume des Bananenverbreitungsgebietes bewohnen. Man schätzt, daß es heute etwa 50 verschiedene Varietäten in Ostafrika gibt, die nach BAKER & SIMMONDS (1951, S. 288 und 1952, S. 69)[62] in der Mehrzahl von *Musa acuminata* abgeleitet werden, mit einigen Ausnahmen, wie z. B. der roten Kochbanane, die eine Variation der *Musa balbisiana* ist. Üblicherweise teilt man in Uganda die Bananen nach dem Verwendungszweck in vier Gruppen ein[63]. Die wichtigste Gruppe für die Ernährung ist die Kochbanane, deren Anteil an der Gesamt-Staudenzahl des Haines eines Haushaltes in den Kernräumen etwas über die Hälfte beträgt[64]. Die relativ großen grünschaligen Früchte müssen gekocht werden und ergeben einen stark

---

[62]) Zitiert in MCMASTER 1962, S. 42
[63]) Vgl. auch PARSONS 1960 b, S. 27 ff.
[64]) HAIG 1940, S. 112

kohlehydrathaltigen, aber protein- und fettarmen Brei, der in Buganda als Matoke bezeichnet wird. Etwa ¹/₄ bis ¹/₃ der Staudenzahl des Bananenhains eines Haushaltes entfällt auf sogenannte Bierbananen, die man vorwiegend zum Bierbrauen verwendet, die man jedoch auch als Trockenfrüchte lagern und als Nahrungsmittel verzehren kann. Der Rest sind sogenannte Röstbananen und die dünnschaligen, kleinwüchsigen, sehr süßen Dessert-Bananen, die auch außerhalb der Kernräume im Arbeitsgebiet angebaut und auf lokalen Märkten verkauft werden. Die Bananenblätter lassen sich außerdem vielfältig verwenden, wie zum Beispiel zum Einwickeln von Gegenständen, zum Herstellen von Körben und Flechtwerk, zum Dachdecken, zum Gewinnen von Bast zum Binden und zu vielem anderen mehr (THOMPSON 1934, S. 116—119). Heute werden diese „Nebenprodukte" mehr und mehr durch Industrieerzeugnisse verdrängt. Zum Dachdecken verwendet heute kaum jemand noch Bananenblätter, sondern Wellblech. Eine Reihe von Vorzügen der Bananenkultur gegenüber dem Körnerfruchtbau sind die Ursachen dafür, daß sich der Bananenbau als äußerst stabil erwies, als unter dem Einfluß der Kolonialverwaltung neue landwirtschaftliche Nutzpflanzen und vielerlei Veränderungen in der traditionellen Landwirtschaft der Afrikaner in Ostafrika einge-führt wurden. Ihre Anbauflächen haben sich sogar vergrößert.

Die Bananenstauden werden durch Wurzelschößlinge vermehrt. Einmal angepflanzte Stauden treiben 30 bis 50 Jahre lang neue Schößlinge, und bei geschickter Behandlung kann ein Bananenhain unter günstigen ökologischen Bedingungen fast das ganze Jahr über den Haushalt mit Bananen versorgen. Nur bei Trockenheit wird die Produktion unterbrochen. Der Arbeitsaufwand ist im Vergleich zum Körnerfruchtbau sogar dann noch sehr gering und ohne saisonale Arbeitsspitzen, wenn die Bananenhaine gut gepflegt werden. Die meisten Bananenpflanzungen werden jedoch nur nachlässig bearbeitet. Sie sind stark verunkrautet, und man könnte auf kleineren Flächen bei besserer Pflege höhere Erträge ernten, so daß in den dichtbesiedelten Kernräumen Anbauflächen zur Produktion von anderen Nutzpflanzen frei würden[65]). Nach JAMESON (1958, S. 67—69)[66]) liegt der durchschnittliche Jahresertrag eines Bananen-haines bei 6¹/₂ t/ha, bei schlecht gepflegten Hainen auch darunter. Diese durchaus steigerungsfähigen Hektarerträge erlauben schon jetzt eine hohe Tragfähigkeit rein kleinbäuerlicher Bevölkerung ohne wesentlichen Nebenerwerb. Die Kernräume der Bananenverbreitung gehören deshalb mit zu den am dichtesten besiedelten Gebieten Ostafrikas. Am Elgon (Areal 1211) wurden z. B. 1959 in einigen stadtfernen Gombo-lolas Spitzenwerte von über 1 000 Einwohner je Quadratmeile (368 E./km²) erreicht[67]). In den genannten Kernräumen der Bananenverbreitung im Untersuchungsraum prägen ausgedehnte Bananenhaine das Bild der Agrarlandschaft. Am Victoriasee dürfte die durchschnittliche Anbaufläche je Steuerzahler etwa 1 acre Bananen betragen (McMASTER 1962, S. 46). Die Haine sind jedoch häufig mit anderen landwirtschaftlichen Nutz-pflanzen unterbaut oder durchsetzt und werden oft durch Brach- und Buschland

---

[65]) AGRICULTURAL PRODUCTION PROGRAMME 1967, S. 5
[66]) Zitiert in McMASTER 1962, S. 46
[67]) Population densities by gombololas 1959 census; Bevölkerungsdichtekarte von Uganda 1 : 1 250 000. UGANDA PROTECTORATE, Uganda census 1959.

unterbrochen. Die Kulturpflanzengesellschaften in den Kernräumen der Bananen-verbreitungsgebiete sind der Legende der Karte der Flächennutzungsstile zu entnehmen.

Die Bananen finden in den Kernräumen die erforderlichen guten Wachstumsbedin-gungen: tiefgründige, nährstoffreiche Böden mit guter Wasserführung und reichliche, fast über das ganze Jahr verteilte Niederschläge. Die geschlossenen Bananenhaine bilden gegen heftige Niederschläge und intensive Sonneneinstrahlung einen guten Boden-schutz. Die Afrikaner, die dem Rat der Landwirtschaftsverwaltung folgen und den Boden in den Bananenhainen mit abgeernteten Bananenstauden oder Elefantengras abdecken (mulchen), fördern die Bildung einer guten Krümelstruktur und verhindern den Unkrautwuchs und die Bodenabtragung.

Die in die europäischen Länder importierten Dessert-Bananen gelten als typische Früchte der tropischen, feuchten Tiefländer, und nach OCHSE (1966, Bd. 1, S. 382) wird ihr Anbau über 1 000 m über dem Meeresspiegel nicht empfohlen. Die Anbauareale der ostafrikanischen Bananenvarietäten liegen jedoch am Victoriasee um 1 200 m, und am Elgon reichen dichte Bananenhaine bis knapp unter 2 000 m ü. d. M. Außerhalb der Kernräume wird die Banane meist nicht in geschlossenen Hainen, sondern in kleinen Gruppen oder Horsten, oft in der Nähe des Hüttenplatzes, angebaut. In marginalen Anbaugebieten werden sie häufig in flachen Gruben gezogen, in denen sich das Regenwasser sammeln soll. Nach Ansicht von LANGLANDS (1966 a, S. 39 ff.) hat sich die Banane in Uganda von den Kernräumen aus im 19. Jahrhundert ausgebreitet. Im Arbeitsgebiet wird sie vor allem von den Bantu kultiviert, während sie bei den Nicht-Bantu im allgemeinen geringere Beachtung findet bzw. erst in neuerer Zeit in sehr geringem Umfang angebaut wird, wie beispielsweise bei den Nandi, Kipsigis und Luo in Kenya und den Teso und Lango in Uganda. In Uganda ist die Ausbreitung der Banane durch die Baganda gefördert worden, die als Gehilfen der britischen Kolonial-verwaltung in anderen Stammesgebieten verwendet wurden (LANGLANDS 1966 a, S. 57).

Die Banane dient in den stadtfernen Gebieten fast ausschließlich der Eigenernährung der Bauernbevölkerung. Ihr geringer Preis, ihr geringer Transportwiderstand und ihre schnelle Verderblichkeit verbieten längere Transporte. In Kenya kostete z. B. Mitte der sechziger Jahre ein ganzer Bananenfruchtstand nur zwei bis drei Schillinge, das sind umgerechnet 1,12 bis 1,68 DM. Bananen werden jedoch von der Bauernbevölkerung auf lokalen Tauschmärkten gehandelt und gegen andere Waren getauscht. Günstiger sind die Absatzbedingungen im Umland der Verwaltungszentren, die immer mehr zu Städten heranwachsen. Hier verkaufen die Bauern die Früchte selbst auf dem Markt. In Kenya wird der Bananenanbau im Umland dieser Städte wegen des steigenden Bedarfs der wachsenden Stadtbevölkerung propagiert. Höher entwickelt ist der Bananenhandel im Südmengo und in Südbusoga, wo eine große Bantu-Stadtbevölkerung versorgt werden muß. Der Bananenhandel liegt hier in der Hand privater Händler. MUKWAYA (1962, S. 643—666) hat diesen Handel zur Versorgung der Bantu-Stadt-bevölkerung von Kampala beschrieben[68]).

---

[68]) Siehe auch VORLAUFER 1967, S. 254

Afrikanerinnen, die üppige Bananenfruchtstände auf den Köpfen tragen, und Afrikaner, die ihre Fahrräder mit Bananen hoch bepackt haben und der Stadt zustreben, gehören zum alltäglichen Straßenbild auf den Zufahrtsstraßen nach Kampala.

Es gab und es wird sicher auch nie eine Chance für Kenya oder Uganda geben, Bananen zu exportieren.

Hirsen

Fingerhirse (*Eleusine coracana*), Rohrkolbenhirse (*Pennisetum typhoideum*), Sorghum (*Sorghum vulgare*) sowie lokal begrenzt Fuchsschwanzhirse (*Setaria italica*) nahmen als traditionelle Körnerfrüchte im ostafrikanischen Hackbau die zentrale Stellung als Hauptsubsistenzfrüchte außerhalb der Kernräume des Bananenanbaus ein. Ihre Standortansprüche an den Boden und das Klima sind zwar unterschiedlich, aber alle Hirsearten sind anspruchsloser als Bananen. Fingerhirse ist im Vergleich zu den anderen Hirsearten in Ostafrika weniger resistent gegen Trockenheit und gedeiht nicht mehr, wenn die Niederschläge während der Wachstumsperiode ca. 600 mm unterschreiten. Sie wächst auf allen Böden, bringt jedoch auf frisch gerodeten, mit Asche gedüngten Feldern höhere Erträge. Sie ist für den Brandrodungs-Wanderfeldbau besonders gut geeignet. Im Gegensatz zu den übrigen Hirsen, die in den tiefer gelegenen, wärmeren Gebieten in Ostafrika vorkommen, gedeiht Fingerhirse am Elgon bis in Höhen von 2 000 m. Hier wird sie von den Gisu an den steilen Hängen Jahr für Jahr auf den gleichen Feldern angebaut. In der Regel bebauen die Gisu Felder nur während der ersten (langen) Regenzeit mit Hirse und lassen sie während der zweiten (kurzen) Regenzeit brach liegen. Manchmal versuchen sie jedoch auch während der kurzen Regenzeit eine zweite Ernte im Jahr auf dem gleichen Feld zu erzielen (PARSONS 1960 d, S. 16). Gegenwärtig liegen die Kernräume der Fingerhirse in Teso und Bukedi, wo Hirse das Hauptnahrungsmittel der Bevölkerung darstellt. Sie wird jedoch auch in großen Mengen zur Herstellung des nährstoffreichen Hirsebieres verwendet. Die Bedeutung der Hirse nimmt zum Bananengebiet am Victoriasee hin ab. In einer Übergangszone (Areale 1201 und 1202) bildet die Fingerhirse das Ergänzungsnahrungsmittel zur Banane, wenn diese während der Trockenmonate nicht fruchtet. Im Bananenkernraum am Victoriasee selbst wird Fingerhirse nur noch in bescheidenen Mengen angebaut und fast ausschließlich zum Bierbrauen verwendet. Fingerhirse wird jedoch auch in Nord-Tanzania neben anderen Hirsen angebaut. In Kenya wurde die Fingerhirse ebenso wie alle anderen Hirsearten durch Mais ersetzt, wo immer dies die ökologischen Bedingungen zuließen und wo der Einfluß der Kolonialverwaltung intensiv genug war, wie weiter unten noch geschildert wird.

Rohrkolbenhirse war das Hauptnahrungsmittel der Kikuyu, Meru und Embu an der Ostabdachung der Aberdares, am Mount Kenya und an der Nyambeni Range (Areale 1221, 1222 und 1217). Sie ist jedoch bei den Kikuyu so gut wie ganz während der Kolonialzeit durch Mais verdrängt worden. Bei den Embu und Meru wird Rohrkolbenhirse nur noch unterhalb des Mount Kenya und der Nyambeni Range angebaut, wo die ackerbaulich intensiv genutzten Bergländer in die trockenen, nur noch extensiv nutzbaren Ebenen übergehen. Rohrkolbenhirse hat sich trotz der zunehmenden Popularität des Maises in den Grenzgebieten des Regenfeldbaues von Machakos (Areale 1205 und 1216) und Kitui (Areal 1206) aus ökologischen Gründen gehalten, weil Mais hier unsichere Erträge liefert. Auf der stark überbevölkerten Insel Ukara ist Rohrkolbenhirse auch heute noch das Hauptnahrungsmittel, da sie auf den stark übernutzten, wenig fruchtbaren Granitböden noch Erträge bringt. Auch der geringe Kontakt der Wakara zur Außenwelt mag hier eine gewisse Rolle spielen.

Sorghum stellt ebenfalls sehr geringe Anforderungen an die Fruchtbarkeit der Böden und ist resistent gegen Trockenheitsperioden. Es wird deshalb von den Afrikanern auf wenig fruchtbaren und stark übernutzten Böden angebaut. Es hat vor allem dort große Bedeutung, wo hoher Bevölkerungsdruck Landnot in ökologisch ungünstigen Gebieten verursacht und man gezwungen ist, relativ hohe Erträge je Flächeneinheit zu erzielen. Die verschiedenen Varietäten des Sorghum teilt man ein in eine Gruppe mit roten, bitter schmeckenden Früchten, die vorwiegend zum Bierbrauen verwendet werden, und in eine Gruppe mit weißen, süß schmeckenden Früchten, die der Ernährung dienen. In Kenyas Küstengebiet am Victoriasee, in der sog. „Lake shore savanna"-Zone, in der wegen der geringen Niederschlagsmengen nur eine Ernte im Jahr auf den wenig fruchtbaren Böden erzielt werden kann, hat Sorghum vor Mais den ersten Platz behauptet. Sorghum spielt auch im übrigen West-Kenya, in den ehemaligen Nyanza-Distrikten, neben Mais und Knollenfrüchten eine bedeutsame Rolle als Subsistenzfrucht. Auch in den Distrikten Kitui und Machakos, wo Bevölkerungsdruck und ökologische Ungunst zusammentreffen, gehört Sorghum zu den wichtigsten Nahrungsmitteln der Bevölkerung. In Teso (Areal 1230) und Lango (Areal 1200) wird Sorghum zu Beginn der ersten (langen) Regenzeit gemischt mit Fingerhirse ausgesät. Nach einem trockenen Jahr mit geringen Erträgen erhöhen die Teso den Anteil des Sorghum am Saatgut, weil man dadurch drohende Nahrungsmittelknappheit abwenden kann. Sorghum wird neben Kuherbsen auch während der zweiten (kurzen) Regenzeit angebaut (PARSONS 1960 a, S. 40).

Mais

Viele Ackerbau treibende Stämme in Ostafrika bauten bereits Mais an, als die Briten begannen, ihre Herrschaft über Ostafrika zu errichten[69]. Aber Mais hatte nur eine untergeordnete Bedeutung und war nirgends Hauptfrucht. Unter dem Einfluß der Briten und der durch ihre Herrschaft herbeigeführten wirtschaftlichen, sozialen und politischen Umwälzungen haben die afrikanischen Kleinbauern in Kenya ihre traditionellen Hirsen in regional unterschiedlichem Maße durch Mais als Hauptfrucht zum Verkauf und zur Eigenernährung ersetzt. In Uganda dagegen hat der Maisanbau ebenfalls zugenommen, Bananen und Hirsen sind jedoch die Hauptnahrungsmittel zusammen mit Hülsenfrüchten geblieben.

---

[69] LANGLANDS (1965, S. 215 ff.) schildert die Verbreitung des Maises in Uganda vor und während der frühen Protektoratszeit.

Mais bringt zwar auf tiefgründigen, nährstoffreichen Böden mit guter Wasserführung die höchsten Erträge, aber er gedeiht auf fast allen Böden, schwere Tonböden und Böden mit stauender Nässe ausgenommen (OCHSE 1966, S. 1278). Auch in klimatischer Hinsicht ist Mais sehr tolerant, wie seine weltweite Verbreitung von den Tropen bis zur gemäßigten Zone zeigt. Durch Züchtungen hat man in Kenya inzwischen erreicht, daß verschiedene Varietäten des Maises in der oberen, kühlen, feuchten und nebelreichen Anbaustufe an den Aberdares und am Mount Kenya (Areale 1221—1222) mit einer zehnmonatigen Wachstumsperiode ebenso gedeihen wie in den Grenzgebieten des Regenfeldbaues, wo sog. Katumani-Mais mit einer dreimonatigen, der kurzen Regenzeit angepaßten Wachstumsperiode angebaut werden kann. Zu dieser Möglichkeit, Mais überall in den Ackerbaugebieten Kenyas anbauen zu können, treten weitere Eigenschaften, die seine Popularität bei den Afrikanern gefördert haben. Mais ist außerdem leichter anzubauen und erfordert einen weit geringeren Arbeitsaufwand als der Anbau von Hirse. Er ist resistent gegen Schädlingsbefall und erleidet keine Ernteausfälle durch Vogelschwärme, die in den Hirsefeldern großen Schaden anrichten. Mais hält sich zwar in den afrikanischen Speicherhütten nicht so gut wie die Hirsen, aber zu Posho (Maismehl) gemahlen, kann er gut gehandelt werden.

Mais war deshalb die erste Frucht, die den Afrikanern in Kenya in größerem Umfang als alle anderen Früchte den Zugang zur Geldwirtschaft ermöglichte. Zwar wurde Mais auch in den früher sogenannten White Highlands angebaut, aber es handelte sich dort um hochwertige Varietäten, die zum Export bestimmt waren. Für die afrikanischen Kleinbauern entstand dadurch ein aufnahmefähiger Markt, der die wachsende afrikanische Stadtbevölkerung in Kenya und die afrikanischen Arbeitskräfte mit ihren Familien in den White Highlands versorgen muß[70]. Der Maisanbau wurde aus diesem Grunde überall in den Ackerbaugebieten Kenyas von der Kolonialverwaltung propagiert.

Der Handel mit Mais wurde genossenschaftlichen oder öffentlich-rechtlichen Vermarktungsorganisationen übertragen, um die großen Gewinnspannen der meist indischen Zwischenhändler auszuschalten, und der Preis wird staatlich kontrolliert[71]. Während des Zweiten Weltkrieges wurden von der britischen Kolonialverwaltung Propagandakampagnen in Ostafrika durchgeführt, mit dem Ziel, die Maisproduktion zur Versorgung der Bevölkerung in Ostafrika und der britischen Truppen in Afrika und im Mittleren Osten zu verstärken. Diese Propaganda führte auch in Uganda zur Ausweitung des Maisanbaus sowie zum Verkauf, und zwar vor allem in Süd-Mengo und in Busoga. Hier findet der Mais zwar sehr günstige Wachstumsbedingungen, aber wegen der feuchten Witterung zur Erntezeit ist es schwierig, die Kolben ohne technische Hilfsmittel so zu trocknen, daß sie in den einheimischen Speichern nicht schimmeln. Als Nahrungsmittel zur Eigenversorgung wird Mais von den Baganda und Basoga weniger geschätzt als Matoke (Kochbananenbrei). Das gilt auch für die Baganda und

---

[70] Eine staatlich festgesetzte Ration von 2, zeitweise auch nur von 1½ englischen Pfund Maismehl (Posho) je Tag war Bestandteil der ebenfalls staatlich fixierten Landarbeiterlöhne.

[71] Bereits vor der Aussaat wird der Preis vom Landwirtschaftsministerium für die nächste Ernte festgesetzt.

Basoga, die als Stadtbevölkerung in Kampala, Entebbe und Jinja wohnen. In Süd-Mengo und Süd-Busoga wird Mais häufig zur Entlohnung der von auswärts zugewanderten Arbeitskräfte verwendet, die von den wohlhabenden Bauern beschäftigt werden. Mais wird häufig in grünem Zustand als Gemüse verzehrt. Große Mengen werden zum Bierbrauen verwendet. Eine größere Bedeutung zur Selbstversorgung der Bauernbevölkerung hat Mais in Sebei, am Nordabfall des Mount Elgon. Wegen der Kleinheit des Areals mußte auf eine gesonderte Darstellung in der Karte verzichtet werden.

Abgesehen von den Bemühungen der britischen Verwaltung während des Zweiten Weltkrieges ist in Uganda der Maisanbau nie propagiert worden. Man hat im Gegenteil den Maisanbau einschränken wollen, als man in den dreißiger Jahren die Gefahren des Maisanbaus im Hinblick auf die Erhaltung der Bodenfruchtbarkeit erkannte. Denn Maisanbau ohne Düngung, Fruchtwechsel oder Brache führt zur Erschöpfung des Nährstoffangebotes des Bodens. Schlecht und lückenhaft stehender Mais fördert wegen der geringen Bodenbedeckung die Erosion; auch heute noch ermuntert die Regierung die Bauern in Uganda nicht, Mais über den lokalen Bedarf hinaus zum Export in andere ostafrikanische Länder anzubauen[72]).

Die in verschiedenen Regionen Ostafrikas immer wieder auftretenden Dürrekatastrophen verursachen große Ertragsunterschiede, so daß Kenya in manchen Jahren gezwungen war, Mais zur Versorgung der Bevölkerung zu importieren, während es in anderen Jahren mit dem Problem konfrontiert war, große Mengen von Mais auf dem Weltmarkt abzusetzen. Mitte der sechziger Jahre wurden die Lagerungsmöglichkeiten für Mais in verkehrsgünstigen Lagen ausgebaut, damit bei Ernteausfällen in Dürrejahren die Bevölkerung aus landeseigenen Beständen ernährt werden kann. Ertragssteigerungen sollen durch den Anbau verbesserter Varietäten, durch bessere Anbautechniken und durch Düngung erreicht werden, damit Mais in größeren Mengen exportiert werden kann. Außerdem wird der Aufbau von Mais-Verarbeitungsindustrien diskutiert[73]).

Reis

Reis wird von traditionellen afrikanischen Kleinbauern im Untersuchungsgebiet nur in wenigen Regionen und nur in sehr begrenztem Umfang angebaut. Am höchsten entwickelt ist die traditionelle Kultur des Reises in Ostafrika auf der Insel Ukara am Victoriasee (Areal 1219), wo Reis nach LUDWIG (1967, S. 197) Leitpflanze eines intensiven Bewässerungsfeldbaues auf den Alluvialböden der Flußniederungen und des Seebereiches ist. Als Begleitkulturen werden Süßkartoffeln, Erderbsen und Sorghum angebaut. Auch an Uferstrecken des Victoriasees in Tanzania und Kenya sowie an den Flußläufen in Süd- und Central-Nyanza sowie in Busia gibt es traditionellen Reisanbau. Hier ist jedoch keine künstliche Bewässerung üblich wie auf der Insel Ukara, sondern

[72]) AGRICULTURAL PRODUCTION PROGRAMME 1964, S. 7. MCMASTER (1962, S. 62) empfiehlt, sich darauf zu konzentrieren, den Gefahren für die Bodenfruchtbarkeit durch gemischten Anbau mit Bohnen oder Erdnüssen zu begegnen.
[73]) REPORTER v. 8. 8. 1969, S. 28 und v. 5. 9. 1969, S. 29

man überläßt die Überflutung der Felder den Überschwemmungen, die im Gefolge des Regens auftreten. Entsprechend unsicher sind auch die Erträge. In Uganda liegt an den breiten versumpften Ufern des weit verzweigten Kyogasees ein großes Potential für den Reisanbau brach. Nur wenige Farmer sind nach O'CONNOR (1966, S. 59) daran interessiert, Reis als Nahrungsmittel zur Selbstversorgung anzubauen, als Verkaufsfrucht bevorzugen sie Baumwolle. Nur wenn Landnot als Folge der Bevölkerungsvermehrung die Bauern zwingt, die Sumpfgebiete zu kultivieren, besteht nach O'CONNOR die Wahrscheinlichkeit, daß der Reisbau ausgeweitet wird. Unter dem Einfluß der Protektoratsverwaltung stieg in Uganda die Reis-Anbaufläche im Zweiten Weltkrieg bis auf rund 24 000 ha (1945)[74]. Seit Ende der offiziellen Propagierung des Reisanbaus ist die Anbaufläche auf 3 200 ha (1962) gesunken[75]. Mit den Gründen, weshalb Reis in Uganda bei den afrikanischen Kleinbauern wenig populär ist, setzt sich McMASTER (1962, S. 62) auseinander. Viele Fehlschläge schreibt man dem Befall des Reises mit Mehltau (*Piricularia oryzae*) zu, der auch die Fingerhirse befällt und schwer zu bekämpfen ist. Die Reiserträge sind im allgemeinen niedrig und betragen nur 6—10 dz/ha. Schwierigkeiten bei der Kultur des Reises bringen die Wasserstandsschwankungen des Kyogasees mit sich. Die Hauptursache des geringen Reisanbaus in Uganda ist nach McMASTER jedoch, daß den Bauern die nötige Erfahrung fehlt. Die Arbeit im sumpfigen Gelände ist schwer, wegen der Mückenplage unangenehm und wegen der Bilharzia ungesund.

In Kenya wurden zur Befriedung des einheimischen Reisbedarfes mehrere moderne Bewässerungsprogramme in Angriff genommen. Das Mwea Tebere Rice Irrigation Scheme am südlichen Fuße des Mount Kenya produziert bereits etwa 90 % des Inlandbedarfes. Weitere Bewässerungsprojekte, bei denen Reis zu den Hauptanbaufrüchten zählen soll, liegen am Nyando- und am Yala-Sumpf in der Central Province (nähere Angaben siehe HECKLAU 1970, S. 487—488).

Hülsenfrüchte

Hülsenfrüchte (Erdnüsse und Sojabohnen ausgenommen) werden von allen Ackerbau treibenden Stämmen angebaut. Bei einigen Bevölkerungsgruppen gehören sie zu den Hauptnahrungsmitteln, bei anderen sind sie von mehr oder weniger beigeordneter Bedeutung. Durch ihren hohen Proteingehalt stellen sie eine ideale Ergänzung der einseitig kohlehydrathaltigen Nahrung aus Mais, Bananen, Kassawa und Süßkartoffeln dar. Deshalb haben die Hülsenfrüchte vor allem in den dicht besiedelten Hochlagen Kenyas besondere Bedeutung, wo die Landknappheit die Viehhaltung und damit die Eiweißversorgung stark einengt. Wegen ihrer kurzen Wachstumsperiode lassen sich einige Arten gut in die verschiedensten Fruchtfolgen einfügen. Mit manchen Arten erzielen die Afrikaner mehrere Ernten im Jahr, oft gehören sie als sog. „short rain crops" zu den wenigen Früchten, die während der kleinen Regenzeit noch angebaut wer-

---

[74] O'CONNOR 1966, S. 59
[75] UGANDA GOVERNMENT 1964: Annual report of the Agriculture Department 1962, S. 52

den können. Die Bedeutung der Hülsenfrüchte für die Stickstoffbildung im Boden ist in den Tropen jedoch problematisch, weil nicht jede Art unter tropischen Bedingungen zur Ausbildung der Wurzelknöllchen mit Stickstoff bindenden Bakterien neigt (MASEFIELD 1962 b, S. 32).

Bohnen haben im Untersuchungsgebiet die größte Bedeutung für die Ernährung der einheimischen Bevölkerung. Sie stellen keine besonderen Ansprüche an den Boden, gedeihen in Höhenlagen von 600 bis 2 000 m ü. d. M. und bringen auch in Grenzgebieten des Regenfeldbaus noch Erträge. Sie gehören zu den Hauptnahrungsmitteln der Kikuyu, Meru und Embu, der Abaluya und der Kamba. Für die Kamba stellen Bohnen eine lebenswichtige Ergänzung zu Mais dar. Denn ihr Lebensraum ist oft von dürrebedingten Mißernten heimgesucht. In Jahren mit hohen Niederschlägen erzielen die Kamba gute Maisernten und geringere Bohnenerträge. Bei geringen bis mittleren Niederschlägen wird der sinkende Maisertrag durch steigende Bohnenerntemengen kompensiert[76]). Geringere Bedeutung haben Bohnen in West-Kenya, wo sie meist nur während der kleinen Regenzeit angebaut werden. In Uganda, soweit es zum Blattbereich dieser Karte gehört, zählen Bohnen fast überall zu den Grundnahrungsmitteln.

Die übrigen Hülsenfruchtarten sind in ihren Standortansprüchen spezialisierter und können deshalb nicht in allen Ackerbaugebieten des Blattbereiches gedeihen. Erbsen bringen nur in der obersten Anbaustufe des Ackerbaues um 2 000 m ü. d. M. Erträge. Ihre Verbreitung beschränkt sich deshalb auf die oberen Siedlungsgebiete an den Aberdares und am Mt. Kenya sowie auf Areale, die nicht zu den Kleinbauerngebieten Kenyas gehören, wie zum Beispiel das Kinangop-Plateau. Die Erbsen werden zu Konserven verarbeitet. Ihr Anbau geht auf den Einfluß der früheren Kolonialverwaltung zurück. Ihr Anbauareal ist gering.

Andere Hülsenfruchtarten charakterisieren durch ihre einseitige Bevorzugung den Flächennutzungsstil in einigen Gebieten. Die Teso säen Kuherbsen (*Vigna sinensis* oder *V. catiang*)[77]) fast immer nach der Ernte der Fingerhirse aus, weil die Kuherbsen zu den wenigen Früchten zählen, die während der kleinen Regenzeit wegen der geringen Niederschläge noch Erträge bringen (PARSONS, 1960 a, S. 43). In Lango gehören die Taubenerbsen (*Cajanus cajan*) zu den bevorzugten Hülsenfrüchten. Die Taubenerbsen sind perennierende, eineinhalb bis zwei Meter hohe Sträucher, die die Lango gemischt mit Fingerhirse anbauen. Nach der Ernte der Fingerhirse läßt man die Taubenerbsen ein zweites Jahr stehen und sät Sorghum oder Sesam dazwischen (PARSONS 1960 c, S. 26).

Die Taubenerbsen werden in Ostafrika zu den „grams", den Kichererbsen gezählt, die zu den Hauptnahrungsmitteln der indischen Bevölkerung in Ostafrika gehören. Kichererbsen gedeihen mit Ausnahme der gelben Kichererbsen (*Cicer arietinum*) nur in den

---

[76]) AGRICULTURAL GAZETTEER. Machakos District. Ca. 1955, o. S.
[77]) Bezeichnung uneinheitlich:
   nach PARSONS (1960 a, S. 44) *Vigna sinensis,*
   nach MASEFIELD (1962 b, S. 36) *Vigna catiang,*
   nach McMASTER (1962, S. 83) *Vigna unguiculata.*

tieferen, heißeren Gebieten unterhalb 1 500 m ü. d. M. mit Niederschlägen von über 600 mm im Jahr. Ihr Anbau sollte nach L. H. Brown in Kenya ausgeweitet werden, weil zur Versorgung der indischen Bevölkerung Kichererbsen importiert werden müssen (L. H. Brown 1963 b, S. 125 ff.). Die grünen Kichererbsen (*Phaseolus aureus*) und die schwarzen Kichererbsen (*Phaseolus mungo*) stammen vom indischen Subkontinent und werden nicht nur in Kenya, sondern auch in Uganda in bescheidenen Mengen zur Selbstversorgung der Bauern und zum Verkauf an die indische Bevölkerung angebaut (vgl. auch McMaster 1962, S. 85, und Dale 1955, S. 68 ff.).

Kassawa

Kassawa — auch Maniok genannt — gehört zu jenen Früchten, die aus der Neuen Welt stammen und sich über die ganze Tropenzone ausgebreitet haben. In Ostafrika ist seine Verbreitung durch die britische Protektorats- bzw. Kolonialverwaltung propagiert und gebietsweise auch durch sog. „local bye-laws" erzwungen worden. Denn es besitzt hervorragende Eigenschaften, eine arme Bauernbevölkerung, die von der Hand in den Mund lebt, billig am Leben zu erhalten, wenn ihre Erntevorräte verbraucht sind und die neue Ernte wegen Dürre oder Schädlingsbefall ausfällt. In Uganda ist nach dem Ersten Weltkrieg in fast allen Distrikten von der Verwaltung angeordnet worden, daß jeder Steuerzahler 1/4 acre (rund 100 a) Kassawa anzubauen hat. In Kenya beschränkt sich die Verbreitung des Kassawa aus ökologischen Gründen auf die tiefer liegenden Gebiete von West-Kenya, Machakos und Kitui sowie auf das außerhalb des Kartenbereichs liegende Küstengebiet. Denn Kassawa gedeiht als wärmeliebende Pflanze nur unterhalb 1 500 m. Sie benötigt zwar im Durchschnitt 30″ (762 mm) jährlichen Niederschlag, erträgt aber auch langanhaltende Trockenperioden. Kassawa bringt auch auf leichten, unfruchtbaren Böden noch hohe Hektarerträge, so daß es große Bedeutung für die landarmen Bauernfamilien in den überbevölkerten Arealen erlangt, in denen die Böden durch Übernutzung erschöpft sind. Kassawa übersteht Heuschreckenbefall, der alle anderen Anbaufrüchte vernichten kann, und ist weitgehend resistent gegen Krankheiten, ausgenommen eine Viruserkrankung, die als „mosaic" bezeichnet wird. Durch ständige Auslese hat man inzwischen mosaic-resistente Varietäten herausgefunden, deren Verbreitung durch die Landwirtschaftsverwaltungen gefördert wird. Kassawa ist sehr leicht und mit geringem Arbeitsaufwand anzubauen, was in einigen Gebieten inzwischen zu einer unerwünscht hohen Popularität des Kassawa als Nahrungsmittel geführt hat.

Die Kassawaknollen sind je nach Varietät 1—4 Jahre im Boden lagerungsfähig. Aus diesem Grunde wird Kassawa in Gebieten mit Fruchtwechselwirtschaft als letzte Frucht im Verlaufe der Rotation angepflanzt, so daß die Brachezeit verkürzt werden kann.

Als Nahrungsmittel hat Kassawa jedoch nur begrenzten Wert, weil die Knollen fast nur aus Gewebe und Kohlehydraten bestehen und je nach Varietät mehr oder weniger Blausäure enthalten, die vor dem Genuß entfernt werden muß. Die „süßen" Varietäten, die weniger Blausäure enthalten, werden von der Bauernbevölkerung bevorzugt, aber

sie halten sich weniger lange im Boden als die „bitteren" Varietäten mit hohem Blausäuregehalt. (Bei großer Trockenheit können jedoch auch „süße" Varietäten Knollen mit
hohem Blausäuregehalt erzeugen.) Ausschließlicher Genuß von Kassawa führt zu
Mangelerkrankungen. Deshalb ist es nur zur Ergänzung oder Streckung der Nahrung
zu betrachten. Die meisten Bauernfamilien verzehren es gemischt mit Sorghum, Hirse
oder Mais.

Kassawa wird in Ostafrika in begrenztem Umfang auf lokalen Märkten und in den
Städten gehandelt. Zur Stärkegewinnung kann es nicht exportiert werden, weil die
Preise zu niedrig liegen.

Süßkartoffeln

Süßkartoffeln sind wie Kassawa nach der Entdeckung Amerikas durch Kolumbus
über die Tropen weltweit verbreitet worden[78]). In Uganda wurden sie bereits kultiviert,
als die ersten Europäer das Land betraten. ROSCOE (1911, S. 492)[79]) schreibt, daß sie
für die Baganda die nächstwichtige Ernährungspflanze nach Bananen seien. MCMASTER
(1962) vermutet, daß die Süßkartoffeln nach Nord-Uganda während der frühen Protektoratszeit verbreitet wurden. Heute werden sie in Uganda überall im Lande angebaut, wo
Ackerbau betrieben wird. Man findet sie in 1 000 m ü. d. M. an den Ufern des Niles
ebenso wie im Hochland von Kigezi in über 2 000 m ü. d. M. und in allen klimatischen
Zonen, von jenen mit gut verteiltem Regenfall an der Küste des Victoriasees bis zu
Gebieten weiter im Norden mit deutlich ausgeprägten Trockenzeiten. Doch sind sie
in keinem Teil des Landes Hauptnahrungsmittel (ALDRICH 1963, S. 42). Auch in West-
Kenya, d. h. in Süd- und Central-Nyanza, in Busia und Bungoma gehört ein kleines
Süßkartoffelfeld zu fast jedem Haushalt, wie in den Berichten der Landwirtschaftsverwaltungen immer wieder hervorgehoben wird. Häufig werden die Süßkartoffeln
— manchmal auch als Gemeinschaftspflanzungen mehrerer Familien — an den versumpften See- und Flußufern angelegt, wie man am Kyogasee in Uganda und am
Victoriasee in Kenya und Tanzania, vor allem auf den Inseln Ukara und Ukerewe
beobachten kann. Damit die Pflanzen nicht im Wasser verrotten, werden sie auf
Haufen oder Rücken angepflanzt, zwischen denen am See oft das Wasser steht. Auch
in den feuchteren und dicht besiedelten Kikuyu-Distrikten Kiambu, Fort Hall und
Nyeri sowie in ähnlichen Lagen des Kamba-Distriktes Machakos spielen Süßkartoffeln
eine gewisse Rolle in der Ernährung der Bevölkerung. ALDRICH (1963, S. 42) stellt die
Hypothese auf, daß Bevölkerungsdruck möglicherweise den Trend auslöst, die traditionellen Körnerfrüchte durch die höheren Ertrag liefernden Süßkartoffeln zu ersetzen.

Auffällig ist, daß Süßkartoffeln in Uganda eine weit größere Bedeutung haben als
in Kenya, wo die Bevölkerung überall Mais allen anderen Nahrungsmitteln vorzieht.
Auch die Protektorats- bzw. Kolonialverwaltung hat die Verbreitung der Süß-

---

[78]) Es wird die Möglichkeit nicht ausgeschlossen, daß Süßkartoffeln auch in der Alten Welt
heimisch waren (z. B. MASEFIELD 1962 b, S. 40).
[79]) Zitiert in: MCMASTER 1962, S. 72

kartoffel maßgeblich beeinflußt. In Bukedi, Bugishu und Lango hat sie den Süßkartoffelanbau auf dem Verordnungswege erzwungen (McMASTER 1962, S. 66), und in
Machakos hat der African District Council nach dem Zweiten Weltkrieg durch „local
bye-laws" festgesetzt, daß jeder Steuerzahler ^{1}/$_{10}$ ha Süßkartoffeln oder Kassawa
anzubauen hat[80]). Süßkartoffeln werden wie Kassawa als Reservefrucht betrachtet,
wenn sie auch diese Funktion bei weitem nicht so gut erfüllen können. Denn Süßkartoffeln sind nicht wie Kassawa im Boden lagerungsfähig, und auch nach der Ernte
verderben sie in wenigen Tagen. Nur in Scheiben zerschnitten und getrocknet halten
sie sich über einen längeren Zeitraum. Als Exportgut sind Süßkartoffeln ohne jede
Bedeutung, aber auf lokalen Märkten und in den Städten werden sie gehandelt.

Kartoffeln

Die von den Europäern in Ostafrika eingeführte Kartoffel gedeiht nur in leichten
bis mittelschweren Böden in den Höhenlagen über 1 500 bis 1 800 m mit mehr als etwa
900 mm Niederschlag im Jahr. Ihr Hauptverbreitungsgebiet liegt in den oberen Lagen
der Siedlungsgebiete der Kikuyu an den Aberdares und der Meru am Mount Kenya,
wo die Kartoffel ein wichtiges Grundnahrungsmittel der Bauernbevölkerung geworden
ist. In sehr bescheidenem Umfang wird die Kartoffel auch in anderen Höhenlagen
Kenyas angebaut, sowie am Mount Elgon von den Bagisu in Uganda. Kartoffeln
werden nicht nur auf den lokalen und städtischen Märkten zur Versorgung der Bevölkerung und der Touristen in den Hotels verkauft, sondern auch von Kenya aus vorwiegend nach Uganda und Tanzania exportiert. Zwischen 1955 und 1965 schwankten die
Exportmengen zwischen rund 800 und 2 500 Tonnen[81]) im Jahr.

In diesen Zahlenangaben sind jedoch auch die Mengen enthalten, die in Gebieten
erzeugt wurden, die hier nicht betrachtet werden. Kartoffeln werden nämlich auch in
den Bergwaldgebieten von den Waldarbeiterfamilien angebaut, wo der natürliche
Waldbestand durch Aufforstungen mit Nutzholz ersetzt wird. Hier werden Kartoffeln,
Kohl u. a. m. als landwirtschaftliche Zwischennutzung im Zuge des kombinierten
land- und forstwirtschaftlichen Anbaus gezogen. Nach HESMER (1966, S. 85) eignen
sich die frisch gerodeten Waldböden besonders gut zur Zucht krebsfreier Kartoffeln.
Das ist gerade in Kenya von sehr großer Bedeutung, wo die Kartoffeln häufig von
schlechter Qualität und stark von Krankheiten befallen sind.

Nach L. H. BROWN (1963 b, S. 112) könnte der Kartoffelexport noch erhöht werden,
wenn die Lagerungs- und Transportmöglichkeiten verbessert werden könnten. In den
Anbaugebieten könnte die Erzeugung erheblich gesteigert werden. Es wird z. B.
geschätzt, daß die Kartoffelausfuhr aus dem Distrikt Meru auf 360 000 bags erhöht
werden könnte. Der Export aus dem Distrikt fiel jedoch von 1961 bis 1963 von rund
70 000 bags (ca. 63 500 dz) auf 20 000 bags (ca. 18 140 dz)[82]).

---

[80]) AGRICULTURAL GAZETTEER. Machakos District. Ca. 1955, S. 194.
[81]) REPUBLIC OF KENYA. DEPARTMENT OF AGRICULTURE 1966: Annual report 1965. Vol. I, S. 19.
[82]) DEVELOPMENT PLAN. Kenya 1964—1970: Eastern region.

Ölfrüchte

Sesam und Erdnüsse sind die wichtigsten Ölfrüchte im Untersuchungsgebiet. Öl-palmen und Kokospalmen fehlen ganz, Shea-butter-nut-Bäume sind nur in Nord-Uganda von einiger Bedeutung, können aber kaum als landwirtschaftliche Nutz-pflanzen angesehen werden, weil ihre Früchte von den wild wachsenden Bäumen gesam-melt werden.

Rizinus wächst halb wild auf den Bauernstellen in Höhenlagen bis 1 800 m ü. d M., auch in Grenzgebieten des Regenfeldbaues. Nur im Distrikt Kitui, von dem ein kleiner Teil des ackerbaulich nutzbaren Landes in das Arbeitsgebiet hineinreicht, (Areal 1206), ist Rizinus von wirtschaftlicher Bedeutung für die Bauern. Das ist darauf zurückzu-führen, daß wegen der ungünstigen ökologischen Ausstattung des Gebietes die Bauern nicht auf andere Verkaufspflanzen ausweichen können. Im benachbarten Distrikt Machakos pflanzen die Bauern Rizinus zur Bekämpfung der Bodenerosion in den Erosionsrinnen und an den Ackerterrassenstufen an. Die Früchte werden jedoch nur gesammelt, wenn der Preisanreiz genügend groß ist.

Für die Ernährung der Bauernbevölkerung wären Erdnüsse und Sesam in den dicht-besiedelten Gebieten besonders wichtig, weil dort die Viehhaltung und damit die Versorgung der Bevölkerung mit Fetten wegen des Landmangels eingeschränkt ist. Aber beide Ölfrüchte gedeihen nur in den tieferen Lagen des Untersuchungsgebietes, und zwar Sesam bis 1 500 m und Erdnüsse bis 1 800 m ü. d. M. Deshalb ist in Kenya die Verbreitung der beiden Ölfrüchte vor allem auf die Küstenregionen des Victoriasees und auf West-Kenya beschränkt. In Uganda hat McMaster (1962, S. 79) die Haupt-verbreitungsgebiete für Erdnüsse und Sesam gegenübergestellt und erläutert. Im Bereich des Kartenblattes erlangt Sesam in Uganda nur in Lango größere Bedeutung, wo die ökologischen Bedingungen für seinen Anbau sehr günstig sind. Auch in Nord-Tanzania spielt Sesam als Verkaufsfrucht und als Nahrungsmittel zur Eigenversorgung eine gewisse Rolle.

Die Sesam-Anbaufläche hat sich seit dem letzten Weltkrieg in Uganda und wahr-scheinlich auch in Kenya kaum verändert. Dagegen ist der Anbau von Erdnüssen unter dem Einfluß der Landwirtschaftsverwaltung in Uganda nach O'Connor (1966, S. 61) von 800 ha im Jahre 1920 auf 240 000 ha im Jahre 1966 gestiegen. Auch im Agricultural Production Programme (1964, S. 9) wird betont, daß alle Anstren-gungen unternommen werden müßten, in Uganda die Farmer zu ermutigen, Erdnüsse anzubauen, und zwar wegen des Wertes der Erdnüsse als Verkaufsfrucht, als Nahrungs-mittel zur Eigenversorgung der Bauernbevölkerung und wegen der Bedeutung der Erdnüsse für den Stickstoffhaushalt des Bodens. In Teso und Bukedi wird der größte Teil der Erdnußernte von der Bauernbevölkerung selbst verzehrt. In Busoga dagegen findet ein größerer Teil der Erdnußernte gute Absatzbedingungen, weil hier die Öl-mühlen, die Baumwollsaat auspressen, zur Kapazitätsauslastung Erdnüsse aufkaufen.

In Süd-Nyanza werden die Erdnüsse wegen ihrer hohen Qualität nicht zur Ölverar-beitung verkauft, sondern als ganze Nüsse zum Verzehr. Nach L. H. Brown (1963 b,

S. 123) könnte der Export von Erdnüssen noch beachtlich gesteigert werden. Die Beobachtungen im Gelände zeigen, daß das ökologische Potential in den Nyanza-Distrikten von Kenya zum Anbau von Erdnüssen bei weitem nicht ausgenutzt wird. Selbst wenn die Bauern die Erdnüsse nicht verkaufen, so sollten sie doch mehr zur Eigenversorgung anbauen, um ihre einseitige Nahrung zu verbessern.

Baumwolle

Die britische Protektoratsverwaltung in Ostafrika wurde von 1895 an auf Kosten der britischen Steuerzahler errichtet und zunächst weitgehend durch verlorene Zuschüsse aus dem britischen Staatshaushalt unterstützt. Desgleichen wurde 1896—1901 die Ugandabahn mit öffentlichen Mitteln erbaut. Diese Bahn bildete nicht nur die Voraussetzung für den Güterexport aus Britisch-Ostafrika, die Amortisation ihrer Kosten erforderte ihn auch in höchstem Maße. Exportierbare landwirtschaftliche Produkte zu erzeugen, veranlaßte die britische Verwaltung auf zwei Wegen: in Kenya durch die Schaffung der White Highlands und in Uganda durch die Einführung des Baumwoll- und Kaffeeanbaus. Zwischen 1918 und 1938 fiel der Wert der Baumwollexporte aus Uganda in keinem Jahr unter 70 % des Gesamtexportwertes, wie ELKAN (1958, S. 365) feststellt.

Nach der Etablierung der britischen Herrschaft in Ostafrika sollten die Afrikaner durch die Entrichtung einer Hüttensteuer einen Beitrag zur Deckung der Verwaltungskosten leisten. Aber sie konnten diese Steuer nur in Form von Arbeit und Naturalien entrichten. Diese Naturalien waren jedoch zum großen Teil unverkäuflich und verrotteten in den Regierungslagern. Die Verwaltung suchte deshalb nach exportierbaren landwirtschaftlichen Nutzpflanzen, die die Afrikaner anbauen und gegen Bargeld verkaufen konnten. Es wurden zwar viele Pflanzen erprobt, aber die Suche fand in einer Zeit statt, in der in den Industrieländern eine so starke Nachfrage nach Baumwolle herrschte, daß in Europa und den USA Baumwollfabriken Kurzarbeit wegen Rohstoffmangel einführen mußten (EHRLICH 1965, S. 399). Die äußerst günstige Weltmarktsituation führte zur Einführung des Baumwollanbaus in Ostafrika. Aber nur in Uganda setzte sich der Baumwollanbau erfolgreich durch. In Kenya dagegen betrug der Exportanteil der Baumwolle am Gesamtwert der Exporte in den Jahren zwischen 1956 und 1965 1 bis 3 %[83]).

Die unterschiedliche Bedeutung des Baumwollanbaus in Kenya und Uganda hat zunächst einmal ökologische Ursachen. Baumwolle stellt zwar keine besonderen Ansprüche an den Boden und kommt auch mit rund 600 mm Niederschlag in der Wachstumsperiode aus, aber sie gedeiht nur bis zu etwa 1 500 m ü. d. M., so daß die dicht besiedelten Hochländer von Kenya als Produktionsgebiete nicht geeignet sind. Der Baumwollanbau beschränkt sich daher in Kenya auf die früher sogenannten Nyanza-Distrikte, auf den Distrikt Machakos sowie außerhalb des Arbeitsgebietes auf die Küstenregion und den Distrikt Kitui. In der Central und Eastern Province werden

---

[83]) REPUBLIC OF KENYA 1966: Statistical abstract 1966, S. 29.

nur sehr bescheidene Mengen unterhalb der dicht besiedelten Gebiete an den Aberdares und des Mount Kenya angebaut[84]).

FEARN (1961, S. 70—71) hat sich mit den Ursachen auseinandergesetzt, weshalb der Baumwollanbau in Buganda durch die Briten sehr viel schneller und mit weit größerem Erfolg bei der Bauernbevölkerung durchgesetzt werden konnte als in West-Kenya. Ohne Zweifel wurde der Baumwollanbau in Uganda durch die britische Verwaltung, unterstützt von der Uganda Company und der Church Missionary Society, mit sehr viel größerer Intensität durchgesetzt als in Kenya. Hier konnten die Bauern durch den Verkauf von Mais und anderen Subsistenzfrüchten Bargeld erhalten. Außerdem konnten die Afrikaner in den White Highlands und in den entstehenden Städten Geld verdienen. In Buganda nahmen die Briten die Hilfe einer gut organisierten Häuptlingshierarchie in Anspruch, die sehr schnell den Wert des Geldes schätzen lernte, und 1908 wurde die erste „Cotton Ordinance" erlassen, die dem Gouverneur große Machtbefugnisse vom Anbau der Baumwolle bis zu deren Vermarktung einräumte (EHRLICH 1957, S. 171). Von Buganda aus wurde der Baumwollanbau allmählich über alle ökologisch geeigneten Gebiete Ugandas ausgedehnt. Dabei bedienten sich die Briten der Hilfe der Ganda bei den Stämmen, die keine Häuptlingshierarchie kannten. Zum wichtigsten Baumwollgebiet Ugandas gehört Teso (Areal 1230), in dem 1908—1909 die erste Baumwolle angebaut wurde. Die Initiative dazu geht möglicherweise auf die Church Missionary Society zurück (LAWRENCE 1957, S. 27). Gleichzeitig wurde der Pflugbau eingeführt, so daß der Arbeitsaufwand für den Ackerbau im Vergleich zum Hackbau sehr vermindert werden konnte. Es würde zu weit führen, die Ausbreitung des Baumwollanbaus im einzelnen zu verfolgen. O'CONNOR (1966, S. 83) hat aus den Jahresberichten die Produktionsmengen in fünfjährigen Intervallen zwischen 1905/6 und 1963/64 zusammengestellt.

Das ökologische Potential ist bei weitem nicht voll ausgenutzt. In Ostafrika wird Baumwolle nur von Bauern angebaut. Die Größe der Baumwollfelder richtet sich nach der Arbeitskapazität der Bauernfamilie bzw. nach deren Möglichkeiten, bezahlte Arbeitskräfte anzustellen, sowie nach der Betriebsgröße. In der Regel werden Baumwollfelder nicht richtig gepflegt. Schlechte Bodenbearbeitung vor der Saat, spätes Säen, nachlässiges Unkrautjäten und spätes, mangelhaftes Ernten der Baumwollkapseln vermindern die Erträge um mehr als die Hälfte. Die Bauern sorgen zuerst für ihre Subsistenzfrüchte, und nur die ihnen dann noch verbleibende Zeit widmen sie dem Anbau der „cash crops".

Die Landwirtschaftsverwaltung versucht, durch intensive Beratung und Propaganda auf die Bauern einzuwirken, die Qualität der Baumwollkultur zu verbessern. Besonderer Wert wird immer wieder darauf gelegt, die Bauern dazu anzuhalten, die Baumwolle rechtzeitig zu säen, die richtigen Saatabstände einzuhalten, rechtzeitig zu jäten, zur rechten Zeit die Pflanzen zu verziehen, mit Insektiziden zu besprühen und die Baum-

---

[84]) Eine besondere Stellung nimmt der Baumwollanbau mit künstlicher Bewässerung am Tana ein, ebenfalls außerhalb des Blattbereiches, vgl. HECKLAU 1970, S. 485.

wolle vollständig zu ernten. Nach der Ernte müssen die Bauern die Baumwollpflanzen verbrennen, um die Schädlingsverbreitung zu verhindern. Größter Wert wird darauf gelegt, Baumwollvarietäten von höchstmöglicher Reinheit und Einheitlichkeit zu erzeugen. Deshalb wurde Uganda in 14 Anbauzonen eingeteilt. Nicht entkernte Baumwolle darf nicht von einer Anbauzone in die andere transportiert werden, um zu verhindern, daß Saatgut verschiedener Anbauzonen gemischt wird. Das Saatgut wird in den Forschungsstationen Namulonge, etwa 25 km nördlich von Kampala, und Serere, etwa 25 km südwestlich von Soroti (Teso), gezüchtet und unter strenger Kontrolle in verschiedenen isolierten Gebieten Ugandas vermehrt.

Die Vermarktung wurde früher privaten Händlern und den Eigentümern der Entkernungsanlagen überlassen. Vor dem Ersten Weltkrieg gehörten diese Anlagen meist Europäern. Zwischen den beiden Weltkriegen lagen der Handel und die Entkernung fast ganz in den Händen indischer Einwanderer. Klagen der afrikanischen Bauern über die zu niedrigen Baumwollpreise und Übervorteilungen durch die Händler führten zu immer stärkerer Staatsaufsicht, die schließlich dazu führte, daß die Erzeugerpreise schon vor der Baumwollaussaat für die nächste Ernte staatlich festgelegt wurden.

Afrikaner haben bis 1948 keine Ginnereien besessen. Ihre Mitwirkung bei der Vermarktung der Baumwolle beschränkte sich — von Lohnarbeit abgesehen — vor dem Ersten Weltkrieg auf die Rolle als „Mittelsmänner" zwischen den Erzeugern und den Ginnereien. Aus dieser Position wurden sie jedoch zwischen den beiden Weltkriegen von Indern ebenfalls weitgehend verdrängt. Erst nach dem Zweiten Weltkrieg gelangten Entkernungsanlagen in afrikanischen Besitz (ELKAN 1958, S. 366 ff.). Heute gibt es überall in den Baumwollanbaugebieten Ugandas sogenannte Cotton Stores und rund 150 Ginnereien, wo die Afrikaner die Baumwolle verkaufen können. Mitte der sechziger Jahre gehörten schon rd. ein Drittel aller Ginnereien sog. „Co-operative Unions", Vereinigungen von Co-operative Societies, die die Baumwolle ihrer Mitglieder zu staatlich festgelegten Preisen aufkaufen und entkernen. Die Baumwolle und die Baumwollsaat muß an den Lint Marketing Board weiterverkauft werden, der sie auf Auktionen in Kampala versteigert und an private Exporteure verkauft. Für die wichtigsten Abnahmeländer 1964 vgl. *Tabelle 11.*

Tab. 11   Uganda: Baumwollexport 1964 (Wert in £)

Indien	4 718 000
Großbritannien	572 000
Bundesrepublik Deutschland	1 918 000
Japan	937 000
Italien	259 000
Niederlande	427 000
Hongkong	1 398 000
sonstige Länder	5 628 000
Gesamtexport	15 857 000

Quelle: UGANDA GOVERNMET 1965: Statistical abstract
1964, S. 22, Tab. UD. 8

Seit der Gründung der Nyanza Textiles Industries Ltd. (1954) und der Mulco Textiles Ltd. (1965) wird ein Teil der einheimischen Produktion im Land selbst zu Garnen und Stoffen verarbeitet. Mitte der sechziger Jahre waren das etwa 10 % der in Uganda erzeugten Baumwollfasern. Der größte Teil der Baumwollsaat wird in lokalen Ölmühlen gepreßt. Das Öl wird im Land als Nahrungsmittel und zur Herstellung von Seife verwendet. Rund 70 000 t Ölkuchen wurden Mitte der sechziger Jahre vorwiegend nach Großbritannien exportiert („Cotton, Their Origin, Production, Marketing", Prospekt des Uganda Lint Marketing Board o. J.). In Kenya ist die Vermarktung der Baumwolle ähnlich organisiert wie in Uganda. Cotton Grower's Co-operative Societies kaufen die Baumwolle ihrer Mitglieder zu den staatlich festgelegten Preisen und geben sie an die Ginnereien ab. Mitte der sechziger Jahre wurde die in West-Kenya erzeugte Baumwolle durch den Uganda Lint Marketing Board vermarktet, während in den übrigen Gebieten Lint Committees den Weiterverkauf besorgten. Im Durchschnitt der Jahre 1956 bis 1965 betrug der Anteil der Baumwollexporte Kenyas wie erwähnt nur rund 1—3 % des Wertes der Gesamtexporte des Landes. 1965 wurden rund 3 000 Tonnen im Wert von 747 000 £ exportiert. Die Bundesrepublik Deutschland gehört zu den wichtigsten Abnehmerländern. In den Jahren 1962 bis 1964 kauften deutsche Baumwollimporteure etwa 1/3 und 1965 rund 1/4 der gesamten Baumwollexporte von Kenya[85]). Nach Auffassung von L. H. BROWN (1963 b, S. 103) könnten die Baumwollerträge in Kenya verdoppelt bis verdreifacht und die Exporte erheblich gesteigert werden. Kenya importiert große Mengen an Baumwollerzeugnissen, von denen einige im Laufe der Zeit in Kenya hergestellt werden sollten.

Kaffee

Ökologische und ökonomische Ursachen bedingen in Ostafrika eine ausgeprägte Artendifferenzierung des Kaffeeanbaus in zwei verschiedenen Höhenlagen über dem Meer. In den tiefer als 1 500 m ü. d. M. gelegenen Gebieten wird fast ausschließlich *Coffea robusta* angebaut. In den höheren Lagen zwischen 1 500 m und 2 100 m ü. d. M. wird nur *Coffea arabica* kultiviert, dessen Kaffeebohnen größer und von besserer Qualität sind als die des Robustakaffees und deshalb höhere Preise auf dem Markt erzielen. Kenya-Arabica-Kaffee nimmt sogar wegen seiner Qualität eine Spitzenstellung in der Welt ein. Arabicakaffee ist jedoch in tieferen Lagen nicht resistent gegen den Kaffeerostpilz, und Robustakaffee liefert in höheren Lagen geringere Ernteerträge als in tieferen.

Verschiedene Formen von Wildkaffee sind in den Wäldern Ostafrikas heimisch. Aus diesen Wildformen mit verschiedenen, nicht ganz geklärten botanischen Bezeichnungen (THOMAS 1940, S. 289) ist der Kaffee hervorgegangen, der heute unter dem Namen *Coffea robusta* vorwiegend in Uganda angebaut wird.

Kaffeebeeren der Wildformen wurden schon vor Ankunft der Europäer in verschiedenen Gebieten Ostafrikas gesammelt. Es wird überliefert, daß Kaffeebäume bei den

---

[85]) REPUBLIC OF KENYA 1966: Statistical abstract 1966, S. 27 ff.

Baganda auch an den Hüttenplätzen angepflanzt wurden, und zwar sei es Brauch gewesen, daß die Kaffeebäume vom Gast in den Garten des Gastgebers gepflanzt worden seien. Die gedämpften und getrockneten Kaffeebohnen dienten nicht zur Zubereitung des Kaffeegetränkes, sondern sie wurden gekaut. Sie spielten im sozialen Leben der Baganda eine Rolle. Die Sese Islands, die bis zur Schlafkrankheitsepedemie im Jahre 1902[86]) dicht besiedelt waren, galten als Zentrum des Kaffeebaus. Von hier aus wurden Kaffeebeeren nach Buganda geliefert (Thomas 1940, S. 289, Kajubi 1965, S. 138).

In dem Bemühen der Protektoratsverwaltung, Uganda von finanziellen Zuschüssen aus dem Mutterland unabhängig zu machen, propagierte sie ab 1900 neben dem Baumwollanbau — wie oben beschrieben — auch die Kultur des Kaffees. Sie importierte Arabicakaffee aus Nyasaland, wo der Kaffeeanbau bereits florierte. Die Setzlinge wurden an europäische Pflanzer, an Missionsstationen und später auch an afrikanische Bauern und indische Pflanzer verteilt. In den zwanziger Jahren erreichte der Arabicakaffeeanbau seine größte Ausdehnung in Süd-Mengo und Süd-Busoga (Areale 1220 und 1210). Dann setzte der Rückschlag ein. Im Jahresbericht der Protektoratsverwaltung heißt es 1925, daß Arabicakaffee das wichtigste Anbauprodukt der Europäer im Lande sei und nach Baumwolle den zweiten Platz im Export des Protektorats einnähme, daß jedoch die Kaffeeausfuhr von 41 093 cwt. (20 875 dz) im Vorjahr auf 29 883 cwt. (15 181 dz) gefallen sei. Es stellte sich heraus, daß Arabicakaffee für den Anbau in den Gebieten unterhalb 1 500 m nicht geeignet ist. Weiter heißt es in dem Bericht, daß die Afrikaner steigendes Interesse an der Kaffeekultur zeigten, und Tausende von Arabica- und Robustakaffeesetzlinge seien kostenlos an die afrikanischen Bauern verteilt worden. In den letzten 10 Jahren — also 1915 bis 1925 — seien erfolgreiche Robustakaffeesorten gezüchtet worden. Die Verwaltung beschloß daher, nur noch Robustakaffeesetzlinge zu verteilen. Nur am Mount Elgon, wo nach mehrjährigen Versuchen 1912 der Kaffeanbau der Afrikaner begann (Kerr 1936, S. 314), wurde weiterhin der qualitativ hochwertige Arabicakaffee kultiviert. Gegenwärtig findet man in den Robustakaffeegebieten nur noch unabsichtlich beigemischte Arabicakaffeebäume, deren Bohnen jedoch ohne Unterschied zusammen mit den Robustakaffeebohnen verkauft werden (Parsons 1960 b, S. 29).

Die Anbauflächen sind im Laufe der Jahrzehnte erheblich vergrößert worden und liegen heute auch außerhalb des Arbeitsgebietes, vor allem in West- und Südwest-Uganda. Besonders während des Kaffeebooms nach dem Zweiten Weltkrieg wurden die Anbauflächen stark vergrößert (s. *Tab. 12*). Die europäischen Kaffeepflanzer haben ihre Plantagen längst aufgegeben. Heute (1965) dürften die meisten Plantagen in Uganda in indischem Besitz sein. In den sechziger Jahren nahmen sie nur noch ein Zwanzigstel der Kaffeefläche Ugandas ein. Wie die Anbauflächen unter den Afrikanern verteilt sind, konnte der Verfasser nicht ermitteln. Während Kajubi (1965, S. 136) von einer „new class of farmers managing relatively large estates" spricht, heißt es in einem

---

[86]) 1909 wurden wegen der hohen Bevölkerungsverluste durch die Schlafkrankheit alle überlebenden Bewohner der Inseln auf das Festland evakuiert (Thomas 1941, S. 332).

Tab. 12 Uganda: Entwicklung des Kaffeeanbaus (in 1000 ha)[g]

Bevölkerungsgruppe		1925	1935	1950	1955	1960	1965
Afrikaner[a]	A.[e]	0,4	5,7	6,9	10,5	14,2	16,2
	R.[f]	0,2	8,5	41,7	118,2	201,9	262,2
Europäer[b]	A.	6,1	2,4				
	R.	0,4	2,8				
Inder[c]	A.	1,2	0,1				
	R.	0,2	0,2				
Plantagen gesamt[d]	A.	7,3	2,5	1,2	1,2	1,2	
	R.	0,6	3,0	7,7	7,3	12,1	
Anbaufläche gesamt	A.	7,7	8,2	8,1	11,7	15,4	
	R.	0,8	11,5	49,4	125,5	214,0	

a   Bei den Afrikanern handelt es sich fast ausschließlich um Bauern.
b, c   Europäer und Inder waren Plantagenbesitzer. Für die Jahre 1950, 1955, 1960 wird in den
      Landwirtschaftsberichten nicht mehr zwischen Europäern und Indern unterschieden.
d   Im "Statistical abstract 1966" werden nur noch die Anbauflächen der Afrikaner angegeben.
e   A. = Arabicakaffee
f   R. = Robustakaffee
g   1 ha = 2,471 acres
Quellen: UGANDA PROTECTORATE: Annual reports of the Department of Agriculture der ange-
         gebenen Jahre
         UGANDA GOVERNMENT 1966: Statistical abstract 1966, S. 39

Untersuchungsbericht 1957[87]), 90 % des Kaffees würden auf Plots von weniger als
10 acres (4,047 ha) Größe erzeugt, wobei dem Sinnzusammenhang zu entnehmen zu
sein scheint, daß mit Plots Besitzeinheiten gemeint sind.

Während der Protektoratsverwaltung in Uganda wurden die Afrikaner fast von Anfang an an der Kaffeeproduktion beteiligt (siehe auch BRENDEL 1934, S. 84), die Afrikaner in Kenya dagegen wurden lange Zeit am Kaffeeanbau direkt oder indirekt gehin-
dert. Seine Einführung bei den Afrikanern Kenyas scheiterte an der massiven Opposition
der europäischen Siedler. Sie argumentierten, daß sich auf schlecht gepflegten Kaffeepflanzungen der Afrikaner Schädlinge entwickeln würden, die die Plantagen der Europäer bedrohen könnten. Sie widersetzten sich jedoch auch den Versuchen, in weit von
Europäergebieten abgelegenen Arealen den Kaffeeanbau zu gestatten. Denn in Wirklichkeit fürchteten die britischen Siedler, daß die Afrikaner durch die Erlöse aus Kaffeeverkäufen so hohe Einkommen erzielen könnten, daß sie nicht mehr gezwungen wären,
Bargeld auf Europäerfarmen zu verdienen. Die Hälfte der Siedler war ganz oder teilweise vom Kaffeeanbau abhängig, zu dem sie zwei Drittel aller verfügbaren afrikanischen Arbeitskräfte benötigten, wie WRIGLEY (1965, S. 245—246) ausführt. Erst in
harten politischen Auseinandersetzungen erstritten die Afrikaner das Recht, Kaffee

87) UGANDA PROTECTORATE 1958: Commission of inquiry into the coffee industry 1957,
     S. 5—6 Entebbe.

anzubauen. Schon 1925 erbat die Kikuyu Central Association in einer Petition an die Kolonialverwaltung unter anderem die Erlaubnis zum Kaffeeanbau. Vereinzelt wurden in den dreißiger Jahren schließlich Anbaulizenzen erteilt, aber noch 1948 machte Kenyatta selbst in einer Rede seinen Landsleuten den Vorwurf, daß sie diese Lizenzen nicht in Anspruch nähmen (BENNET 1963, S. 118). Erst in den fünfziger Jahren – dann jedoch mit planmäßiger und tatkräftiger Förderung der Kolonialverwaltung – nahmen die Afrikaner in den Hochlagen des Landes die Produktion von Arabicakaffee auf. Im Verlauf eines Jahrzehnts erreichten die Kaffeeproduktionen der afrikanischen Bauern die gleichen Mengen wie die Kaffeeproduktion auf den Europäer- und ehemaligen Europäerfarmen und Plantagen, wie *Tabelle 13* zeigt.

Tab. 13   Kenya: Kaffeeverkäufe durch Bauern- und Großfarmbetriebe 1957—1966 (in 1000 tons)

Jahr:	1957	1959	1961	1963	1964	1965	1966
Bauernbetriebe	1,5	3,6	7,9	9,4	15,3	15,4	25,7
Großfarmbetriebe	17,0	19,6	25,2	26,4	28,2	23,4	25,6
Gesamt	18,5	23,2	33,1	35,8	43,5	38,8	51,3

Quelle: REPUBLIC OF KENYA 1966: Statistical abstract 1966, S. 63, Tab. 77

Die räumliche Verteilung der Kaffeeanbauflächen der afrikanischen Bauern zeigt *Tabelle 14*, wobei zu beachten ist, daß die Zahlenangaben der Tabelle auf Verwaltungseinheiten bezogen sind. Der reale Anbau ist jedoch im wesentlichen aus ökologischen Gründen auf die Areale beschränkt, die in der Karte ausgewiesen und in der Tabelle in Klammern eingefügt sind.

Von der Ausgabe der Kaffeesetzlinge über die Kultur des Kaffees, die Bearbeitung und den Transport der Kaffeebeeren bis hin schließlich zur Auktion des Rohkaffees an die ausländischen Importeure unterliegt die Kaffeerzeugung in Kenya und Uganda staatlicher Einflußnahme der verschiedensten Form, die in Gesetzen und Verordnungen ihren Niederschlag findet. Es würde den Rahmen dieser Publikation überschreiten, auf die gesetzlichen Grundlagen und ihre Entwicklung einzugehen. Die Verwaltung hat folgende Ziele in dieser Hinsicht anzustreben:

1. Steigerung der Qualität und der Erträge des Kaffees, sowie seine Sicherung gegen Schädlingsbefall.

2. Anpassung der Anbauflächen und deren Produktion an die Absatzverhältnisse.

3. Optimale Organisation der Bearbeitung und Vermarktung unter Ausschaltung kommerzieller Privatunternehmen.

4. Preiskontrolle[88]).

---

[88] In Uganda hält der Coffee Marketing Board eine Kapitalreserve, die von Abzügen aus Kaffeeverkäufen zu Lasten der Erzeuger gespeist wird. Fällt der Weltmarktpreis unter ein bestimmtes Niveau, werden die Kaffeeverkäufe aus diesem Fonds subventioniert (vgl. OLOYA 1968, S. 50).

Tab. 14 Kenya: Kaffeeanbau 1965 (in Kleinbauerngebieten)

District	(Areal)	Total Planted Acreage (acres)	Total Production in 1965 (tons) Clean	Buni[c]	Value to Growers £	Number of Growers	Number of Nurseries	Number of Seedlings in Nursery	Number of Factories	Number of Co-op. Societies
ARABICA—										
Bungoma	1231	5,214	345·54	·89	113,571	13,226	14	266,450	22	13
Kakamega	1212	1,308	88·58	46·63	30,153	4,610	6	575,146	6	8
Central Nyanza		217	2·22	20·51	1,662	1,316	–	135,000	2	3
South Nyanza	1236	1,559	81·99	52·30	27,166	4,197	22	358,116	7	7
Kisii	1214	12,853	1,722·39	839·19	568,175	41,512	29	554,880	54	26
West Pokot		202	4·95	–	1,559	508	1	37,395	1	1
Baringo		328	24·20	5·97	7,594	661	1	49,393	–	2
Nandi		420				995	1	28,042	1	2
Kericho		226	7·84	8·31	2,944	476	–	–	2	2
Narok/Kajiado (Masai)		147	–	·11	3	140	1	54,937	1	4
Nyeri	1221	14,919	1,182·60	172·72	409,680	24,664	5	383,100	29	5
Kirinyaga	1222	13,130	1,845·86	164·74	631,521	16,605	7	?	24	7
Murang'a	1221	23,161	1,683·22	163·57	550,347	26,636	17	967,000	32	15
Kiambu		12,711	1,740·09	112·95	584,178	13,821	26	?	28	10
Meru	1222	27,557	3,941·82	272·02	1,230,633	50,808	22	578,600	92	22
Embu		8,082	971·49	118·78	327,493	15,339	16	590,653	16	10
Kitui		44	–	3·30	108	400	1	16,000	2	2
Machakos	1216	6,589	782·05	166·06	273,696	15,017	12	95,307	22	10
Taita		1,035	96·57	22·56	32,535	2,825	4	258,266	3	1
		129,702	14,541·47[b]	2,171·66[d]	4,793,018	233,756	185	5,583,743[e]	344	150
ROBUSTA—[a]										
Bungoma		3	–	–	–	6	–	–	–	–
Busia		149	–	20	496	256	–	–	–	3
Kakamega		75	–	2	50	403	–	–	–	1
Central Nyanza		166	–	10	248	427	–	–	–	3
		393	–	32	794	1,092	–	–	–	7

[a] Wegen der Kleinheit der Anbauflächen und der geringen wirtschaftlichen Bedeutung wurde der Anbau von Robustakaffee in Kenya nicht beschrieben

[b] Angabe in der Quelle. Die Addition ergibt 14 521,41 tons. Der angegebenen Menge von 14 541,47 tons steht die Angabe von 15 400 tons in REPUBLIC OF KENIA 1966: Statistical abstract 1966, Tab. 77, S. 63, gegenüber (s. Tab. 13 und 62).

[c] Buni = luftgetrocknete Kaffeebeeren

[d] Angabe in der Quelle. Die Addition ergibt 2 170,61 tons.

[e] Angabe in der Quelle. Die Addition ergibt 4 948 285.

Quelle: REPUBLIC OF KENYA. DEPARTMENT OF AGRICULTURE: Annual report 1965, Vol. I, S. 17

In Kenya ist es Aufgabe des Coffee Board als Körperschaft des öffentlichen Rechts mit dem Landwirtschaftsministerium zusammen den Kaffeeanbau zu überwachen und Anbaulizenzen an die Kaffeepflanzer und die Anbaugenossenschaften (Coffee Co-operative Societies) auszugeben, der jeder afrikanische Bauer angehören muß, wenn er Kaffee anbauen möchte. Die Coffee Co-operative Society gibt die Anbaulizenzen an die Mitglieder weiter, versorgt sie mit Setzlingen, die sie in der genossenschaftseigenen Baumschule zieht und übernimmt die Kaffee-Ernte der Mitglieder. Die Kaffeebeeren werden in genossenschaftseigenen Anlagen im Naßverfahren vom Fruchtfleisch befreit. Die Genossenschaften liefern den Kaffee weiter zu den beiden Mühlen in Endebess bei Kitale und in Nairobi, die von der Kenya Planter's Co-operative Union Ltd. betrieben werden. Hier wird die Pergamenthülle von den Kaffeebohnen entfernt. Der Rohkaffee wird gereinigt und eingesackt. Eine Probe jeder Lieferung einer Genossenschaft wird vom Coffee Marketing Board Liquoring getestet und in eine der 10 Qualitätsstufen eingestuft, nach der sich der Preis in Abhängigkeit vom Weltmarktpreis richtet. Der Kenya Coffee Marketing Board übernimmt allen in Kenya angebauten Rohkaffee und läßt ihn wöchentlich durch Makler in Nairobi versteigern. Von der Erzeugung bis zur Plazierung auf dem Weltmarkt ist — wie gezeigt werden sollte — jeder kommerzielle, private Zwischenhandel ausgeschaltet. Kenyas Kaffee wird in 40 Länder exportiert[89]), wie bei der Schilderung des Kaffeeanbaus auf Plantagen und Großfarmen weiter unten ausführlicher geschildert wird. In Uganda brauchten bisher die Kaffeebauern keiner Genossenschaft anzugehören. Die Robustakaffeebeeren werden von den Bauern auf ihren Bauernstellen getrocknet, so daß der schnelle Transport der Kaffeebeeren entfällt. Die getrockneten Beeren — in Uganda „Kiboko" genannt — verkauften die Bauern auf staatlich registrierten Märkten an private Zwischenhändler oder direkt an die meist privaten „coffee factories", in denen das getrocknete Fruchtfleisch von den Kaffeebohnen entfernt wird.

Hier wird der Kaffee seiner Güte nach klassifiziert. Die Erzeuger-Kaffeepreise werden wie in Kenya von der Verwaltung in Abhängigkeit von den Weltmarktpreisen festgesetzt, um die Übervorteilung der Bauern durch Privathändler zu verhindern. Nach einer Notiz des REPORTER vom 13. 10. 1969 schreibt der neue Coffee Marketing Act vor, daß die Bauern und Plantagen den Kaffee an den Coffee Marketing Board verkaufen müssen und daß die Kaffeeaufbereitungsanlagen von Co-operative Societies übernommen werden sollen. Der Coffee Marketing Board versteigert den Kaffee in Kampala. Hauptabnehmer des Rohkaffees sind die USA und Großbritannien, wie *Tabelle 15* zeigt.

Über fünfzig Jahre, schreibt KAJUBI (1965, S. 135) sinngemäß, war die Baumwolle König..., 1955 übertraf jedoch der Kaffee mit 47 % Anteil am Gesamtwert der Exporte Ugandas die Baumwolle, die nur noch 38 % erreichte. 1965 betrug der Exportanteil des Kaffees sogar 48,5 % an der Gesamtausfuhr des Landes.

---

[89]) Eine ausführliche Darstellung der Organisationsformen und ihrer Aufgaben in der Kaffeeerzeugung Kenyas bietet die Publikation „Kenya Coffee Industry" des COFFEE BOARD OF KENYA 1966.

Tab. 15   a) Uganda: Kaffeeausfuhr 1965
         (Wert in £)

Großbritannien	7 278 000
Bundesrepublik Deutschland	478 000
USA	13 565 000
Japan	567 000
Belgien	47 000
Niederlande	207 000
Hongkong	40 000
Sonstige Länder	8 240 000
Wert gesamt	£ 30 421 000

Quelle: UGANDA GOVERNMENT 1966: Statistical abstract 1966, S. 22, Tab. UD. 8

b) Kenya: Kaffeeausfuhr 1965 (Wert in £)

Großbritannien	1 387 000
Bundesrepublik Deutschland	6 036 000
USA	805 000
Niederlande	662 000
Kanada	1 040 000
Japan	27 000
Schweden	1 444 000
Italien	183 000
Sonstige Länder	2 512 000
Wert gesamt	£ 14 096 000

Quelle: REPUBLIC OF KENYA 1966: Statistical abstract 1966, S. 30

Tab. 16   Uganda: Kaffeeausfuhr 1956, 1965

Kaffee (vorwiegend Robustakaffee)	1956	1965	Steigerung
Exportmenge	1 233 000 cwt.	3 106 000 cwt.	151,9%
Exporterlös	£ 15 721 000	£ 30 421 000	93,5%

Quelle: UGANDA GOVERNMENT 1964: Statistical abstract 1964, S. 19, Tab. UD. 3.
        UGANDA GOVERNMENT 1966: Statistical abstract 1966, S. 19, Tab. UD. 3.

In Kenya ist der Exportanteil des Kaffees an der Ausfuhr in die Länder außerhalb der ostafrikanischen Gemeinschaft 1956—1965 von 41,3 % auf 27,1 % gefallen. (Der Wert der Ausfuhr in die Länder außerhalb der ostafrikanischen Gemeinschaft stieg im gleichen Zeitraum von 33,0 Mio. £ auf 52,0 Mio. £ um 57,6 %). Der Gesamtexport Kenyas (einschließlich des Exportes nach Uganda und Tanzania) stieg von 1956—1965 von 42,0 Mio £ auf 81,5 Mio. £, d. h. um 94 %. An diesem Gesamtexport betrug der Anteil des Kaffees 1956 32,5 % und 1965 17,3 %.

Die Zahlen zeigen, wie stark die volkswirtschaftliche Entwicklung der beiden Länder von den Kaffeeausfuhren abhängig ist. Auf den Kaffeeboom nach dem Zweiten Weltkrieg folgte eine weltweite Vergrößerung der Kaffeeanbauflächen, die zur Überproduktion und zum Preisverfall führte.

Tab. 17   Kenya: Kaffeeausfuhr 1956, 1965

Kaffee (vorwiegend Arabicakaffee)	1956	1965	Steigerung
Exportmenge	26 674 tons	37 794 tons	41,7%
Exporterlös	£ 13 653 000	£ 14 096 000	3,2%

Quelle: REPUBLIC OF KENYA 1966: Statistical abstract 1966, S. 27, Tab. 36a, und S. 28, Tab. 36b

1959 schlossen sich deshalb Kenya und Uganda — zu dieser Zeit noch nicht unabhängig — unter der Federführung Großbritanniens dem Internationalen Kaffeeabkommen an, dessen Unterzeichnerstaaten sich zur Aufrechterhaltung eines wirtschaftlichen Erzeugerpreises zur Drosselung ihrer Kaffee-Exporte verpflichteten. Nach dem
Abkommen, das am 1. 10. 1968 in Kraft trat, können die Kaffee-Exportländer nur noch
durchschnittlich 75 % ihrer Kaffeeausfuhren von 1966 exportieren. Diese Beschränkung
trifft auch die beiden Entwicklungsländer Kenya und Uganda hart. Denn die Kaffee-
landreserven sind bei weitem noch nicht voll ausgenutzt. Durch Vergrößerung der
Anbauflächen, durch Ertrags- und Qualitätssteigerungen könnten die Exporterlöse bei
hohen Weltmarktpreisen erheblich vergrößert werden. Jedoch schon 1965 wies der
Landwirtschaftsminister von Kenya während der Kaffeekonferenz in Nairobi darauf
hin, daß die Regierung fortfahren würde, den Kaffeeanbau zu beschränken. Die hohe
Besteuerung der Kaffeeausfuhr, die niedrigen Preise, die die Coffee Co-operative
Societies ihren Mitgliedern für minderwertige Kaffeequalitäten nur auszahlen können
sowie die Ernteausfälle durch das „Coffee Berry Disease" haben schon dazu geführt,
daß in den marginalen Kaffeegebieten an den Aberdares und am Mount Kenya viele
Kaffeebauern ihre Kaffeebäume roden und Tee anpflanzen[90]).

Tee

Es wird geschätzt, daß in den Kleinbauerngebieten der Hochlagen von Kenya etwa
320 000 ha Land die ökologischen Voraussetzungen für den Anbau von Tee erfüllen,
doch erst gegen Ende der Kolonialzeit entschlossen sich die Behörden, die Kultur des
Tees in die afrikanischen Bauernbetriebe einzuführen. Der Anbau und die Verarbeitung
des Tees erfordern, vom rein wirtschaftlichen Standpunkt aus betrachtet, die Betriebsform der Plantage. Tee in zahlreichen, verstreut liegenden kleinen Parzellen anzubauen,
bringt Schwierigkeiten bei der Verarbeitung mit sich. Erste Voraussetzung ist die Errichtung einer Teefabrik, deren Kosten man auf etwa 1—1,5 Mio. DM schätzt. Diese
Summe können die potentiellen Teebauern in Kenya und Uganda wegen ihrer Armut
nicht aufbringen. Aus diesem Grunde müssen die Investitionen von der öffentlichen
Hand vorgenommen oder wesentlich unterstützt werden. Nur einige ökologisch für den
Teeanbau geeignete Gebiete liegen in der Nähe bereits bestehender Plantagen mit Teefabriken, die die Verarbeitung des Bauerntees übernehmen könnten. Hohe Kosten verursachen weiterhin der Ausbau des erforderlichen Allwetterstraßennetzes, das die Teefabrik mit dem Anbaugebiet verbindet, sowie die Anlage der Teebaumschulen und
schließlich die Anlage der Teeparzellen. Die Teebauern müssen gründlich geschult und
ihre Anbaupraktiken müssen überwacht werden, um Tee hoher Qualität zu erzeugen.
Das setzt wiederum zahlreiches geschultes Personal der Landwirtschaftsbehörden voraus.
Vom ökologischen Standpunkt aus gesehen ist andererseits Tee eine sehr geeignete Verkaufsfrucht in den höheren Lagen der Bauerngebiete, vor allem an den Aberdares, am
Mount Kenya, am Mount Elgon, in den Cherangani Hills und im Hochland von

---

[90]) Coffee Board of Kenya 1965: Annual report and accounts 1965, S. 2.

Kisii. Tee schließt sich bergwärts an die Arabicakaffeezone an, jedoch kann Tee auch in der oberen Kaffeezone angebaut werden, so daß hier eine klare Grenzziehung schwierig ist.

Der zunehmende Bevölkerungsdruck und die steigende Verarmung der Bevölkerung in den dicht besiedelten afrikanischen Kleinbauerngebieten in der Central Province veranlaßten die Behörden zu Beginn der fünfziger Jahre, in der Mathira Division des Distriktes Nyeri einige Bauern Teeanbau versuchen zu lassen. 1957 betrug die Anbaufläche unter Tee erst 490 acres (198 ha). Im folgenden Jahr wurden in der Central Province weitere 204 acres (83 ha) Tee angepflanzt. 1957 wurde von der öffentlichen Hand in Ragati am Mount Kenya die erste Teefabrik erbaut, die ausschließlich afrikanischen Bauerntee verarbeitet. Gegen Ende der fünfziger Jahre wurde auch in anderen hoch gelegenen Bauerngebieten Kleinbauern die Möglichkeit gegeben, Teeparzellen anzulegen, und 1959 erreichte die Anbaufläche unter Tee in afrikanischen Kleinbauernbetrieben in Kenya 1 572 acres (636 ha)[91]. 1960 wurde die Special Crop Development Authority gegründet — später in Kenya Tea Development Authority umbenannt — mit dem Ziel, den Teeanbau in den afrikanischen Bauerngebieten zu fördern. Die Entwicklung und räumliche Verteilung des Teeanbaus in den Bauerngebieten zeigt die *Tabelle 18*.

In Anbetracht der hohen Kosten und besonderen Schwierigkeiten, die die Einführung des Teeanbaus in die Kleinbauernbetriebe mit sich bringt, insbesondere im Hinblick auf die Kapitalarmut des Entwicklungslandes Kenya, ist der bisher erreichte Erfolg zwar beachtlich, aber gemessen an den ökologischen Möglichkeiten bleibt noch viel Entwicklungsarbeit zu leisten.

Die Anzahl der Teebauern ist noch gering und die Anbaufläche je Betrieb klein. Die Teeproduktion der Teebauern stieg von 1959 bis 1965 von 100 auf 800 tons. Das ist eine bescheidene Menge im Vergleich zur Teeproduktion in den Large Farm Areas, die 1965 18 700 tons erreichte[92].

Die Anlage neuer Teepflanzungen und Fabriken in Uganda ist vorwiegend außerhalb des Arbeitsgebietes auf West-Uganda beschränkt, wo die Bevölkerungsdichte weniger hoch ist und die ökologischen Bedingungen für die Kultur des Tees günstiger sind als im Arbeitsgebiet. In der Nachbarschaft der Plantagen sollen die Bauern als „outgrowers" Tee anbauen und an die Fabriken der Plantagen verkaufen. In Buganda — also im Areal 1220 — wo die Bevölkerungsdichte hoch ist und die ökologischen Bedingungen für die Teekultur weniger günstig sind als in West-Uganda, sollen keine neuen Plantagen und Fabriken errichtet werden, aber die Bauern sollen in der Nachbarschaft bereits bestehender Plantagen als „outgrowers" Tee anbauen und an die Plantagen verkaufen. Stand und Planung des bäuerlichen Teeanbaus in Uganda zeigt *Tabelle 19*.

---

[91] THE SPECIAL CROPS DEVELOPMENT AUTHORITY: Annual report and accounts for the period up to 30th June, 1961, S. 1.
[92] REPUBLIC OF KENYA 1966: Statistical abstract 1966, S. 63

Tab. 18   Kenya: Entwicklung des bäuerlichen Teeanbaus

	1961		1964/65		
	Zahl d. Teebauern	Anbau-fläche ha	Zahl d. Teebauern	Anbau-fläche ha	Durchschnittl. Fläche je Bauer ha
Central Province					
Kiambu	1 060	260	1 894	664	0,35
Murang'a (Fort Hall)	323	49	3 141	549	0,17
Nyeri	2 970	473	4 260	902	0,21
Kirinyaga[a]	—	—	2 277	429	0,19
Eastern Province					
Embu	1 571	210	944	170	0,18
Meru	286	29	2 445	467	0,19
Rift Valley Province					
Kericho	907	229	2 040	694	0,34
Nandi	441	62	1 679	374	0,22
Elgeyo/Marakwet	—	—	37	5	0,14
Nyanza Province					
Kisii	1 258	168	2 559	656	0,26
Western Province					
Kakamega	246	31	1 033	218	0,21
Bungoma	—	—	34	5	0,15
Anbaufläche gesamt bzw. Bauern gesamt	9 062	1 511	22 343	5 133	0,23

[a] Der Distrikt Kirinyaga wurde erst 1962 geschaffen, sein Gebiet gehörte vorher zum Distrikt Embu.

Quellen: THE SPECIAL CROPS DEVELOPMENT AUTHORITY: Annual report and accounts for the period up to 30th June, 1961, S. 15.
THE KENYA TEA DEVELOPMENT AUTHORITY 1965: Annual report and accounts 1964, S. 15 und 1965, S. 15.

Pyrethrum

Pyrethrum wurde vor dem Ersten Weltkrieg von britischen Siedlern in die White Highlands von Kenya eingeführt und zwischen den beiden Weltkriegen zu einer wichtigen Exportware entwickelt. Die afrikanischen Kleinbauern wurden erst nach dem Zweiten Weltkrieg an der Pyrethrumproduktion beteiligt, als die Kolonialverwaltung im Zuge der langfristigen Entwicklung der dicht besiedelten Eingeborenenreservate versuchte, die Not der Kleinbauern zu lindern. Von 1957 bis 1965 stieg die Pyrethrumproduktion der kleinbäuerlichen Betriebe von rund 400 t um das Achtfache auf rund 3 200 t. Pyrethrum findet in den um 2 000 m ü. d. M. liegenden Kleinbauerngebieten ausgezeichnete Wachstumsbedingungen, mit Ausnahme des höchsten Siedlungsgebiets an den Aberdares, wo Regen und Nebel häufig auftreten. Pyrethrum ist in wirtschaftlicher Hinsicht eine ideale Verkaufsfrucht für Bauern mit wenig Land und überschüssigen Arbeitskräften, denn das Pflücken der Blüten ist sehr arbeitsaufwendig. Der Reinerlös je ha hängt von der staatlich geordneten Preisgestaltung ab und beträgt nach O'CONNOR (1966, S. 98) 50 bis 100 £ je acre (0,4047 ha). Der Pyrethrum Board gewährt nur für die Anbauquoten im Rahmen der Anbaulizenzen feste Preise. Darüber hinaus erzeugtes Pyrethrum wird den Bauern zu einem erheblich geringeren Preis abgenommen, der keinen Anreiz zum Anbau bietet, so daß allein der Pyrethrum Board in Abhängigkeit von den Absatzbedingungen auf dem Weltmarkt die Anbaufläche in Kenya bestimmt. Der Pyrethrum Board muß aus politischen Gründen die Bauern in allen Regionen gerecht berücksichtigen, in denen Pyrethrum gut gedeiht. Nach einem unveröffentlichten Verzeichnis des Pyrethrum Marketing Board wurden in der Zeit vom Oktober 1965 bis September 1966 die in *Tabelle 20* angegebenen Anbaulizenzen und Quoten vergeben:

Die beiden wichtigsten kleinbäuerlichen Pyrethrum-Anbaugebiete liegen im Hochland von Kisii (Areal 1215) und an den Aberdares (Areal 1221), wo 1965 mit jeweils rund 1 000 t zwei Drittel der gesamten bäuerlichen und ein Drittel der gesamten Produktion des Landes erzeugt wurden.

Eine äußerst strenge Reglementierung des Pyrethrumanbaus von der Auswahl des Saatgutes bis zum Verkauf des Endproduktes zeichnet die „Pyrethrum-Industrie" aus. Aufgrund des Pyrethrum Act von 1964 (vorher aufgrund der Pyrethrum Ordinances von 1956) müssen die Kleinbauern einer Anbaugenossenschaft angehören (einer „cooperative society"). Diese Genossenschaft tritt als Mittler zwischen Pyrethrum Board und Kleinbauern auf, indem sie die Anbaulizenz erhält und dem Bauern seinen Anteil zuteilt, indem sie das Saatgut verteilt und die geernteten Blüten dem Bauern abnimmt, trocknet und an das Pyrethrum Marketing Board weitergibt.

Pyrethrum ist bei den afrikanischen Kleinbauern sehr populär. Einmal angelegte Kulturen liefern etwa vier Jahre lang fast gleichmäßig über das Jahr verteilte Erträge, weil alle zwei bis drei Wochen gepflückt werden muß. Von der Saat bis zur ersten Ernte vergeht kaum ein Jahr. Die Finanzierung der Anlage eines Pyrethrumfeldes ist also sehr viel einfacher als die Anlage von Kaffee- oder Teekulturen. Die Pyrethrumproduktion könnte in den Hochlagen von Kenya noch stark ausgeweitet werden, und viele Bauern sind enttäuscht, daß sie keine größeren Quoten erhalten können.

Die zukünftige Entwicklung des Marktes für pflanzliches Pyrethrin ist schwer abzuschätzen. Man muß O'CONNORs Meinung zustimmen, daß bei dem steigenden Verbrauch von Insektiziden eine Ausweitung des Pyrethrumanbaus in Ostafrika möglich ist, daß aber die Absatzchancen für pflanzliches Pyrethrin schwinden, wenn das in Japan hergestellte synthetische Pyrethrin verbessert werden kann (O'CONNOR 1966, S. 100).

Tab. 19   Uganda: Entwicklung des Teeanbaus

I Estates (Plantagen) Area	Lizenziert		Gepflanzt bis 31. 12. 63		Pflanzung geplant 1964—66		Gesamtfläche bis 1966	
	acres	ha	acres	ha	acres	ha	acres	ha
A Western Region								
Toro	9 930	4 019	8 347	3 378	1 449	586	9 796	3 964
Ankole	500	202	1 231	498	80	32	1 311	531
Kigezi	300	121	192	78	200	81	392	159
Bunyoro	2 000	809	808	327	—	—	808	327
Total	12 730	5 152	10 578	4 281	1 729	699	12 307	4 981
B Buganda Mengo (Incl.								
Mityana/Kasaku)	17 860	7 228	10 484	4 243	2 890	1 170	13 374	5 412
Masaka	1 500	607	783	317	485	196	1 268	513
Mubende	600	243	649	263	785	318	1 434	580
Total	19 960	8 078	11 916	4 823	4 160	1 684	16 076	6 505
Total (Estates)	32 690	13 230	22 494	9 104	5 889	2 383	28 383	11 486

II African Out-growers (Bauern) Area	Gepflanzt bis 31. 12. 63 acres	ha	Pflanzung geplant 1964—70 acres	ha	Gesamtfläche bis 1970 acres	ha
A Western Region						
Toro	1 215	492	5 071	2 052	6 286	2 544
Ankole	165	67	2 463	997	2 628	1 064
Kigezi	247	100	1 757	711	2 004	811
Bunyoro	12	5	1 035	419	1 047	424
Total	1 639	664	10 326	4 179	11 965	4 843
B Buganda						
Mityana	111	45	465	188	576	233
Kasaku	—	—	320	130	320	130
Masaka	35	14	320	130	355	144
N. W. Mubende	—	—	450	182	450	182
Total	146	59	1 555	630	1 701	689
Total (Outgrowers)	1 785	723	11 881	4 809	13 666	5 532
Grand total Estates and African Outgrowers	24 279	9 827	17 770	7 192	42 049	17 018

Quelle: The Government of Uganda and the Commonwealth Development Corporation 1964: Uganda tea survey, 1964, S. 25. – Der Uganda tea survey, 1964, ist eine umfassende Untersuchung der „Tee-Industrie" von Uganda.

Tab. 20   Kenya: Anbaulizenzen für Pyrethrum 1965—1966

	Individual growers		Co-operative Societies	
	Lizenzen	Quote in tons	Lizenzen	Quote in tons
Rift Valley Prov.	404	3 309,7	16	409,5
Central Province	94	435,6	16	1 201,1
Eastern Province	8	51,1	2	44,6
Coast Province	—	—	1	0,2
Nyanza Province	1	8,9	24	2 197,7
	Department of Settlement Schemes		Department of Settlement Co-operative Societies	
Rift Valley Prov.	1	5,0	6	105,4
Central Province	10	394,3	42	1 745,2
Eastern Province	1	15,1	—	—
Nyanza Province	—	—	6	80,4

Quelle: PYRETHRUM MARKETING BOARD 1966: Pyrethrum deliveries as at 28th February, 1966.
      o. O. (unveröff. Bericht)

Sisal

Der Anbau von Sisal und die Entfaserung des Grünblattes erfordern vom rein ökonomischen Standpunkt aus gesehen die Betriebsform der Plantage. Aber die Regierungen von Tanzania und Kenia bemühen sich aus sozialen Gründen, die afrikanischen Bauern an der Sisalproduktion zu beteiligen[93]. Schon die Kolonialverwaltung unternahm Versuche, Sisal in die bäuerlichen Wirtschaften einzuführen, die in Kenya aufgrund des Swynnertonplanes[94] verstärkt fortgesetzt wurden. Die Erfolge waren jedoch bescheiden. Vor allem in den Grenzgebieten des Regenfeldbaus, wo die Ernten wegen wiederkehrender Dürren gefährdet sind und hochwertige Verkaufsfrüchte wie Kaffee, Tee oder Pyrethrum nicht gedeihen, soll der Sisalanbau der Afrikaner gefördert werden. Die afrikanischen Bauern pflegen in diesen Gebieten den Sisal als Umzäunung ihrer Bauernstellen, zur Markierung der Besitzgrenzen und zum Schutz der Feldfrüchte vor weidendem Vieh anzupflanzen. Im Distrikt Machakos werden Sisalreihen an den Berghängen, vor allem an den Böschungen der Ackerterrassen, zum Schutz gegen Bodenerosion gepflanzt. Dieser Heckensisal wird jedoch von den Bauern nur geschnitten und verkauft, wenn entweder der Preisanreiz genügend groß ist — was häufig nicht der Fall ist — oder wenn infolge dürrebedingter Mißernten die Familien gezwungen sind, Nahrungsmittel zu kaufen. Heckensisal hat aus diesem Grund in dürregefährdeten Gebieten die Funktion einer Reservefrucht für den Fall drohender Hungersnot.

Zeitweise wurden die Bauern auch ermutigt, Sisal in Blöcken anzupflanzen, aber die Versuche schlugen fehl. 1966 heißt es im Landwirtschaftsbericht der Verwaltung

[93] PÖSSINGER (1967) hat die Situation des Bauernsisal in Ostafrika untersucht.
[94] COLONY AND PROTECTORATE OF KENYA 1955: A plan to intensify the development of
      African agriculture in Kenya, S. 20-21.

der Eastern Province, daß in allen Distrikten diese Art des Anbaus aufgegeben wurde. Die geringen Ansprüche, die Sisal an die ökologische Ausstattung der Anbaugebiete stellt, seine Trockenheits- und Schädlingsresistenz sowie die einfache Pflege, die seine Kultur erfordert, würden Sisal als eine ideale Marktpflanze für afrikanische Bauern in den Grenzgebieten des Regenfeldbaues erscheinen lassen. Aber die niedrigen Weltmarktpreise, die Konkurrenz der Plantagen, die rationeller und billiger Fasern besserer Qualität produzieren, lassen den Bauernsisal als Verkaufsprodukt nur in begrenztem Umfang aufkommen.

Das Studium der landwirtschaftlichen Jahresberichte und des „Agricultural gazetteer" des Machakos-Distriktes lassen die Anstrengungen erkennen, mit denen eine arme, von dürrebedingten Mißernten bedrohte Bauernbevölkerung durch Sisalanbau versucht, Geld zu verdienen. Die Last dieser Bemühungen tragen die Frauen, die außerdem den Hauptteil der Feldarbeiten zur Erzeugung der Nahrungsmittel auszuführen haben.

1937 wurde Sisal als Heckensisal im Distrikt Machakos eingeführt. Die einzige Möglichkeit, die mit primitiven Mitteln gewonnenen Fasern abzusetzen, bestand darin, sie über private Händler an einige europäische Sisalplantagen zu verkaufen, die vom Kenya Sisal Board eine Ankaufserlaubnis erhielten. 1951 entschloß sich der African District Council, den gesamten im Distrikt angebauten Sisal zu vermarkten. Zur gleichen Zeit verbot der Kenya Sisal Board den Plantagen, Bauernsisal aus Machakos wegen dessen minderwertiger Qualität anzukaufen. Der African District Council begann 1951 ein Machakos African Sisal Scheme, in dessen Verlauf 1953 eine Anlage zum Bürsten und Pressen der Sisalfasern in Machakos eingerichtet wurde[95]).

Die Anbaufläche unter Sisal wurde 1963 im Distrikt Machakos auf 15 000 acres (6 070 ha) geschätzt[96]), und im folgenden Jahr erreichte die Produktion 3 317 tons im Wert von rund 290 000 £[97]). Aber im Landwirtschaftsbericht von 1964 heißt es, daß die Preise für Sisal stark gefallen seien, daß große Vorräte sich angesammelt hätten und daß sich drei Spinnereien weigerten, weiterhin Sisal aus Machakos zu beziehen, weil dessen Faserlänge zu kurz sei[98]). 1966 wird berichtet, daß wegen der geringen Auslastung die Aufbereitungsanlage in Machakos geschlossen werden mußte. Nur geringe Verkäufe seien durch die Machakos Co-operative Unions erfolgt. Wegen der Nahrungsmittelknappheit sei es jedoch dringend erforderlich, Sisalverkäufe zu tätigen.

Heckensisal wird im Arbeitsgebiet auch in der Victoriaseeregion Tanzanias und in sehr kleinen Mengen in anderen Gebieten Kenyas angebaut. Dort ist die Bevölkerung jedoch wegen der Möglichkeit, andere Verkaufsfrüchte anzubauen, weniger auf den Verkauf von Sisal angewiesen als in Machakos.

Eine andere Form der Beteiligung afrikanischer Bauern an der Sisalproduktion in Kenya wird in der Zusammenarbeit mit der privaten Meka Sisal Factory in Mavuria im

[95]) Agricultural Gazetteer. Machakos District. Ca. 1958, S. 261 ff.
[96]) Annual Report. Kenya. Department of Agriculture. 1963, Teil II, S. 4.
[97]) Annual Report. Machakos District. Kenya. Department of Agriculture. 1964, S. 3.
[98]) Annual Report. Machakos District. Kenya. Department of Agriculture. 1964, S. 3.

Distrikt Embu seit 1963 versucht[99]). In einem festgelegten Radius um die Plantage sollen die Bauern etwa die Hälfte des Grünblattes erzeugen, die zur Kapazitätsauslastung der plantageneigenen Fabrik notwendig ist. Die andere Hälfte wird auf der Plantage erzeugt. Damit begab sich die Plantage in die Abhängigkeit der Grünblattlieferungen der Bauern, die jedoch ihre Verkäufe einzuschränken pflegen, wenn der Preis fällt, so daß die Kapazitätsauslastung der Fabrik nicht gesichert ist. Pössinger (1967, S. 122—123) hat das Für und Wider dieses Versuches erörtert und die Zukunft des Projektes mit Skepsis beurteilt. Wie berechtigt diese Skepsis war, geht aus dem Jahresbericht der Landwirtschaftsverwaltung 1966 hervor, in dem mitgeteilt wird, daß die Plantagenleitung plant, die Bauernsisalkäufe einzustellen. Man erwog, wie man das Gebiet rund um die Plantage in anderer Weise nutzen könne[100]).

Andere Nutzpflanzen

Es muß darauf verzichtet werden, die zahlreichen anderen landwirtschaftlichen Nutzpflanzen zu schildern, die hier und da — vor allem in den Höhenlagen Kenyas — in kleinen Mengen angebaut werden oder angebaut werden könnten. Auch hier sind Wandlungen im Gange. Traditionelle Gemüsearten und Knollenfrüchte wie Jams, Pfeilwurz und Colocasia verlieren mehr und mehr an Bedeutung. Dagegen sind diverse Gemüse- und Obstarten während der Kolonialzeit eingeführt worden, wie z. B. Kohlsorten, Tomaten, Zwiebeln, Karotten, Rettiche sowie im Gebiet von Sotik Passionsfrüchte, in Kiambu Erdbeeren, in einigen Regionen Apfelsinen, Pfirsiche, Pflaumen, Ananas u. a. m. Hier liegen noch große Möglichkeiten der Diversifikation der Landnutzung, vor allem, wenn durch entsprechende Züchtungen die Anbaufrüchte den Standortbedingungen noch besser angepaßt werden. Zur Zeit können diese Möglichkeiten noch nicht genutzt werden, weil Konservenfabriken fehlen und die Absatzmöglichkeiten unzureichend sind. L. H. Brown (1963 b) gibt einen Überblick über die zahlreichen landwirtschaftlichen Nutzpflanzen, die entsprechend ihren unterschiedlichen Standortansprüchen in den verschiedenen ökologischen Zonen Kenyas angebaut werden bzw. angebaut werden könnten.

Für Uganda gibt das Agricultural Production Programme eine Beschreibung der tatsächlichen und potentiellen Anbaufrüchte des Landes.

123   Die landwirtschaftlichen Nutztiere

Zeburinder, Fleischschafe, Ziegen und Hühner gehören zum traditionellen Viehbesitz der in geordneten Verhältnissen lebenden kleinbäuerlichen Familie in Ostafrika. In einigen Regionen werden von einigen Bauern auch Esel gehalten, die als Tragtiere

---

[99]) Agriculture Report. Embu District. 1963, S. 1.
[100]) Republic of Kenya, Eastern Province. Department of Agriculture 1966: Annual Report 1966, S. 22

verwendet werden. Schweinemästung betreiben nur sehr wenige sogenannte progressive Farmer in den Hochlagen von Kenya oder in der Nähe größerer Städte. In den Hochlagen Kenyas, wie z. B. bei den Marakwet und Kikuyu, gibt es auch eine geringe Anzahl von Wollschafen.

Wie die Beobachtungen im Gelände und das Aktenstudium zeigen, ist der durchschnittliche Viehbesitz kleinbäuerlicher Betriebe regional unterschiedlich. Leider fehlen flächendeckende neuere statistische Angaben, aber grundsätzlich kann als gesichert gelten, daß der Viehbestand je Betrieb abnimmt, je dichter eine Region besiedelt ist. Das wird auch durch die *Tabelle 21* belegt. Die Distrikte Nyeri und Embu gehören zu den Arealen 1221 und 1222, in denen der Anteil des Ackerlandes am Gesamtareal höher als 50 % ist. Die früheren Verwaltungsbezirke Elgon-Nyanza und South-Nyanza decken teilweise die Areale 1231—1233 und 1235, in denen die ackerbaulich genutzte Fläche geringer als 50 % des Gesamtareals ist.

Tab. 21 Kenya: Durchschnittlicher Viehbesatz je Betrieb in ausgewählten Kleinbauerngebieten 1960/61

Verwaltungsbezirk	Nyeri	Embu	Elgon Nyanza	South Nyanza
Rinder	2,21	3,26	6,86	5,03
Schafe	1,50	1,36	0,83	2,21
Ziegen	0,49	0,74	1,45	2,52
Schweine	0,04	0,20	0,01	0,08
Geflügel	1,17	3,69	9,46	8,55

Quelle: KENYA AFRICAN AGRICULTURAL SAMPLE CENSUS, 1960/61, Part II, Tabellen 51, 85, 124 und 175

In der gleichen Region — auch bei gleicher ökologischer Ausstattung — ist der Unterschied des Viehbesatzes je Betrieb erheblich in Abhängigkeit von der Betriebsgröße, wie die *Tabelle 22* zeigt. Die für europäische Verhältnisse selbstverständliche Feststellung ist für afrikanische kleinbäuerliche Verhältnisse eine neue Entwicklung, die durch die europäische Kolonisierung mit allen ihren Konsequenzen ausgelöst wurde. Diese Entwicklung führt von den traditionellen, egalitären Besitzverhältnissen zu einer immer schärferen Differenzierung der bäuerlichen Betriebsgrößen und der Besitzverhältnisse.

Das quantitative Artenverhältnis der verschiedenen Tierarten zueinander ist ebenfalls regional unterschiedlich, wie *Tabelle 21* zeigt. Leider fehlen auch hier genauere und neuere statistische Unterlagen. Die Frage, ob bestimmte Abhängigkeiten zwischen dem quantitativen Artenverhältnis der Nutztiere und den ökologischen Bedingungen sowie den Anbauverhältnissen auf dem Ackerland bestehen, kann somit nicht beantwortet werden. Aus der Literatur kann man entnehmen, daß bestimmte Stämme die Rinderhaltung besonders bevorzugen, wie z. B. die Luo. Im Areal 130 können Rinder unter den gegebenen Bedingungen wegen der Verseuchung des Gebietes mit Tsetse-Fliegen

Tab. 22 Durchschnittlicher Viehbesatz je Betrieb, geordnet nach Betriebsgrößenklassen im Distrikt Nyeri

Nyeri District
AVERAGE NUMBERS OF LIVESTOCK PER HOLDING BY SIZE OF HOLDING

| | SIZE OF HOLDING IN ACRES | | | | | | |
Livestock	Up to 2·49	2·50-4·99	5·00-7·49	7·50-9·99	10·00-14·99	15·00-and Over	Nyeri District
Improved exotic cattle	0·02	0·08	0·03	0·06	—	0·23	0·05
Improved native cattle	0·20	0·17	0·56	0·79	1·18	0·90	0·34
Unimproved local cattle	1·22	1·44	2·21	2·24	5·41	7·31	1·82
Total Cattle	1·44	1·70	2·80	3·08	6·59	8·44	2·21
Sheep	0·85	1·21	2·31	2·30	2·42	7·45	1·50
Goats	0·21	0·37	0·85	0·87	1·14	2·45	0·49
Pigs	—	0·07	0·05	0·03	—	—	0·04
Poultry	0·67	1·02	1·21	1·99	3·75	4·03	1·17

Quelle: KENYA AFRICAN AGRICULTURAL SAMPLE CENSUS 1960/61, II, Tab. 51

noch nicht überleben. Dürrebedingte Futter- und Nahrungsmittelknappheiten und Viehkrankheiten veränderten im Verlauf der Jahre immer wieder die Zahl und Artenzusammensetzung der landwirtschaftlichen Nutztiere.

Grundsätzlich spielt das Vieh für die Ernährung der Bauernbevölkerung keine sehr große Rolle. Rinder werden für den Eigenbedarf an Fleisch nicht geschlachtet; das Rindfleisch wird auf lokalen Märkten gekauft. Die Milchleistung der einheimischen, nicht aufgekreuzten Zeburinder ist sehr gering, und nur die etwas wohlhabenderen Bauernfamilien können Milch in angemessenen Mengen selbst verbrauchen. Wo Absatzmöglichkeiten bestehen, wird die Milch verkauft, und oft bleibt nicht einmal für die Versorgung der Kinder in der Bauernfamilie genügend Milch übrig. Leider gibt es nur sehr wenige Ernährungsstudien im Arbeitsgebiet, denen man genauere Angaben entnehmen könnte.

Ziegen, Schafe und Hühner werden in der Regel nur bei besonderen Anlässen geschlachtet, häufig in Verbindung mit besonderen Zeremonien. Kleinvieh ist traditionell die Währung, die als Strafe oder als Schadensersatz zu zahlen ist bzw. war. Denn heute werden Verstöße gegen geltendes Recht und Streitigkeiten zwischen den Afrikanern vor staatlichen Gerichten geahndet, und zwar mit Geld- oder Haftstrafen, und Schadenersatz ist ebenfalls in Geld zu leisten. Auch der Brautpreis muß nicht mehr überall mit Vieh bezahlt werden, wie es die Tradition erfordert. Allmählich findet auch hier Geld als Zahlungsmittel Eingang.

Traditionell hat die Viehhaltung zwei weitere Funktionen, die auch heute noch von größter Bedeutung sind: Der Viehbestand ist Sparkonto und Versicherung gegen Notzeiten zugleich. Wenn die Ernte wegen Trockenheit oder Schädlingsbefall ausfällt und es an Nahrungsmitteln ebenso mangelt wie an Bargeld, das man durch den Verkauf der Marktfrüchte zu erzielen hoffte, dann kann man auf das Vieh zurückgreifen. Mit dem Verkaufserlös lassen sich Nahrungsmittel, Salz, Petroleum, Seife und die wenigen anderen Zivilisationsgüter kaufen, die heute in den Begehrkreis eines subsistenzwirtschaftlich ausgerichteten Haushalts fallen. Außerdem müssen Steuern und gegebenenfalls Schulgeld für die Kinder gezahlt werden. Aber der Viehbestand ist die eiserne Reserve, und es hat vieler Anstrengungen seitens der Landwirtschaftsverwaltungen in den vergangenen Jahrzehnten bedurft, die Bauern zum Verkauf überflüssigen Viehs zu bewegen. Immer noch versuchen sie wie die Hirtenstämme ihren Viehbestand zu vermehren, wobei es ihnen nicht auf die Qualität und das Alter der Tiere ankommt. Für das Prestige des Besitzers zählt auch heute noch nur die Zahl der Tiere. Die Folge dieser Wirtschaftshaltung ist die gleiche wie bei den Hirtenstämmen: Der Viehbestand ist bei vielen Bauern überaltert und wenig produktiv im Hinblick auf die Milch- und Fleischleistung. Seine Größe übersteigt häufig die Tragfähigkeit des Weidelandes, so daß es zur Verschlechterung des Weidepotentials durch Bodenerosion und Vegetationsveränderungen kommt. Jedoch ist der Einfluß der Lanwirtschaftsverwaltung auf die Bauernbevölkerung größer als auf die in unwegsamem Gelände lebenden Hirtenstämme. Die Bereitschaft, Neuerungen anzunehmen, ist bei der Bauernbevölkerung größer als bei der Hirtenbevölkerung.

Stellung der Tierhaltung im Betrieb

In der traditionellen afrikanischen Kleinbauernwirtschaft besteht kaum ein Zusammenhang zwischen der Viehhaltung und dem Ackerbau. Das Vieh wird weder als Zugkraft benutzt noch wird der Mist als Dünger verwendet. Viehfutter wird nicht angebaut. Das Vieh wird in der näheren oder weiteren Umgebung der Hüttenplätze auf dem Buschbrachland zur Weide getrieben. In den dichtbesiedelten Ackerbaugebieten werden die Tiere oft in großer Entfernung von den Hüttenplätzen in ökologischen Zonen gehalten, die für den Ackerbau weniger oder gar nicht geeignet sind. Die Meru und Embu z. B. lassen ihr Vieh im trockenen Vorland des Mount Kenya weiden; die Kamba-Hirten treiben ihre Tiere in die Trockensavannen des Athi- und Tana-Gebietes. In Süd-Mengo stellen die Vieheigentümer gemeinsam Bahima-Hirten an und lassen ihre Tiere von ihnen in Nord-Mengo weiden. Die Lango stellen Gemeinschaftsherden zusammmen, die sie besser gegen Raubtiere und Viehräuber schützen können als einzelne verstreut grasende kleine Herden.

Nachts werden die Tiere in Kraals gehalten. Früher wurden die Schafe, Ziegen und Kälber mit in den Wohnhütten untergebracht. Mit dem zunehmenden Hygienebedürfnis der meisten Afrikanerfamilien stirbt diese Sitte langsam aus.

Die Befestigung der Kraals mit übermannshohen Hecken oder Wällen aus Astwerk zum Schutz gegen nächtliche Viehdiebstähle findet man nur noch in der Nachbarschaft einiger gefürchteter Hirtenstämme, wie z. B. in Ost-Teso nach Karamoja hin. Westlich von Nairobi, wo die Kikuyu alte Weiderechte im ostafrikanischen Graben haben, wird das Vieh in der Nacht auf Plätzen gehalten, die von den Wohnhütten der Kikuyu umgeben sind, damit die Masai von Überfällen abgehalten werden. In den meisten Regionen des Arbeitsgebietes ist der Landfrieden so stabil, daß traditionelle Befestigungen der Kraals vernachlässigt werden. Sehr gut kann man das bei den Luo beobachten, deren Hüttenplätze mit den Viehkraals kreisförmig von hohen Hecken umgeben sind bzw. waren.

Aus Sicherheitsgründen wurde bei den Ackerbauern ebenso wie bei den Hirtenstämmen Vieh zu Freunden oder Verwandten „in Pension" gegeben. Als Entschädigung für den Arbeitsaufwand durften die Freunde oder Verwandten die Milch verwerten. Mit der Einschränkung der großen Viehseuchen und der Herstellung des Landfriedens verliert auch diese Sitte langsam an Bedeutung. Das ist vor allem dort zu beobachten, wo das Land knapp geworden ist und geschlossen in De-facto-Grundeigentum oder in Grundeigentum im europäischen Sinne übergegangen ist.

Das Bevölkerungswachstum und der dadurch steigende Anteil des Ackerlandes am Gesamtland erzwingen schließlich durchgreifende Änderungen in der Art der Viehhaltung. Nach traditionellem afrikanischem Bodenrecht fällt nicht ackerbaulich genutztes Land in den Besitz der Gemeinschaft zurück, und jeder darf sein Vieh auf dem brachliegenden Land weiden lassen. Irgendwelche weidepflegerischen Maßnahmen werden unter diesen Umständen von niemandem ergriffen, wenn man vom Buschbrennen absieht, das jedoch in den dichter besiedelten Gebieten unterbleiben muß. Bei Überweidung der Buschbrache verarmt die Vegetation an Futtergräsern. Verbuschung oder Bodenerosion können folgen. Süd-Teso, große Teile des Distriktes Machakos und Central Nyanza, vor allem die Kano Plains weisen alle Zeichen stärkster Überweidung auf. Die Ordnung des Bodenrechtes und durchgreifende Meliorierung des Bodens sind dringend erforderlich, wenn man der wachsenden Verarmung der Bevölkerung begegnen will. Schon in präkolonialer Zeit hat äußerste Landnot im Gefolge des Bevölkerungswachstumes zu einer völligen Umgestaltung der Viehhaltung geführt, und zwar auf der Insel Ukara. Hier ist nach der einheimischen Bodenbesitzerfassung alles landwirtschaftlich nutzbare Land privates Eigentum. Infolge der Erbgewohnheiten ist eine extreme Flurzersplitterung entstanden. Brachliegendes Land wird nicht mehr gemeineigenes Weideland, sondern ist der ausschließlichen Nutzung durch den Eigentümer vorbehalten. Für eine Viehweide auf gemeineigener Buschbrache ist unter solchen Umständen kein Raum, und die Brachflächen sind viel zu klein für eine extensive Weidewirtschaft. Das Vieh wird deshalb aufgestallt und mit Gras, Futterlaub und Ernterückständen gefüttert. Der Mist der Tiere wird zum Düngen auf den stark übernutzten, leichten granitischen Böden verwendet. Es fehlen nur planmäßiger Futterbau und der Einsatz von Zugochsen bei der Feldarbeit, dann könnte man von einer vollen Integration der Tierhaltung in den bäuerlichen Betrieb sprechen. Wegen der Kleinheit der Betriebe ist eine solche Integration jedoch nicht durchführbar.

Eine andere Wandlung in der Viehhaltung zeichnet sich in den dicht besiedelten Hochlagen Kenyas und am dicht bevölkerten Westabfall des Mount Elgon in Uganda ab, wo die Landknappheit infolge der Bevölkerungsvermehrung ebenfalls zu einer Individualisierung des Grundeigentums führte. Für eine extensive Weide ist keine Buschbrache mehr vorhanden. Die Art und Weise, wie einige Bagisu ihr Vieh halten, ist nicht nur einzigartig in Uganda, wie PARSONS (1960 d, S. 26) schreibt, sondern sie ist auch eine Übergangsform von der freien Viehhaltung auf der gemeineigenen Buschbrache zur Viehhaltung auf individualisiertem Grundeigentum. Eine kleine Anzahl von Viehbesitzern hat dort, wo ihre Besitztümer zusammenstoßen, gemeinsame natürliche Grasflächen als Weideland für das Vieh ausgespart. Wegen der fehlenden Hecken und Zäune wird das Vieh angepflockt, wie das auch auf der dicht besiedelten Insel Ukerewe üblich ist. Grasflächen auf Sportflächen und rund um die Bauten der Verwaltung werden ähnlich genutzt. Aber hier muß die Erlaubnis der Behörde eingeholt werden. Diese Weideplätze sind kein Gemeineigentum mehr.

Das Weideland reicht für das Vieh nicht mehr aus, und Zufütterung mit Bananenblättern und -schalen, Ernterückständen und Küchenabfällen ist üblich. Die meisten Kleinbauern besitzen nur ein bis zwei Rinder. Das Vieh wird nachts in Ställen oder Kraals gehalten, aber der Dung wird nicht zur Düngung der Felder verwendet (PARSONS 1960 d, S. 26). Von diesem Viehhaltungssystem ist es nur noch ein kleiner Schritt zu jenem, das in den dicht bevölkerten Hochlagen Kenyas unter dem Einfluß der Landwirtschaftspolitik der späten Kolonialverwaltung und der heutigen Regierung von Kenya angestrebt wird. Das Bauernland ist — wie erwähnt — inzwischen entweder De-facto-Grundeigentum oder Grundeigentum im europäischen Sinne geworden, d. h. das Land ist vermessen, vermarkt und in das Landregister eingetragen. In diesen Gebieten gibt es kaum noch gemeineigenes Weideland. Deshalb muß das Vieh auf dem Land der Bauernfamilie gehalten werden, sofern es nicht außerhalb des Siedlungsgebietes zur Weide getrieben wird. Die Betriebsgrößen in diesen Bauernlandschaften sind stark differenziert, und sehr viele Familien haben nur noch sehr kleinen Landbesitz (vgl. *Tab. 26*). Diese Familien besitzen nur ein bis zwei Rinder oder gar kein Großvieh. Die Futtergrundlage ist so knapp, daß zeitweise Aufstallung und Zufütterung nötig sind. Die fortschrittlichen Farmer haben begonnen, Kunstweiden anzulegen und Futterbau mit Kleegrasgemischen zu betreiben. Auch die Stallmistdüngungen werden von ihnen angewendet. Diese Intensivierung der Viehhaltung bringt jedoch einen erheblichen Mehraufwand an Arbeit mit sich, der sich nur rentiert, wenn die Erträge entsprechend steigen. Eine Ertragssteigerung ist mit den einheimischen, nicht aufgekreuzten Zeburindern nicht zu erreichen. Deshalb hat man begonnen, die Zeburinder aufzukreuzen, und in den fünfziger Jahren wurden europäische Milchrinder in die afrikanischen Bauerngebiete eingeführt. Die Guernsey-, Ayrshire-, Jersey- und Friesischen Rinder bringen zwar höhere Milch- und Fleischerträge als die einheimischen Zeburinder, aber sie stellen auch sehr viel höhere Futteransprüche. Außerdem müssen sie zweimal in der Woche mit Insektiziden gebeizt werden, um sie gegen die Zecken zu schützen, die das Ostküstenfieber und andere Infektionskrankheiten übertragen. Dieser Mehraufwand an Kapital und Arbeit kann nur geleistet werden, wenn die Milch zu entsprechenden Preisen verkauft werden kann. Absatzschwierigkeiten beschränken jedoch die Ausbreitung der modernen Milchviehhaltung erheblich.

124 Die Formen der Bodennutzung

Hackbau

Grabstock, Hacke und Haumesser waren die wichtigsten Geräte in Ostafrika, deren sich die Bauernbevölkerung in prä- und frühkolonialer Zeit bei der Feldarbeit bediente[101]). Auch heute noch ist der Hackbau die am häufigsten angewendete Technik der Bodenbearbeitung, vor allem in den dichter besiedelten Arealen, in denen das Land knapp ist, die bäuerlichen Wirtschaftsflächen klein sind und die Großviehhaltung aus Mangel an Weidegründen sehr eingeschränkt ist.

> „Traditional African land practices, with machete, hoe, and metal-tipped digging stick, have proved very resistant to change. A number of efforts have been made to introduce such labor-saving implements as wheel-barrows, small hand cultivators and seeders, lighter and more efficient hoes, etc., but none have been generally adopted" (L. H. BROWN 1968, S. 52).

Pflugbau

Aber in Teso begann eine „Revolution" in der Technik der Bodenbearbeitung der Afrikaner mit weiterreichenden Auswirkungen, als die Protektoratsverwaltung den Pflugbau einführte. Sie gründete in Ngora die erste „ploughing school" in Uganda. Die Teso erkannten die Vorzüge des Pflugbaus und akzeptierten die Neuerung im Laufe der Zeit[102]). Allein von 1920 bis 1937 stieg die Zahl der Pflüge im Besitz der Tesobauern von 200 auf etwa 40 000 (LAWRENCE 1955, S. 27), und MICHALEK [103]) stellte 1969 bei seiner Befragung von 370 Tesobauern fest, daß 368 von ihnen Ochsenpflüge benutzen. Nach LANGLANDS (1968, S. 202) werden heute 80 % des bebauten Landes mit ochsenbespannten Pflügen umgebrochen.

Die Einführung des Pflugbaus in die Bauernwirtschaft der Teso war eng mit der Entwicklung des Baumwollanbaus verbunden. Denn der zusätzliche Anbau von Baumwolle zu den bisher für die Selbstversorgung der Bauernfamilien angebauten Früchten erforderte einen erheblichen Mehraufwand an Arbeit, der durch das Pflügen reduziert werden konnte, so daß die Bauern in der Lage waren, größere Flächen unter Kultur zu nehmen und den Baumwollanbau auszuweiten. Durch die Geldeinnahmen aus Baumwollverkäufen andererseits konnten die Bauern es sich leisten, Pflüge zu kaufen. „The growth of the cotton industry and the phenomenal increase in ploughing are complementary; the one was impossible without the other" (WATSON 1941, S. 210). In Kenya haben nur die Luo den Pflugbau in so hohem Maße akzeptiert wie die Teso in Uganda, obwohl sie nur wenig Baumwolle anbauen. Man geht wohl nicht fehl in der Annahme, daß die Bereitschaft, den Pflugbau zu übernehmen, in einem gewissen Zusammenhang mit der viehhalterischen Tradition der beiden Stämme steht[104]). Die den

---

[101]) Vgl. auch VAJDA 1957, S. 117 ff.
[102]) Vgl. auch HAYES 1940 b, S. 54—59
[103]) MICHALEK, noch nicht veröffentlichte Dissertation, Manuskript 1970, S. 106
[104]) Vgl. auch LANGLANDS 1968, S. 202

Teso benachbarten Lango mit ähnlicher Viehhaltertradition haben jedoch bis jetzt den Pflugbau nur in der Grenzregion zum Teso-Distrikt in größerem Maße angenommen. Dieses Gebiet wurde zwar noch als Hackbauareal in der Karte ausgewiesen, es kann jedoch vielleicht schon als Übergangsgebiet zum Pflugbau betrachtet werden. In Südost-Lango behindert die Tsetsefliegenverseuchung die Großviehhaltung und damit auch die Ausbreitung des Pflugbaus. In den übrigen Gebieten des Lango-Distriktes, der zum Teil jedoch außerhalb des Arbeitsgebietes liegt, beginnen die Bauern erst in neuerer Zeit den Pflugbau zu akzeptieren[105]. Immerhin ist die Zahl der Pflüge in Lango-Bauernbesitz von 6 722 im Jahre 1947 auf 14 848 im Jahre 1960 gestiegen[106].

Die traditionellen Bantu-Bauernstämme haben bis jetzt den Pflugbau auch dort nicht in solchem Umfang wie die Teso und Luo akzeptiert, wo die Bedingungen für die Pflugkultur günstig sind. Die Landwirtschaftsverwaltung von Uganda bemüht sich, den Einsatz von ochsenbespannten Pflügen durch Demonstrationen zu propagieren. „A big demonstration was held in April at Ikulwe D. F. I. and was attended by all staff and many farmers from all over Busoga. Serere Ox-cultivation Unit held demonstration in all counties during September and October, after which time more county wide demonstration were carried out by Ox-Units stationed at Variety Trial Centres in Busoga"[107].

Etwas stärker hat sich der Pflugbau bei den Bantustämmen in West-Kenya durchgesetzt, aber hier mischen sich Hackbau und Pflugbau in regional schwer zu erfassenden Graden, so daß eine Grenzziehung im Maßstab 1 : 1 Mio. sehr schwierig ist. Nach einem „sample census"[108] aus dem Jahr 1966 sollen in Bungoma von den 27 900 Bauernstellen 14 500 Pflüge besitzen, während in Bungoma 1965 noch 95 % des Ackerlandes mit der Hacke bearbeitet wurden[109]. Nach WAGNER (1940, S. 277) haben die Kavirondo-Bantu, wie WAGNER dem damaligen Sprachgebrauch folgend die Bantustämme zwischen Mount Elgon und Victoriasee nennt, die Pflugkultur bereitwillig aufgegriffen, soweit sie genügend Zugochsen besaßen. „Es stellte sich jedoch bald heraus, daß durch unsachgemäße Verwendung der Pflüge eine Reihe von Schäden für den Boden entstanden, die den Vorteil der Zeitersparnis und der gesteigerten Erträge wieder auszugleichen drohten. Viele Eingeborene pflügten erheblich mehr Land um, als sie nachher bebauen konnten, wodurch das Weideland knapp und der Boden unnötig ausgedörrt wurde. Außerdem förderte das Pflügen in dem größtenteils hügeligen Gelände die Bodenerosion, da die Eingeborenen es zunächst nicht verstanden, die Furchen in Isohypsen anzulegen"[110]. In den letzten Jahren hat daher die Regierung die weitere Verbreitung des Pflugbaus nicht mehr gefördert und in den hügeligen Teilen Kavirondos sogar die

[105] MICHALEK, noch nicht veröffentlichte Dissertation, Manuskript 1970, S. 102 ff.
[106] MASEFIELD 1962, S. 96
[107] ANNUAL REPORT. Uganda. Department of Agriculture. Busoga. 1964, S. 5. Ähnliche Angaben könnten auch aus anderen Berichten zitiert werden.
[108] BUNGOMA DISTRICT. Agricultural sample census 1966, S. 6 und 13
[109] ANNUAL REPORT. Busia District. 1964, S. 4
[110] KENYA COLONY, NATIVE AFFAIRS DEPARTMENT. Annual report 1936, S. 106, zitiert von G. WAGNER (1940).

Rückkehr zum Hackbau propagiert (WAGNER 1940, S. 277). Abgesehen von den sehr dicht besiedelten Berglagen mit den sehr kleinen bäuerlichen Betriebseinheiten an steilen Hängen, wo der Einsatz des Pfluges auf Schwierigkeiten stößt, könnte ohne Gefahr für die Bodenerhaltung die Ausbreitung des Pflugbaus vom technischen Standpunkt aus gefördert werden. Durch Pflügen quer zur Hangneigung und andere Erosionsschutzmaßnahmen, die weiter unten noch erörtert werden, ist die Bodenerosion im Arbeitsgebiet weitgehend unter Kontrolle gebracht worden. Aber es ist fraglich, ob der Einsatz von Ochsen zum Pflügen wirtschaftlich ist, wenn durch die steigende Bevölkerungsdichte und durch den Anbau von Verkaufsfrüchten das Land knapp wird.

> „It is often thought that the use of oxen in African areas to do the ploughing, instead of depending upon human muscle, is an advance. In fact, dependence on oxen, particularly in densely populated areas, has its drawbacks. An ox eats as much as a productive dairy cow and, since most farmers like to maintain their own oxen, as much as 10 acres of land may be put out of production in some areas to maintain a pair of oxen that do less than one day's work in 10 in the year. For this reason tractor cultivation has obvious advantages over oxen" (L. H. BROWN 1968, S. 52).

Traktoreneinsatz

Aus diesem Grunde beginnen die afrikanischen Bauern in Kenya und Uganda Traktoren zum Pflügen einzusetzen. Nur wenige Bauern können jedoch das Geld aufbringen, eigene Traktoren anzuschaffen, wenn auch der Kauf durch zinsgünstige Kredite gefördert wird und sich manchmal mehrere Bauern zusammenschließen, um einen Traktor gemeinsam zu erwerben. Diese wenigen Bauern pflegen gegen Bezahlung die Felder der Nachbarn mitzupflügen. Auch Verwaltungsbehörden, Genossenschaften und nichtafrikanische Unternehmer leihen Traktoren zum Pflügen an die Bauern aus. Insgesamt gesehen scheint jedoch der „tractor hire service" noch nicht von allzu großer Bedeutung zu sein. In Busia[111]) wurden nach Schätzungen des District Agricultural Officer 1965 nur 0,05 % des Ackerlandes gepflügt, und im Landwirtschaftsbericht von Bungoma[112]) heißt es: „In general the oxplough does the bulk of ploughing in the district". Auch in Uganda steckt der Traktoreinsatz noch in den Anfängen. „A tractor hire programme operated by the Agricultural Department from 1948[113]) made only a slow impact. In 1957, when it was well established, 6 172 acres were mechanically cultivated by the service, but in 1960 the total was only 5 793 acres"[114]).

Wenn auch der Ochsenpflug in einigen Regionen schon von sehr vielen Bauern eingesetzt wird, so nutzen sie die Ochsen im allgemeinen weder zum Ziehen anderer landwirtschaftlicher Geräte noch zum Ziehen von Karren oder Wagen. Noch immer wird mit der Hacke gejätet, mit dem Messer geerntet, und noch immer tragen die Frauen die Verkaufsfrüchte auf dem Kopf zum Markt oder zur Ankaufsstelle. Selten sieht man

---

[111]) BUSIA DISTRICT. AGRICULTURAL REPORT 1964, S. 4
[112]) BUNGOMA DISTRICT. AGRICULTURAL REPORT 1965, S. 7
[113]) Development of mechanized farming in Uganda. Official Bulletin of the Uganda Protectorate, March 1954 (reprinted in: Tropical Agriculture, October 1954), zitiert von MASEFIELD (1962 a).
[114]) MASEFIELD 1962 a, S. 96

Tragtiere, die Lasten befördern. Nur in Uganda wird ein technisches Transportmittel häufig benutzt: das Fahrrad. Im Fernverkehr hat Ostafrika das Entwicklungsstadium des mit tierischer Kraft gezogenen Wagens übersprungen und ist vom Trägerverkehr gleich zum Eisenbahn-, Lastwagen- und Luftverkehr übergegangen.

Bekämpfung der Bodenerosion

Die verstärkte Beanspruchung des Bodens durch die wachsende afrikanische Bauernbevölkerung führte zu erheblichen Bodenerosionsschäden und zum Nachlassen der natürlichen Ertragsfähigkeit der Böden. Vor allem in den dicht bevölkerten Berglagen von Machakos und an den Aberdares nahm die Bodenverwüstung katastrophale Ausmaße an, begleitet von starker Waldzerstörung. Die Bodenerosion wurde in den Berglagen noch durch die Sitte vieler Bauernfamilien gefördert, ihre Wirtschaftsflächen in schmalen, hangabwärts gerichteten Streifen anzulegen und die Besitzgrenzen durch Furchen zu kennzeichnen, die sich sehr leicht zu Erosionsrinnen entwickeln. Eine erste ausführliche und eine ganze Anzahl von Verwaltungsdistrikten umfassende Untersuchung der Erosisonsschäden im Zusammenhang mit der Landnutzung führte C. Maher Ende der dreißiger Jahre durch. Leider liegen seine Untersuchungsergebnisse nur in der Form hektographierter Berichte vor (vgl. *Literaturverzeichnis*). Bekämpfungsmaßnahmen konnten im Anschluß an diese Untersuchung wegen des Zweiten Weltkrieges nicht eingeleitet werden. Im Gegenteil, die Kolonialverwaltung war gezwungen, die Bauernbevölkerung zu verstärkter Produktion von Mais und anderen Nahrungsmitteln zur Versorgung der Truppen und der Bevölkerung anzuregen, so daß die Bodenerosion noch gefördert wurde. Erst nach dem Zweiten Weltkrieg setzte die Kolonialverwaltung mit dem Einsatz erheblicher finanzieller Mittel und verstärktem Druck auf die Bauernbevölkerung zur Bekämpfung der Bodenerosion an. Aber die Maßnahmen zur Erosionseindämmung wurden durch die vorherrschende Flurzersplitterung und die unsicheren Grundeigentumsverhältnisse in den dicht besiedelten Gebieten erschwert. Vor allem in Machakos und in der Central Province — namentlich im Siedlungsgebiet der Kikuyu — mußte die Bekämpfung der Bodenerosion durch Gemeinschaftsarbeiten unter Anwendung von Zwang durch „local bye-laws" durchgeführt werden, die den individualistisch gesinnten Kikuyu und Kamba sehr verhaßt waren. Das machte die Landwirtschaftsbehörden unpopulär und störte die Zusammenarbeit zwischen den Landwirtschaftsbeamten und den Bauern, ohne die der Fortschritt undenkbar ist. Man nimmt an, daß dieser Zwang zu Gemeinschaftsarbeiten mit zum Mau-Mau-Aufstand beitrug[115].

Tausende von Kilometern Ackerterrassen wurden unter Anleitung und Aufsicht der Landwirtschaftsbehörden in den Berglagen von Machakos und an den Aberdares gegraben, hinzu kommen Tausende von Kilometern „grassfilter strips", die als „wash stops" die Bodenabschwemmung aufhalten. Umfangreiche Arbeiten zur Regelung des Wasserabflusses wurden durchgeführt, viele Kilometer Gräben gezogen. Zahlreiche Dämme und andere Wasserbauten, die auch der kontinuierlichen Wasserversorgung

---

[115] Vgl. z. B. Ruthenberg 1966 a, S. 8 oder L. H. Brown 1968, S. 41

dienen, mußten gebaut werden. Der Erosionseindämmung dienten in Machakos auch Sisalhecken sowie sog. „trash lines" und Steinwälle, wie sie auch in anderen Teilen Kenyas angelegt wurden.

Der Mau-Mau-Aufstand hielt die Bekämpfung der Bodenerosion zwar zunächst auf, aber durch die beispielhafte Bodenreform in der Central Province, die im Zuge der Eindämmung des Aufstandes durchgeführt wurde, erhielten die Bauern konsolidierte Bauernstellen als sicheres Grundeigentum. Von nun an betrachteten sie die Erhaltung des Bodens mehr als Arbeiten im eigenen Interesse, wie das folgende Zitat beispielhaft belegen mag: „This recovery (of soil conservation) is mainly due to the land consolidation whereby the return of the farmers back to their holdings have induced them to re-condition the old terraces and also to construct new ones. The farmers in general have now regained confidence on their new holdings and are doing their best to develop the land and in particular soil conservation first"[116]).

Im Zusammenhang mit der Bodenreform in der Central Province werden an die Bauern auf Wunsch Farmpläne ausgegeben, nach denen der Erosionsschutz in Form von Terrassen oder Grasschutzstreifen mit eingeplant ist.

„In land consolidation areas soil conservation goes along with farm lay out work. Terracing and planting of thatch grass along contour and field boundaries according to the farm lay out is done as soon as the farmer gets farm lay out done"[117]).

In Central und South Nyanza stellt die Bodenerosion noch immer eine akute Gefahr dar: „There are many acres which are badly eroded. Formerly there used to be communal self-help teams which worked on soil conservation measures but were stopped due to political reasons. There is urgent necessity for a re-start. The farmers are advised to construct trash lines, terraces, stone walls and grass strips. Planting on the contour is encouraged. Afforestation on the bare hills of Kisian is very urgently"[118]).

Auch der Distrikt Kisii ist stark erosionsgefährdet, aber „grass strips are a feature of the district", wie es im Landwirtschaftsbericht[119]) heißt. In den Distrikten Busia und Bungoma ist die Gefahr der Bodenerosion weitgehend gebannt, weil die Bauern das Pflügen und Pflanzen quer zum Hang und die Anlage von Grasschutzstreifen zwischen den Feldern akzeptiert haben. Aber zu große Grasbrände gegen Ende des Jahres können Erosionsschäden auslösen[120]). In dem dicht bevölkerten und bergigen Südteil des Distriktes Kakamega ist es zu beträchtlichen Erosionsschäden gekommen. Zu ihrer Bekämpfung wurden bis 1966 rund 2 000 km Grasschutzstreifen, 800 km „bench terraces" und 150 km „narrow base terraces" angelegt[121]).

116) ANNUAL REPORT. Kenya. Fort Hall (jetzt Murang'a) District. 1963, Appendix „H" (a)
117) ANNUAL REPORT. Kenya. Embu District. 1964. S. 10
118) ANNUAL REPORT. Kenya. Central Nyanza District. 1966, S. 17
119) ANNUAL REPORT. Kenya. Kisii District. 1966, S. 51
120) ANNUAL REPORT. Kenya. Western Province. 1966, S. 14
121) ANNUAL REPORT. Kenya. Western Province. 1966, S. 14

Auch in Uganda hat man nach dem Zweiten Weltkrieg erhebliche Anstrengungen unternommen, um die Bodenerosion zu bekämpfen. „The most outstanding progress in agricultural pratice between 1945 and 1960 was undoubtedly in soil conservation. Here two methods are used: in the perennial crop areas around Lake Victoria, „bunds", (narrow-base terraces) planted with Paspalum grass, and in the drier areas of the country, buffer strips of grass left uncleared between cultivated plots", und weiter unten meint der gleiche Autor[122]), „In 1952 the Agricultural Department was able to report that, 'in Buganda, it is now unusual to find holdings which are not provided with some form of erosion control'. These measures were still far from perfect in 1960; but in the preceding fifteen years, soil erosion in Uganda had been reduced from a major menace to quite a minor threat."

Wandel der Betriebsformen

Es darf angenommen werden, daß Wanderfeldbau[123]) in fast allen Gebieten Ostafrikas die Betriebsform der bäuerlichen Landwirtschaft in prä- und frühkolonialer Zeit gewesen ist, d. h., daß die afrikanischen Bauernfamilien ihre Siedlungsplätze und Felder in gewissen zeitlichen Abständen verlegten, wenn die natürliche Fruchtbarkeit des hüttennahen Ackerlandes erschöpft war. Es haben jedoch vermutlich auch schon in präkolonialer Zeit die Afrikaner in den wenigen dichter besiedelten Arealen des Arbeitsgebietes im Norden des Victoriasees, auf den Sese Islands und auf der Insel Ukara Landwechselwirtschaft betrieben, bei der die Hüttenplätze nur in sehr großen zeitlichen Abständen oder gar nicht verlegt wurden. Eine Grenze zwischen Wanderfeldbau und Landwechselwirtschaft ist schwer zu ziehen, weil kaum zu ermitteln ist, wie lange die Mehrheit der Bauernfamilien in einem Areal an einem Hüttenplatz bleibt und man außerdem definieren müßte, bei wieviel Jahren Siedlungsdauer an einem Platz der Wanderfeldbau in Landwechselwirtschaft übergeht. Dennoch kann festgestellt werden, daß heute in vielen Teilen des Arbeitsgebietes die afrikanischen Bauern vom Wanderfeldbau zur Landwechselwirtschaft und gebietsweise schon zum permanenten Anbau übergegangen sind. Diese Entwicklung ist zunächst einmal auf das oben geschilderte Bevölkerungswachstum zurückzuführen, das zu einer Verdichtung der Bevölkerung in den Siedlungsräumen führte. Die Bewegungsfreiheit der Familien wurde so durch die steigende Landknappheit eingeschränkt. Der Bedarf an Boden stieg jedoch nicht nur durch die größere Zahl der Bevölkerung, sondern auch dadurch, daß heute die Familien mehr Land bewirtschaften als früher. In präkolonialer Zeit brauchte jede Familie nur Land zum Anbau von Subsistenzfrüchten. Mit dem Anschluß der Bauernbevölkerung an die Geldwirtschaft im Zuge der Kolonisierung Ostafrikas begannen die Bauernfamilien, über die reine Selbstversorgung hinaus auch für den Verkauf zu produzieren.

---

[122]) MASEFIELD 1962 a, S. 97
[123]) Der Ausdruck „shifting cultivation" differenziert nicht zwischen Wanderfeldbau und Landwechselwirtschaft (vgl. auch MANSHARD 1968, S. 81 ff.).

Auch in den Regionen, in denen noch keine akute Landnot herrscht, werden die Siedlungen nur noch in großen Zeitabständen oder gar nicht mehr verlegt, weil die Hütten heute aufwendiger gebaut werden als früher und häufig sogar mit Wellblech gedeckt sind. Bevorzugt siedeln die afrikanischen Bauern an einer Straße, und solche Plätze werden nicht gern aufgegeben.

Im Zuge der Verknappung des Bodens kommt es zur Individualisierung des Grundeigentums und damit zur endgültigen Aufgabe des Wanderfeldbaus. Bei zunehmender Siedlungsdichte und Bodenknappheit steigt die Zahl der Baujahre gegenüber der Zahl der Brachjahre immer mehr an, bis schließlich die Brache ganz aufgegeben werden muß, wo dies die ökologischen Bedingungen zulassen, bzw. es kommt zur Einführung des Futtergrasbaus an Stelle der Brache. Der Futtergrasbau steckt jedoch noch in den Anfängen und wird von der Landwirtschaftsverwaltung im Zusammenhang mit der Farmplanung in den Hochlagen Kenyas propagiert, wie weiter unten beschrieben wird.

Wir können deshalb in den Bauerngebieten Ostafrikas nicht nur einen Übergang vom Wanderfeldbau zur Landwechselwirtschaft feststellen, sondern auch eine Entwicklung vom semipermanenten zum permanenten Ackerbau[124] in den Arealen 1200 bis 1206 und 1210 bis 1219. In den Arealen 1230 bis 1243 ist der Übergang zum permanenten Ackerbau bereits weitgehend abgeschlossen.

In welchem Umfang in den Arealen 1200 bis 1206 und 1210 bis 1219 noch semipermanenter oder bereits permanenter Ackerbau betrieben wird, ist im einzelnen schwer zu übersehen. Denn, wie weiter unten noch beschrieben wird, ist es im Zuge der Individualisierung des Bodenbesitzes zu einer Differenzierung der bäuerlichen Betriebsgrößen gekommen. Die Bauern mit wenig Land sind zum permanenten Ackerbau gezwungen, während die Familien mit größerem Landbesitz jeweils einen Teil ihres Bodens längere Zeit brach liegen lassen können. Aber von Generation zu Generation vermindern sich durch Erbteilung die Betriebsgrößen, so daß es nur noch eine Frage der Zeit ist, wann überall dort in den Bauerngebieten Ostafrikas permanenter Anbau betrieben werden muß, wo die ökologischen Bedingungen dies zulassen. Der Zwang, die Brache immer mehr zu verkürzen und schließlich ganz aufzugeben, konfrontiert die Bauern in immer stärkerem Maße mit dem Problem der abnehmenden Ertragsfähigkeit ihrer Böden. Schon von alters her versuchen die Bauern diesem Umstand Rechnung zu tragen, indem sie durch Fruchtfolgen versuchen, den Nährstoffhaushalt des Bodens optimal zu nutzen. Unabhängig von fremdem Einfluß haben im Arbeitsgebiet nur die Wakara auf der Insel Ukara versucht, bei solchen Fruchtfolgen durch Stallmist- und Gründüngung die Ertragskraft der Böden zu erhalten[125].

Fruchtfolgen

Die außerordentlich verschiedene ökologische Ausstattung der afrikanischen Bauerngebiete, die sehr unterschiedlichen Betriebsgrößen sowie die verschiedenartigen Traditio-

---

[124] Vgl. RUTHENBERG 1967 b, S. 124, und die dort genannten Quellen; permanenter Ackerbau: Zahl der Baujahre größer als Zahl der Brachjahre.

[125] Vgl. LUDWIG 1967, S. 179, und die dort aufgeführte Literatur sowie RUTHENBERG 1967 b, S. 147.

nen und Ernährungsgewohnheiten haben zur Entwicklung einer schwer zu ergründenden Vielfalt von Fruchtfolgen geführt. Es gibt in der traditionellen afrikanischen Landwirtschaft kein geordnetes, zeitlich genau festgelegtes Nacheinander bestimmter Monokulturen auf planvoll angelegten Feldern. Die bestehenden Fruchtfolgen sind auch nicht das Ergebnis planvoller Experimente, sondern sie sind im Laufe der Zeit gewachsen aufgrund der Erfahrungen von Generationen. Die von FISHER (o. J., S. 258) zitierte Äußerung eines afrikanischen Lehrers zeigt beispielhaft, wie solche Fruchtfolgen entstehen: „The Kikuyu have planted crops in rotation from long ago. The reason why they rotated crops was not that they knew it was bad for crops to be planted in the same place for all seasons, but when the crop did not grow well they planted other crops . . ." und FISHER meint dazu: „To-day, for the great majority of women the same principles govern crop rotation". Die traditionellen Fruchtfolgen sind durch die Einführung neuer landwirtschaftlicher Nutzpflanzen verändert worden. Häufig wird die Rotation mit der Verkaufsfrucht eröffnet, wie z. B. mit Baumwolle, und Kassawa bildet den Schluß beim Übergang zur Brache. Selbst im gleichen Raum können die Fruchtfolgen von Betrieb zu Betrieb in Abhängigkeit von der Betriebsgröße wechseln. Die Fruchtfolgen lassen sich nur schwer feststellen, weil Monokulturen und Mischkulturen mit unterschiedlicher Artenzusammensetzung auf von Jahr zu Jahr verschieden großen Flächen einander abwechseln, ja sogar ineinander übergehen können.

Nach RUTHENBERG (1967 b, S. 131) besteht ein wesentliches Merkmal der Fruchtfolgen darin, daß die jeweiligen Pflanzenmischungen an die abnehmende Ertragskraft und an den stärkeren Unkrautwuchs der Böden der zunehmenden Zahl der Baujahre angepaßt werden. Als Fußnote fügt er an: „DE SCHLIPPE (84)[126] bezeichnet den Wechsel in der Zusammensetzung der Mischkultur als ‚Pseudorotation'. Es handelt sich jedoch in der Regel um eine sorgfältig abgewogene zeitliche Folge des Anbaues, die durchaus als ‚Fruchtfolge' anzusprechen ist."

Wegen der großen Vielfalt der im Arbeitsgebiet angewendeten Fruchtfolgen können nur wenige Beispiele ausgewählt werden: MICHALEK[127] ermittelte eine ganze Reihe verschiedener Fruchtfolgen, die von den Teso und den benachbarten Lango in Abhängigkeit von der ökologischen Ausstattung und der Bevölkerungsdichte angewendet werden. In Übereinstimmung mit TOTHILL (1940, S. 43—44) und PARSONS (1960 a, S. 31 ff.) gibt MICHALEK als Grundprinzip der Anbaufolgen der Tesofarmer an:

1. Jahr Baumwolle
2. Jahr Fingerhirse/Sorghum, Kuherbsen oder Sorghum
3. Jahr Erdnüsse oder Maniok oder Baumwolle oder Fingerhirse

„Unterschiede gegenüber den 1940 genannten Rotationen ergeben sich nur daraus, daß Sesam heute in Südost-Teso kaum noch von Bedeutung und durch Erdnüsse verdrängt ist, Maniok oft an Stelle von Bataten angebaut wird"[128].

---

[126] Literaturangabe RUTHENBERGS: SCHLIPPE, P. DE: Shifting Cultivation in Africa. Routledge & Kegan Paul, London 1956

[127] MICHALEK, noch nicht veröffentlichte Dissertation, Manuskript 1970, S. 90

[128] MICHALEK, noch nicht veröffentlichte Dissertation, Manuskript 1970, S. 90

DIETRICH O. MÜLLER[129]), der 1967 eine anthropogeographische Strukturuntersuchung im südlichen Uganda-Kenya-Grenzbereich durchführte, hat sehr verschiedenartige Fruchtfolgen feststellen können (siehe *Tab. 23*).

Tab. 23   Uganda-Kenya-Grenzbereich: Fruchtfolgen in Bauernbetrieben[a])

A   Fruchtfolgen im Mulanda Subcounty, West Budama County, Bukedi District/ Uganda

Jahr	Fruchtfolgen, angewendet auf je einer Bauernstelle nach Auskunft der befragten Bauern 1967				
1.	B	B	B	Sü	E/B
2.	F/B	F/E	F/B	B	F/E
3.	E/K	K	F/K	F/B	K
4.	K	K	K	K	K
5.	K	K	K	K	K
6.	a	Wi	Wi	K	Wi
7.	a			Wi	
8.	a				
9.	Wi				

B   Fruchtfolgen in den Locations South Teso und Bukhayo, Busia District/ Kenya

Jahr	Fruchtfolgen, angewendet auf je einer Bauernstelle nach Auskunft der befragten Bauern 1967								
	South Teso					Bukhayo			
1.	B	B	B	M	M	B	B	B	B
2.	M	So	F	F/K	M	F/B	M	M/Se	F
3.	a	K	K	K	M	M	B	B	K
4.	a	K	K	K	M	a	M	M	K
5.	Wi	Wi	Wi	Wi	Wi	a	B	Wi	Wi
6.						Wi	M		
7.							Wi		

Abkürzungen:

B	= Baumwolle	Se	= Sesam
E	= Erdnüsse	So	= Sorghum
F	= Fingerhirse	Sü	= Süßkartoffeln
K	= Kassawa	a	= anbaufreie Zeit
M	= Mais	Wi	= Wiederholung der Rotation

a) F/B bedeutet: 1. Anbauperiode Fingerhirse / 2. Anbauperiode Baumwolle. Mischkulturen sind nicht berücksichtigt; folgende Kombinationen wurden aber festgestellt: B + Bohnen, K + E oder Bohnen oder Erbsen. F + M oder So, M + So oder E oder Bohnen oder jungen K.

Quelle: MÜLLER, D. O., in Vorbereitung

[129]) MÜLLER, D. O., in Vorbereitung

Die Informationen über Fruchtfolgen in den übrigen Regionen von Uganda — soweit sie zum Arbeitsgebiet gehören — sind spärlich und stützen sich meist auf Untersuchungen aus der Zeit vor dem Zweiten Weltkrieg[130]). Durch Befragungen der District Agricultural Officers 1965 konnte der Verfasser verschiedene Fruchtfolgen im Bereich des Areals 1220 ermitteln, die jedoch mit Vorsicht aufzunehmen sind.

Bananen sind in diesem Areal Hauptnahrungsmittel, und Kaffee ist die Hauptverkaufsfrucht. In diese Dauerkulturen sind die Parzellen mit den saisonalen Anbaufrüchten eingebettet, die in verschiedenen Mischungen angebaut werden. Es können gemischt werden:

1. Baumwolle mit Bohnen
2. junger Kaffee mit Bohnen
3. junge Bananen mit Baumwolle
4. junge Bananen mit Baumwolle und Bohnen
5. Kassawa mit Bohnen
6. Mais mit Bohnen

Die Bananenhaine können auch mit anderen Früchten unterbaut werden, wie zum Beispiel mit Kaffee und allen anderen Anbaufrüchten. Die Aufzählung der Mischungen ist keineswegs vollständig; sie soll nur andeuten, welche Kombinationsmöglichkeiten sich ergeben. Als mögliche Fruchtfolgen wurden von den Landwirtschaftsbeamten genannt:

Fruchtfolge im Bulemezi County

1. Jahr	Baumwolle
2. Jahr	Baumwolle
3. Jahr	Hülsenfrüchte, Erdnüsse, Süßkartoffeln, Mais
4.—6. Jahr	Brache unter Elefantengras

Fruchtfolge in Mpigi

1. Jahr	Baumwolle
2. Jahr	Bohnen, Mais
3. Jahr	Baumwolle
4. Jahr	Erdnüsse, Mais und anderes
5. Jahr	Baumwolle
6. Jahr	Brache (die Verwaltung empfiehlt jedoch eine Rotation von 3 Baujahren und 3 Brachjahren)

In Mukono gibt es nach Auskunft des District Agricultural Officers keine ausgeprägte Rotation, aber den Bauern wird geraten, die nachstehende Fruchtfolge anzuwenden:

---

[130]) Parsons 1960 b, S. 21 ff. greift auf Vorkriegsinformationen zurück. Martin 1940, S. 38—42 (in Tothill 1940).

    1. Jahr   Baumwolle
    2. Jahr   Mais, Erdnüsse, Bohnen
    3. Jahr   Baumwolle
4.—6. Jahr   Brache

In den übervölkerten Berglagen des Mount Elgon in Uganda ist die Rotation wegen der Landknappheit nach PARSONS (1960 d, S. 16) nur noch von akademischem Interesse.

Auch in dem dichtbesiedelten Distrikt Kisii gibt es kaum noch ausgeprägte Fruchtfolgen. Viele Bauern sind gezwungen, Jahr für Jahr Mais, oft gemischt mit Bohnen, auf den gleichen Parzellen ihrer Kleinbetriebe anzubauen[131]). FISHER (o. J., S. 260) gibt einige Fruchtfolgen an, die von den Kikuyu angewendet werden können. Aber gerade in diesem Gebiet gibt es sehr viel bäuerlichen Kleinstbesitz, für den das gleiche gilt, was über den Distrikt Kisii gesagt wurde. Als Beispiel siehe *Tabelle 24*.

Tab. 24   Fruchtfolgen in bäuerlichen Betrieben im Siedlungsgebiet der Kikuyu (Areal 1221)

Year	Season	Type 1	Type 2
1	kimera kia njahi[a]	maize, dwarf beans and sweet potatoes on ngamba[c]	maize, dwarf beans and cow peas
	kimera kia mwere[b]	sweet potato vines pulled for stock feed, plot hoed, and maize, dwarf beans and sweet potatoes planted	maize and dwarf beans; or maize, English potatoes and cow peas
2	kimera kia njahi	maize, dwarf beans, and cow peas	maize, dwarf beans, and cow peas
	kimera kia mwere	maize and dwarf beans	maize and dwarf beans

The above crops continue to be planted for successive years until yields are so poor that it is evident the land is exhausted and needs to lie fallow.

[a] lange Regenzeit
[b] kurze Regenzeit
[c] Parzelle, die bis zu zwei Jahren brach liegenbleibt

Quelle: FISHER o. J., S. 260

Bei steigender Bodenknappheit wird das Problem der Erhaltung der Bodenfruchtbarkeit durch die Verkürzung der Brache immer kritischer. Afrikaner betrachten Gras nicht als eine „landwirtschaftliche Nutzpflanze"[132]), die man anbaut, und überlassen deshalb die Brachflächen der Selbstbegrasung, die im Laufe der Zeit je nach den ökologischen Bedingungen und der Länge der Brache in mehr oder weniger nutzlosen Busch übergeht. Die Brachflächen werden lediglich als Hutungen extensiv genutzt. Die planvolle Anlage von Grasflächen mit Futtergräsern ist deshalb noch immer sehr wenig verbreitet. Weitgehend unbekannt war auch die Gründüngung und die Verwendung des tierischen

---

[131]) Mündliche Auskunft des District Agricultural Officers und befragter Bauern 1965.
[132]) Nur die Wakara bauen Gras zu Futterzwecken an (LUDWIG 1967, S. 174).

Dungs, wenn man davon absieht, daß aufgelassene Viehkraals gern als Hausgärten benutzt werden. Nur auf der Insel Ukara hat als Folge extremer Überbevölkerung und dadurch bedingter Landnot Grün- und Stallmistdüngung Eingang in die Wirtschaftsweise der Wakara gefunden, lange bevor die Europäer Ostafrika erreichten.

LUDWIG (1967, S. 195) und RUTHENBERG (1967, S. 147) geben die neuesten Schilderungen der bei den Wakara auf der Insel Ukara üblichsten Formen der Fruchtfolge. Als Beispiel sei die von LUDWIG beschriebene Form angeführt:

„1. Jahr:

In den trockeneren Monaten Juli—September wird Stalldung eingearbeitet und das Feld kultiviert (Bilder 17 und 18). Vor Beginn der ersten größeren Regenfälle erfolgt noch im Oktober die Aussaat von Hirse und Erderbsen. Ebenfalls in diesem Monat werden Maniok- und/oder Süßkartoffelstecklinge gepflanzt. Wenn im Oktober die Hirse einige Dezimeter hoch steht, wird sie versetzt bzw. vereinzelt, und im gleichen Arbeitsgang erfolgt dann die Aussaat der Gründüngung. Die gestaffelten Ernten von April—Juni bringen das Ende des ersten Landwirtschaftsjahres.

2. Jahr:

Schon im Juli beginnt die neue Feldkultivierung mit dem Einarbeiten der Gründüngung. Zuweilen werden im Oktober und November noch Erderbsen ausgesät, wenn Hirse und Gründüngung ausgefallen sind und zwischen den Maniokbeständen keimen. Am Ende des zweiten Jahres kann auch mit der Maniokernte begonnen werden.

3. Jahr:

Die Kultivierung und Aussaat erfolgt ähnlich der des ersten Jahres, allerdings nur auf den von Maniok freigegebenen Feldteilen. Aus bodenschonenden Gründen wird die Hirseart gewechselt und Süßkartoffelanbau unterbleibt."

Die Bodenfruchtbarkeit durch Mineraldünger zu erhalten oder zu steigern, stößt in den traditionellen Bauernbetrieben auf große Schwierigkeiten. Abgesehen davon, daß die Bauern Mineraldünger nur ertragssteigernd anwenden können, wenn vorher Fachkräfte Art und Menge der notwendigen Dünger ermittelt haben, fehlt es den Bauern meist an Bargeld, die Dünger zu kaufen. Problematisch ist auch, ob der durch Düngergaben erzielte Mehrertrag die Kosten deckt. Wie aus den Landwirtschaftsberichten hervorgeht, ist deshalb die Verwendung von Mineraldünger bis jetzt noch ohne wirtschaftliche Bedeutung.

Farmplanung

Schon die Kolonialverwaltung hat auf Versuchsfarmen Fruchtfolgen erproben lassen, die eine optimale Ausnutzung des Bodens in den verschiedenen ökologischen Zonen gewährleisten sollen, ohne die Ertragsfähigkeit zu erschöpfen. In den feuchteren Hochlagen Kenyas wurde die Anlage von Futtergrasflächen — verbunden mit der Haltung hochwertiger Milchrinderrassen — in die Rotationen an Stelle der Buschbrache einbezogen. Zu einem Beginn tiefgreifender Wandlungen der Anbaugewohnheiten der afrikanischen Bauern kam es jedoch erst im Zusammenhang mit der Individualisierung des Grundbesitzes. „Farmplaner" der Landwirtschaftsverwaltung entwarfen für die fortschrittlichen Bauern Pläne, nach denen diese ihr Land nutzen sollen. L. H. Brown[133]) schildert die Farmplanung in Kenya. Für alle Bauern wird ein „minimum standard layout" empfohlen. Zur Verhinderung der Bodenerosion sollen danach die Bauern ihr Land je nach der Hangneigung des Geländes verschieden nutzen. Falls vorhanden, werden die Handneigungswinkel von 20 und 35 % auf den Farmen markiert. Das Land mit weniger als 20 % Neigung soll mit den Pflanzen zur Selbstversorgung der Bauernfamilie bebaut werden. Land zwischen 20 und 35 % Gefälle soll den „permanent cash crops" vorbehalten bleiben, und Land mit mehr als 35 % Neigung soll als Dauergrasland genutzt oder mit Bäumen bepflanzt werden. Der Hüttenplatz soll so angelegt werden, daß er eine spätere Entwicklung der Farm nicht behindert. Der nächste Schritt ist ein „simple farm layout". Er enthält:

1. die Angabe der Plätze, auf denen die Gebäude und der Hausgarten liegen sollen,

2. die Lage der Parzellen für die Dauer-Verkaufskulturen wie Kaffee oder Tee,

3. die Einteilung des ackerbaulich nutzbaren Landes in eine bestimmte Anzahl gleich großer Parzellen je nach dem Betriebssystem, das für das jeweilige Gebiet empfohlen wird, zum Anbau der semipermanenten Verkaufskulturen wie Pyrethrum oder Ananas, der übrigen Feldfrüchte und der Futtergrasflächen,

4. die Angabe, wo Zäune, Hecken und Farmgebäude angelegt werden sollen und welche Maßnahmen zum Schutz gegen Bodenerosion erforderlich sind.

Die höchste Entwicklungsstufe ist schließlich der Farmplan, nach dem jeder Quadratmeter des Farmlandes der optimalen Nutzung zugeführt wird. Nach dem Farmplan werden ausgewiesen:

1. die Lage der Wohn- und Wirtschaftsgebäude und des Hausgartens, wenn überhaupt ein Garten mit eingeplant ist,

2. die Flächen für die Verkaufsfrüchte,

3. eine Anzahl möglichst gleich großer Parzellen, auf denen nach Übereinkunft mit dem Bauern eine Fruchtfolge mit Früchten zur Selbstversorgung, semipermanenten Verkaufskulturen und hochwertigen Futtergrasflächen für das Milchvieh durchgeführt werden soll. Diese Fruchtfolge soll normalerweise siebenjährig sein mit drei Gras- und vier Baujahren oder umgekehrt. Das Verhältnis Ackerland zu Futtergrasland ist abhängig davon, ob ein Teil der Farm so steiles Gefälle aufweist, daß es nur als Grasland genutzt werden kann, ob der Bauer eine besondere Vorliebe für Viehhaltung hat usw.

---

[133]) L. H. Brown 1962, S. 278 ff.; vgl. auch Clayton 1964, S. 32.

4. Wo es nötig ist, sollen an einer für den Ackerbau weniger geeigneten Stelle Bäume gepflanzt werden. Die Bäume können auch in Reihen entlang der Hecken stehen. Das Holz wird als Brennholz oder Nutzholz auf der Bauernstelle verbraucht. Wo es möglich ist, wird Gerberakazie empfohlen, weil die Rinde zur Gerbstoffgewinnung verkauft werden kann.

Zusätzlich zum Farmplan wird der Farmer gründlich beraten, in welchen Phasen er seine Farm entwickeln soll. Er erhält sehr gutes Pflanzmaterial und hochwertiges Vieh. Das Ziel ist, seine Verkaufserlöse in ein bis zwei Jahren so gut wie möglich zu steigern, damit er den Betrieb allein finanzieren kann und von Fremdkapital unabhängig wird (L. H. BROWN 1962, S. 278 ff.).

Es ist außerordentlich eindrucksvoll, beim Besuch von Bauernstellen, die von sog. „progressive farmers" bewirtschaftet werden, zu beobachten, was bei sachgemäßer Betriebsführung, entsprechender Kapitalhilfe und Beratung erreichbar ist. Die sauber angelegten, unkrautfreien Felder und Futtergrasflächen stehen in einem kaum zu beschreibenden Kontrast zu dem umliegenden Land und lassen erkennen, welchen Entwicklungsstand die afrikanische bäuerliche Agrarlandschaft erreichen muß, wenn für die wachsende Bauernbevölkerung sichere Existenzgrundlagen gewährleistet bleiben sollen.

Dazu bedarf es nicht nur großer Investitionen und eines Heeres fähiger Landwirtschaftsberater, sondern auch des Willens der Bauernbevölkerung selbst, den traditionellen Lebens- und Wirtschaftsstil radikal zu ändern. Beim Vergleich der fortschrittlich geführten Betriebe mit den traditionellen Bauernstellen gewinnt die Feststellung an Glaubwürdigkeit, die in Diskussionen mit örtlichen Landwirtschaftsbeamten und in Publikationen auftaucht, daß nicht die Überbevölkerung, sondern die nachlässige und unsachgemäße Ausnutzung des landwirtschaftlichen Potentials das Problem ist, das es zu lösen gilt.

125 Die Agrarverfassungen

Die autochthonen Agrarverfassungen der Stämme und stammesähnlichen Gruppierungen in Ostafrika sind gewohnheitsrechtliche Systeme, die in Jahrhunderten gewachsen sind. Sie weisen beträchtliche Unterschiede von Stamm zu Stamm auf[134], heute ist ihnen eines gemeinsam: die Tendenz zur Individualisierung des Grundeigentums, soweit sie nicht schon erfolgt ist.

Wie weiter oben ausgeführt wurde, darf angenommen werden, daß im Arbeitsgebiet — von relativ kleinen Arealen abgesehen — Wanderfeldbau die vorherrschende Betriebsform der afrikanischen Landwirtschaft in prä- und frühkolonialer Zeit gewesen ist. Bei dieser Wirtschaftsweise, die geringe Bevölkerungsdichte und große Reserven acker-

---

[134] Auf die Darstellung der Agrarverfassungen der verschiedenen Stämme kann hier verzichtet werden, weil H. SCHWARZ im Kontakt mit dem Afrika-Kartenwerk eine Karte mit Erläuterungstext zum Bodenrecht im Arbeitsgebiet vorbereitet.

baulich nutzbaren Landes voraussetzt, besitzt das Land keinen Tauschwert. Unter diesen Bedingungen entwickelte sich als Ausgangsform das Grundkonzept afrikanischer Agrarverfassungen, nach denen dem Individuum kein Anspruch auf Grundeigentum — in welcher Form auch immer — zusteht. Das Individuum hat nur das Recht, ein Stück Land ungestört zu nutzen, solange es den Boden bebaut. Wird das Land vom Benutzer aufgelassen, fällt es in Gemeineigentum zurück und darf von allen Gruppenmitgliedern als Weideland genutzt werden. Repräsentanten dieser Allgemeinheit, also des Stammes, der Sippe oder Familie — Häuptlinge, Älteste oder Ältestenräte — können dieses Land anderen Mitgliedern der Gemeinschaft zur Bebauung zuweisen. Die Überlassung der Nutzungsrechte durch Oberhäupter von Stämmen, Sippen oder Familien konnte frei erfolgen, nach altem Brauch durch Geschenke honoriert werden, aber auch zu Mißbrauch führen, wenn sich die „Landautoritäten" die Erteilung der Nutzungserlaubnis unangemessen vergüten ließen, wie das in Busoga der Fall war. Dort entstand nach der Einführung des Baumwollanbaus in frühkolonialer Zeit ein feudalähnliches Abhängigkeitsverhältnis zwischen Häuptling und Bauern[135]). Im Verlauf des Bevölkerungswachstums unter der Pax Britannica kam es zur Auffüllung der Siedlungsräume, zur Verknappung des Bodens sowie zum Übergang vom Wanderfeldbau zur Landwechselwirtschaft und in einigen Gebieten schließlich zum permanenten Ackerbau. Je weniger freies, ackerbaulich nutzbares Land vorhanden ist, desto dauerhafter werden die Nutzungsansprüche auf das Land, das von den Familien genutzt wird. Diese Nutzungsansprüche können vererbt und im Zuge des Erbganges unter den Erben aufgeteilt werden, so daß schließlich bei aller Verschiedenheit im Detail die Ansprüche darauf hinauslaufen, daß grundeigentumsähnliche Bodenrechtsverhältnisse entstehen, wie das folgende Zitat belegen soll:

> „... the system of tenure might be summarized as a transitional stage between usufructory tenure and complete ownership. Land can generally be regarded as 'held in ownerlike possession', although the holder may not have complete freedom to dispose of it as he wishes, since all land is bound up by traditional custom whereby each son expects to receive a share of his father's land, when he marries or be allocated a share of the land owned by the clan as a whole." KENYA AFRICAN AGRICULTURAL SAMPLE CENSUS, 1960/61, Part. I, S. 21.

Überprüft man die zahlreichen publizierten und nicht publizierten[136]) Beschreibungen der stammesrechtlichen Agrarverfassungen im Arbeitsgebiet, so kommt man zu dem Ergebnis, daß sich viel stärker, als in verallgemeinernden Darstellungen der afrikanischen Agrarverfassungen zum Ausdruck kommt, grundeigentumsähnliche Verhältnisse schon in prä- und frühkolonialer Zeit entwickelt haben[137]). Allerdings muß einschränkend hinzugefügt werden, daß der europäische Terminus „Grundeigentum" auf afrikanische Verhältnisse nur bedingt anwendbar ist und die grundeigentumsähnlichen Verhältnisse bei den afrikanischen Stämmen verschieden und Veränderungen unter-

---

[135]) Vgl. auch HAYES 1940 a, S. 35—36

[136]) „AGRICULTURAL GAZETTEERS" der Kenya Distrikte, unveröffentlichte Beschreibungen in den Akten der örtlichen Landwirtschaftsbehörden.

[137]) Vgl. auch MAINI 1967, S. 7

worfen sind, wie ja bekanntlich auch in den europäischen Rechtsordnungen der Begriffs-inhalt des Terminus „Grundeigentum" verschieden und veränderlich ist. Ebenso ist das Grundeigentum in Europa den verschiedensten Beschränkungen unterworfen.

An einem Beispiel aus der Agrarverfassung der Bagishu sollen die Rechte und Beschränkungen des Individuums an Grund und Boden gezeigt werden[138]:

Der individuelle Grundeigentümer hat das Recht,

1. sein Land so zu nutzen, wie er es für optimal hält,
2. sein Land zeitweilig ohne oder gegen Entgelt zu verpachten,
3. die Früchte auf seinem Land zu verpfänden, nicht jedoch sein Land selbst,
4. sein Land zu verkaufen, jedoch nur mit Zustimmung seiner Familie,
5. sein Land entsprechend der Erbsitte zu vererben,
6. über Bäume, die auf seinem Land wachsen, zu verfügen,
7. zu verbieten daß andere in der Nähe seines Siedlungsplatzes und seines bebauten Landes Vieh zur Weide treiben,
8. seinen Siedlungsplatz und sein bebautes Land einzuzäunen,
9. zu verbieten, daß ohne seine Erlaubnis Gruben zum Fangen von Wild oder zum Sammeln von Steinen ausgehoben werden.

Die Sippe oder Familie hat die Macht und das Recht,

1. Landstreitigkeiten innerhalb ihres Bereiches zu schlichten,
2. ein Vorkaufsrecht auszuüben, wenn Land von einem Gruppenmitglied oder einem „adoptierten" Mitglied, das durch früheren Kauf Land im Gruppen-bereich erworben hatte, verkauft wird,
3. den Landverkauf an unerwünschte Personen zu verbieten,
4. Landverkäufe für ungültig zu erklären, wenn diese ohne Genehmigung erfolgten.

Die Allgemeinheit hat noch eine Reihe von weiteren Rechten, die das Quasi-Grund-eigentum des Individuums jedoch nur geringfügig berühren. Das wichtigste davon ist, daß unter Vermeidung von Schäden an den angebauten Früchten jeder das Recht hat, sein Vieh überall weiden zu lassen.

Am weitesten ist die Individualisierung des Grundeigentums ohne fremden Einfluß bei den Wakara aufgrund des extremen Bevölkerungsdruckes fortgeschritten, wie zuletzt aus den Ausführungen von LUDWIG (1967, S. 169) hervorgeht:

„Auf Ukara existiert dagegen ein Vermögensrecht, das in seinen Grundzügen in etwa den mitteleuropäischen Verhältnissen entspricht. Das sogenannte „Chibwe"-System der Wakara geht davon aus, daß das gesamte Land auf Ukara im Besitz von Einzelpersonen ist und als veräußerbares Vermögen ein Erbgut darstellt. Jedes Grund-stück vererbt sich auf das älteste männliche Familienmitglied, wobei auch der Besitz-anspruch an nutzbarem Land durch Nichtbebauung niemals verloren gehen kann."

---

[138] GAYER 1957, S. 9—10

So verschiedenartig wie die Verfügungsrechte über Grund und Boden im Arbeitsgebiet sind auch die Formen des Erbrechtes der verschiedenen Stämme und Sippen. Sie
haben jedoch eines gemeinsam: die Teilung der Flächen, auf die der Erblasser Anspruch
auf Nutzung oder eigentumsähnliche Rechte hatte, unter den Erben. Bei ausreichenden
Landvorräten konnte jedoch eine Besitzzersplitterung nicht entstehen, weil die einzelnen
Familien immer wieder die Möglichkeit hatten, einzelne Parzellen aufzulassen und ein
mehr oder weniger zusammenhängendes Stück Land in der Nachbarschaft des Siedlungsplatzes zu bebauen. Aber je stärker die Landknappheit wuchs, desto größer wurde
der Grad der Besitzsplitterung. Im Siedlungsgebiet der Kikuyu an den Aberdares hatte
sie so ernste Formen angenommen, daß eine Entwicklung der Landwirtschaft erst nach
der großangelegten Bodenreform möglich wurde, die weiter unten noch beschrieben
wird. Aber auch auf Ukara, in der Central und South Nyanza Province, in Kakamega
und Bugishu, um nur wenige Beispiele zu nennen, hat die Fragmentation große Ausmaße
angenommen. Am dringendsten harrt das Problem der Flurzersplitterung einer Lösung
im Siedlungsgebiet der Luo in den Central und South Nyanza Distrikten, wo der Einfluß der konservativen Ältesten bisherige Reformversuche verhinderte. Der Grad der
Zersplitterung in dieser Region geht aus der *Tabelle 25* hervor.

Tab. 25   Besitzzersplitterung in West-Kenya

Zahl der Betriebe (in 1000) mit

District/Province	1 Parzelle	2 P.	3 oder 4 P.	5 oder 6 P.	7 oder 8 P.	9 oder mehr P.
South Nyanza	37,5	8,9	12,8	2,4	0,4	—
Central Nyanza	40,6	21,7	24,2	13,3	3,9	3,6
North Nyanza	94,5	9,8	1,5	—	—	—
Elgon Nyanza	37,2	0,8	—	—	—	—
Kericho	39,2	0,7	0,2	—	—	—
Nyanza Province	249,0	41,9	38,7	15,7	4,3	3,6
Nandi	19,5	0,2	—	—	—	—

Quelle: Kenya African Agricultural Sample Census, 1960/61, Part. I, S. 19, aus Tabelle 13

Die Individualisierung des Grundeigentums zusammen mit der Entwicklung der
bäuerlichen Produktion für den Verkauf führte zu einer Kommerzialisierung des
Bodens und zu einer steigenden sozialen Differenzierung der früher nivellierten,
subsistenzwirtschaftlich ausgerichteten bäuerlichen Gesellschaft. Früher wurde die
Größe der bäuerlichen Wirtschaftsfläche bestimmt durch die Arbeitskapazität und den
Nahrungsbedarf der Familie. Heute besteht die Möglichkeit, „paid labour", bezahlte
Arbeitskräfte, anzustellen und Früchte für den Verkauf zu produzieren. Die erfolgreichen Bauern vergrößern ihre Wirtschaftsflächen, die weniger tüchtigen können es nicht.

Die Erbteilung verkleinert die bäuerlichen Betriebsgrößen von Generation zu Generation, wenn die Landvorräte in Gemeineigentum durch die Individualisierung des Grundeigentums erschöpft sind. Die *Tabelle 26* zeigt als Beispiel die Differenzierung der Betriebsgrößen in den wichtigsten Bauerngebieten Kenyas.

Tab. 26   Kenya: Betriebsgrößenstruktur in den Bauerngebieten 1960/61

SIZE GROUP IN ACRES

District/Province	Under 2·50	2·50- 4·99	5·00- 7·49	7·50- 9·99	10·00- 14·99	15·00 and Over	Total Holdings
	%	%	%	%	%	%	%
Kiambu	40·6	20·8	16·0	8·8	8·6	5·2	100·0
Nyeri	30·8	41·2	16·3	5·6	4·4	1·7	100·0
Fort Hall	44·8	33·7	14·3	3·6	2·8	0·8	100·0
Embu	0·3	35·6	33·0	15·1	9·1	6·9	100·0
Central Province	32·4	32·4	18·4	7·6	5·9	3·3	100·0
South Nyanza	17·6	26·3	16·9	7·4	6·7	25·0	100·0
Central Nyanza	31·5	27·2	12·5	6·5	9·8	12·5	100·0
North Nyanza	30·6	31·0	14·4	6·0	7·1	10·9	100·0
Elgon Nyanza	5·7	9·5	11·4	13·4	17·5	42·5	100·0
Kericho	3·7	13·9	19·5	18·9	31·0	13·0	100·0
Nyanza Province	22·8	24·8	14·5	8·7	11·7	17·5	100·0
Nandi	1·0	6·7	10·9	11·7	23·2	46·5	100·0
ALL AREAS	24·6	26·1	15·4	8·5	10·6	14·8	100·0

Quelle: KENYA AFRICAN AGRICULTURAL SAMPLE CENSUS 1960/61, Part I, S. 20, Tab. 15

Bei der Interpretation der Tabelle muß man jedoch berücksichtigen, daß die Ertragsfähigkeit der Böden in den Bauerngebieten der Central Province in der Regel größer ist als in den Nyanza-Distrikten. Trotzdem ist die Landknappheit in der Central Province am größten. Die ungleiche Verteilung der Bevölkerung in den verschiedenen Regionen und die dadurch bedingte ungleiche Landverteilung geht auch auf die Gliederung des Landes in Stammesgebiete zurück. Sie wurde vor allem in Kenya durch die Reservatspolitik und die Errichtung der White Highlands noch verschärft. Die soziale Differenzierung der ostafrikanischen bäuerlichen Gesellschaft muß man vom sozialethischen Standpunkt aus bedauern. Sie scheint unvermeidbar zu sein, wenn man die Landwirtschaft entwickeln und dem Grundsatz folgen will, daß der Boden dem besten Wirt gehören soll. Genossenschaftliche Organisationsformen (Group farming) sind unter dem Einfluß der Labour-Regierung nach dem Zweiten Weltkrieg versucht worden. 1947 verabschiedeten die „Agricultural Officers" von Kenya die folgende Resolution[139]):

> „The policy of the Department for the Native Lands shall, in general, be based on encouraging co-operative effort and organization rather than individual holdings. It is considered that only by co-operative action can the land be properly utilized, and the living standard of the people and the productivity of the land be raised and preserved. While this involves a change from the modern trend towards individualism, it is in accord with former indigenous methods of land usage and social custom."

Die Versuche haben wegen des Individualismus der afrikanischen Bauern, aus Mangel an Führungskräften und an Kapital nirgends wirklich Erfolg gehabt.

Mit der Individualisierung des Grundbesitzes — insbesondere durch die Vergabe von Landeigentumstiteln (vgl. weiter unten) — vollziehen Kenya und Uganda auf dem Gebiet der Agrarverfassung den Schritt von der Urzeit der Menschheit in die Gegenwart. So nötig dieser Schritt ist, so tragisch sind dessen Folgen in sozialer Hinsicht. Zehntausende wurden schon vom Land verdrängt und aus den Stammes- und Familienbanden herausgerissen. Hunderttausende werden folgen, wenn das Bevölkerungswachstum unvermindert anhält. Man muß sich die Frage stellen: Wieviele Afrikaner werden Gelegenheit erhalten, außerhalb der landwirtschaftlichen Urproduktion in anderen Zweigen der Wirtschaft an der Entwicklung ihrer Länder mitzuwirken, um ihren Lebensunterhalt zu verdienen? Wieviele von ihnen werden im Elend städtischer Slums versinken?

Die Entwicklung der stammesrechtlichen Agrarverfassungen in den meisten Bauerngebieten Kenyas und Ugandas wurde durch die britische Kolonisierung nur mittelbar beeinflußt. In einigen Gebieten gehen die Veränderungen der traditionellen Agrarverfassungen jedoch auf den unmittelbaren Eingriff der Protektorats- bzw. Kolonialverwaltung zurück. Europäische Bodenrechtsauffassungen und afrikanische Bodenrechtstraditionen trafen in Buganda gleich zu Beginn der britischen Protektoratsherrschaft hart aufeinander, als am 10. März 1900 das Uganda Agreement[140]) abgeschlossen wurde. In dem hierarchisch stärker gegliederten Königreich Buganda war das Bodenrecht jedoch entsprechend seiner Herrschaftsstruktur differenzierter als in den Bauerngebieten ohne ausgeprägte, staatsähnliche Organisationsformen. Vor Inkrafttreten des Uganda Agreement gab es nach MUKWAYA (1953, S. 7) vier verschiedene Formen von Bodenrechtsansprüchen:

1. Die Clanrechte,
2. die Rechte des Königs (Kabaka) und seiner Häuptlinge,
3. individuelle, erbliche, vom Kabaka verliehene Rechte und
4. bäuerliche Rechte, auf dem Land zu siedeln und es zu nutzen.

Aus den Artikeln 15—18 des Uganda Agreement entstand die Mailo-Landbesitzverfassung des Königreiches Buganda. Nach Artikel 15 wurde das unter den Vertrag

---

[139]) Zitiert in: CHAMBERS 1950, S. 253
[140]) Im Uganda Agreement geht es im wesentlichen um das Territorium des Königreiches Buganda, das Teil des Protektorats Uganda war.

fallende Land als 19 600 Quadratmeilen (50 764 km²) angenommen und wie folgt verteilt:

	Quadratmeilen	km²
1. Forsten, der Kontrolle der Protektoratsverwaltung unterstellt	1 500	3 885
2. Ödland und unbebautes Land, der britischen Krone unterstellt und von der Protektoratsverwaltung verwaltet	9 000	23 310
3. Privateigentum des Kabaka (des Königs von Buganda)	350	906
4. Privateigentum der Verwandten des Kabaka	148	383
5. Privateigentum der 20 Abamasaza (der „chiefs of counties")	160	414
6. Staatsland, den Stellen der Abamasaza zugeteilt	160	414
7. Privateigentum der drei Regenten von Buganda[141]	48	124
8. Staatsland, den Regentenstellen zugeteilt	48	124
9. 1 000 Häuptlinge und „private landowners" erhalten als Eigentum bestätigt	8 000	20 720
10. für Missionsgesellschaften, Regierungsstationen und zwei weitere afrikanische, mohammedanische Würdenträger werden zur Verfügung gestellt	186	482

In der deutschen Übersetzung wurde vom Verfasser die Beschreibung der Land-empfänger verkürzt und vereinfacht dargestellt (vgl. WEST 1964, S. 141).

Durch das Landgesetz von 1908 wurde u. a. festgelegt, daß Eigentümer von Mailo-land das Land verkaufen, verschenken und vererben dürfen — mit einer sehr wichtigen Einschränkung: ohne spezielle Genehmigung des Gouverneurs und des Lukiiko (der gesetzgebenden Versammlung von Buganda) darf kein Land an Ausländer vergeben werden. Die Mailo-Landbesitz-Verfassung bewirkte einen fundamentalen Wandel der traditionellen Agrarverfassung und die Verschiebung der Beziehungen zwischen den Bauern einerseits und dem Kabaka mit seiner Häuptlingshierarchie andererseits aus dem politischen in den vorwiegend wirtschaftlichen Bereich. (Vgl. auch MUKWAYA 1953, S. 15—16, und WEST 1964, S. 20). Die europäischen Rechtsauffassungen, die sich in der Mailo-Landbesitz-Verfassung widerspiegeln, wurden den Afrikanern aufoktroy-iert[142] und konnten nicht mit der Exaktheit realisiert werden, die in Europa üblich ist. Bis heute konnten noch nicht alle Grundstücke ordnungsgemäß vermessen, vermarkt und in das Landregister eingetragen werden. Wie sich später herausstellte, hatte man beim Abschluß des Abkommens zuviel Land angenommen, und die Zahl der Berech-tigten war größer. Inzwischen ist die Zahl der Mailo-Landbesitz-Titel durch Erbteilung der Besitzeinheiten und durch Landverkäufe erheblich angewachsen, wie MUKWAYA (1953, S. 29) in zwei Counties nachweisen konnte.

Trotz all der Schwierigkeiten, die die Mailo-Landbesitz-Verfassung bereitete, herrscht die Auffasung vor, daß die Individualisierung des Grundeigentums in Buganda und

---

[141] Drei Regenten regierten Buganda, solange der Kabaka noch nicht im regierungsfähigen Alter war.
[142] Vgl. MANSHARD 1968, S. 236.

die Schaffung von Grundbesitz günstige Voraussetzungen für die landwirtschaftliche Entwicklung geschaffen haben, insbesondere für die Verbreitung des Anbaues der beiden wichtigsten Exportfrüchte Baumwolle und Kaffee (vgl. auch MANSHARD 1968, S. 236).

In sozialer Hinsicht ist die Mailo-Landbesitz-Verfassung kein Fortschritt gewesen, wie sich gerade bei der Einführung der Verkaufsfrüchte zeigte. Gemäß der Tradition hatten vorher die Bauern ihren Häuptlingen Abgaben in Form von Bananen, Bier oder Ziegen zu deren Lebensunterhalt zu leisten. Nachdem die Häuptlinge jedoch Mailo-Landeigentümer geworden waren und durch den Verkauf von Baumwolle Geldeinkommen erlangen konnten, zwangen viele von ihnen ihre Pächter zu unangemessenen Abgaben und zu Arbeitsleistungen auf den häuptlingseigenen Baumwollfeldern.

Erst das Busuulu[143]) und Envujjo[144]) Law, 1927, das am 1. 1. 1928 in Kraft trat, regelte die Rechte und Pflichten der Mailo-Landeigentümer und deren Pächter, insbesondere wurden Arten und Höhe der Abgaben gesetzlich fixiert[145]).

Wie es THOMAS & SPENCER (1938, S. 69) formuliert haben, ist es bis heute geblieben: „A few thousand fortunate landowners were entitled to the rents of several hundred thousand tenants", und WEST (1964, S. 135) kommentiert: „At present there is a tendency to defend all practices, both good and bad, on the grounds of custom. It is the custom to divide up land amongst all the children of a deceased proprietor; it is also the custom to crush in more and more tenants in order to increase the immediate profits from the land."

Alles Land in Buganda, das nicht Mailo-Land ist, wird nach der Crown Land Ordinance von 1903 verwaltet. Auch das Bauernland in den anderen zum Arbeitsgebiet gehörenden Regionen Ugandas wurde als Kronland betrachtet, aber die Rechte der britischen Krone wurden nie in einem Gesetz definiert (HAILEY 1950, S. 77). Die Crown Lands Ordinance von 1903 gestattete nur bis 1916 die Vergabe von Landeigentumsrechten und schon nach der Land Transfer Ordinance von 1906 durfte ohne Genehmigung des Gouverneurs kein Land an Ausländer verkauft werden. Bis in die Zeit nach dem Zweiten Weltkrieg wurden in ganz Buganda nur 263 Quadratmeilen Land an Nichtafrikaner vergeben, davon erhielten Europäer 84 Quadratmeilen, Inder 59 Quadratmeilen und Missionen 120 Quadratmeilen. 333 Quadratmeilen Kronland wurden verpachtet, und zwar 269 an Europäer und 64 an Inder (HAILEY 1950, S. 3). Eine Verlautbarung der Protektoratsverwaltung kennzeichnet 1950 die Landpolitik, die während der ganzen Protektoratszeit im Hinblick auf die Kronländereien getrieben wurde: Danach hat die Regierung das Land zum Nutzen und zum Wohle der afrikanischen Bevölkerung verwaltet. Die Afrikaner durften das Land nach ihren gewohnheitsrechtlichen Normen besitzen und nutzen. Nur die Afrikaner, die Kronland in Buganda innehatten, wurden

---

[143]) Busuulu = Ersatz von Arbeitsleistungen, die der Pächter dem Landeigentümer zu erbringen hat, durch Geld.
[144]) Envujjo = Ersatz der Abgabe von Naturalien, die der Pächter dem Landeigentümer zu erbringen hat, durch Geld.
[145]) Vgl. auch MUKWAYA 1953, S. 20 ff., WEST 1964, S. 20.

als Pächter betrachtet und mußten Pacht an die Regierung von Buganda zahlen[146]). In den beiden Gombolola, die MUKWAYA (1953, S. 12) genauer untersucht hat, gab es 1950 nur in einer der beiden Gombolola Steuerzahler auf Kronland, und zwar 1 038, das waren nur 14 % aller Steuerzahler in dieser Verwaltungseinheit. Es würde zu weit führen, die Bodenrechts-Gesetzgebung in Uganda hier im Detail zu verfolgen[147]). Nach der Unabhängigkeitserklärung von Uganda wurde das Kronland nach der Public Land Act, die am 1. 3. 1962 in Kraft trat, in Public Lands umgewandelt, das als „freehold" der Uganda Land Commission übertragen wurde, soweit dieses Land für öffentliche Zwecke verwandt wurde. Das übrige Kronland wurde Land Boards als „freehold" übertragen, die in den früheren Königreichen und Distrikten gegründet wurden[148]).

Das änderte in den Bauerngebieten die gewohnheitsrechtlichen Verhältnisse nur wenig, denn:

> „The vesting of land, in freehold, in the various land boards and the Uganda Land Commission has not affected existing rights under customary law, or any other valid rights arising under any agreement, licence or tenancy existing prior to 1. 3. 1962. A land board is not, however, prevented from conveying a freehold estate or granting a leasehold estate merely because the land to be conveyed or granted is already occupied under customary law. Provision is made to ensure that a person who is occupying and cultivating a piece of land under customary law should continue to so occupy and cultivate until appropriate arrangements have been made by the land board for his removal and/or compensation. If the displaced person is not compensated then he is to be offered an alternative piece of land" (MAINI 1967, S. 76—77).

Weit stärker als in Uganda haben die Briten in Kenya vom Anfang bis zum Ende ihrer Kolonialherrschaft in die Landbesitzverhältnisse der Afrikaner eingegriffen. Die Diskussionen über die Landfrage rissen in Kenya nicht ab, und zahlreiche Publikationen über dieses schwer zu durchschauende und politisch brisante Problem liegen vor. In ihnen wird der Interessengegensatz deutlich, der zwischen den europäischen Siedlern in Kenya und der afrikanischen Bevölkerung die Entwicklung der Bodenbesitzverhältnisse bestimmt. Im Zusammenhang dieser Abhandlung kann nur grob skizziert werden, wie sich die britische Landpolitik auf die traditionellen Agrarverfassungen der kenyanischen Bauernstämme auswirkte. Der Bau der Uganda-Bahn und die Schaffung der früher sogenannten „White Highlands" führte zu erheblichen Landverlusten der Masai sowie der afrikanischen Bauernstämme im Grenzbereich zum europäischen Siedlungsland. Diese Landverluste sollen bei der Behandlung der Entstehung der White Highlands näher untersucht werden. Die Rechtsverordnungen, die es den britischen Behörden in Kenya erlaubten, herrenloses und vermeintlich herrenloses Land an Europäer zu vergeben, erschütterten die Rechtssicherheit der gewohnheitsrechtlichen Bodenbesitzerfassungen in allen afrikanischen Bauerngebieten[149]).

---

[146]) THE ECONOMIC DEVELOPMENT OF UGANDA 1962, S. 232
[147]) Vgl. hierzu z. B. MAINI 1967, S. 52—82.
[148]) MAINI 1967, S. 75 ff.
[149]) Vgl. hierzu z. B.: FLIEDNER 1965, S. 14 ff., DILLEY 1966, S. 248 ff., SORRENSON 1965, S. 672 ff., MAINI 1967, S. 52 ff., um nur wenige, neuere Publikationen zu nennen.

Während nach der Crown Lands Ordinance von 1902 noch unklar blieb, inwieweit das von Afrikanern besiedelte Land zu Kronland erklärt werden konnte, bestimmte die Crown Lands Ordinance von 1915 ausdrücklich auch das von den Afrikanern bebaute Land zu Kronland, in dem es u. a. heißt: „Crown Land shall mean ... all Lands occupied by the native tribes of the colony and all lands reserved for the use of the members of any native tribes" (LAWS OF KENYA, 1926, Cap. 140, Section 5)[150]. DILLEY (1966, S. 252) kommentiert: „This ordinance was interpreted to provide no legal right to land for natives, either individually or tribally ... they held land under a tenure no white man would accept." FLIEDNER (1965, S. 16) schreibt dazu: „Die Rechtsstellung der Afrikaner auf Kronland wurde dann in einem berühmt gewordenen Urteil des Obersten Gerichtshofes von Kenya als die von jederzeit kündbaren Pächtern (Tenants at will of the crown) qualifiziert[151]."

Diese Rechtsunsicherheit führte zu erheblicher Unzufriedenheit und zu politischer Unruhe auf Seiten der Afrikaner, vor allem der Kikuyu, die schon in relativ früher Kolonialzeit unter Landnot in ihrem Siedlungsgebiet litten. Daran änderte auch die Idee nichts, sogenannte „Native Reserves" zu schaffen, in denen die Afrikaner unbehelligt von Europäern gemäß ihrer Tradition leben sollten. Abgesehen von den Masai, die in den beiden oben beschriebenen Abkommen bestimmte Weidegebiete „zum Ausgleich" ihrer Vertreibung aus dem Gebiet der White Highlands zugesprochen bekamen, wurden schon zu Beginn dieses Jahrhunderts die Reservate Kikuyu, Ulu, Kukumbuli und Kitui eingerichtet (DILLEY 1966, S. 251).

> „In Zahlen drückte sich die Landverteilung in Kenia folgendermaßen aus (1930): von den 582 625 km² der Gesamtfläche der Kolonie entfallen nicht weniger als 414 304 km² auf Land, das wegen seines geringen wirtschaftlichen Wertes einer näheren Einteilung nicht Wert ist. Seinen Besitz stellte den nomadisierenden Eingeborenen bisher niemand in Frage. Von dem Rest entfielen über 20 000 km² auf wenig mehr als 2 000 europäische Besitztitel, während eine nur sechsmal größere Fläche den rund 3 000 000 Eingeborenen zur Verfügung stand. Dabei muß man noch bedenken, daß die für Eingeborenenreservate angegebenen Zahlen große, wirtschaftlich nicht nutzbare Gebiete einschließen" (WEIGT 1936, S. 64).

Es würde den Rahmen dieser Untersuchung sprengen, die politischen Auseinandersetzungen über die Landfrage im einzelnen aufzuzeigen und die amtlichen Verordnungen der Verwaltung und die britische Reservatspolitik zu schildern. Die Unruhe unter den Afrikanern führte zum Einsatz mehrerer Untersuchungskommissionen, von denen die Carter Land Commission, die 1932—1934 die Situation in Kenya sehr detailliert untersuchte, die wichtigste war. Aufgrund ihrer Empfehlungen wurden 1938/39 Verordnungen mit tiefgreifenden Folgen auf die Landbesitzverhältnisse erlassen. Der Kenya (Highlands) Order in Council, 1939, legte die Grenzen der sogenannten White Highlands fest, die bis dahin nicht genau definiert waren. Die Native Trust Lands Ordinance, 1938, und der Kenya (Native Areas) Order in Council, 1939, befaßten sich mit den Eingeborenenreservaten. Diese wurden in die folgenden „Native Reserves" eingeteilt, und zwar in den hier behandelten Bauerngebieten (einschließlich der nicht acker-

---

[150] zitiert in DILLEY 1966, S. 251
[151] Fußnote von FLIEDNER 1965: East African Law Reports, 1921, Vol. IX, S. 102.

baulich genutzten Flächen) in: Kikuyu, Meru, Kamba, Kerio und Kavirondo (Nyanza), ferner in Nandi und Kipsigis (Kericho) sowie Masai und die außerhalb liegenden Reservate North Pokomo und Coast Land Units. Das Land in diesen Reservaten hörte auf, Kronland zu sein und wurde dem Trust Land Board unterstellt. Die Trust Lands Ordinance sicherte die Besitz- und Nutzungsrechte der Afrikaner weitgehend, und nur wenn es im Interesse der ortsansässigen Bevölkerung lag, durfte vom Trust Land Board Land bis zu 33 Jahren, ausnahmsweise auch bis zu 99 Jahren, verpachtet, jedoch nicht als Eigentum verkauft werden. Im übrigen wurde anerkannt, daß das örtliche Gewohnheitsrecht weiter gelten sollte, wie Section 69 der Trust Lands Ordinance bestimmte:

> „In respect of the occupation, use, control, inheritance, succession and disposal of any land situated in the native lands, every African tribe, group, family and individual shall have all the rights which they enjoy by virtue of existing native law and custom or any subsequent modification thereof, in so far as such rights are not repugnant to any law from time to time in force in the Colony."

> „Durch Ergänzung der Crown Lands Ordinance, 1915, wurden weitere Kategorien von Land geschaffen, in denen Afrikaner eine bevorzugte Stellung hatten, und zwar die Special Reserves und Temporary Special Reserves, die Special Settlements Areas und die Special Leasehold Areas[152]). Obwohl rechtlich weiterhin Kronland, wurden die drei erstgenannten Landkategorien nach den Bestimmungen der Trust Ordinance, 1938, verwaltet.

> In den Special Leasehold Areas konnten die Afrikaner, welche die Verbindung zu ihren Heimatstämmen verloren hatten — z.B. ehemalige Farmarbeiter —, Land gegen Entgelt von der Krone pachten. Zum erstenmal wurde hiermit Afrikanern Landbesitz aufgrund eines festumrissenen individuellen Vertragsverhältnisses gewährt" (FLIEDNER 1965, S. 18).

Die gewohnheitsrechtlichen Agrarverfassungen der afrikanischen Stämme in den Bauerngebieten änderten sich kaum, als Kenya unabhängig wurde, mit Ausnahme jener Gebiete, in denen die weiter unten zu beschreibende Bodenreform durchgeführt wurde. Nach Kapitel 12 der Verfassung von Kenya gilt[153]):

> „... all Trust land is vested in the County Council within whose area of jurisdiction it is situated. Each County Council shall hold the Trust land vested in it by this section for the benefit of the persons ordinarily resident on that land and shall give effect to such rights, interests or other benefits in respect of the land as may, under the African customary law for the time being in force and applicable thereto, be vested in any tribe, group, family or individual" (MAINI 1967, S. 36).

Mit anderen Worten: bis zur Gegenwart gelten die Regeln der traditionellen stammesrechtlichen Agrarverfassungen weiter, die sich jedoch — wie oben beschrieben wurde — regional in unterschiedlichem Maße verändert und in Richtung auf die Bildung von De-facto-Grundeigentum entwickelt haben. Wie geschildert, führten das Bevölkerungswachstum und die fortschreitende Kommerzialisierung des Bodens und der Landwirtschaft in den Reservaten zu steigender Landknappheit, in einigen Reservaten verbunden mit extremer Zersplitterung und Verkleinerung der bäuerlichen Besitzeinheiten. Hier griff wiederum die britische Kolonialverwaltung direkt in die afrikanischen

---

[152]) Fußnote von FLIEDNER 1965: Die Kikuyu erhielten etwa 1 000 km² Land von geringem landwirtschaftlichen Potential im North Yatta-Gebiet östlich von Nairobi als Special Reserve zugewiesen.

[153]) Teilweise zitiert von MAINI 1967, S. 36.

Agrarverfassungen ein. Fliedner (1965) hat unter der Überschrift „Das Gestaltwerden der Reform" die Auseinandersetzungen geschildert, in denen sich zwei Konzeptionen einander gegenüber standen:

> „Die erste zielte darauf ab, der schon seit langem erkennbaren Tendenz zur Auflösung der Gemeinschaftsbindungen durch Stärkung der traditionellen Landkontrollautoritäten entgegenzuwirken. Die zweite versprach sich gerade vom Abbau der als Hemmung empfundenen Gemeinschaftsbindungen eine leistungsfähigere Landwirtschaft" (Fliedner 1965, S. 27).

Die zweite Auffassung setzte sich schließlich durch, nicht zuletzt aufgrund des berühmt gewordenen Swynnerton-Planes, „der als unabdingbare Voraussetzung" für die Entwicklung der Landwirtschaft der Afrikaner nach Fliedner (1965) herausstellte:

> „ — die Schaffung und Erhaltung von ökonomischen Betriebsgrößen durch eine umfassende Flurbereinigung und Verhinderung von Grundstücksteilungen;
> — die Beseitigung der bestehenden Rechtsunsicherheit durch Einführung neuer registerrechtlicher Besitztitel, die insbesondere auch die hypothekarische Sicherung von landwirtschaftlichen Krediten ermöglichen sollten.
> Nachdem die britische Regierung die notwendigen finanziellen Mittel bereitgestellt hatte, wurde Ende 1954 mit der Durchführung der Reformmaßnahmen begonnen" (Fliedner 1965, S. 30).

Die Bodenreform erstreckte sich zunächst auf die Central Province, genauer gesagt, auf die dichtbevölkerten Siedlungsgebiete der Kikuyu, Meru und Embu. Sie wurde von der britischen Kolonialverwaltung als Mittel zur Befriedung der Kikuyu angewendet, bei denen die wirtschaftliche Not — von anderen Ursachen abgesehen — zum Mau-Mau-Aufstand gegen die britische Kolonialherrschaft geführt hatte. Die Bodenreform, ihr historischen und politischen Hintergründe sowie die technische Durchführung, sind von einigen Autoren sehr gründlich untersucht worden. Es sei hier vor allem auf die Publikationen von Fliedner und Sorrenson und die dort genannte Literatur verwiesen.

Die Bodenreform, die sich auf das gesamte Bauernland Kenyas erstrecken soll, wurde bis jetzt flächendeckend nur in den Gebieten durchgeführt, die in der Karte des Verfassers über die landwirtschaftlichen Flächennutzungsstile ausgewiesen worden sind. In den übrigen Bauerngebieten kommt die Reform aus Mangel an Mitteln und Personal nur langsam voran[154].

In den Gebieten, in denen die Bodenreform durchgeführt wurde, sind vermarkte, vermessene und in das Landregister eingetragene konsolidierte Besitzeinheiten entstanden, die sich eng nach europäischen Bodenrechtsauffassungen ausrichten.

Es ist heute noch nicht zu übersehen, in welchem Umfang die neuen Bodenrechtsvorstellungen sich in den Bauerngebieten Kenyas tatsächlich durchsetzen werden. In den dichtbesiedelten Gebieten kann nur ein dauerhafter Erfolg erzielt werden, wenn es gelingt, Erwerbsmöglichkeiten in anderen Zweigen der Volkswirtschaft für diejenigen

---

[154] Republic of Kenya: „Report of the mission on land consolidation and registration in Kenya 1965—1966" mit der beigefügten Karte „Progress of Land Adjudication & Registration" gibt einen Überblick über das bis dahin Erreichte und weiterhin Geplante.

zu finden, die vom Land verdrängt werden. Sonst ist nicht zu verhindern, daß durch Erbteilung wiederum zu kleine Betriebseinheiten und eine neue Flurzersplitterung entstehen. FLIEDNER berichtet aufgrund seiner Erfahrungen: „Ungelöst ist das Problem der Grundstücksteilung nach erfolgter Konsolidierung. Vielleicht hatte man sich übertriebene Hoffnungen gemacht, mit einer Flurbereinigung die Flurzersplitterung ein für allemal beseitigen zu können. Jedenfalls hat sich gezeigt, daß das Verbot der unökonomischen Grundstücksteilungen, insbesondere bei Erbfällen, relativ unwirksam ist, solange der überwiegende Teil der sich rasch vermehrenden Bevölkerung auf Land zur Existenzsicherung schlechthin angewiesen ist. So kommt es, daß viele rechtlich eine Einheit bildende Höfe tatsächlich unter mehrere Familienangehörige aufgeteilt sind. Der wirtschaftliche Zweck der Erhaltung ökonomischer Betriebsgrößen und der Betriebseinheit ist damit nur zu einem kleinen Teil erreicht" (FLIEDNER 1965, S. 85). Und weiter schreibt er:

> „Die Einrichtung des Landregisters selbst erscheint vernünftig. Das Register ist einfach und übersichtlich, das Eintragungsverfahren nicht übermäßig kompliziert. Landtransaktionen können schnell und billig registriert werden. Daß dennoch längst nicht alle eintragungspflichtigen Transaktionen in das Register kommen, kann zum Teil darauf zurückgeführt werden, daß das Registerwesen für die eingeborene Bevölkerung noch fremd und ungewohnt ist. Eine sehr wesentliche Rolle spielt hier aber auch das Verbot der Grundstücksteilung. Es hält die Teilungswilligen meist nicht von der Grundstücksteilung ab, es veranlaßt sie aber, das Register zu meiden. Das hat zur Folge, daß das Landregister die Verbindung mit den Tatsachen verliert — wie es das Beispiel der vielen tausend längst verstorbenen Grundbesitzer im Landregister von Kiambu und anderswo eindringlich vor Augen führt. Da die ohne Genehmigung der Land Control Boards und ohne Eintragung in das Landregister vorgenommenen Grundstücksteilungen nicht rechtsgültig sind, verbreitet sich erneut eine starke Rechtsunsicherheit" (FLIEDNER 1965, S. 86).

126 Die Stellung der bäuerlichen Betriebe zum Markt

Früher verkauften die Bauern ihre Überschußproduktion und die von vornherein zum Verkauf angebauten Früchte auf lokalen Märkten an private Zwischenhändler, soweit sie Nahrungsmittel nicht unmittelbar an Letztverbraucher abgaben oder mit diesen die Produkte tauschten. Nur in frühkolonialer Zeit gehörten auch Europäer zu diesen Zwischenhändlern, die zwischen den beiden Weltkriegen bis zum Ende der Kolonialzeit fast ausschließlich Einwanderer vom indischen Subkontinent waren. Das Geschäftsgebaren der indischen Zwischenhändler ist umstritten, jedoch muß man zugeben, daß die Inder eine wichtige Rolle bei der Einführung der Afrikaner in die Geldwirtschaft gespielt haben, und daß sie die Verbreitung, Aufbereitung und Vermarktung der Verkaufsfrüchte der afrikanischen Bauern direkt oder indirekt stark gefördert haben (vgl. auch ROTHERMUND 1966, S. 412). Mit ihren Dukas — ländlichen Gemischtwarenläden mit Waren für den Bedarf der afrikanischen Bauern — drangen sie bis in entlegene Gebiete vor und harrten dort aus, wo europäische Händler wegen ihrer höheren Lebensansprüche mit den Indern nicht konkurrieren konnten. Dadurch, daß sie bei den Afrikanern das Bedürfnis weckten, die in den Dukas angebotenen Waren zu kaufen, schufen sie Anreize, Produkte zum Verkauf oder zum Tausch gegen die „Duka-Waren" anzubauen.

Politische Gründe und die Klagen der Bauern über das Geschäftsgebaren der Händler führten zur immer stärkeren Intervention der Verwaltung. Die Vermarktung der landwirtschaftlichen Produkte wurde schließlich mehr und mehr staatlich geförderten Genossenschaften und „statutory boards" — Körperschaften des Öffentlichen Rechts — übertragen, wie bereits in Abschnitt 122 aus Zweckmäßigkeitsgründen geschildert wurde. Denn für alle wichtigen Verkaufsfrüchte gibt es spezielle Vermarktungsorganisationen. Darüber hinaus gibt es noch regionale „marketing boards", die einmal als Agenten von Vermarktungsorganisationen für spezielle Anbaufrüchte handeln, zum anderen die diversen Produkte aus der bäuerlichen Überschußproduktion durch Agenten aufkaufen lassen.

> „The Nyanza Province Marketing Board handles a large number of crops. It acts as agent of the Maize Marketing Board for maize, of the Kenya Farmers' Association for wheat, and is the direct agent of Government for rice, for which three crops there is a guaranteed price fixed by Government. The board also handles other scheduled crops, for which there is a support price under the Agriculture Ordinance (beans, millet, sorghum, njahi (red/mixed) and sunflowers) and certain other „regulated produce" (grams, peas, groundnuts, simsim, cassava, ghee, eggs and poultry). Lastly, the board trades in certain crops offered to it consisting of potatoes, onions, other vegetables, fruit, jaggery and castor seed.

> All the crops handled are surplus to the local needs of a large scattered peasant population and they are sold to the board in small quantities. Collection is effected through established markets and trading centres where approximately 2 000 traders, as agents of the board, purchase produce for cash at prices fixed by the board and on the basis of standard measures and approved qualities. The price is uniform throughout each district, transport costs being pooled and traders paid on a 'bag mile' basis[155]."

Ähnliche Funktionen hat auch das Central Nyanza Marketing Board für die Region im Bereich des Kartenblattes östlich der Large Farm Areas.

Der einzelne Bauer hat keinen Einfluß auf die Preisgestaltung; im volkswirtschaftlichen Sinne ist er Mengenanpasser, dem nur die Wahl bleibt, bei den gegebenen Preisen noch zu produzieren oder seine Bemühungen einzustellen. Abgesehen davon, daß wegen der Gefahr der Überproduktion die Anbauflächen für einige lohnende Verkaufsfrüchte lizenziert sind, ist der Preisanreiz so gering, daß die meisten bäuerlichen Familien in vielen Gebieten den Arbeitsaufwand scheuen, mehr als zur Bestreitung der unbedingt notwendigen Ausgaben zu produzieren. Nur die relativ wenigen Betriebe, die von sog. „progressive" oder „better farmers" geführt werden, und einige Bauernbetriebe im Umland der Städte mit guten Absatzmöglichkeiten sind stärker in die Geldwirtschaft integriert und produzieren wertmäßig mehr für den Verkauf als zur Selbstversorgung der bäuerlichen Familie.

---

[155] COLONY AND PROTECTORATE OF KENYA 1960: Report of the Committee on the Organization of Agriculture, S. 75

2   Großbetriebliche, marktorientierte Weide-, Farm- und Plantagenwirtschaft

„Kenya — heute das wirtschaftlich am weitesten entwickelte Land Ostafrikas — erfreute sich zunächst keiner besonderen Wertschätzung, als die Engländer sich gegen Ende des 19. Jahrhunderts anschickten, eine Bahn quer durch den Süden des Landes von Mombasa am Indischen Ozean nach Kisumu am Victoriasee zu bauen. Der Bahnbau erfolgte aus politischen und strategischen Gründen (O'CONNOR 1965, S. 3). Er galt vor allem der militärischen Sicherung des Victoria-Niles im Wettlauf der europäischen Mächte um die Besitzergreifung Afrikas (BENNET 1963, S. 4); denn Eisenbahnen galten den Briten in ihrem Empire das gleiche wie den Römern die Straßen: Sie waren Pulsadern der Macht, wie DELF (1963, S. 11) es treffend ausdrückt. Auch ein humanitäres Ziel war mit dem Bahnbau verknüpft: Die Unterdrückung des Sklavenhandels (MARSH & KINGSNORTH 1966, S. 159). Schließlich sollte Buganda an den Weltverkehr angeschlossen werden, weil man glaubte, die Einwohner in dem dicht besiedelten und relativ hoch entwickelten Buganda bald zum Anbau von landwirtschaftlichen Exportgütern wie Baumwolle und Kaffee führen zu können." (HECKLAU 1968, S. 237).

Doch vom Indischen Ozean bis zum Victoriasee durchquert die Bahn rund 840 km Land, das um die Jahrhundertwende entweder gar nicht oder nur spärlich besiedelt war, — dessen Bevölkerung den frühen Kolonialpionieren für eine wirtschaftliche Entwicklung der Region nicht geeignet erschien. Von Mombasa bis Emali erstreckt sich die fast unbewohnte Küstenabdachung Kenyas. Dann folgt die Bahn dem damals ebenfalls menschenarmen Grenzland zwischen den kriegerischen Masai im Süden sowie den Siedlungsgebieten der Kamba und Kikuyu im Norden. Beide Stämme hatten durch dürrebedingte Mißernten und Seuchen gegen Ende des 19. Jahrhunderts große Menschenverluste erlitten[156]. Die Kikuyu, von denen man annimmt, daß sie in der Vergangenheit ihren Lebensraum allmählich nach Süden gegen die Masai hin ausgedehnt hatten, zogen sich in die Aberdares zurück, weil die Überlebenden nicht das gesamte Land halten konnten.

Nordwestlich von Nairobi durchquert die Bahn den Ostafrikanischen Graben, den bis 1904 die Masai beherrschten. Dann fährt die Bahn durch das Bergwaldgebiet des Mau Forest, damals durchstreift nur von den wenigen Ndorobo, die auf der Stufe primitiver Jäger und Sammler standen. Schließlich berührte die Bahn den Lebensraum der Nandi und erreichte im Siedlungsgebiet der Luo den Victoriasee. Die Situation aus der Sicht der damaligen Zeit charakterisiert E. HUXLEY (1953, S. 77): „The native population alone, Sir Charles Eliot realized, could not, within measurable distance of time, produce enough surplus goods to feed the railway. The natives were not accustomed even to producing enough for themselves. Famines came at frequent intervals and even when the season was good there was great difficulty in obtaining enough

---

[156] Ross 1927, S. 62; WEIGT 1932, S. 63.

grain to provision caravans passing through. All food for the railway construction staff
had to be imported. The whole idea of producing a surplus was foreign to the native
mind."

Das Frachtaufkommen für die Bahn war zu Beginn entsprechend unbedeutend und
betrug im ersten Betriebsjahr 1902 nur etwa 1 200 tons Handelsware der verschiedensten
Art. Der Zug verkehrte nur einmal in der Woche zwischen Mombasa und Kisumu
(Ross 1927, S. 61). Der Bahnbau hatte den britischen Steuerzahler jedoch rund
5¹/₂ Mio. £ gekostet und sollte sich amortisieren. Man sah dazu nur eine Möglichkeit:
Aufsiedlung des vermeintlich herrenlosen Landes beiderseits der Bahn durch Einwanderer.

20   Die europäischen Siedler

Im Foreign Office in London wurde die Ansiedlung von Finnen erwogen, Chamber-
lain, Colonial Secretary, schlug vor, den unter russischen Pogromen leidenden Juden die
Einwanderung nach Ostafrika zu gestatten, und Johnston, Special Commissioner for
Uganda, das bis 1902 noch bis zum Rand des Ostafrikanischen Grabens reichte, sah
in Ostafrika das mögliche „Amerika der Hindu" und das Hochland von Kenya als
„Weißen Mannes Land". Schließlich setzte sich die Auffassung durch, daß zwischen
Kiu und Fort Ternan, zwei Stationen an der Bahnlinie Mombasa—Kisumu, die das
Hochland im Osten und im Westen begrenzen, Land nur an europäische Einwanderer
vergeben werden sollte[156a]). Vor allen anderen haben zwei Männer die Einwanderung
europäischer Farmer beeinflußt: ELIOT, Commissioner for the East African Protectorate
von 1901 bis 1904, und DELAMERE, der unbestrittene Führer der Weißen Siedler in den
ersten drei Jahrzehnten dieses Jahrhunderts[157]). Während durch den Bau der Ugandabahn der Zugang zum Hochland von Kenya sichergestellt wurde, schuf die Verwaltung
durch die Crown Lands Ordinance, 1902, die rechtlichen Voraussetzungen für die Landnahme der Europäer. SORRENSON (1968), der die neueste und ausführlichste Untersuchung über den Ursprung der europäischen Besiedlung des Hochlandes von Kenya
vorgelegt hat, charakterisiert die britischen Siedler wie folgt: „Kenya, it was hoped
would become a big man's frontier. Instead of the impoverished products of industrial
Europe, Kenya got a sprinkling of footlose aristocrats and retired officers of the
crown, anxious to create in the Highlands a hierarchical form of society that was
already being eroded by the tide of democracy at home. Kenya, though primarily a
British South African colony, was flavoured with a touch of Edwardian England. The

---

[156a]) Die politische Auseinandersetzung um die Aufsiedlung der früher sog. „White Highlands"
      ist in der Literatur häufig erörtert worden. Als Beispiele seien herausgegriffen: Ross 1927,
      S. 41 ff.; WEIGT 1932, S. 56 ff.; BENNET 1963, S. 6 ff. und SORRENSON 1968, S. 31 ff.
[157]) ELSPETH HUXLEY hat diesem ungewöhnlichen Manne ein Denkmal gesetzt durch ihr zwei-
      bändiges Werk „White man's country", das Ideen und Wirken der frühen Kolonialpioniere
      in Ostafrika erkennen läßt.

flavour was to persist long after Edwardian England passed into history." (SORRENSON 1968, S. 4). Obwohl die Zahl der britischen Siedler im Vergleich zur afrikanischen Bevölkerung äußerst klein war, besaßen die Siedler doch sehr großen Einfluß in der Kolonialverwaltung und im Foreign Office in London. Von Anfang an schlossen sie sich zu Interessengruppen zusammen, die ihre Ziele erfolgreich vertreten konnten — gegebenenfalls auch auf Kosten der anderen Bevölkerungsgruppen. Ihr wichtigstes Ziel: Schaffung einer Infrastruktur durch die Regierung für die Entwicklung ihrer landwirtschaftlichen Besitztümer. Das beste Beispiel hierfür bieten die Bahnlinien in Kenya, die als Zweiglinien der Ugandabahn angelegt wurden. „The Indians, and the natives of Kenya since annexation, are citizens of the British Empire, but are not British. This makes a difference. Moreover, the Kenya settlers come from the influential and ruling class of England . . . They are younger sons, relatives of peers and retired service people. A committee list in Kenya reads like an army list" (DILLEY 1966, S. 276). Aber auch die weißen Siedler aus Südafrika spielten eine bedeutende Rolle bei der Entwicklung der White Highlands, besonders in den ersten Jahren, nachdem ELIOT in Südafrika die Werbetrommel rühren ließ, um Siedler nach Kenya zu ziehen. Sie kamen mit ihren charakteristischen Ochsenwagen über die weiten Ebenen Ostafrikas gezogen, und ihre Nachfahren gehörten zu den ersten Siedlern, die das Land wieder verließen, als Kenya die Unabhängigkeit erhielt. Auch aus anderen Teilen des britischen Empire kamen die Einwanderer: aus Australien, aus Neuseeland und aus Kanada. Erst ab 1910 setzte eine verstärkte Einwanderung aus dem britischen Mutterland ein. Sie wurde durch den Ersten Weltkrieg jäh unterbrochen. Nach dem Krieg förderte die Regierung die Ansiedlung ehemaliger Angehöriger der britischen Armee durch das Ex-Soldier Settlement Scheme, nach dem fast 120 000 ha Land, aufgeteilt in 1 246 Betriebe, vergeben wurden (E. HUXLEY 1962, S. 418). Die Durchführung dieses Siedlungsplanes stieß auf große Schwierigkeiten, weil die Regierung das in der Nähe der Bahn liegende Land bereits vergeben hatte, wie WEIGT (1932, S. 72) beschrieben hat. Alles noch verfügbare Land wurde zur Verfügung gestellt, aber wegen der Verkehrsferne, wegen Wassermangel oder Unfruchtbarkeit der Böden war das Land zum Teil wenig günstig, wenn nicht wertlos. 1922 berichtete das Lands Department nach MORGAN (1963, S. 141), daß praktisch kein Kronland mehr verfügbar sei. Nach dem Zweiten Weltkrieg förderte die Regierung zum zweitenmal die Ansiedlung von Europäern in den White Highlands:

„After World War II came a second officially sponsored settlement scheme. To manage this, a European Agricultural Settlement Board was set up in 1945 with government grants of £ 2 000 000. Land for newcomers was found by splitting up existing farms and making use of remaining crown land. Applicants with sufficient capital could become assisted owners, and those with less, tenants of the Board; but even tenants had to put up several thousand pounds of their own . . . Between 1945 and 1960 just over 500 families were settled directly by the Board, and a much larger number were persuaded or encouraged to settle under their own steam by the Board's London office, which did not close down until June 1960 five months after the crucial Lancaster House Conference which repudiated past promises to the Europeans and jeopardized their hopes of future security. For each of the Board's assisted owners or tenants, probably at last three new settlers went out independently but with the Board's advice and encouragement. The last sponsored settler bought his farm as late as February 1960" (E. HUXLEY 1962, S. 418—419).

Es ist nicht erforderlich, in diesem Zusammenhang den Gang der Besiedlung der White Highlands im einzelnen nachzuzeichnen (vgl. hierzu WEIGT 1932, S. 70 ff. und MORGAN 1963, S. 147 ff.). Das hervorstechendste Merkmal der europäischen „Landnahme" war die extrem dünne Besiedlung durch Europäer in den White Highlands, die allein auf die Siedlungspolitik der Regierung zurückzuführen ist, die der Auffassung war, eine schnelle Entwicklung des Landes könne nur durch die Einwanderung wohlhabender Siedler erreicht werden. Deshalb verteilte man das Land in sehr großen Blöcken. Außerdem gelang es nicht, die Bodenspekulation einzudämmen, durch die große Ländereien ungenutzt in der Hand weniger Spekulanten verblieben, die nur darauf warteten, das Land teuer zu verkaufen. So blieb zwischen den Afrikanergebieten, deren Bevölkerungsdichte mehr und mehr anstieg, ein Vakuum in den White Highlands, das die illegale Einwanderung provozierte, zu politischen Spannungen führte und schließlich für Teile der White Highlands das Ende bedeutete (vgl. HECKLAU 1968).

Die europäischen Farmer und Pflanzer haben sich in Ostafrika immer auf rein dispositive Tätigkeiten beschränkt. Das gilt auch für das in der Landwirtschaft beschäftigte europäische Personal. Der landwirtschaftliche Produktionsprozeß ist deshalb völlig von den afrikanischen Arbeitskräften abhängig. „No single acre can, without African handlabour, be productive[158]." Die Arbeiterfrage ist in vielen Publikationen diskutiert worden. Sie war eines der dornigsten Probleme der britischen Kolonialpolitik in Kenya. Die europäischen Siedler haben immer wieder versucht, die Verwaltung zu veranlassen, die Afrikaner direkt oder indirekt zu zwingen, Arbeit in den Europäerbetrieben aufzunehmen. Die Reservate sollten nach Ansicht mancher Siedler so klein gehalten werden, daß die Afrikaner ihren Lebensunterhalt außerhalb suchen müßten. Die Besteuerung sollte als Mittel eingesetzt werden, die Afrikaner zu zwingen, Bargeld außerhalb der Reservate zu verdienen. Während in Uganda die afrikanischen Bauern gleich nach Beginn der Protektoratszeit dazu angehalten wurden, selbst für den Verkauf, speziell für den Export zu produzieren, wurden in Kenya nur geringe Anreize zur Verkaufsproduktion gegeben. Das äußerte sich darin, daß man die Afrikaner nicht unterwies, neue Früchte für den Verkauf anzubauen, daß Transport- und Absatzmöglichkeiten nicht geschaffen wurden u. a. m. (vgl. auch WEIGT 1932, S. 88 ff.).

Durch den Abzug eines großen Teiles der männlichen, arbeitsfähigen Bevölkerung aus den Reservaten wurde die landwirtschaftliche Entwicklung der afrikanischen Bauernbetriebe stark behindert oder ganz unmöglich gemacht, wie WEIGT (1932, S. 90) ausführt. Durch die große Bevölkerungszunahme ist dieses Problem in den letzten Jahrzehnten jedoch gelöst worden, und heute herrscht in Kenya sogar Arbeitslosigkeit. Der Bevölkerungsdruck in den afrikanischen Bauerngebieten führte zu einer allmählichen Einwanderung von Afrikanern in die europäischen Farmgebiete. Die Afrikaner siedelten sich überall dort an, wo ihnen niemand Einhalt gebot: auf nicht genutztem Kronland, auf unbewirtschafteten Farmen und auch auf bewirtschafteten Farmen, wo dies die Farmer im Rahmen der Arbeitskontrakte erlaubten. Denn eine begrenzte Anzahl von afrikanischen Bauern in der Nähe oder auf dem Farmgelände stellte für die

[158] LEYS 1925, S. 176, zitiert in WEIGT 1932, S. 82.

europäischen Farmer ein leicht zu erreichendes Arbeitskräftereservoir dar. Es kam jedoch auch zu harten Interessenkollisionen zwischen den illegalen Siedlern und den Farmern.

Fassen wir zusammen: Die Verteilung des Landes in großen Besitzeinheiten an die Europäer, die Abhängigkeit der Europäerbetriebe von den afrikanischen Arbeitskräften, die Landnot in einigen afrikanischen Siedlungsgebieten und die großen, nicht oder nur extensiv genutzten Landvorräte in den White Highlands führten dazu, daß schließlich sehr viel mehr Afrikaner als Europäer in die White Highlands einwanderten, obwohl das Land de jure den Europäern gehörte. Die folgenden Zahlen beweisen das: 1962 waren die 3,1 Mio. ha umfassenden White Highlands eingeteilt in nur 3 606 Besitzeinheiten, auf denen von den Eigentümern rund 1 500 Europäer, 650 Inder und 254 000 Afrikaner als Arbeitnehmer beschäftigt waren. Davon waren 19 200 Afrikaner sog. „resident labourers"[159]. Zum Vergleich: Die Gesamtbevölkerung Kenyas betrug 1962 insgesamt rund 8,4 Mio. Einwohner[160].

Zur Verteilung der Gesamtbevölkerung in einigen ausgewählten Distrikten (einschließlich der Städte) der White Highlands vergleiche *Tabelle 27*.

Tab. 27 Bevölkerungszusammensetzung in ausgewählten Gebieten der früheren White Highlands von Kenya 1962

Gebiete mit gemischter Farmwirtschaft	Afrikaner	Asiaten	Europäer	andere	gesamt
Trans Nzoia	94 797	2 136	1 320	55	98 308
Uasin Gishu	95 524	3 804	1 211	124	100 663
Nakuru	225 915	7 346	3 682	452	237 395
Gebiete mit extensiver Weidewirtschaft					
Naivasha	69 747	1 009	2 825	50	73 631
Laikipia	68 643	650	691	49	70 033

Quelle: Kenya Population Census, 1962, advance report of volumes I & II, S. 5.

In Uganda hat die britische Protektoratsverwaltung die Einwanderung von europäischen Farmern und Pflanzern nicht gefördert, weil sie unter anderem der Ansicht war, für die Ansiedlung von Europäern sei nicht genügend Land vorhanden. 1907 gründeten Europäer einige Plantagen, und 1910 gab es bereits 130 Betriebe, die Kautschuk und Kaffee, beides zum Teil auch gemischt, anbauten. Die Pflanzer vertraten den Standpunkt, es sei in Uganda reichlich Land vorhanden, und bei entsprechender Propaganda könne man die Europäerpflanzungen noch vergrößern und vermehren,

[159] Kenya Agricultural Census, 1962, S. 121 ff. („resident labourers" = ortsansässige Arbeiter).
[160] Kenya Population Census, 1962. Vol. I, S. 2

ohne den Eingeborenen Land streitig zu machen (vgl. auch BRENDEL 1934, S. 106—107). Der Preissturz für Kaffee in den Jahren 1920 bis 1922 und die mangelnde Konkurrenzfähigkeit der Kautschukplantagen trieb einige Betriebe in den Konkurs[161]). Dadurch wurde wirtschaftlich die politische Entscheidung unterstützt, die Volkswirtschaft Ugandas auf der Grundlage der bäuerlichen Landwirtschaft zu entwickeln[162]). Trotzdem entstanden insgesamt bis zum Zweiten Weltkrieg knapp 300 Plantagen in nichtafrikanischem Besitz.

Es ist den Landwirtschaftsberichten nicht zu entnehmen, wie viele Plantagen nach dem Zweiten Weltkrieg in europäischem oder indischem Besitz verblieben sind, weil die Berichte nur noch Flächenangaben über den nichtafrikanischen Besitz enthalten. Es darf aber angenommen werden, daß die Inder vor allem durch die Anlage von Zuckerrohrplantagen und Kaffeeplantagen zahlenmäßig und in ihrer wirtschaftlichen Bedeutung die Europäer und Afrikaner übertreffen.

21   Die Agrarverfassung

Nachdem sich die Ansicht durchgesetzt hatte, die wirtschaftliche Entwicklung des britisch-ostafrikanischen Protektorats durch die Ansiedlung von Europäern voranzutreiben, mußten die juristischen Voraussetzungen geschaffen werden, nach denen weißen Einwanderern Land zur Verfügung gestellt werden konnte. Die Entwicklung der Bodenrechtsauffassungen in den Kreisen der britischen Regierung in London, der Protektoratsverwaltung in Ostafrika und der europäischen Einwanderer, ist von verschiedenen Autoren untersucht worden[163]). Hier sollen nur die wichtigsten Bestimmungen besprochen werden, die die Rechtsgrundlage der Inbesitznahme des Landes durch die weißen Siedler bildeten. Das wichtigste Problem der Bodenrechtsgestaltung in Ostafrika sahen die zuständigen Regierungsbeamten zunächst darin, wie die britische Krone überhaupt in den Besitz des Bodens kommen könne, den sie für die Zwecke der Besiedlung an Europäer vergeben wollte[164]). In den Debatten um das Bodenrecht setzte sich die Auffassung der britischen „law officers" durch, die im East Africa (Lands) Order in Council, 1901, zum Ausdruck kommt. Danach wird als Kronland definiert[165]): „All public lands within the East Africa Protectorate, which for the time being are subject to control of His Majesty by virtue of any Treaty, Convention or Agreement, or of His Majesty's Protectorate, and all lands which have been or may hereafter be acquired by His Majesty under The Lands Acquisition Act 1894, or otherwise howsoever." Zugegeben, schreibt SORRENSON (1965, S. 676) sinngemäß, daß

---

[161]) Kautschukplantagen gibt es heute nicht mehr in Uganda.
[162]) THE ECONOMIC DEVELOPMENT OF UGANDA 1962, S. 16
[163]) Vgl. z. B. WEIGT 1932, SORRENSON 1965 und 1968, MAINI 1967, S. 21 ff.
[164]) Die Rechtsgrundlage für die Enteignung des Landes für den Bahnbau bleibt hier außer Betracht.
[165]) Zitiert in: SORRENSON 1965, S. 676.

dies „public lands" nicht definierte, aber es wurde angenommen, daß „public lands"
alles Land sei, daß von den Eingeborenen nicht besiedelt, kultiviert oder als Weideland
genutzt wurde. Diese Auffassung von Kronland lag auch der Crown Lands Ordinance,
1902 zugrunde. Sie bestimmte u. a. die Modalitäten für

a) die Veräußerung von Kronland (Sections 4—9),
b) die Verpachtung von Kronland, die eine Dauer von 99 Jahren nicht überschreiten sollte (Sections 10—19),
c) die Vergabe von Lizenzen zur vorübergehenden Besiedelung durch Nichteuropäer (Section 20—22).

Section 30 schließlich sah vor, daß bei allen Transaktionen von Kronland die
Rechte und Erfordernisse der Eingeborenen beachtet werden sollten. Vor allem sollte
kein Land verkauft oder verpachtet werden, das sich zu dieser Zeit im Besitz der Eingeborenen befand. Aber, welches Land praktisch herrenlos sei, konnte die Protektoratsverwaltung bestimmen, oft nur vertreten durch Beamte der örtlichen unteren Dienst-
stellen. Hier treffen mehrere Umstände zusammen, die die Beamten dazu verleiten
konnten, Land an die europäischen Siedler zu vergeben, auf das die Afrikaner nach
ihren traditionellen Bodenrechtsverfassungen Anspruch hatten:

a) Die hohen Bevölkerungsverluste bei den Kikuyu und Kamba um die Jahrhundertwende, so daß diese Land aufgeben mußten, wie oben geschildert.
b) Die Unkenntnis der afrikanischen Agrarverfassung bei den verantwortlichen
   Regierungsstellen.
c) Der Wanderfeldbau der afrikanischen Bauern, bei dem der größere Teil des
   ackerbaulich nutzbaren Bodens zur Regenerierung der Bodenfruchtbarkeit brach
   liegen bleiben muß, und die Schwierigkeit, zu bestimmen, welches Land den
   Afrikanern als Weideland zustehen sollte.

Die Crown Lands Ordinance, 1902 ermächtigte den Commissioner des britisch-ostafrikanischen Protektorats, Ausführungsbestimmungen zur Landvergabe zu erlassen, und
Eliot benutzte diese Gelegenheit, die von ihm als wünschenswert betrachtete Ansiedlung von Europäern voranzutreiben. Im Dezember 1902 erließ er die sogenannten
„Homestead Rules", nach denen an die Europäer 160 acres (65 ha) große Blöcke verkauft werden konnten. Der Erwerber hatte ein Vorkaufsrecht auf einen weiteren
480 acres (194 ha) großen Block, wenn er innerhalb von 3 Jahren die 160 acres (65 ha)
Land bis zu einem gewissen Grade entwickelt hatte. Um die Ansiedlung in weniger
begehrten Gebieten zu fördern, wurden 640 acres (259 ha) Grundstücke als „free grants"
und 5 000 acres (2 023 ha) Weidelandblöcke für eine nominale Pacht in den ersten 10
Jahren verpachtet. Im Juli 1903 erließ Eliot eine Verordnung für die Verpachtung von
Weideland in Blöcken von 1 000 (405) bis 10 000 acres (4 047 ha) Größe[166]. Wären die
Homestead Rules von Eliot konsequent angewendet worden, hätte sich die Betriebsgrößenstruktur in den White Highlands ganz anders entwickelt. Aber durch Beziehungen einflußreicher Einwanderer zu Regierungskreisen, durch das Vorschieben von

---

[166]) Vgl. auch SORRENSON 1965, S. 677 und INGHAM 1962, S. 213.

Strohmännern oder durch Zuerwerb von Land aus zweiter Hand, gelang es Spekulanten und Siedlern, Betriebe beträchtlicher Größen zu erlangen. SORRENSON (1968, S. 99) hat diese Entwicklung beschrieben, und er kommt zu dem Urteil: „In practice the Colonial Office, as well as the local officials, had conceded the settlers' or at least the Delamere — case on land policy. It was time for the Colonial Office frankly to admit that the main object of land policy, was to encourage the big man, the rancher and planter, and to abandon the ‚Australian‘ policy which, had it been applied, could only have produced a colony of small settlers." (SORRENSON 1968, S. 116). Es ist nicht erforderlich, die Entwicklung im einzelnen hier aufzuzeigen.

Das Ergebnis ist die in der *Tabelle 28* dargestellte Betriebsgrößenstruktur in den „European and Asian Farming Areas"[167]) für das Jahr 1958 — eine Zeit, in der die sog. „White Highlands" noch nicht durch Siedlungsprogramme für Afrikaner beeinflußt wurden.

Tab. 28   Betriebsgrößenstruktur in den „European and Asian Farming Areas" 1958

Größenklasse acres	Betriebe ha[a]	Zahl	% der Gesamt- zahl	acres	ha	% der Gesamt- fläche
20— 199	8— 80	615	17,4	52 200	21 125	0,7
200— 499	80— 200	510	14,4	169 400	68 556	2,2
500— 999	200— 400	803	22,7	586 600	237 397	7,7
1 000— 1 499	400— 600	531	15,0	637 700	258 077	8,4
1 500— 1 999	600— 800	299	8,4	513 100	207 652	6,8
2 000— 4 999	800— 2 000	501	14,2	1 466 100	593 331	19,3
5 000—49 999	2 000—20 000	271	7,7	3 408 400	1 379 379	45,0
50 000 u. mehr	20 000 u. mehr	10	0,3	743 500	300 894	9,8
		3 540	100,1	7 577 000	3 066 411	99,9

[a] gerundete Werte.

Quelle: COLONY AND PROTECTORATE OF KENYA 1960: Kenya European and Asian agricultural census 1958, S. 4

[167]) Die European and Asian Farming Areas gliedern sich in:

The Highlands	7 262 000 acres	2 938 931 ha[a]
Central Nyanza	37 000 acres	14 974 ha[b]
Taita district	154 000 acres	62 324 ha[c]
Coastal strip	124 000 acres	50 183 ha[c]
Gesamtfläche	7 577 000 acres	3 066 412 ha

a) europäisches Farmgebiet; b) Zuckerrohrplantagen in indischem Besitz; c) außerhalb des Blattbereiches

Quelle: COLONY AND PROTECTORATE OF KENYA 1960: Kenya European and Asian agricultural census 1958, S. 3

Die großen Betriebsgrößen herrschen in den Weidewirtschaftsbetrieben vor, wie z. B. im Farmbezirk Machakos, wo die durchschnittliche Betriebsgröße 7 687 acres (3 111 ha) beträgt, und im Farmbezirk von Laikipia, wo sie 7 352 acres (2 975 ha) erreicht. In den Gebieten mit gemischter Farmwirtschaft herrschen in den verschiedenen Sub-committee Areas durchschnittliche Betriebsgrößen zwischen 600 und 800 ha vor[168]).

Der weitaus größte Teil des Landes in den White Highlands wurde bis zum Ersten Weltkrieg vergeben.

Auf die verschiedenen Änderungen der Verordnungen zur Landvergabe braucht hier nicht näher eingegangen zu werden. Unter dem Einfluß der Siedler wurde die Crown Lands Ordinance, 1915, erlassen, die jene von 1902 ersetzte. Sie bestimmte u. a., daß die

Tab. 29   Land Alienated in the East Africa Protectorate, 1903—15: Classification of Holdings (in acres)

Year	No. of Holdings	Agri-cultural	Pastoral	Fibre	Forest	Fuel	Total
1903	89	3,991	1,000	—	—	—	4,991
1904	192	27,704	328,639	—	64,000	—	420,343
1905	263	14,520	193,645	96,000	64,000	—	368,165
1906	209	22,823	236,848	32,430	640	—	292,741
1907	208	26,126	329,219	214,400	—	1,623	571,368
1908	162	7,323	374,211	66,892	—	356	448,782
1909	222	18,394	350,988	3,362	—	826	373,570
1910	245	19,852	369,746	—	—	—	389,598
1911	382	7,370	601,382	—	—	—	608,752
1912	337	27,888	310,145	—	—	—	338,033
1913	447	14,052	494,276	63,831	—	—	572,159
1914	312	9,635	630,005	—	—	—	639,640
1915	100	14,204	232,775	—	—	—	246,979
	3,168	213,882	4,452,879	476,915	128,640	2,805	5,275,121

Notes: (1) The table is taken from the *East Africa Protectorate Blue Book*, for the year ending 31 March 1916, BB 5.
(2) Agricultural: mainly freehold granted under the homestead rules, most of them in the Ukamba Province.
(3) Pastoral: ninety-nine years leases, most of them in the Naivasha, Kenya and Nyanza Provinces.
(4) Fibre: twenty-one years leases, for the collection of natural fibre, most of them in the Seyidie Province.
(5) Forest: the Lingham-Grogan concession, a fifty years lease of the Eldama Ravine forest.
(6) Fuel: short-term leases to cut wood fuel for the railway.

Quelle: SORRENSON 1968, Appendix 2

[168]) COLONY AND PROTECTORATE OF KENYA 1960: Kenya European and Asian agricultural census 1958, S. 4. (Die Größenordnung dürfte sich bis Ende der sechziger Jahre nicht geändert haben.)

Laufzeit der Erbpachtverträge von 99 auf 999 Jahre umgewandelt werden konnte und daß die Pächter das auf 999 Jahre gepachtete Land als Grundeigentum erwerben durften. 1963 waren von der gesamten Landfläche der Large Farm Areas 263 400 ha Land privates Grundeigentum, das übrige Land wurde unter Erbpachtverträgen gehalten[169]).

Wie weiter oben bereits ausgeführt, erklärte die Crown Lands Ordinance, 1915, ausdrücklich auch das Land zum Kronland, das von den Afrikanern genutzt wurde, und machte sie dadurch zu nominellen Pächtern der britischen Krone. Dazu schreibt WEIGT (1932, S. 64): „In Wirklichkeit jedoch legalisierte das nur längst gehandhabtes Gewohnheitsrecht". —

Die Carter Land Commission hat 1932—34 im Detail untersucht, welche Ansprüche Afrikaner wegen ihrer Landverluste an die Europäer stellten. In diesem Zusammenhang kann nur pauschal dargestellt werden, wo Landerwerbungen durch die Europäer die Interessen der Afrikaner direkt verletzten. Die größten Landverluste erlitten zweifellos die Masai, die durch die Abkommen von 1904 und 1911 in ihren heutigen Distrikten Kajiado und Narok konzentriert wurden, wie oben geschildert. Am fühlbarsten jedoch trafen die Landverluste die Kikuyu[170]), weil ihr Siedlungsgebiet nach keiner Seite mehr auszudehnen war, wie ein Blick auf die agrargeographische Karte des Verfassers zeigt. Gutes Siedlungsland der Kikuyu waren vor allem die Areale 230 und 231. Das Areal 232 konnte wegen seiner Trockenheit von den Kikuyu nur als Weideland genutzt werden. Im Westen setzten die Höhenlage und das Forstreservat der Aberdares einer Ausdehnung des Siedlungsgebietes der Kikuyu Grenzen. Kleiner sind die Landverluste der Kamba, denn das ehemalige Europäergebiet (Areal 202) reicht nur geringfügig bis in das Bergland von Machakos hinein. Das ebene Vorland konnten die Kamba in präkolonialer Zeit wegen der Bedrohung durch die Masai nur eingeschränkt als Weideland nutzen. Die „settlement schemes" am Westrand des Siedlungsgebietes der Kamba dienten vor allem der Ansiedlung von Angehörigen dieses Stammes. Sie dürften aber nur teilweise altes Siedlungsland der Kamba sein (vgl. auch MORGAN 1963, S. 147).

Die Areale 200, 201, 212 und 215 im Ostafrikanischen Graben und die für die Kikuyu durchgeführten Siedlungsprogramme (Areal 309) waren Weideland der Masai. Hierzu gehören auch die Areale 200, 201 und 212, soweit sie nicht vorher mit Bergwald bestanden waren. Das Areal 214 liegt in ehemaligen Bergwaldgebieten, die nur von wenigen Ndorobo als Sammler oder Jäger durchstreift wurden. Das gilt auch z. T. für das Areal 200, das sich westlich an Areal 214 anschließt. Das Teeplantagengebiet von Kericho (Areal 220) — soweit es nicht durch Rodung des Bergwaldes gewonnen wurde — sowie die ehemalige Exklave der White Highlands, Sotik, gehörten zum Lebensraum der Kipsigis. Wie weiter oben schon geschildert, wurde das Gebiet um Sotik als Pufferzone zwischen den verfeindeten Stämmen der Kipsigis auf der einen sowie der Kisii und Luo auf der anderen Seite errichtet. Außerdem verfolgte die

---

[169]) COLONY AND PROTECTORATE OF KENYA. Lands Department 1965: Annual report 1963, S. 5.
[170]) Vgl. z. B. WEIGT 1932, S. 68, und ROSS 1927, S. 86.

Verwaltung mit der Begrenzung des Lebensraumes der Kipsigis das Ziel, den vorwiegend von der Viehhaltung lebenden Stamm zu seßhaftem Ackerbau zu zwingen (vgl. auch MORGAN 1963, S. 151). Das Zuckerrohrgebiet östlich von Kisumu (Areal 221) liegt unter 4 000 Fuß (1 219 m) ü. d. M. und ist das einzige Areal im Arbeitsgebiet, das 1903 Indern zur Ansiedlung zur Verfügung gestellt wurde. Es diente als Pufferzone zwischen den Nandi einerseits, der Eisenbahnlinie und den Luo andererseits und gehörte, wie das Areal 230, größtenteils zum Siedlungsraum der Nandi. Noch nachdem 1907 das Gebiet der Nandi zum Reservat erklärt wurde, verpachtete die Verwaltung an europäische Siedler Land an einigen Stellen des Reservats, vor allem im Zuge des Ex-soldier Settlement Scheme 1919. Es wurde jedoch anerkannt, daß dieses Land den Nandi gehört, und ab 1921 wurden die Pachtzinsen an den Nandi Local Native Council und später an seinen Rechtsnachfolger gezahlt (MORGAN 1963, S. 151).

Die Areale 210 bis 213 auf dem Uasin-Gishu — Trans-Nzoia-Plateau waren zur Zeit der Landnahme durch die Europäer nahezu unbesiedelt und gehörten im vorigen Jahrhundert zum Lebensraum der Uasin-Gishu-Masai, die in Kämpfen mit den Nandi und den Rift-Valley-Masai untergegangen sind bzw. vertrieben wurden (HECKLAU 1968 b, S. 171—172).

Wie bereits weiter oben geschildert, hatte sich in Uganda die Auffassung durchgesetzt, daß die Volkswirtschaft des Landes auf der Grundlage der afrikanischen bäuerlichen Wirtschaft entwickelt werden sollte. Nach der Land Transfer Ordinance, 1906, durfte ohne Zustimmung des Commissioners kein Land an Ausländer vergeben werden, und nach dem Buganda Possession of Land Law, 1908, durfte kein Mailoland ohne Zustimmung des Präsidenten des Lukiiko[171]) an Ausländer verkauft oder verpachtet werden. Die gesetzlichen Bestimmungen schlossen den Landerwerb durch Aus-

Tab. 30 Uganda: Entwicklung des Landbesitzes in Europäer- und Inderhand

	1925	1930	1935
Anzahl der Betriebe			
in europäischem Besitz	160	217	223
in indischem Besitz	31	35	58
Größe der Betriebe (in ha)			
in europäischem Besitz	35 500	42 200	?
in indischem Besitz	7 500	18 500	?
Fläche unter Kultur (in ha)			
in europäischem Besitz	9 900	10 700	9 200
in indischem Besitz	2 600	4 400	8 600

Quelle: UGANDA GOVERNMENT: Agricultural reports of the Department of Agriculture. Entebbe 1925, S. 38, 1930, S. 40—41, 1935, S. 45—46.

---

[171]) Lukiiko = Gesetzgebende Versammlung von Buganda

länder nicht aus, aber potentielle ausländische Landkäufer wurden von der Verwaltung weder ermutigt noch unterstützt wie in Kenya. Europäer und Inder waren — im Gegensatz zu Kenya — gleichgestellt. Die Entwicklung des Landbesitzes in der Hand von Europäern und Indern zeigt *Tabelle 30.*

Den Landwirtschaftsberichten nach dem Zweiten Weltkrieg ist nicht zu entnehmen, wem die Plantagen gehören und wie groß sie sind. 1960 wird jedoch angegeben, daß von den 37 200 ha Plantagenland unter Zucker, Kaffee, Tee und Sisal 1 814 ha afrikanisches Plantagenland unter Kaffee sind[172]).

22   Die ökologischen Bedingungen

Die ökologische Ausstattung in den Gebieten mit großbetrieblicher Weide-, Farm- und Plantagenwirtschaft weist die für Ostafrika typischen Kontraste auf[173]). In rund 1 200 m ü. d. M. liegen die Zuckerrohr-, Robustakaffee- und Teeplantagen in Süd-Mengo, Süd-Busoga und in Central Nyanza. Bis fast 3 000 m ü. d. M. reichen die Farmen im Mau Forest. Über 1 500 m liegt fast das ganze Areal der früheren „White Highlands". Das gemilderte Tropenklima in den Hochlagen erlaubt dem Europäer den Daueraufenthalt[174]) und ist eine der wesentlichen Voraussetzungen gewesen, die der Auffassung zugrunde lag, das Hochland von Kenya könne „weißen Mannes Land" werden. Die durch die Höhenstufung bedingten Klimaunterschiede in den Large Farm Areas sind Standortfaktoren von überragender Bedeutung für die Wahl der Anbaupflanzen, wie weiter unten noch zu schildern ist. —

Ganz entscheidend wird die Landwirtschaft in den Tropen von der Menge und der Verteilung der Niederschläge im Jahr sowie von deren Regelmäßigkeiten geprägt.

In den Gebieten mit großbetrieblicher Weidewirtschaft auf dem Laikipia-Plateau, im Ostafrikanischen Graben und im Südosten der Large Farm Areas schließen die geringen jährlichen Niederschläge von 10—30″ (254—762 mm) sicheren Regenfeldbau aus. Die Niederschlagsmengen nehmen von den trockensten Teilen des Laikipia-Plateaus nach Südwesten zur Aberdare Range und nach Südosten zum Mount Kenya hin zu, so daß hier entsprechend der Zunahme der Niederschläge eine Zonierung der Viehhaltung zu erkennen ist, die die dort lebenden europäischen Siedler auch bestätigten. Diese Zonierung reicht von der extensiven Fleischrinderhaltung im trockenen Norden über eine Zone mit Fleisch- und Milchrinderhaltung bis zu gemischter Farmwirtschaft an den feuchteren Rändern der genannten Gebirgslagen. Auffällig ist der hohe Anteil der Milchrinderhaltung im südlichen Teil des Ostafrikanischen Grabens im Gegensatz zu dem nördlich sich anschließenden Areal rund um den Elmenteita-See, obwohl die

---

[172]) UGANDA GOVERNMENT. Annual report of the Department of Agriculture 1960, Appendix VI.
[173]) Vgl. hierzu die einschlägigen Blätter des AFRIKA-KARTENWERKES, Serie E.
[174]) Vgl. auch die Ausführungen von WEIGT 1955, S. 25 ff., bes. S. 46.

ökologischen Bedingungen in beiden Räumen gleichartig sind, wenn man von der Trockeninsel rund um den Naivasha-See absieht, wo weniger als 20″ (508 mm) Niederschlag im Jahr fallen. Im Südosten der Large Farm Areas erreichen die Niederschläge gebietsweise 30—40″ (762—1 016 mm) im jährlichen Durchschnitt. Die Weidewirtschaftsgebiete sind hier durchsetzt von Sisalplantagen. Einige Weidewirtschaftsbetriebe haben auch kleine Kaffeeflächen bei marginalen Wachstumsbedingungen z. T. unter künstlicher Bewässerung. Die Darstellung der Feuchtinsel, die in der JÄTZOLDschen Klimakarte[175]) eingezeichnet ist, wurde der Generalisierung geopfert, obwohl hier Kaffeeflächen häufiger auftreten als im übrigen Areal. Nur das Gebiet mit großbetrieblicher Weidewirtschaft in den „sub-committee areas" Songhor, Koru, Fort Ternan und Lumbwa erhält 40—50″ (1 016—1 270 mm) jährliche Niederschläge und wäre damit für den Regenfeldbau geeignet. Es ist jedoch ein Gebiet mit großer Reliefenergie, das von den Höhen des Tinderet Forest und Mau Forest von etwa 2 400 m zu den Tälern des Nyando und seiner Nebenflüsse auf ca. 1 500 m abfällt und deshalb für großbetrieblichen Ackerbau mit Maschineneinsatz nicht geeignet ist.

Im größten Teil des Gebietes mit gemischter Farmwirtschaft fallen im Durchschnitt 30—50″ (762—1 270 mm) jährliche Niederschläge. Nur das Farmgebiet im Mau Forest und die Kaffee- und Teeplantagengebiete an den Aberdares und in den Nandi Hills erhalten bis zu 60″ (1 524 mm) Regen. Das Teeplantagengebiet von Kericho ist mit 60—80″ (1 524—2 032 mm) das regenreichste Areal in den Large Farm Areas von Kenya[176]). Die Wahrscheinlichkeit, daß mehr als 30″ (762 mm) Niederschlag im Jahr fallen, ist im weitaus größten Teil des Gebietes mit gemischter Farmwirtschaft größer als 85 %, in den meisten Gebieten sogar größer als 95 %[177]). Trotzdem wird in den Landwirtschaftsberichten der Distriktverwaltungen häufig erwähnt, daß zu geringe oder zeitlich ungünstig verteilte Niederschläge und heftige Gewitter die Getreideernte verringern.

23 Die landwirtschaftlichen Nutzpflanzen

Als die europäischen Farmer, Pflanzer und Rancher um die Jahrhundertwende begannen, Land in Ostafrika zu erwerben, fehlten ihnen zuverlässige Informationen über die ökologischen Bedingungen in den Gebieten, in denen sie Farmbetriebe, Plantagen oder Weidewirtschaftsbetriebe gründen wollten. Durch „trial and error" — Versuch und Irrtum — mußten sie nicht nur herausfinden, was unter den jeweils gegebenen ökologischen Bedingungen produziert, sondern auch, was bei den herrschenden wirtschaftlichen Verhältnissen auf dem Inlands- und Weltmarkt abgesetzt werden konnte. Dabei wirkten sich die große Ferne der Produktionsgebiete zum Exporthafen

[175]) Vgl. JÄTZOLD: Blatt 5 (Klimageographie) der Serie E des Afrika-Kartenwerks (in Vorbereitung).
[176]) ATLAS OF KENYA 1959. „Mean annual rainfall".
[177]) Annual rainfall in the Kenya highlands. Appendix III (Kartenbeilage in TROUP 1953).

Tab. 31   Kenya, Large Farm Areas: Landnutzung 1958 — 1960 — 1962 — 1964 (in 1 000 ha)

	1958	1960	1962	1964
Weizen	100,0	100,3	98,6	113,8
Mais	60,0	57,6	64,5	30,2
Gerste	24,9	12,7	12,5	9,2
Hafer	13,8	11,3	7,7	5,2
Getreide gesamt	198,7	181,9	183,3	158,4
Zuckerrohr	11,1	17,1	18,1	18,4
Pyrethrum	9,0	16,1	17,3	5,7
Leinsaat	0,7	0,4	0,2	—
Sonnenblumen	6,6	5,3	3,0	3,0
Ätherische Ölfrüchte	0,3	0,3	0,3	0,2
Annuelle Gewerbepflanzen gesamt	27,7	39,2	39,1	27,3
Kartoffeln	1,1	0,8	0,6	0,4
Tomaten	0,2	0,5	0,2	0,1
Bohnen und Erbsen	0,8	0,8	0,6	0,3
Sonstiges Gemüse zum Verkauf	0,4	0,4	0,4	0,3
Knollenfrüchte u. Gemüse gesamt	2,5	2,5	1,8	1,1
Luzerne	1,1	1,3	0,8	0,8
Silage-Pflanzen	4,0	4,2	3,2	2,1
Sonstige Futterpflanzen	6,2	8,4	6,7	5,8
Futterpflanzen gesamt	11,3	13,9	10,7	8,7
Gründüngungspflanzen	2,3	2,1	0,8	0,6
Mulchgras	4,4	11,0	15,7	18,6
Anbaufrüchte der Farmarbeiter	24,5	24,2	29,2	24,1
Sonstige annuelle Pflanzen	5,2	2,4	1,3	1,0
Gesamt	36,4	39,7	47,0	44,3
Kaffee	26,1	28,8	30,5	30,9
Tee	13,3	15,0	17,3 .	18,5
Sisal	98,6	99,1	106,9	110,3
Gerber-Akazien	35,7	34,5	30,0	24,6
Kokosnüsse	—	2,2	2,5	2,3
Kapok	—	—	0,4	—
Neuseeland-Flachs	—	—	0,5	—
Sonstige Dauerkulturen	—	—	0,6	1,2
Gesamt	173,7	179,6	188,7	187,8
Zitronen	0,6	0,6	0,4	0,4
Cashew-Nüsse		0,9	0,9	0,8
Ananas	0,8	1,0	0,9	0,8
Sonstiges Obst	1,1	1,2	0,8	0,6
Obst gesamt	2,5	3,8	3,0	2,6
Anbaufläche gesamt	482,8	460,6	473,6	430,3
Ackerwiesen und -weiden		89,0	95,0	91,7
Brache		53,6	41,3	57,4
Naturweideland		2 228,6	2 155,1	1 878,0
Waldgebiete		114,2	187,7	173,1
Sonstiges Land		182,5	163,9	120,5
Large Farm Areas gesamt		3 128,5	3 116,6	2 751,0

Quelle: Government of Kenya 1963, Kenya Agricultural Census 1962, Tab. 7, 1964, Republic of Kenya 1964, Agricultural census 1964, Tab. 3—12.

Mombasa und die zunächst mangelhafte Verkehrserschließung sehr hemmend aus. Die Siedler haben den Anbau vieler landwirtschaftlicher Nutzpflanzen versucht, aber nur wenige Produkte erwiesen sich auf die Dauer als gewinnbringend. *Tabelle 31* zeigt für die Jahre 1958, 1960 und 1962 die Anbauflächen der verschiedenen Produkte auf dem Höhepunkt der ausschließlich von Europäern bestimmten Entwicklung der sogenannten „White Highlands". 1964 war das Million Acre Settlement Scheme bereits im Gange, durch das die Gesamtfläche der Large Farm Area 1964 schon um 932 900 acres (377 532 ha) verkleinert war. —

Bei der Betrachtung der Gebiete, in denen gemischte Farmwirtschaft betrieben wird, wird die Anzahl der bedeutendsten Anbaufrüchte, die in *Tabelle 31* aufgeführt sind, weiter eingeschränkt. Denn Zuckerrohr, Tee und Sisal werden in den Large Farm Areas auf Plantagen angebaut; Kaffee ist nur zum Teil Plantagenpflanze, zum Teil wird er in einigen Gebieten als Sonderkultur in Betrieben mit gemischter Farmwirtschaft und Weidewirtschaft angebaut. Mulchgras dient der Bodenbedeckung — vorwiegend in Kaffeepflanzungen. Die Gerberakazienbestände gehören fast zur Hälfte der East African Tanning Extract Company. Wirtschaftliche Bedeutung erlangt der Anbau von Gerberakazien in Farmwirtschaftsbetrieben nur auf dem Uasin-Gishu-Plateau.

Kokosnüsse, Cashew-Nüsse und Kapok gedeihen in Kenya nur im Küstentiefland außerhalb des Arbeitsgebietes.

Als wichtige Anbaufrüchte in den Gebieten mit gemischter Farmwirtschaft bleiben nur übrig: Getreide, vor allem Mais und Weizen, Pyrethrum in einigen Höhenlagen sowie Futterpflanzen, Ackerwiesen und Ackerweiden, d. h. künstlich angelegte Wiesen und Weiden. Die übrigen Früchte nehmen nur wenige Promille der bebauten Fläche der „Large Farm Area" ein, können jedoch in bestimmten Arealen für jeweils wenige Betriebe wichtige Anbaufrüchte sein. Große Bedeutung für die Viehhaltung aller gemischten Farmbetriebe hat das Naturweideland, das in den englischen Quellen — vor allem in den Statistiken — als „uncultivated meadows and pastures" bezeichnet wird. Es handelt sich dabei um die durch temporären Ackerbau und/oder Weidegang — vielleicht auch durch Grasschnitte — veränderte oder beeinflußte Vegetation.

Tab. 32 Getreideanbau in den sog. „White Highlands", den späteren „Large Farm Areas" (in 1 000 ha)

	1920	1929	1930	1938	1945	1950	1960	1964
Mais	8,9	99,5	81,3	45,6	48,4	58,6	57,6	45,9
Weizen	1,8	26,7	27,9	23,1	64,8	107,0	100,3	106,2
Gerste	0,2	5,9	0,8	1,6	4,9	7,8	12,7	11,3
Hafer	0,2	?	?	1,6	—	6,3	12,2	6,7

Quellen: Colony and Protectorate of Kenya: Department of Agriculture. Annual reports 1921, S. 21, 1930, S. 14, 1938, 1945, S. 11—12, 1950, S. 9 ff. Government of Kenya: Agricultural census 1962, S. 11. Republic of Kenya (1964): Agricultural census 1964, Tab. 14.

Getreide

In den Gebieten mit gemischter Farmwirtschaft in den Large Farm Areas sind Weizen und Mais die wichtigsten angebauten Körnerfrüchte, in weitem Abstand gefolgt von Gerste und Hafer. *Tabelle 32* läßt die große Steigerung der Maisanbaufläche in den zwanziger Jahren erkennen, ihr Schrumpfen in den dreißiger Jahren und ihr Zurückbleiben im Vergleich zur Vergrößerung der Flächen unter Weizen in der Zeit nach dem Zweiten Weltkrieg. Die Anbauflächen von Gerste und Hafer sind bis 1960 stetig größer geworden. Der Rückgang des Anbaus der beiden Körnerfrüchte von 1960—1964 ist auf das „Million Acre Settlement Scheme" zurückzuführen.

Der Getreidebau der europäischen Farmer begann Anfang des Jahrhunderts im Raum Nakuru. Die private Initiative einzelner Siedler, vor allem von Lord Delamere, wurde durch staatliche Hilfe unterstützt, indem die Landwirtschaftsverwaltung Saatgut importierte und Saatzucht auf Versuchsfarmen begann. Es war eine kostspielige Periode des „trial and error" zu überwinden, bis man herausgefunden hatte, in welchen Gebieten man welche Getreidearten anbauen konnte.

Mais

Am einfachsten war die Einführung des Maises[178]). Denn Mais haben — wie weiter oben geschildert — afrikanische Bauern in bescheidenem Umfang schon vor Ankunft der Briten in Ostafrika angebaut. Während der Kolonialzeit wurde Mais in Kenya das populärste Nahrungsmittel und die wichtigste Verkaufsfrucht der Afrikaner. Es wird geschätzt, daß 90 % der Maisproduktion in Kenya von der afrikanischen Bevölkerung konsumiert werden und daß 5 % von afrikanischen Bauern und 5 % von Großfarmbetrieben zum Verkauf gelangen[179]). Die Afrikaner bauen jedoch vorwiegend farbige Mais-Varietäten an, die zwar als Nahrungsmittel gut geeignet sind, aber geringere Erträge liefern. Die Europäer importierten vorwiegend aus Südafrika Saatgut von weißen Mais-Varietäten, die höhere Erträge liefern und zur Stärkegewinnung in der Industrie besser geeignet sind als die farbigen Varietäten. Die europäischen Farmer produzieren den Mais — soweit er nicht zur Versorgung der Farmarbeiter oder als Viehfutter gebraucht wird — für den Export. Vor dem Zweiten Weltkrieg, als die Viehwirtschaft in den heutigen Gebieten mit gemischter Farmwirtschaft noch nicht entwickelt war, konnten die Farmer die Betriebseinnahmen nur durch Vergrößerung der Getreideflächen erhöhen. Das führte in den zwanziger Jahren zu der in *Tabelle 32* erkennbaren Erweiterung der Anbauflächen unter Mais um mehr als das Zehnfache. Die Weltwirtschaftskrise traf auch die Kenya-Farmer hart. Niedrige Preise

---

[178]) Vgl. dazu auch: REPUBLIC OF KENYA 1966: Report of the Maize Commission of Inquiry, 1966, S. 1 ff.

[179]) REPUBLIC OF KENYA 1966: Report of the Maize Commission of Inquiry 1966, S. 49. Die 5 % der Gesamtmaisernte von Kenya, die von afrikanischen Bauern zum Verkauf gelangen, werden aus dem Distrikt ausgeführt, in dem sie erzeugt wurden. Eine nicht bekannte Menge Mais wird von den Bauern auf lokalen Märkten verkauft.

für Mais und Absatzkrisen in den dreißiger Jahren ließen die Anbauflächen um etwa die Hälfte der Fläche des Jahres 1929 schrumpfen. Bis zum Zweiten Weltkrieg versuchte die Kolonialverwaltung, den Maisexport zu fördern, aber 1943 empfahl eine Untersuchungskommission, die Maisproduktion für den Export sollte nicht gefördert und der Maisüberschuß über den Bedarf des Landes sollte so klein wie möglich gehalten werden, weil vor der Untersuchungskommission von einigen Befragten der Standpunkt vertreten wurde, Maisexport habe bedeutet, die Fruchtbarkeit des Bodens zu exportieren[180]).

Die Erntemengen weisen in Abhängigkeit von der Menge und der Verteilung der Niederschläge erhebliche Unterschiede von Jahr zu Jahr auf, so daß es in manchen Jahren zu Mangel an Mais, in anderen dagegen zu großen Überschüssen kommt, wie die Gegenüberstellung der Mais-Importe und -Exporte in *Tabelle 33 zeigt.*

Die Vermarktung des Maises — der Ankauf, die Lagerung und der Verkauf — obliegt in Kenya nach dem Maize Marketing Act dem Maize Marketing Board, der sich bei der Vermarktung des Maises jedoch bestimmter Agenten zu bedienen hat. Der in den Large Farm Areas erzeugte Mais wird durch die Kenya Farmers' Association (Co-op.) Ltd. vermarktet, die traditionelle Genossenschaft der weißen Siedler, die jedoch heute allen Farmern offensteht.

Weizen

Während Mais relativ resistent gegen Schädlingsbefall ist bzw. die Maisschädlinge leicht zu bekämpfen sind, kann der Rostbefall bei Weizen zu Mißernten führen. Deshalb entwickelte sich der Weizenanbau in Kenya relativ spät im Vergleich zur Kultur des Maises. Erst in den dreißiger Jahren gelang es, den Farmern größere Mengen rostresistenter Sorten als Saatgut zur Verfügung zu stellen.

In Kenya bringt Mais auf durchschnittlich fruchtbaren Böden bei angemessenen Niederschlägen in Höhenlagen zwischen dem Meeresspiegel und rd. 2 300 m Höhe Erträge. Weizen dagegen kann nicht in Lagen unter 1 500 m angebaut werden. Er gedeiht dagegen in Kenya bis in Höhen von fast 2 900 m, wo die höchsten Farmen im Gebiet des Mau Forest und Tinderet Forest liegen (vgl. auch BURTON 1950, S. 70). Die Höhenstufen des Anbaus von Mais und Weizen kommen in der räumlichen Verteilung in den Large Farms Areas zum Ausdruck: In den tieferen Lagen herrscht Mais als einziges Getreide vor, in mittleren werden Weizen und Mais angebaut und in den höchsten Lagen dominiert Weizen, begleitet von Gerste und Hafer.

Die Mechanisierung des Weizenanbaus, namentlich seine Ernte mit Mähdreschern, hat u. a. mit dazu beigetragen, daß die Farmer in den Gebieten, in denen Weizen und Mais gedeihen, den Weizenanbau vorziehen, weil sie dann weniger von den Arbeitskräften abhängig sind (vgl. auch BURTON 1950, S. 69).

---

[180] REPUBLIC OF KENYA 1966: Report of the Maize Commission of Inquiry 1966, S. 3.

Tab. 33 Kenya:
Maisausfuhr 1914—1965
und Maiseinfuhr
1927 bis 1965
Domestic Exports
of maize, 1914—1965

	Bags of 200 lb.	Value £	Sh. per bag
1914	18,163	6,880	7·53
1915—18	—	—	—
1919	31,234	21,437	13·73
1920	187,828	113,973	12·14
1921	29,323	14,762	10·07
1922	217,122	146,106	13·46
1923	487,592	249,545	10·23
1924	640,668	381,144	11·90
1925	656,634	406,276	12·37
1926	520,340	280,596	10·78
1927	1,001,092	505,893	10·11
1928	499,890	306,078	12·26
1929	428,271	295,134[a]	13·78
1930	1,244,627	568,955[a]	9·14
1931	1,041,330	419,599	8·06
1932	288,354	117,677	8·16
1933	633,667	212,699	6·71
1934	246,376	104,754	8·50
1935	671,219	184,965	5·51
1936	813,333	233,371	5·74
1937	407,889	198,882	9·75
1938	658,557	258,876	7·86
1939	563,990	222,037	7·87
1940	—	—	—
1941	283,941	133,118	9·38
1942	155,698	69,742	8·96
1943	46,893	28,655	12·22
1944	24,106	15,178	12·59
1945	603,253	458,294	15·19
1946	195,017	155,796	15·98
1947	685,889	617,730	18·01
1948	152,405	176,780	23·20
1949	33,364	46,467	26·28
1950	345,568	720,235	41·68
1951	227,624	666,850	58·59
1952	764,668	2,385,264	62·40
1953	120,424	306,017	50·82
1954	514,266	1,013,192	39·40
1955	864,098	1,665,442	38·55
1956	47,435	89,403	37·70
1957	253,219	466,062	36·81
1958	1,095,721	1,867,061	34·08
1959	608,328	1,092,144	35·91
1960	103,055	178,418	34·62
1961	2,019	3,553	35·20
1962	663,242	1,011,967	30·52
1963	963,379	1,573,953	32·68
1964	9,868	16,616	33·68
1965	1,893	3,358	35·48

[a] Partly estimated.
Sources: Annual Report
of the Department
of Agriculture
and Trade Reports.

Imports of maize into Kenya, 1927—1965[b]

Years	Bags of 200 lb.	Value £	Sh. per bag
1927	1,016	650	12·80
1928	6,804	3,604	10·59
1929	11,583	9,604	16·58
1930	35	26	14·86
1931	23,213	8,992	7·75
1932	23,079	9,521	8·25
1933	4,795	1,162	4·84
1934	25,464	7,824	6·15
1935	11,065	2,182	3·94
1936	7,978	1,396	3·50
1937	11,823	4,820	8·15
1938	573	172	6·00
1939	16,034	5,395	6·72
1940	23,360	8,068	6·91
1941	2,288	707	9·61
1942	1,472	543	7·38
1943	99	79	15·96
1944	10,925	15,989	29·27
1945	228	239	20·96
1946	—	—	—
1947	10,156	9,397	18·51
1948	7	12	34·28
1949	—	—	—
1950	—	—	—
1951	—	—	—
1952	—	—	—
1953	336,544	928,061	55·15
1954	870	2,420	55·63
1955	—	—	—
1956	30	160	106·67
1957	606	1,118	36·96
1958	1,018	6,647	119·98
1959	644	3,585	111·34
1960	294	1,363	92·56
1961	1,125,884	2,303,734	40·92
1962	282,100	527,696	37·41
1963	—	—	—
1964	2,910	11,690	80·34
1965	894,109	2,289,413	51·20

[b] Figures for 1927—1948 include imports into both Kenya and Uganda.
Although no separate figures for Kenya are available for this period, it would be reasonable to assume that very little of the maize imported during this period went to Uganda. Figures from 1949 onwards show net imports into Kenya only.

Quelle: REPUBLIC OF KENYA (1966): Report of the Maize Commission of Inquiry 1966, S. 193, Appendix G und S. 194, Appendix H.

Die Zunahme der europäischen und indischen Einwohner in Ostafrika sowie die Änderung der Ernährungsgewohnheiten der in höhere Einkommensgruppen aufgestiegenen afrikanischen Bevölkerung führten in Ostafrika zu einer wachsenden Nachfrage nach dem Brotgetreide Weizen. Jedoch schwankt die Erntemenge wie beim Mais von Jahr zu Jahr wegen der wechselnden Niederschlagsmengen und deren Verteilung über das Jahr. Es zeichnet sich jedoch der Trend ab, daß Kenya mehr und mehr Weizen in seine afrikanischen Nachbarländer — vor allem nach Uganda und Tanzania — exportiert (s. *Tab. 34*). Gleichzeitig jedoch importiert Kenya auch Weizen, wie die *Tabelle 35* zeigt. Die Vermarktung des Weizens in Kenya obliegt der Kenya Farmers' Association.

Tab. 34   Kenya: Export von Weizen und Weizenmehl nach Uganda
und Tanganyika[a] (Wheat and spelt) (in 1 000 £)

	1956	1959	1962	1965
U g a n d a				
Weizen	17	179	159	870
Weizenmehl	81	535	438	48
T a n g a n y i k a				
Weizen	41	398	379	839
Weizenmehl	378	317	216	3

[a] Bezeichnung noch im "Statistical abstract" verwendet.
Quelle: REPUBLIC OF KENYA 1966: Statistical abstract 1966, Tab. 40,
48, 49

Tab. 35   Kenya: Import von Weizen
(in 1000 £)

1956	442
1957	500
1958	347
1959	396
1960	40
1961	344
1962	1 445
1963	234
1964	—
1965	155

Quelle: REPUBLIC OF KENYA 1966: Statistical abstract 1966, Tab. 40,
48, 49

Gerste und Hafer

Gerste und Hafer wurden bis zum Zweiten Weltkrieg nur als Futtermittel angebaut, und zwar Gerste zur Fütterung der Schweine, Haferstroh als Viehfutter während der

Trockenzeit, wenn die natürlichen Weidebedingungen sich verschlechterten. Seit dem Zweiten Weltkrieg hat die Gerste jedoch auch als Braugerste für die einheimischen Brauereien an Bedeutung gewonnen. (Vgl. auch BURTON 1950, S. 70; L. H. BROWN 1963 b, S. 16).

Kunstwiesen und Kunstweiden

Wie weiter oben bereits angedeutet, waren die europäischen Farmer bis in die Zeit nach dem Zweiten Weltkrieg in den heutigen Gebieten mit gemischter Farmwirtschaft einseitig vom Getreidebau abhängig. Um ihre Betriebseinnahmen zu steigern, waren sie gezwungen, immer größere Flächen mit Mais- bzw. Weizenmonokulturen zu bebauen, und zwar solange, bis die Bodenfruchtbarkeit erschöpft und die Textur der Böden vernichtet war. Dann blieben die Flächen brach liegen und der Selbstbegrasung über- lassen. „Leys are uncommon; most of the grazing land is indigenous red oat grass (*Themeda triandra*), existing as permanent pasture or as natural regeneration after cropping. Fodder crops form less than one per cent of the total usable land . . .“ heißt es über das „Farming System“ der Uasin Gishu Area bei DAVIDSON & ENGLAND (1960, S. 6). Übernutzung des Ackerlandes und Vernachlässigung der Schutzmaßnahmen gegen Bodenerosion führten schon vor dem Zweiten Weltkrieg zum Sinken der Ertrags- fähigkeit der Böden. Obwohl die Situation ernst war, hinderten Kapitalmangel und der Krieg mit dem Zwang, die Getreideproduktion zu steigern, die Farmer daran, zur gemischten Farmwirtschaft überzugehen. Schon in den dreißiger Jahren hatte man jedoch erkannt, daß die Einführung der gemischten Farmwirtschaften zur optimalen Landnutzung unbedingt notwendig ist (vgl. z. B. BALL 1936, S. 399 ff.; MAHER 1936, S. 12 ff. und TROUP 1953, S. 16).

„In the mixed farming areas reversion, where land ‚tumbles down' after cropping, produces mostly worthless grass with certain exceptions such as in the Turbo-Kipkarren district, where star grass emerges following a system of grazing control, and in certain high altitude areas such as Molo and the Kinangop where Kikuyu grass grows naturally“ (TROUP 1953, S. 11). Zum stärkeren Ausbau der Viehhaltung und um eine Rotation im Rahmen einer geregelten Feldgraswirtschaft zu erzielen, bedarf es der Grasansaat anstelle der natürlichen Begrasung der Brachfläche. Dazu meint TROUP (1953, S. 16): „The ley is clearly the pivot of the arable rotation in the alternate husbandry system and, in consequence, large areas of sown leys will require to be developed over the majority of the ploughable area. The acreage under sown leys shows that something more than a promising start has been made. In 1946 the total acreage was 12 487, in 1951 23 393 . . .“ (5 053 ha bzw. 9 467 ha).

1964 nahmen die „temporary meadows“ („grass leys“) bereits 226 600 acres[181] (91 705 ha) ein. Die Entwicklung der Farmwirtschaft vom einseitigen Getreideanbau zur gemischten Farmwirtschaft mit Wiesen- und Futterbau sowie intensiverer Vieh-

---

[181] REPUBLIC OF KENYA 1964: Agricultural census 1964, Tab. 9

haltung wurde durch die Landwirtschaftpolitik der Landwirtschaftsverwaltung nach dem Zweiten Weltkrieg begünstigt und finanziell durch Bereitstellung von Krediten gefördert.

Pyrethrum

Pyrethrum (*Chrysanthemum cineariaefolium*), die aschblättrige Wucherblume, ist eine perennierende Komposite, deren Blüte das Insektizid Pyrethrin enthält. Im 19. Jahrhundert bis zum Ersten Weltkrieg wurde Pyrethrum hauptsächlich in Dalmatien angebaut. Aus den getrockneten Blüten stellte man das Persische oder Dalmatinische Insektenpulver her. 1881 begannen Japaner Pyrethrum zu kultivieren, und zwischen den beiden Weltkriegen erlangte Japan eine Monopolstellung in der Pyrethrumerzeugung. Gegenwärtig ist Kenya Hauptproduzent von Pyrethrin. Pyrethrum findet in den Hochlagen von Kenya ausgezeichnete Wachstumsbedingungen: Gute Böden, reichliche Niederschläge, lange und intensive Sonneneinstrahlung sowie geringe Schwankungen der Tageslänge im Jahresverlauf bewirken, daß Pyrethrumblüten 8 bis 10 Monate im Jahr in Abständen von 2 bis 3 Wochen geerntet werden können, während im gemäßigten Klima nur eine Blütenernte im Jahr möglich ist (vgl. auch PÖLLATH 1969, S. 377—380, und MASEFIELD 1962b, S. 104–105). Kenya bietet einen weiteren Standortvorteil: billige Arbeitskräfte, die die arbeitsaufwendige Kultur und Ernte des Pyrethrum erfordern.

Die Einführung des Pyrethrumanbaus in Kenya geht ebenfalls auf die private Initiative britischer Siedler zurück, wie E. HUXLEY (1957, S. 112) geschildert hat. Pyrethrum war in den dreißiger Jahren für die Europäerfarmen in den Höhenlagen zwischen 2 000 m und 2 700 m ü. d. M. von allergrößter wirtschaftlicher Bedeutung. Der Weizenanbau war noch stark durch Rostbefall gefährdet, und die Milchwirtschaft steckte erst in den Anfängen, weil es an Absatzmöglichkeiten mangelte und die Viehseuchen nicht voll unter Kontrolle gebracht waren. Auch heute noch hat der Pyrethrumanbau für viele Betriebe in den Höhenlagen über 2 000 m große Bedeutung als Betriebseinnahme, wie weiter unten noch gezeigt wird. Die Pyrethrumfarmer schlossen sich zu Interessengruppen zusammen, und auch der Staat hat Einfluß auf die „Pyrethrum industry" genommen, indem er verschiedene Verordnungen erließ. 1964 schließlich trat der Pyrethrum Act in Kraft, mit dem vor allem drei Ziele verfolgt werden:

1. Durch Saatgutkontrolle soll gewährleistet werden, daß nur Pyrethrum mit hohem Pyrethringehalt angebaut wird. Die Landwirtschaftsverwaltung fördert den Pyrethrumanbau, indem sie eine Forschungsstation in Molo und zwei Unterstationen in Marianda und Ol Joro Orok in verschiedenen Höhenlagen unterhält. Das Schwergewicht der Forschungsarbeit liegt auf der Saatzucht mit dem Ziel, Varietäten zu züchten, die sowohl höhere Erträge erzielen als auch hohen Pyrethringehalt der Blüten aufweisen[182].

---

[182] REPUBLIC OF KENYA. DEPARTMENT OF AGRICULTURE. Annual report 1962, Bd. 2, Record of investigation 1965, S. 124.

2. Durch Anbaulizenzen soll das Anbauvolumen den Absatzmöglichkeiten angepaßt werden. Vom Oktober 1965 bis September 1966 wurden z. B. an Einzelfarmer 507 Anbaulizenzen über fast 4 000 t Pyrethrum vergeben[183]).

3. Durch eine staatlich geregelte Vermarktung sollen die Farmer vor Absatzschwierigkeiten und preisbedingten Verlusten geschützt werden. Die Erzeuger dürfen Pyrethrum nur an die Beauftragten des Pyrethrum Board verkaufen; das war bis 1964 die Kenya Farmers' Association, und seit 1964 ist es der Pyrethrum Marketing Board.

Die Pyrethrumerzeugung und der Pyrethrumhandel haben in Kenya eine wechselvolle Geschichte gehabt. Schon wenige Jahre, nachdem sich das Pyrethrum einen festen Platz in der Wirtschaft Kenyas erobert hatte, setzte während des Zweiten Weltkrieges eine schwere Absatzkrise ein, weil nicht genügend Schiffsraum zur Verfügung stand, das Pyrethrum in die Vereinigten Staaten zu transportieren, die zu dieser Zeit die Hauptabnehmer waren. Als der Krieg im Fernen Osten sich ausweitete, setzte dagegen wieder eine starke Nachfrage nach Insektiziden ein. Wegen der Konkurrenz synthetischer Insektizide kam es jedoch schon 1947 zu so starken Absatzschwierigkeiten, daß fast 2 000 t Pyrethrum verbrannt werden mußten. 1949 fiel die Pyrethrumproduktion auf etwa eineinhalb Tausend Tonnen (E. Huxley 1957, S. 186). 1961 und 1962 erreichte sie einen neuen Höhepunkt mit einer Jahreskapazität von rund 10 000 t. Die Konkurrenz synthetischer Insektizide hat nachgelassen, weil sich herausstellte, daß Pyrethrum einige wichtige Vorzüge gegenüber den synthetischen Insektiziden hat.

1957 wurden von den 3 400 t Pyrethrum, die in Kenya erzeugt wurden, 3 000 t auf Europäerbetrieben der früher sog. „White Highlands" gewonnen. 1965 dagegen ent-

Tab. 36   Kenya: Pyrethrumexport 1965 (Wert in £)

	Pyrethrumextrakt	Pyrethrumblüten
Großbritannien	362 000	4 000
Bundesrepublik Deutschland	1 000	
USA	768 000	
Niederlande	11 000	
Japan	56 000	63 000
Schweden	25 000	
Italien	157 000	12 000
Indien	—	20 000
sonstige Länder	584 000	167 000
Gesamtexport	1 964 000	266 000

Quelle: Republic of Kenya 1966: Statistical abstract 1966, S. 27, 29, 30

[183]) Pyrethrum Marketing Board, unveröffentlichte Übersicht 1966.

fielen von der 6 000 t betragenden Jahresproduktion nur noch weniger als die Hälfte, nämlich 2 900 t, auf die Betriebe der Large Farm Areas. 3 300 t wurden bereits von afrikanischen Kleinbauern erzeugt[184]. Denn inzwischen ist Pyrethrum, wie weiter oben geschildert wurde, bei den afrikanischen Kleinbauern eine populäre Verkaufsfrucht geworden. Aber auch die Aufsiedlung des Kinangop-Plateaus im Zuge des Million Acre Settlement Scheme mit afrikanischen Siedlern hat zur Verlagerung der Produktion von Großfarmen zu Kleinbauernstellen beigetragen. Denn das Kinangop-Plateau gehörte zu den Hauptanbaugebieten von Pyrethrum in den White Highlands.

Zwischen 1956 und 1965 schwankte der Wert der Pyrethrumexporte Kenyas zwischen ein und drei Millionen Pfund Sterling im Jahr; das sind rund 5–9 % des Gesamtexportwerts in Länder außerhalb von Ostafrika.

Kaffee

Es wird heute angenommen, daß Mr. John Paterson im Auftrag der Scotch Mission 1893 den ersten Kaffee im Hochland von Kenya angebaut hat, und zwar in Kibwezi, nördlich von Nairobi. Hier reiften 1896 die ersten Kaffeebeeren. Der meiste Kaffee auf den Europäerplantagen in Kenya ging jedoch aus Saatgut von Bourbonkaffee (*Coffea arabica*) hervor, das 1901 auf der St. Austin's-Missionsstation in Kikuyu von französischen Missionaren ausgesät wurde (SALVADORI 1938, S. 80). Dieses Saatgut stammte von der Missionsstation Morogoro der Väter vom Heiligen Geist an den Uluruburgen im damaligen Deutsch-Ostafrika, wo die Väter vom Heiligen Geist den Kaffee 1877 eingeführt hatten. ERNST WEIGT (1955, S. 207) hat Herkunft und Verbreitungswege des Kaffees in Ostafrika beschrieben.

Am Ostabfall der Aberdares findet der Arabicakaffeestrauch sehr gute Wachstumsbedingungen. Die vulkanischen, leicht sauren Böden sind tiefgründig und nährstoffreich. Sie zeichnen sich durch gute Wasserführung aus. Die jährlichen Niederschläge liegen zwischen 800 mm und 1 100 mm im Durchschnitt. Das von den tiefen Tälern zerriedelte Gebiet weist zahlreiche Dauerflüsse auf. Wasser zur Bearbeitung der Kaffeebeeren ist ganzjährig genügend vorhanden. Arbeitskräfte waren früher relativ leicht im dicht besiedelten benachbarten Kikuyugebiet anzuwerben. Heute stehen Arbeitskräfte sogar im Überfluß zur Verfügung. Die Nähe der Hauptstadt Nairobi erleichtert die Organisation der Kaffee-Erzeugung und des Kaffeeabsatzes. Hier konnte sich aus diesen Gründen daher Kenyas einziges geschlossenes Kaffeeplantagengebiet entwickeln. Es blieb jedoch wegen des Mangels an geeignetem Land auf einen schmalen Streifen begrenzt, der sich zwischen den dicht besiedelten Aberdares und dem trockenen Weidewirtschafts- und Sisalgebiet von Thika erstreckt. Das Land gehörte ursprünglich zum Siedlungs- bzw. Interessengebiet der Kikuyu, von denen die europäischen Siedler es erwarben. Die Rechtmäßigkeit dieser Landkäufe ist jedoch bei den Kikuyu umstritten, und in keinem anderen Landesteil von Kenya trafen die Interessen der Afrikaner und der Europäer in so großem Ausmaß und mit solcher Härte aufeinander.

---

[184] REPUBLIC OF KENYA 1966: Statistical Abstract 1966, S. 63

Von den Ausläufern der Aberdares breitete sich der Kaffeeanbau über die White
Highlands aus, wo immer die Standortbedingungen dies gestatteten. Bis zum Ende der
dreißiger Jahre nahmen — wie oben geschildert — die Europäer für sich allein das
Recht in Anspruch, Kaffee anzubauen. Die Unterlagen, die dem Verfasser zur Verfügung stehen, erlauben es nicht, die Geschichte der Ausbreitung des Kaffeeanbaus in den
einzelnen Regionen der White Highlands darzustellen. Es kann nur die Vergrößerung
der Gesamtfläche mit Zahlen belegt werden. Im Zuge der wirtschaftlichen Erschließung
der White Highlands und ihrer Besitzergreifung durch europäische Siedler stieg die mit
Kaffee bebaute Fläche bis 1937 stetig an, wenig beeinflußt durch den Ersten Weltkrieg
und die Wirtschaftskrisen. Die Verkleinerung der Kaffeeanbauflächen in Kenya vom
Ende der dreißiger Jahre bis 1951 hat unterschiedliche Ursachen. Nach Weigt (1955,
S. 352) ist „der starke Rückgang des Kaffeeareals ... vorwiegend eine Folge davon,
daß weniger ertragreiche Pflanzungen aufgegeben wurden." Im Zweiten Weltkrieg
verursachten der Mangel an Material, an afrikanischen Arbeitskräften und an europäischem Aufsichtspersonal sowie Mißernten infolge Trockenheit 1943 ein weiteres
Schrumpfen der Anbauflächen[185]). Die hohen Kaffeepreise während des Kaffeebooms

Tab. 37   Kenya, Large Farm Areas: Entwicklung der Kaffeeanbau-
          flächen

Jahr	Anbaufläche	
	acres	ha
1904	80	32
1914	5 000	2 023
1920	34 000	13 760
1925	65 000	26 305
1930	96 000	38 851
1935	103 000	41 684
1937	105 000	42 494
1940	88 000	35 614
1945	78 000	31 567
1951	54 000	21 854
1955	59 700	24 161
1960	71 200	28 815
1965	80 200	32 457

Quellen:
1904—1930: Salvadori 1938, S. 71, 79, 119
1935—1945: Lane 1950, S. 91
1951:   Colonial Office 1954, S. 23
1955:   Colony and Protectorate of Kenya. Department
           of Agriculture: Annual report 1955, S. 12
1960:   Government of Kenya 1963: Agricultural census 1963.
           Large Farm Areas, S. 12, Tab. 8
1965:   Coffee Board of Kenya. Annual report and accounts
           for the period ended 30th September, 1965, S. 6

[185]) Colony and Protectorate of Kenya. Department of Agriculture. Annual report 1945,
     S. 19

nach dem Zweiten Weltkrieg führten langsam wieder zu einer Vergrößerung der Anbauflächen, wie *Tabelle 37* zeigt.

Die Anbaufläche für das Jahr 1960 befand sich in den Large Farm Areas ausschließlich in europäischem Besitz. Im Verlauf der politischen Veränderungen in Kenya haben seit Beginn der sechziger Jahre auch Nichteuropäer Farmen in den ehemaligen White Higlands erworben. Die Flächenangabe für das Jahr 1965 in *Tabelle 37* enthält alle Kaffeeanbaulizenzen, die an individuelle Kaffepflanzer ausgegeben wurden, im Gegensatz zu den Lizenzen für die Co-operative Societies.

Tab. 38   Kenya: Regionale Verbreitung der Kaffeeanbauflächen nach Größen in acres und nach Besitzeinheiten (in Großfarmgebieten, außer Kabete und Kaimosi)

Verwaltungseinheit	acres: ha: (rund) Areal	unter 20 unter 8	20—50 8—20	51—100 20—40	101—200 40—80	201—300 80—120	301—400 120—160	401—500 160—200	501—1000 200—400	1001—1100 400—440
Upper Kiambu	231	2	1	3	9	4	1	2	1	—
Kiambu	231	52	18	15	37	9	4	2	2	—
Thika	231a	9	5	5	27	13	7	2	—	
Ruiru	231a	3	1	9	19	5	4	2	5	1
Mitubiri	231a	1	2	6	9	4	1	—	1	—
Makuyu	231a	3	3	9	10	2	1	—	—	—
Donyo Sabuk	232	—	—	—	2	1	1	3	1	—
Nyeri	b	24	6	4	7	3	2	—	—	—
Kabete	1 221	133	4	5	7	—	—	—	—	—
Limuru	230	14	4	3	1	—	—	—	—	—
Machakos	202	4	2	3	2	—	—	—	—	—
Trans Nzoia	210	121	73	18	8	2	—	—	—	—
Songhor	200	10	15	8	—	1	—	—	—	—
Sotik	220	9	5	2	—	—	—	1	—	—
Solai-Subukia	215	45	25	17	16	6	4	—	—	—
Turbo Kipkarren	300	22	5	4	1	1	—	—	—	—
Nandi	230	6	3	1	—	—	—	1	—	—
Koru	200	4	6	3	1	—	—	—	—	—
Fort Ternan	200	4	3	2	2	4	—	—	—	—
Lumbwa	200	3	1	2	—	1	1	—	—	—
Kaimosi	1 100	4	4	1	—	—	—	—	—	—
Gesamt		473	186	120	158	56	26	13	10	1

Zusammengestellt nach: COFFEE BOARD OF KENYA ca. 1965: Register of coffee plantations and coffee growers co-operative societies o. J. (1965):
a einige Kaffeepflanzungen auch im benachbarten Areal 232
b In der Karte nicht ausgewiesen. Die Pflanzungen liegen im Grenzbereich der Areale 201 und 1221, vorwiegend in der Nähe der Stadt Nyeri.

Im Kaffeeplantagengebiet am Ostrand der Aberdares wird zum Risikoausgleich und zur Ausnutzung nicht mit Kaffee bebauter Betriebsflächen vorwiegend Milchrinderhaltung betrieben. In den übrigen Gebieten der früheren White Highlands dagegen ist der Kaffeeanbau in der Regel nur ein bei- oder untergeordneter Betriebszweig der gemischten Farmbetriebe. Das geht auch aus *Tabelle 38* hervor, wenn man sie mit der regionalen Betriebsgrößenstruktur der früheren White Highlands vergleicht (siehe *Tab. 28*).

Die Kaffeepflanzer am Ostrand der Aberdares hatten sich schon 1932 — veranlaßt durch die Weltwirtschaftskrise — zu zwei Interessentengruppen zusammengeschlossen, und zwar zur Thika Planters' Union und zur Ruiru Co-operative Union. Beide Vereinigungen schlossen sich 1937 zur Kenya Planter's Co-operative Union Ltd. zusammen. Sie übernimmt für ihre Mitglieder das Schälen des bereits auf den Plantagen vom Fruchtfleisch befreiten Kaffees in genossenschaftseigenen Mühlen. Sie vermittelt den Verkauf des Kaffees an den Kenya Coffee Marketing Board und kontrolliert die Güteklassifizierung des Kaffees. Bei der Lagerung, dem Transport und der Versicherung bedient sie sich privater Firmen (Kenya Coffee Industry, 1966, S. 2 ff.). Die Kaffeepflanzer haben auch die Möglichkeit, ihren Kaffeeverkauf an den Kenya Marketing Board durch private Firmen tätigen zu lassen. Viele Plantagenbesitzer — mit 44 000 acres (17 807 ha) repräsentieren sie über die Hälfte der rund 80 500 acres (32 578 ha) umfassenden Kaffeeplantagen des Landes — sind Mitglieder der Kenya Coffee Growers' Association. Dieser Arbeitgeberverband wurde 1960 gegründet als Reaktion auf die Entstehung und das Wirken der Gewerkschaften. Die Kenya Coffee Growers' Association vertritt die Plantagenbesitzer bei Verhandlungen über Löhne, Gehälter und Arbeitsbedingungen der in der „Kaffeeindustrie" beschäftigten Arbeitnehmer.

1966 wurden in Kenya rund 50 000 t Kaffee verkauft, die je zur Hälfte von afrikanischen Kleinbauern sowie von Großfarmen und Plantagen erzeugt wurden (vgl. *Tab. 62*). Der Kaffee wurde in folgende Länder exportiert (s. *Tab. 39*).

Tab. 39   Kenya: Kaffeeausfuhr 1966 (Wert in £)

Großbritannien	1 546 000
Bundesrepublik Deutschland	6 789 000
USA	3 023 000
Niederlande	1 801 000
Kanada	1 073 000
Japan	55 000
Schweden	1 648 000
Italien	272 000
sonstige Länder	2 573 000
Gesamtexport	18 780 000

Quelle: Republic of Kenya 1967: Statistical abstract
1967, S. 45, *Tab. 48* (vgl. hierzu Kaffeeausfuhr
aus Uganda, *Tab. 15*)

Tee

Die Brüder Caine haben 1903 auf ihrer Farm in Limuru nordwestlich von Nairobi die ersten Teepflanzen gesetzt (E. Huxley 1957, S. 5). Andere Farmer in Limuru und Kericho folgten ihrem Beispiel. Es waren jedoch nur Versuche ohne wirtschaftliche Bedeutung. Erst nach dem Ersten Weltkrieg entschlossen sich zwei Farmer in Kericho, den Teeanbau auf kommerzieller Basis zu versuchen. Die Erzeugung von Tee ist jedoch von technischen Voraussetzungen abhängig, die einen hohen Kapitalaufwand erfordern. Die Teesträucher bringen erst 4—6 Jahre nach der Anpflanzung die ersten Erträge. Während dieser Zeit müssen arbeitsaufwendige Pflegearbeiten durchgeführt werden. Eine bestimmte Mindestfläche — man rechnet in Kenya mit etwa 150 ha — ist zur technischen Auslastung einer Teefabrik erforderlich. Die Teefabrik muß auf der Pflanzung oder in deren Nähe stehen, weil die gepflückten Teeblätter innerhalb weniger Stunden verderben, wenn sie nicht verarbeitet werden. In den regenreichen Teegebieten müssen die Pflanzungen durch ein Allwetterwegenetz erschlossen sein. Grob gerechnet braucht man in einer Plantage mit Teefabrik etwa 1 Arbeitskraft je acre (0,4 ha) Tee-fläche. Die Plantagenarbeiter leben in der Regel mit ihren Familien zusammen in plantageneigenen Behausungen. Für eine 150-ha-Teeplantage muß man daher mit der Ansiedlung von rund 1 000 Personen rechnen. Eine Schule und eine „dispensary" kommen hinzu, die Gebäude für die Verwaltung und als wichtigste und größte Investition eine Teefabrik, deren Kosten etwa zwischen 1 bis 1,5 Mio. DM liegen. Diese hohen Investitionen können nur von kapitalstarken Gesellschaften aufgebracht werden. Als Betriebsform ist die kommerziell geführte und auf Monokultur ausgerichtete Plantage üblich. Farmer können sich nur an der Teeproduktion beteiligen, wenn sie die Blätter an benachbarte Teeplantagen verkaufen können.

Die Teeplantagenwirtschaft, vor allem in der großen flächenhaften Ausdehnung im Gebiet von Kericho, hat die Physiognomie der Landschaft völlig verändert. Statt des Bergregenwaldes, der die Naturlandschaft hier prägte, erstreckt sich jetzt eine gepflegte Kulturlandschaft mit sauber beschnittenen, leuchtend grünen Teepflanzungen, in regelmäßigen Abständen überragt von den Schattenbäumen, die in schnurgeraden Reihen die Plantagen durchziehen. Auf rasigen Plätzen liegen die sauberen Siedlungen der Plantagenarbeiterfamilien mit runden, weiß getünchten Häusern, die mit ihren strohgedeckten Kegeldächern der afrikanischen Rundhütte nachgebildet sind, oder mit rechteckigen kleinen Häuschen, regelmäßig und in großen Abständen voneinander angeordnet. Verkehrsgünstig, meist im Zentrum der Plantage gelegen, stehen die Teefabrik und die Verwaltungsgebäude.

Die Initiative zur Anlage von Teeplantagen in Kenya ging zuerst von der Firma Brooke Bond aus, die zu dieser Zeit eine Tee-Handelsgesellschaft mit einer Tochterfirma in Indien war. Brooke Bond gründete 1922 eine Zweigniederlassung in Mombasa und kaufte 1924 1 000 acres (405 ha) Land in Limuru. Gleichzeitig gründete Brooke Bond eine Teefabrik und schloß mit benachbarten Farmern Lieferverträge ab, nach denen die Farmer ihre Teeblätter an Brooke Bond zur Verarbeitung verkaufen konnten. 1925 wurde die Kenya Tea Company gegründet, die 5 000 acres (2 024 ha) Land im Gebiet von Kericho erwarb. Hier entstand Kenyas größtes Teeanbaugebiet, nachdem von einer anderen Firma 20 000 acres (8 094 ha) Land zum Anbau von Tee gekauft wurden. Dieses Land war frei geworden durch den Fehlschlag, den ein Siedlungsprogramm erlitten hatte, durch das britische Offiziere des Ersten Weltkrieges angesiedelt werden sollten. Zwischen 1925 und 1933 weitete sich der Teeanbau schnell aus. Dann jedoch behinderten die Folgen der Weltwirtschaftskrise und die Überproduktion in Indien und Indonesien die Entwicklung. Es wurde ein Abkommen zur Begrenzung des Teeanbaus geschlossen, dem Kenya 1934 beitreten mußte (vgl. auch McWilliam 1957, S. 11 ff., und 1959 S. 33 ff.). Dann hemmte der Zweite Weltkrieg die Entwicklung, aber nach dessen Ende wurden die Anbaubeschränkungen für Afrika aufgehoben. Die Anbauflächen wurden stark vergrößert, wie die *Tabelle 40* zeigt.

Tab. 40   Kenya und Uganda: Entwicklung der Teeplantagen

	Kenya		Uganda	
	acres	ha	acres	ha
1925	1 689	684	?	?
1930	10 052	4 068	360	146
1935	12 812	5 185	1 930	781
1940	14 413	5 833	3 524	1 426
1945	16 019	6 483	4 615	1 868
1951	19 842	8 030	6 406[a]	2 593[a]
1955	24 500	9 915	10 059	4 071
1960	37 000	14 974	17 000	6 880
1965	47 800	19 345	ca. 28 000	ca. 11 300

[a] Angaben für 1950

Quellen: Kenya und Uganda 1925—1945: Matheson 1950, S. 204
    Kenya: Colony and Protectorate of Kenya 1960: Kenya European an Asian agricultural census 1958, S. 6, Tab. 30
    Kenya 1960: Government of Kenya 1963: Kenya agricultural census, 1962, S. 10, Tab. 17
    Kenya 1965: Republic of Kenya 1966: Statistical abstract 1966, S. 67, Tab. 87
    Uganda 1930—1955: Protectorate of Uganda. Department of Agriculture. Annual reports 1930, S. 11; 1935, S. 13; 1950, S. 44; 1955, S. 31
    Uganda 1960: Uganda Government: Statistical abstract 1964, S. 43, Tab. UF. 10
    Uganda 1964: Uganda Tea Survey 1964, S. 3 (Vorausschätzung)

In Uganda hat sich der Teeanbau im wesentlichen erst nach dem Zweiten Weltkrieg entwickelt. Zwar wurde Tee schon um 1900 von der Landwirtschaftsverwaltung im Botanischen Garten von Entebbe angepflanzt, aber die wenigen europäischen Pflanzer, die sich bei der Einwanderung nach Ostafrika für Uganda statt für Kenya entschlossen, bevorzugten die Anlage von Kaffeeplantagen. McWilliam (1957, S. 20) hat die Einführung des Tees in Uganda näher beschrieben. Neben einigen nichtafrikanischen Gesellschaften haben seit der Unabhängigkeit des Landes auch Unternehmen der öffentlichen Hand Anteil an der Entwicklung der Teeindustrie.

Die regionale Verteilung des Teeanbaus ist in Ostafrika von zwei Faktoren abhängig: von den ökologischen Gegebenheiten und von der Verfügbarkeit von Land. In Kenya konnten die Europäer nur in den früher sogenannten „White Highlands" Land erwerben. Tee kann jedoch aus klimatischen Gründen in Kenya nur in Höhenlagen von 1 500—2 400 m ü. d. M. angebaut werden, wo die jährlichen Niederschläge wenigstens 1 300 mm betragen und möglichst gleichmäßig über das Jahr verteilt sind. Die Böden sollen leicht sauer und feucht sein, dürfen jedoch keine stauende Nässe aufweisen. Diese Voraussetzungen sind in den früheren White Highlands, den jetzigen Large Farm Areas, im Gebiet von Kericho, an den Aberdares, den Nandi Hills, am Mount Elgon und an den Cherangani Hills gegeben. Nach L. H. Brown (1963 b, S. 18) wurden in den Large Farm Areas 1962 Anbaulizenzen für 80 933 acres (32 754 ha) vergeben. Davon waren 1964 erst 45 700 acres (18 494 ha) unter Tee (siehe *Tab. 41*).

Tab. 41   Kenya, Large Farm Areas: Regionale Verbreitung des Teeanbaus 1964

Sub-Committee Area	Areal	acres	ha
Nanyuki		500	202
Subukia		100	40
Kitale (N. W. Ward)		400	162
Lessos		2 000	809
Nandi Hills	230	10 200	4 128
Songhor		800	324
Kericho	220	23 800	9 632
North Sotik		3 300	1 336
Kiambu		300	121
Nairobi		200	81
Limuru		4 100	1 659
		45 700	18 494

Quelle: Republic of Kenya 1964: Agricultural census 1964. Large Farm Areas, Tab. 14

Von den 45 700 acres unter Tee befanden sich 1964 42 800 acres = 94 % im Besitz von Plantagen-Kompanien, und McWilliam schätzte (1959, S. 44), daß 87 % der gesamten Anbaufläche in den Large Farm Areas von nur 14 Firmen kontrolliert würden. Die Teeproduktion in den Large Farm Areas von Kenya ist von 1957 bis 1965 von 9 800 tons auf 18 700 tons gestiegen. Kenyas Tee-Exporte erreichten 1965 einen Gesamtwert von rund 6 Mio. £. Mit 12,9 % Anteil am Gesamtexport des Landes steht Tee nach Kaffee an zweiter Stelle. Die Hauptabnehmerländer waren Großbritannien und die USA (siehe *Tab. 42*).

Tab. 42   Kenya: Tee-Export 1965 (in £)

Großbritannien	3 762 000
Bundesrepublik Deutschland	38 000
USA	648 000
Niederlande	481 000
Canada	492 000
Japan	6 000
Italien	2 000
andere Länder	656 000
Gesamtmenge	6 085 000

Quelle: REPUBLIC OF KENYA 1966: Statistical abstract
1966, S. 30, Tab. 37

In Uganda liegen die potentiellen Teegebiete vornehmlich in der Western Region
außerhalb des Arbeitsgebietes, und zwar in den Distrikten Kigezi, Ankole, Toro und
Bunyoro sowie im westlichen Teil von Mubende. Dort soll der Teeanbau gegenwärtig
stark ausgeweitet werden. Einige Teeplantagen wurden jedoch auch in dem weniger
geeigneten, aber verkehrsgünstiger gelegenen Areal 1220 in Süd-Mengo gegründet. Hier
ist die Wahrscheinlichkeit, daß im Jahr ausreichende und gleichmäßig verteilte Niederschläge fallen, geringer als in West-Uganda. Wegen der oft unzureichenden Niederschläge
und der geringeren Höhe dieses Gebietes ü. d. M. sind die Erträge niedriger und von
weniger guter Qualität als in West-Uganda (UGANDA TEA SURVEY, 1964, S. 19).

Die räumliche Verteilung der Teeplantagen in Uganda im Jahre 1963 und die
geplanten Erweiterungen der Teeanbauflächen für 1964—66 zeigt *Tabelle 43.*

1964 wurden in Uganda 7 000 t Tee produziert. Der Wert des Tee-Exports betrug
im gleichen Jahr rund 2,2 Mio. £; das sind 3,4 % des Wertes der Gesamtexporte des
Landes, weit übertroffen von Kaffee und Baumwolle[186]. Hauptabnehmer ist Großbritannien.

Sisal

Sisal wurde von Richard Hindorf in Ostafrika eingeführt, als er im Auftrag der
Deutsch-Ostafrikanischen Gesellschaft auf der Derema-Farm in der Nähe der Forschungsstation Amani mit Anbaufrüchten experimentierte, die sich in der trockenen
und heißen Tanga-Region anbauen lassen. Er bezog Sisal-Pflanzgut aus Florida und
vermehrte es, so daß im damaligen Deutsch-Ostafrika die Sisalproduktion aufgenommen
werden konnte. 1903 importierte das Department of Agriculture von Kenya Saatgut
aus Deutsch-Ostafrika und später aus Westindien. In der Nähe von Nairobi, an der
Küste und am Kavirondogolf unweit von Kisumu wurden Versuchspflanzungen durchgeführt. Doch die wahren Pioniere des Sisalanbaus in Kenya waren wiederum Privat-
personen, nämlich R. Swift und E. D. Rutherford, die in Punda Milia zwischen Fort
Hall und Thika 1907 eine Sisalplantage errichteten, nachdem sie 375 000 Sisalschöß-

---

[186]) UGANDA GOVERNMENT. Statistical abstract 1964, S. 41, Tab. UF, S. 19, Tab. UD. 3 und
UD. 4, und S. 22, Tab. UD. 7.

Tab. 43 Uganda: Entwicklung des Teeanbaus

I Estates (Plantagen) Area	Lizenziert		Gepflanzt bis 31.12.63		Pflanzung geplant 1964—66		Gesamtfläche bis 1966	
	acres	ha	acres	ha	acres	ha	acres	ha
A Western Region								
Toro	9 930	4 019	8 347	3 378	1 449	586	9 796	3 964
Ankole	500	202	1 231	498	80	32	1 311	531
Kigezi	300	121	192	78	200	81	392	159
Bunyoro	2 000	809	808	327	—	—	808	327
Total	12 730	5 151	10 578	4 281	1 729	699	12 307	4 981
B Buganda								
Mengo (Incl. Mityana/Kasaku)	17 860	7 228	10 484	4 243	2 890	1 170	13 374	5 412
Masaka	1 500	607	783	317	485	196	1 268	513
Mubende	600	243	649	263	785	318	1 434	580
Total	19 960	8 078	11 916	4 823	4 160	1 684	16 076	6 505
Total (Estates)	32 690	13 229	22 494	9 104	5 889	2 383	28 383	11 486

Quelle: UGANDA TEA SURVEY 1964, S. 25.

linge aus Tanganyika importiert hatten, kurz bevor die deutschen Behörden den Export von Pflanzgut mit Exportzoll belegten, um weitere Ausfuhren zu unterbinden (vgl. auch LOCK 1962, S. 1—2 und HITCHCOCK 1959, S. 5).

Die Erfindung des Mähdreschers verursachte eine große Nachfrage nach Sisal-Bindegarn, und gerade solche Gebiete in Kenya, die für die gemischte Farmwirtschaft weniger oder gar nicht geeignet sind, boten sich für die Kultur des Sisals an. Weder lange Trockenzeiten noch nasse Jahre, weder heiße Perioden noch Schädlingsbefall können dieser ausdauernden Pflanze schwere Schäden zufügen. Sie gedeiht auch auf ärmeren, steinigen Böden, bringt jedoch qualitativ und quantitativ bessere Erträge auf guten Böden bei feuchtwarmem Klima. Eine weitere Standort-Voraussetzung ist das Vorhandensein von Wasser, das in großen Mengen bei der Entfaserung gebraucht wird.

Der Weltmarktpreis für Sisal unterliegt zwar großen Schwankungen, aber wegen der hohen Investitionen und der sechs- bis achtjährigen Umtriebszeit der Sisalpflanzen müssen die Plantagen auch bei niedrigen Preisen weiter produzieren. Die Entwicklung der Anbauflächen unter Sisal in Kenya und Uganda zeigt *Tabelle 44.*

Tab. 44   Kenya und Uganda: Entwicklung der Sisalplantagen

| | Kenya | | Uganda | |
	acres	ha	acres	ha
1920	30 698	12 423	—	—
1930	138 012	55 853	1 200	486
1935	121 494	49 169	4 800	1 943
1940	142 931	57 844	9 500	3 845
1945	193 539	78 325	9 420	3 812
1955	247 300	100 082	7 000	2 833
1960	244 800	99 070	6 000	2 428
1965	264 800	107 165	3 000[a]	1 214[a]

a Angaben für 1964

Quellen: Kenya 1920: COLONY AND PROTECTORATE OF KENYA: Annual report of the Department of Agriculture 1921, S. 21
Kenya und Uganda 1930—1945: NASH, V. 1950, S. 190
Kenya 1955: COLONY AND PROTECTORATE OF KENYA: Kenya European and Asian agricultural census 1958, S. 6, Tab. 7
Kenya 1960 u. 1965: REPUBLIC OF KENYA 1966: Statistical abstract 1966, S. 67, Tab. 87
Uganda 1955: UGANDA GOVERNMENT: Statistical abstract 1964, S. 42, Tab. UF. 9
Uganda 1960 und 1964: UGANDA GOVERNMENT: Statistical abstract 1965, S. 42, Tab. UF. 9

Die einzige Sisalplantage in Uganda, die sich im Untersuchungsgebiet befindet, lag bei Masindi Port und ist aufgelassen worden.

In Kenya konzentriert sich der Sisalanbau vor allem in zwei Regionen: im Raum Thika (Areal 232) und im Ostafrikanischen Graben nördlich von Nakuru im Areal 215.

Tab. 45   Kenya: Räumliche Verbreitung der Sisalplantagen

Sub-Committee Area	Areal	acres	ha
Rongai	215	23 700	9 591
Subukia	215	5 800	2 347
Solai	215	10 700	4 330
Kitale N. N. W. Ward		100	40
Kitale N. W. Ward		1 300	526
Soy/Hoey's Bridge	213	13 000	5 261
Turbo/Kipkarren		3 500	1 416
Koru		2 900	1 174
Kibigori/Chemilil		100	40
Songhor		5 500	2 226
Kericho		600	243
Fort Ternan		200	81
Dandora	202	12 700	5 140
Nairobi	202	3 100	1 255
Amboni		400	162
Makuyu	232	23 500	9 510
Mitubiri	232	19 600	7 932
Ruiru	232	22 300	9 025
Thika	232	7 000	2 833
Außerhalb des Arbeitsgebietes:			
Gebiet um Voi		56 700	22 946
Küstenstreifen		21 100	8 539

Quelle: REPUBLIC OF KENYA 1964: Agricultural census 1964. Large Farm Areas, Tab. 14

Sisal ist vom rein ökonomischen Standpunkt aus betrachtet eine typische Plantagenpflanze. Nur wohlhabende Pflanzer konnten die Mittel aufbringen, Sisalplantagen mit den dazugehörigen Verarbeitungsanlagen, den Siedlungen für das Personal und die übrigen Einrichtungen zu schaffen. 1964 betrug die Gesamtfläche unter Sisal in Kenya 272 500 acres (110 281 ha), davon befanden sich 216 100 acres (87 456 ha = 79,3 %) im Besitz von Gesellschaften[187].

WHEELER (1917/18, S. 315) schrieb, daß der Anbau von Sisal sich für den kleinen Mann nicht auszahlt, daß er jedoch enorme Profite für den abwirft, der willens ist, etwa 15 000 £ zu investieren. Die Kapitalsumme, die man vier Jahre anlegen müsse, würde im vierten Jahr nahezu, wenn nicht ganz, als Reinerlös erzielt werden können. Die Gesamtkosten berechnete er für eine Sisalplantage von 2 000 acres (809 ha) Größe

[187] REPUBLIC OF KENYA 1964: Agricultural census 1964. Large Farm Areas, Tab. 15.

und eine Periode von sechs Jahren auf 64 000 £, den Reinerlös auf 133 350 £. Diese günstigen Bedingungen haben offenbar nur kurze Zeit geherrscht. HITCHCOCK (1959, S. 9) schreibt sinngemäß: Nach dem ersten Weltkrieg bis zur großen Depression Anfang der dreißiger Jahre betrug der Preis für 1 Tonne Sisal frei ostafrikanischer Hafen im Durchschnitt 36 £ 15 s. Als die Krise heraufzog, fiel der Preis auf die Hälfte; bis zum Zweiten Weltkrieg betrug er im Durchschnitt 15 £ 17 s je Tonne. Die Schwankungen des Preises reichten in dieser Zeit von 36 bis 9 £ je Tonne. Die Sisalindustrie wurde unwirtschaftlich, aber die Sisalagave mit ihrer langen Wachstumsperiode erlaubte keine schnelle Anpassung an wechselnde Preise. So mußte bei niedrigen Preisen unter Selbstkosten weiterproduziert werden in der Hoffnung auf steigende Preise. Tatsächlich zeigt *Tabelle 44*, daß die Anbauflächen nur in der Folge der Weltwirtschaftkrise zurückgingen, dann aber stetig stiegen und sich von 1935 bis 1965 mehr als verdoppelt haben. Trotzdem verbergen sich hinter den Preisen unter Selbstkosten, die zeitweise herrschten, viele menschliche Tragödien, wie HITCHCOCK (1959, S. 10) sich ausdrückt; Tragödien jener Pflanzer, ... „who had ventured all, and had worked unremittingly for the best part of their lives in difficult and unusual circumstances in the heat of the tropical sun, were reduced to pentury in their old age, without a buyer for assets which may have cost 100 000 £ and a lifetime's work to build up."

Die Investitionen und laufenden Kosten der Sisalerzeugung hat PÖSSINGER (1967, S. 17 ff.) in ausgewählten Betrieben Tanzanias ermittelt. Für Kenya liegen gleichartige Untersuchungen nicht vor. Wegen der niedrigen Weltmarktpreise für Sisal dürften die Renditen der Sisalplantagen gering sein. Ein Indiz dafür ist die Stillegung abgelegener Sisalplantagen auf dem Uasin-Gishu-Plateau und in Central Nyanza.

Die Anlage von Sisalplantagen hat einen großen Arealeffekt[188]), denn sie erfolgte in Kenya in spärlich oder gar nicht besiedelten Gebieten, die für den Ackerbau wenig geeignet sind. Wie alle großflächigen Plantagen, die in einer kaum von Menschen beeinflußten Naturlandschaft angelegt werden, verändern sie die Landschaft sehr tiefgreifend. Die arbeitsintensive Sisalkultur erfordert die Ansiedlung einer großen Zahl von Menschen in den vorher kaum bewohnten Räumen. Die Arbeitskräfte kommen meist aus weit entfernt gelegenen Kleinbauerngebieten mit großer Bevölkerungsdichte und geringen Erwerbsmöglichkeiten. Eine moderne, gut organisierte Sisalplantage erfordert eine Belegschaft von mehr als 1 000 Personen, für die der Unternehmer Wohnungen für das Personal und die Plantagenarbeiter errichten lassen muß. Ferner müssen Straßen und Bahnen, Brücken, Verladeeinrichtungen, Lagerhallen, Fabriken Werkstätten, Hospitäler, Kirchen und Moscheen erbaut sowie Märkte und Läden zur Versorgung der Bevölkerung eingerichtet werden. Wichtig ist außerdem die Installation der Wasserversorgung für die Entfaserung des Sisals und für die Bevölkerung (vgl. auch HITCHCOCK 1959, S. 7).

Mitte der sechziger Jahre waren auf den rund 50 Sisalplantagen Kenyas mehr als 25 000 Arbeitskräfte beschäftigt. Dazu kommen einige Tausend, die in den Sisalfabriken

---

[188]) Arealeffekt: vgl. SCHULTZE 1966, S. 2.

beschäftigt sind[189]). Rechnet man zu den Plantagenarbeitern die nicht erwerbstätigen Familienangehörigen dazu, ergibt sich eine beachtliche Bevölkerung auf den Plantagen, deren genaue Zahl vom Verfasser nicht ermittelt werden konnte.

Die gesamte „Sisalindustrie" in Kenya wird vom 1945 gegründeten Kenya Sisal Board kontrolliert. Die Sisalfasern und -produkte werden von Agenten des Sisal Board in Nairobi und London verkauft. 1965 wurden auf den Plantagen 58 000 t und auf den afrikanischen Bauernstellen 5 000 t Sisalfasern erzeugt. Der Gesamtwert der Exporte belief sich 1965 auf 3 852 000 £ und stand mit 8,2 % an dritter Stelle der nach Übersee exportierten landwirtschaftlichen Güter. Die Hauptabnehmerländer waren Großbritannien, Bundesrepublik Deutschland, Japan, die Niederlande und Kanada (siehe *Tab. 46*).

Tab 46   Kenya: Sisalexport (Wert in £)

Großbritannien	441 000
Bundesrepublik Deutschland	412 000
USA	46 000
Niederlande	325 000
Kanada	258 000
Japan	351 000
Schweden	88 000
Indien	84 000
Italien	127 000
andere Länder	1 720 000
Gesamtausfuhr	3 852 000

Quelle: REPUBLIC OF KENYA 1966: Statistical abstract 1966, S. 30

Zuckerrohr

Es ist zwar nicht bekannt, wann und von wo das Zuckerrohr nach Ostafrika kam, aber man vermutet, daß es schon seit Jahrhunderten von afrikanischen Bauern angebaut wird, besonders in Uganda[190]). Zuckerrohr essen die Afrikaner oft roh, sie verwenden es auch zur Bierherstellung, und den ausgepreßten Saft kann man mit primitiven Mitteln eindampfen und so einen nahrhaften braunen Rohzucker gewinnen. Diese Praxis wird auf kleinen Zuckerrohrpflanzungen angewendet, die den zu braunen, festen „Zuckerhüten" geformten Rohzucker an die Dukas abgeben, die ihn an die Afrikaner weiterverkaufen. Dieser Rohzucker wird als „jaggery" bezeichnet und dient auch der illegalen Herstellung eines hochprozentigen alkoholischen Getränkes, das als „Nubian Gin" oder „Waragi" gehandelt wird. Bei der unsachgemäßen Destillation des Waragi kann Methylalkohol entstehen, was die Behörden besonders verpflichtet, die illegale, aber offenbar sehr einträgliche Waragi-Herstellung zu bekämpfen[191]).

---

[189]) Miteilungen des KENYA SISAL BOARD Nairobi, 1966.
[190]) Vgl. auch: MAYERS & ALLEN 1950, S. 193.
[191]) Vgl. z. B. ANNUAL REPORT. Kenya. Department of Agriculture. Nyanza District. 1966, S. 18.

Den ersten Versuch, eine Zuckerrohrplantage mit dem Ziel zu errichten, weißen Zucker zu produzieren, unternahmen Deutsche im damaligen Deutsch-Ostafrika, aber der Ausbruch des Ersten Weltkrieges verhinderte die Vollendung des Vorhabens. R. G. Mayers kaufte den Maschinenpark der Plantage auf und brachte ihn in die von ihm 1919 gegründete Victoria Nyanza Company ein, die Land bei Miwani erworben hatte. Der Gebietsstreifen zwischen dem Nyando Escarpment und etwa der Bahnlinie war in prä- und frühkolonialer Zeit Niemandsland zwischen den verfeindeten Luo und Nandi und wurde schon seit 1903 Indern zur Ansiedlung freigegeben, um dort eine Pufferzone zu schaffen. Die Inder waren es auch, die den Zuckerrohranbau in diesem Gebietsstreifen zunächst entwickelten. Ausgangspunkt war die Zuckerrohr-plantage bei Miwani, die im Laufe der Zeit ihre Fläche unter Zuckerrohr bis zu gegen-wärtig 6 000 ha vergrößerte. Die Inder, die in diesem Gebiet Land erworben hatten, bauten ebenfalls fast ausschließlich Zuckerrohr an, das sie an die Zuckerrohrfabrik Miwani verkauften, soweit sie es nicht zu „jaggery" (Rohzuckerhüte) verarbeiten ließen. Diese Inder waren jedoch keine Farmer oder Pflanzer, sondern arbeiteten in Kisumu und betrieben mit Hilfe afrikanischer Arbeitskräfte den Zuckerrohranbau als Nebenerwerbszweig.

Einen großen Aufschwung nahm die Zuckerproduktion seit Beginn der sechziger Jahre. Eine indische Unternehmensgruppe, die eine Zuckerrohrplantage bei Lugazi betreibt, nahm 1966 eine weitere Plantage in Muhoroni in Betrieb, weil sie in Lugazi keine Möglichkeit erhielt, ihre Produktionsflächen auszudehnen (vgl. auch O'Connor 1966, S. 68). Mit deutscher Beteiligung wurde eine dritte Zuckerfabrik in Chemilil errichtet, die 1968 ihre Produktion aufnahm. Der Entwicklung der Zuckerindustrie im Areal 221 liegt die Absicht zugrunde, Zuckerrohr nicht nur auf den plantageneigenen

Tab. 47   Zuckerrohranbau im Einzugsbereich der Zuckerfabriken Miwani, Chemilil, Muhoroni 1965

	Miwani		Chemilil		Muhoroni		Gesamt	
	acres	ha	acres	ha	acres	ha	acres	ha
Plantagen-eigene „Nucleus Estates"	8 000	3 237	5 000	2 023	5 000	2 023	18 000	7 285
Großfarmer	8 000	3 237	17 000	6 880	3 000	1 214	28 000	11 331
Siedler der Siedlungs-programme					13 300	5 383	13 300	5 383
Traditionelle Bauern	5 500	2 226	10 500	4 249	5 000	2 023	21 000	8 498
Gesamt	21 500	8 700	32 500	13 152	26 300	10 643	80 300	32 497

Quelle: MINISTRY OF AGRICULTURE AND ANIMAL HUSBANDRY. DEVELOPMENT PLANNING DIVISION: Sugar Industry in Central Nyanza. (Unveröffentlichte maschinenschrift-liche Vervielfältigung o. J. (ca. 1966), S. 2)

Flächen zu erzeugen, sondern auch die benachbarten Farmer aus dem Großfarmgebiet, die afrikanischen Siedler in den Siedlungsprogrammen auf ehemaligem Großfarmland und die traditionellen Bauern der Luo, Nandi und Kipsigis an der Zuckerrohr-produktion zu beteiligen. Auf diese Weise hofft man, eine möglichst breit angelegte wirtschaftliche Entwicklung einzuleiten. Nach den Planvorstellungen der Development Planning Division des Ministry of Agriculture and Animal Husbandry sollen zur Zuckerrohrversorgung der Fabriken Plantagen, Großfarmer und Bauern beitragen, wie in *Tabelle 47* zusammengestellt.

Die Bauern können mit ihren Geräten die teilweise sehr schweren Böden (black cotton soil) nicht sachgemäß für den Zuckerrohranbau bearbeiten und sind auf die Hilfe der Plantagen angewiesen, die die Bodenbearbeitung mit schwerem Gerät durch-führen. Andererseits sind die plantageneigenen Zuckerfabriken auf eine gleichmäßige Rohranlieferung zur Kapazitätsauslastung angewiesen. Die Zukunft wird erweisen, ob sich die Zusammenarbeit zwischen Plantagen- und Bauernbetrieben bewähren wird. Einen ersten Überblick über die Auswirkungen der Projekte auf die Agrarstruktur des Gebietes haben ENGELHARD & LIENAU (1970, S. 55) gegeben.

Die beiden großen Zuckerrohrplantagen in dem zu Uganda gehörenden Teil des Arbeitsgebietes mit je etwa 8 000 ha Zuckerrohr in Kakiri und Lugazi wurden Anfang der zwanziger Jahre nach dem Fehlschlag mit Arabicakaffee auf aufgelassenen Kaffee-plantagen gegründet. (Eine weitere Zuckerrohrplantage in Uganda liegt außerhalb des Kartenbereichs in Masaka.) Eine Reihe kleinerer Zuckerrohrpflanzungen und Bauernbetriebe im Umkreis der Plantagen verkauft das Zuckerrohr an die Zucker-fabriken der Plantagen. Da Zuckerrohr innerhalb von 48 Stunden nach dem Schnitt verarbeitet werden muß und das Rohr einen geringen Transportwiderstand hat, produ-zieren die weiter von den Plantagen entfernt liegenden Pflanzungen „jaggery".

Die ökologischen Bedingungen für die Zuckerrohrerzeugung sind in den Anbau-gebieten Ostafrikas sehr günstig. „Verglichen mit den bedeutendsten Weltzucker-produzenten" schreiben ENGELHARD & LIENAU (1970, S. 55), „liegen die ostafrikanischen mit an der Spitze. Bei einer durchschnittlichen Wachstumsperiode von 18 Monaten betragen auf den beiden Plantagen im südöstlichen Uganda die mittleren Hektarerträge etwa 100 t = 66 t/Jahr, im Nyandobecken im westlichen Kenya belaufen sie sich bei einer 21-monatigen Wachstumsperiode nur auf 84 t oder 48 t/Jahr." Und weiter unten schreiben die gleichen Autoren: „Gegenüber manchen anderen Zuckerrohranbaugebieten genießen die ostafrikanischen den Vorzug, daß sie infolge ihrer relativ konstanten klimatischen Bedingungen und der künstlichen Bewässerungsmöglichkeiten eine fast ganzjährige Ernte und ein fast ganzjähriges Auspflanzen der Stecklinge ermöglichen und damit einen kontinuierlichen Fabrikationsprozeß in den Zuckerfabriken und die volle Auslastung der Produktionskapazität erlauben."

Die Produktion und den Verbrauch von Zucker hat FRANK (1963, S. 190) von 1953 bis 1962 für die drei ostafrikanischen Länder Kenya, Uganda und Tanganyika gegenübergestellt. Daraus und aus späteren Statistiken ergibt sich, daß Uganda mehr Zucker produziert, als es im eigenen Land absetzen kann. 1964 exportierte es deshalb

Zucker für 2 173 000 £, während Kenya weniger Zucker produziert, als es verbraucht, und 1964 Zucker für 1 744 000 £ importieren mußte.

Auch in Zukunft wird Kenyas Zuckerverbrauch schneller wachsen als seine Erzeugung. Im Entwicklungsplan für 1966–70[192]) rechnet man 1970 mit einem Verbrauch von 170 000 t und einer Erzeugung von 140 000 t, so daß 30 000 t vorwiegend aus Uganda und Tanzania importiert werden müssen.

Tab. 48 Kenya und Uganda: Zuckerrohranbauflächen auf Plantagen und Pflanzungen

	Kenya		Uganda	
	acres	ha	acres	ha
1946	?	?	28 000	11 332
1956	18 400	7 446	31 000	12 546
1960	42 200	17 078	34 000	13 760
1964	45 400	18 373	47 000	19 021

Quellen: REPUBLIC OF KENYA 1966: Statistical abstract 1966, S. 67, Tab. 87. UGANDA GOVERNMENT 1965: Statistical abstract 1964, S. 42, Tab. UF. 11

24 Die landwirtschaftlichen Nutztiere

Bei der Entwicklung der Viehwirtschaft hatten die europäischen Farmer und Viehzüchter erhebliche Schwierigkeiten zu überwinden. Die in Ostafrika heimischen Viehrassen sind zwar gut an die ökologischen Bedingungen in den Trockengebieten angepaßt und relativ resistent gegen die zahlreichen endemischen Viehkrankheiten, aber die Milch- und Fleischleistungen der Rinder liegen weit unter denen der hochgezüchteten europäischen Rassen. Die einheimischen Schafe sind kleinwüchsige Haarschafe, die in wirtschaftlicher Hinsicht nicht mit den weit größeren europäischen Wollschafen konkurrieren können. Die europäischen Siedler sahen sich deshalb vor die Aufgabe gestellt, die einheimischen Rassen durch Zuchtauswahl und Aufkreuzung mit importierten Rassen zu verbessern und Herden aus importiertem Hochleistungsvieh heranzuziehen, um einen leistungsfähigen Viehbestand aufzubauen. Einflußreiche und wohlhabende Siedler importierten privat Zuchtvieh aus Europa, Australien, Neuseeland und Südafrika. Auf ihr Betreiben gründete die Verwaltung eine Government Stock Farm bei Naivasha schon zu Beginn dieses Jahrhunderts, die ebenfalls Zuchtvieh importierte. Ab 1909 wurden jährliche Viehversteigerungen abgehalten, bei denen die Viehzüchter Zuchtvieh zu günstigen Preisen erwerben konnten. ELSPETH HUXLEY (1957, S. 8–9),

192) REPUBLIC OF KENYA 1966: Development plan 1966–1970, S. 176

die die Anfänge der europäischen Viehwirtschaft in Kenya geschildert hat, schreibt sinngemäß: „Dann begann ein langer und herzbrechender Kampf gegen Krankheiten aller Art, die meisten unheilbar zu jener Zeit. Die Berichte der „veterinary departments" bestehen meist ganz aus langen und schrecklichen Berichten der verschiedenen tödlichen Leiden ... Ostküstenfieber verbreitete sich über das ganze Land, und durch Quarantänen konnte man es nicht eindämmen, obgleich man seine Verbreitung dadurch verlangsamte ... Erst als man 1912/13 begann, das Vieh prophylaktisch mit Insektiziden zu beizen, konnte man die Seuche unter Kontrolle bringen."

Fleischrinder

Als Fleischrind wird in den Weidewirtschaftsgebieten der Large Farm Areas vorwiegend das Boranrind gehalten, das relativ resistent gegen Krankheiten und angepaßt an die oft spärlichen Weidebedingungen ist, aber durch Zuchtauswahl und Aufkreuzung verhältnismäßig gute Fleischerträge liefert. In den Gebieten mit gemischter Farmwirtschaft ist die Fleischrinderhaltung entweder ein besonderer Betriebszweig oder eng verbunden mit der Milchrinderhaltung. LIPSCOMB (1950, S. 125) schreibt zwar, daß „dual-purpose breeds" — also Rinder, die der Fleisch- und Milcherzeugung dienen, in den Large Farm Areas nicht verbreitet seien, aber bei den extensiveren Formen der Milchwirtschaft fällt Fleischvieh als Nebenprodukt an. Nur bei intensiver Milchwirtschaft mit hochwertigen, reinrassigen, europäischen Milchrinderbeständen werden die Rinder so lange gehalten, bis sie als Schlachtvieh wegen ihres Alters nicht mehr zu verwerten sind.

LONG (1950, S. 130) urteilte über die Fleischrinderhaltung in Kenya: „Beef production, as is generally understood, has never been an industry in Kenya chiefly because the best land available has perhaps been more profitable used for dairying and mixed farming, and consequently a negligible number of beef cattle has been imported", und im nächsten Abschnitt meint der Autor sinngemäß, daß zu Beginn der europäischen Siedlung die Fleischerzeugung nicht ernsthaft betrieben wurde. Die Preise seien schlecht gewesen und, allgemein gesprochen, habe das Angebot an Fleischvieh die Nachfrage überstiegen. Erst 1933 wurde die Stockbreeders' Co-operative Society gegründet und der Versuch unternommen, das Vieh genossenschaftlich zu vermarkten. Die Absatzbedingungen besserten sich im Zweiten Weltkrieg wegen der Notwendigkeit, die britischen Truppen zu versorgen. Die Organisation des Absatzes übernahm der Kenya Meat Marketing Board, später die Kenya Meat Commission (LONG 1950, S. 130—131).

Heute nimmt die Fleischerzeugung in den Weidewirtschaftsgebieten der Large Farm Areas einen wichtigen Platz in der Volkswirtschaft Kenyas ein. Das Bevölkerungswachstum, das Wirtschaftswachstum und steigende Einkommen der Bevölkerung können in Zukunft zu Engpässen in der inländischen Fleischversorgung führen, wie man der Untersuchung von SPINKS (1966) entnehmen kann. Als Exportprodukte haben Fleisch und Fleischwaren nur bescheidene Bedeutung. Von 1956 bis 1965 lag der Exportanteil an Exporten nach Übersee zwischen 0,6 % (1956) und 7,3 % (1962). 1965 betrug der Exportwert 1,61 Mio. £, der Exportanteil 5,2 %. Hauptabnehmerland ist Großbritannien, in großem Abstand gefolgt von der Bundesrepublik Deutschland und den Niederlanden[193]).

Tab. 49   Kenya, Large Farm Areas: Viehbestand in den Gebieten mit extensiver Weidewirtschaft (Areale 200 mit besonderer Betonung der Fleischrinderhaltung) (Aufgegliedert nach Sub-Committee Areas 1964)

Sub-Committee Area	Milchrinder	Fleischrinder	Schafe
Rumuruti	1 000	72 700	12 000
Donyo Sabuk	100	700	200
Ruirua	1 400	7 200	200
Thikaa	400	1 200	1 300
Makuyua	300	6 200	100
Mitubiria	1 300	5 500	400
Elmentaita	2 300	20 600	2 000

a Die Verwaltungseinheiten gehören zu den Arealen 231 und 232, in denen Kaffee- und Sisalplantagen liegen

Quelle: REPUBLIC OF KENYA 1964: Agricultural census 1964, Tab. 28

Tab. 50 Kenya, Large Farm Areas: Viehbestand in den Gebieten mit extensiver Weidewirtschaft (Areale 201 mit Fleisch- und Milchrinderhaltung) (Aufgegliedert nach Sub-Committee Areas 1964)

Sub-Committee Area	Milchrinder	Fleischrinder	Schafe
Naivasha	11 900	35 100	25 700
Nanyukia	17 100	54 000	107 100
Dandora	4 800	4 600	1 500
Machakos	5 500	14 000	3 100
Lukenya	1 500	5 500	700
Koru	1 100	1 800	100
Fort Ternan	1 800	2 100	—
Lumbwa	6 200	5 100	100
Songhor	4 100	7 200	2 800

a Nanyuki liegt zwar zum größten Teil im Areal 200, die Milchrinderhaltung konzentriert sich aber im Randgebiet zum Mount Kenya hin im Areal 201

Quelle: REPUBLIC OF KENYA 1964: Agricultural census 1964, Tab. 28

[193]) REPUBLIC OF KENYA 1966: Statistical abstract 1966, S. 30, Tab. 37.

Milchrinder

In den Arealen mit großbetrieblicher Weidewirtschaft hat die Milchwirtschaft nur gebietsweise größere Bedeutung. Inwieweit die ökologischen Bedingungen, die Gunst der Lage zu den Absatz- und Verarbeitungszentren sowie private Unternehmerentscheidungen für die Verteilung der Milchrinderhaltung in den Trockengebieten verantwortlich sind, konnte vom Verfasser im einzelnen nicht geklärt werden. Die beiden *Tabellen 49* und *50* lassen erkennen, wie das quantitative Artenverhältnis zwischen Fleischrinder-, Milchrinder- und Schafbesatz in den Weidewirtschaftsgebieten ohne Ackerbau ist. (Es wurden auch jene Gebiete einbezogen, in denen Sisal- und Kaffeeplantagen eingestreut sind.) Die Milchrinderhaltung spielt jedoch vor allem in den Gebieten mit gemischter Farmwirtschaft eine bedeutende Rolle.

Wegen der geringen Milchleistungen der von den Afrikanern gehaltenen Rinder haben die Europäer auf ihren Farmen in den Hochlagen ihre Milchrinderherden aus importierten Rinderrassen aus Europa aufgebaut bzw. die einheimischen Rinderrassen durch Aufkreuzen mit europäischem Zuchtvieh verbessert. Nach LIPSCOMB (1950, S. 126) sind alle in England heimischen Rassen auch in Kenya vertreten. Aber schon Ende der zwanziger Jahre erkannte man das Potential des einheimischen Viehs, das durch Auslese zu entwickeln ist (vgl. auch GUY 1937, S. 319 ff.). Die Höhenlagen in den Large Farm Areas sind besonders für reinrassige europäische Milchrinder geeignet, aber in den meisten Gebieten sind Kreuzungen zwischen afrikanischen und europäischen Rassen nicht nur geeignet, schreibt TROUP (1953, S. 19) sinngemäß, sondern müssen die Mehrzahl des Milchrinderbestandes bilden. Wie bei den Fleischrindern kommt es auf die besonderen Bedingungen der Farm an, in welchem Umfang europäische Rassen eingeführt werden sollen.

Bis zum Zweiten Weltkrieg war die Milchviehhaltung auf wenige Gebiete beschränkt. Sie war weniger ein Betriebszweig innerhalb der gemischten Farmwirtschaft, sondern bestimmte Farmen hatten sich auf Milchwirtschaft spezialisiert (LIPSCOMB 1950, S. 125). Das änderte sich erst allmählich seit dem Zweiten Weltkrieg — schneller dann zu Beginn der fünfziger Jahre — als man die finanziellen Mittel aufbringen konnte, den einseitigen Getreidebau aufzugeben und auf vielen Farmen eine geregelte Feldgraswirtschaft einzuführen, um das landwirtschaftliche Potential optimal zu nutzen.

In der Large Farm Area von Kenya haben sich drei Grundformen der Milchrinderhaltung entwickelt:

1. Die extensivste Form beschränkt sich auf die Haltung einheimischen und gering aufgekreuzten Milchviehs[194] (low grade cattle), kommt mit einem Minimum an Aufwand aus und erwirtschaftet nur geringe Erträge je Flächeneinheit bzw. je Rind.

2. Als mittleres Produktionsniveau der Milchrinderhaltung gilt, wenn mit aufgekreuzten Rinderrassen (grade cattle) 2 270—3 410 Liter Milch je Kuh und Jahr

[194] Kreuzungen zwischen europäischen und afrikanischen Rassen.

erzeugt werden. Das setzt voraus, daß das Vieh nicht nur auf die natürliche Weide angewiesen ist, sondern auch Zwischenfruchtbau zu Weidezwecken betrieben und Futter (z. B. Heu und Silage) auf der Farm erzeugt wird.

3. Die intensive Milchrinderhaltung erzielt einen Mindest-Durchschnittsertrag von 750 gal (= 3 410 Liter) je Kuh im Jahr und setzt uneingeschränkte Zufütterung von Kraftfutter voraus (TROUP 1953, S. 19—20). Futterbau auf der Farm, insbesondere die Erzeugung von Kraftfutter, und möglicherweise der Zukauf von Eiweißfutter sind notwendig[195]).

Tab. 51 Kenya, Large Farm Areas: Viehbestand in den Gebieten mit gemischter Farmwirtschaft (aufgegliedert nach Sub-Committee Areas, 1964)

	Milchrinder	Fleischrinder	Schafe	Schweine
Areal 210:				
Kitale N. N. W.	9 300	9 100	2 100	1 200
Kitale N. W.	9 800	7 000	900	1 900
Kitale W. S. W.	7 500	4 400	600	1 300
Areal 211:				
Kitale N. E.	20 200	8 800	2 000	2 000
Kitale S. E.	9 100	9 600	500	2 300
Areal 212:				
Moiben	6 300	7 000	3 600	600
Njoro	11 000	10 400	5 600	1 600
Meroroni	9 000	5 200	11 600	600
Rongai	13 500	19 400	4 900	3 300
Areal 213:				
Eldoret North	5 700	4 500	900	600
Eldoret South	3 400	5 500	2 700	400
Elgeyo Border	5 500	5 100	1 600	800
Kipkabus	4 400	3 300	9 000	200
Lessos	5 400	2 400	400	200
Soy/Hoye's Bridge	10 000	13 000	400	300
Turbo Kipkarren	4 400	6 100	800	200
Areal 214:				
Molo	8 800	5 100	100 200	2 200
Areal 215:				
Solai	6 900	3 700	800	600
Sabukia	7 700	4 900	1 600	900

Quelle. REPUBLIC OF KENYA 1964: Agricultural census 1964. Large Farm Areas, Tab. 28.

[195]) Vgl. auch: COLONY AND PROTECTORATE OF KENYA 1956: Report of the Committee of inquiry into the dairy industry 1956, S. 11.

Die Milchwirtschaft treibenden Farmer in den Large Farm Areas von Kenya gehören fast alle der Kenya Co-operative Creameries Ltd. an, die 1931 aus dem Zusammenschluß kleiner Molkereien hervorging, die heftig auf dem begrenzten Absatzmarkt in Ostafrika konkurrierten. 1958 wurde der Kenya Dairy Board gegründet, der nach der Dairy Industry Ordinance, 1958, section 17, unter anderem die Aufgabe hat "...to organize, regulate and develop the efficient production, marketing, distribution and supply of dairy produce... [196])". Aber die Milchwirtschaft in den Large Farm Areas wurde Anfang der sechziger Jahre durch die politische Entwicklung und das Million Acre Settlement Scheme empfindlich beeinträchtigt[197]). Die Europäischen Farmer, die kein Vertrauen zur wirtschaftlichen Entwicklung des Landes hatten, verkauften ihre Milchrinderbestände, und die fortschrittlichen afrikanischen Farmer waren sehr darauf bedacht, aufgekreuztes Milchvieh von den europäischen Farmern zu kaufen, wie weiter oben beschrieben wurde. Deshalb verringerte sich der Milchrinderbestand in den Large Farm Areas von 1959 bis 1965 von 427 900 auf 260 100 Tiere; das ist ein Rückgang um fast ein Drittel des Bestandes.

In den Jahren 1963 bis 1965 wurden in Kenya von den Farmern und afrikanischen Kleinbauern Milch und Milcherzeugnisse für rund fünf Millionen Pfund im Jahr verkauft. 1965 entfielen davon auf die Farmen der Large Farm Areas £ 4 093 000 und auf die afrikanischen Bauern £ 828 000, also rund 20 %[198]). Die Entwicklung des Exportes von Butter, der noch vor wenigen Jahren allein von Lieferungen aus den Large Farm Areas bestritten wurde, zeigt *Tabelle 52*.

Tab. 52   Kenya: Butterexport
(Wert in £)

1928	4 917
1938	86 459
1948	224 970
1958	973 000
1960	735 000
1962	927 000
1964	754 000
1965	293 000

Quellen: ANNUAL TRADE REPORTS 1928 bis 1948, zitiert in: LIPSCOMB 1950, S. 129. Ab 1958 REPUBLIC OF KENYA 1966: Statistical abstract 1966, S. 27.

Hauptabnehmerländer sind Großbritannien und die ostafrikanischen Nachbarländer Kenyas. Frischmilch wird in Thermoswagen der ostafrikanischen Eisenbahn von Eldoret nach Uganda geliefert.

---

[196]) Die Aufgaben des Kenya Dairy Board werden ausführlich beschrieben im COLONY AND PROTECTORATE OF KENYA 1960: Report of the Committee on the Organization of Agriculture 1960, S. 82.

[197]) Vgl. auch: REPUBLIC OF KENYA. VETERINARY DEPARTMENT. Annual report 1963, S. 1.

[198]) REPUBLIC OF KENYA 1966: Statistical abstract 1966, S. 65.

Tab. 53   Kenya: Export von Milch und Milcherzeugnissen (Wert in £)

	1956	1959	1962	1965
Uganda				
Frischmilch und Sahne	146 000	344 000	401 000	843 000
Butter and ghee[a]	211 000	235 000	236 000	374 000
Tanganyika				
Butter und ghee	126 000	180 000	266 000	212 000
Großbritannien				
Butter und ghee			364 000	22 000
andere Länder				
Butter und ghee			563 000	271 000

a eine Art von Butterschmalz
Quelle: REPUBLIC OF KENYA 1966: Statistical abstract. 1966, S. 27, Tab. 36 (a). Nairobi.

Die Chancen für eine weitere erfolgreiche Entwicklung der Milchwirtschaft sind in Kenya günstig, denn die steigende Zahl der Afrikaner, die außerhalb der Landwirtschaft tätig sind, schafft einen wachsenden Absatzmarkt für Milch und Milchprodukte in Ostafrika, und die ökologischen Bedingungen für die Milchwirtschaft sind im Hochland von Kenya sehr viel besser als in anderen Teilen Ostafrikas.

Schafe

Die Pioniere der Schafzucht in Kenya, schreibt PARDOE (1950, S. 141) sinngemäß, begannen unter einzigartigen Bedingungen. Bei der Schaffung der Schafbestände waren sie auf zwei einheimische Schafrassen angewiesen, von denen keine Wolle oder gute Fleischerträge hervorbrachte. Einige Siedler im Rift Valley und in den höher gelegenen Distrikten importierten deshalb verschiedene Schafrassen, wie z. B. Merinoschafe, Romney Marsh, Cheviots, Corriedales u. a. Hohe Verluste waren unvermeidlich. „Many troubles were met with in the early days, especially with heart water and other tick- and mosquitoborne diseases, but on the whole sheep throve well in the districts most naturally suited to them and great progress in grading up was made. An exception was the Uasin Gishu Plateau, much of it looks like, and no doubt is, potentially excellent sheep country. One South African farmer, Mr. Cloete, chartered a ship and brought up a whole cargo of cattle and merino sheep from South Africa to the Uasin Gishu, only to lose practically all the sheep. Other importations suffered a similar fate, chiefly from heart water and streptococci injections." (PARDOE 1950, S. 142). —

Vergleicht man den Schafbestand in den verschiedenen Sub-Committee Areas nach *Tabelle 49—50*, dann fällt auf, daß der Schafbesatz in den Large Farm Areas sehr unterschiedlich ist. Es werden zwar auf einigen Farmen in nahezu allen Sub-Committee Areas Schafe gehalten, aber einige Gebiete zeichnen sich durch besonders hohe Schafbestände aus. Sie liegen in zwei ganz verschiedenen ökologischen Zonen.

Die Sub-Committee Areas Rumuruti mit 12 000, Nanyuki mit 107 100 und Naivasha mit 25 700 Schafen liegen in Weidewirtschaftsgebieten mit weniger als 30″ (762 mm) Niederschlag im Jahr. Hier handelt es sich um Merinoschafe und um Kreuzungen zwischen Merinoschafen und einheimischen Schafen aus den Trockengebieten des nördlichen Kenyas, die ebenfalls gute Wollerträge liefern.

Die Sub-Committee Areas Molo mit 100 200, Kipkabus mit 9 000 und Meroroni mit 11 600 Schafen liegen in Arealen mit gemischter Farmwirtschaft in höheren, feuchteren und kälteren Lagen. In den übrigen Gebieten werden die Schafe nach Troup (1953, S. 20) in kleinen Herden von 50—100 Tieren gehalten. Viele Farmen geben sich dort gar nicht mit der Schafzucht ab. Die Schafhaltung erfordert in Kenya sehr zuverlässiges Personal und sorgfältige veterinärmedizinische Überwachung. Die Infektion der Tiere mit Parasiten und Krankheitserregern, die vom Wild übertragen werden, Diebstahl und in einigen Gebieten Verluste durch Raubtiere dezimieren nachlässig betreute Herden. Die Tiere müssen nachts auf der Weide zusammengetrieben und durch bewegliche Drahtzäune geschützt und von Wächtern bewacht werden. Die Schafzucht wäre wesentlich billiger, wenn sich die Tiere Tag und Nacht frei in entsprechend großen Koppeln bewegen könnten (vgl. dazu auch Pardoe 1950, S. 141, und Troup 1953, S. 20).

Schon Ball (1937, S. 131) vertrat die Ansicht, daß die Schafzucht in Kenya nicht auf die Hochlagen und die Weidewirtschaftsgebiete beschränkt bleiben, sondern in die gemischte Farmwirtschaft als Betriebszweig in den anderen Distrikten Eingang finden würde, und auch Troup (1953, S. 20) fordert, daß die Schafhaltung noch intensiviert und ein integraler Bestandteil der gemischten Farmwirtschaft werden müsse.

Tab. 54   Kenya: Wollexport
          (Wert in £)

1930	70 615
1935	41 710
1940	61 647
1945	168
1955	256 908
1960	377 410
1965	560 378

Quellen: Colony and Protectorate of Kenya. Departement of Agriculture, Annual reports der betreffenden Jahre. Republic of Kenya. Department of Agriculture. Annual report 1965, S. 17, Tab. B.

Die Farmer, die Schafhaltung betreiben, haben sich zur Woolgrowers' Co-operative Association zusammengeschlossen, die ihre Interessen vertritt. Die Wolle wurde zum größten Teil nach Großbritannien exportiert, dürfte aber in Zukunft der Versorgung einer im Lande entstehenden Wollverarbeitungsindustrie dienen. Der Exportanteil der Wollexporte betrug zwischen 1956 und 1965 nur zwischen 1,0 und 1,4 %. Die Exportentwicklung zeigt *Tabelle 54*.

Schweine

Nach anfänglichen Versuchen vor dem Ersten Weltkrieg, die jedoch wenig erfolgreich waren und durch den Krieg unterbrochen wurden, begannen einige europäische Farmer in den gemischten Farmgebieten, Schweine aus Europa zu importieren. In diesen Gebieten sind die Bedingungen für die Schweinehaltung zwar günstiger als in Europa, weil die Kosten für die Aufstallung sehr gering sind und Futter sehr billig auf den Farmen erzeugt werden kann. Aber die Absatzbedingungen für Schweinefleisch und Schweinefleischerzeugnisse haben sich im Laufe der Jahrzehnte erst allmählich mit dem Anwachsen der europäischen und indischen Bevölkerungsgruppe in Ostafrika verbessert. Die Aufnahmefähigkeit des ostafrikanischen Marktes ist jedoch stets begrenzt gewesen. Der Export von Schweinefleisch (besonders Schinken) nach London ist zwar in Zeiten der Überproduktion versucht worden, aber die Exporterlöse waren entmutigend. Mit der Weiterentwicklung der Landwirtschaft Kenyas zur gemischten Farmwirtschaft und steigender Inlandsnachfrage aufgrund der wachsenden Bevölkerung wird sich auch die Schweinehaltung weiter entwickeln. Inzwischen haben sogar einige afrikanische Kleinbauern — meist sog. „progressive farmers" — in der Nähe der Städte mit der Haltung von Schweinen begonnen. Über den Export von Schweinefleisch und Schweinefleischerzeugnissen konnte der Verfasser keine Informationen erlangen. Die amtlichen Statistiken weisen Fleischexporte nicht getrennt nach Fleischarten auf.

25 Betriebsformen und Landbautechnik

In den Großfarmgebieten von Kenya herrschen heute drei Grundformen landwirtschaftlicher Betriebe vor, nämlich Weidewirtschaftsbetriebe, Betriebe mit gemischter Farmwirtschaft und Plantagenbetriebe. 1958 haben von den 3 540 Betrieben 498 nur ein einziges Produkt erzeugt, wie aus den *Tabellen 28* und *55* hervorgeht. Neuere Zahlen liegen leider nicht vor, aber es darf aus der allgemeinen Entwicklung der gemischten Farmwirtschaft (siehe *Kap. 251*) geschlossen werden, daß die Zahl der Betriebe mit Getreidemonokulturen sich verringert hat. —

Die drei Grundformen bestimmen weitgehend die agrargeographische Grobgliederung des Großfarmgebietes von Kenya. Nur in wenigen Arealen treten diese Grundformen gemischt auf. In dem zu Uganda und Tanzania gehörenden Teil des Untersuchungsgebietes fehlen Weidewirtschaftsbetriebe und Großbetriebe mit gemischter Farmwirtschaft. Die Plantagen und Pflanzungen sind in die bäuerliche Agrarlandschaft der Areale 1210 und 1220 eingestreut, und große Flächen nehmen nur die Zuckerrohrplantagen bei Lugazi und Jinja ein (vgl. ATLAS OF UGANDA, 1967, S. 55).

Tab. 55 Kenya, Large Farm Areas: Kombinationen von Anbaufrüchten und Tierhaltung je Betrieb

	allein	und Milchrinder	und Fleischrinder	und Schafe	und Schweine	und mehrere Tierarten	und Kaffee	und Sisal	und Tee	und Zucker	und mehrere Plantagenfrüchte	und Weizen	und Mais	und sonstige Getreideart	und mehrere Getreidearten	und Pyrethrum	und mehrere Anbaufrüchte	Vieh und Anbaufrüchte	und Geflügel	Farmen insgesamt
Kaffee	153	59	20	5	2	33	–	1	1	–	5	–	5	–	–	–	13	290	3	590
Sisal	10	1	3	–	–	4	1	1	–	4	–	–	5	–	–	–	8	32	–	68
Tee	34	5	2	1	–	2	1	–	–	–	10	–	4	–	1	–	6	26	–	92
Zucker	34	10	10	–	–	5	–	4	–	–	–	–	2	–	–	–	2	7	–	74
Gerberakazie	26	5	7	3	–	12	2	–	9	–	–	3	9	–	3	1	4	314	1	403
Weizen	13	6	5	2	–	14	–	–	–	–	7	–	10	7	5	3	17	818	5	907
Mais	21	16	9	2	–	137	5	5	4	2	9	10	–	3	4	6	24	1 193	2	1 452
Fleischrinder	52	57	–	29	–	68	20	3	2	10	9	5	9	2	8	2	61	1 210	9	1 549
Milchrinder	101	–	57	20	3	95	59	1	5	10	8	6	16	5	25	21	152	1 595	19	2 198
Schafe	24	20	29	–	–	74	5	–	1	–	8	2	2	–	5	2	22	1 143	4	1 341
Geflügel	30	19	2	4	2	22	3	–	–	–	5	–	2	–	1	1	7	294	–	392
Farmen insgesamt	498	198	144	66	7	466	96	14	22	26	61	26	64	17	52	36	316	6 922	35	

Quelle: COLONY AND PROTECTORATE OF KENYA 1960: Kenya European and Asian agricultural census 1958, S. 48, Tab. 3

(In späteren Statistiken fehlen Angaben über die Kombinationen verschiedener Anbaufrüchte je Betrieb)

250 Weidewirtschaftsbetriebe

Wie *Tabelle 55* erkennen läßt, haben sich 1958 in den Großfarmgebieten von Kenya nur relativ wenige Weidewirtschaftsbetriebe auf einen Betriebszweig spezialisiert, nämlich 101 auf Milchrinder-, 52 auf Fleischrinder- und 24 auf Schafhaltung. Größenordnungsmäßig kommen etwa 400 Betriebe hinzu, die zwei oder drei Betriebszweige kombinieren.

Einige Weidewirtschaftsbetriebe liegen zwar in Räumen, in denen auch Regenfeldbau möglich ist, aber die in der agrargeographischen Karte des Verfassers ausgewiesenen Weidewirtschaftsgebiete sind fast ausschließlich niederschlagsarme Areale mit jährlichen Niederschlägen unter 30″ (762 mm) im Jahresdurchschnitt. Die Futtergrundlage für das Vieh bietet die natürliche Vegetation, die jedoch in der Regel nur geringen Futterwert hat. Die natürliche Tragfähigkeit des Weidelandes schwankt je nach den ökologischen Bedingungen von 10–3 ha je Rind. Durch Weidepflege und Futterbau unter künstlicher Bewässerung kann die Tragfähigkeit erheblich gesteigert werden. Auf einer 8 000-acres-Farm (rd. 3 200 ha) nordwestlich von Nanyuki mit einem Viehbesatz von rund 1 000 Fleisch- und Milchrindern sowie 600 Wollschafen hatte der Farmer laut eigener Aussage durch Buschroden und Luzernebau unter künstlicher Bewässerung die Tragfähigkeit seines Weidelandes im Verlauf von 15 Jahren von 6 ha auf 2,8 ha je Rind gesteigert.

In den Weidewirtschaftsbetrieben sind im Vergleich zu den Gebieten mit gemischter Farmwirtschaft sehr große Betriebseinheiten vorherrschend, wie *Tabelle 56* zeigt.

Tab. 56 Kenya, Large Farm Areas: Betriebsgrößenstruktur in den Distrikten Uasin Gishu und Laikipia

Größenklasse		Uasin Gishu[a]		Laikipia[b]	
acres	ha (gerundet)	Zahl der Betriebe	% der Gesamtzahl	Zahl der Betriebe	% der Gesamtzahl
20— 49	8— 20	8	1,4	5	2,6
50— 124	20— 50	16	2,8	4	2,1
125— 249	50— 100	29	5,1	8	4,2
250— 499	100— 200	65	11,5	9	4,7
500— 749	200— 300	72	12,7	13	6,8
750— 999	300— 400	51	9,0	20	10,4
1 000— 1 249	400— 500	65	11,5	20	10,4
1 250— 2 499	500— 1 000	159	28,1	43	22,4
2 500— 4 999	1 000— 2 000	65	11,5	25	13,0
5 000— 9 999	2 000— 4 000	28	5,0	14	7,3
10 000—49 999	4 000—20 000	7	1,2	23	12,0
50 000 u. mehr	20 000 u. mehr	—	—	8	4,2
		565	99,8	192	100,1

[a] Gemischte Farmwirtschaft.
[b] Vorwiegend Weidewirtschaft.
Quelle: GOVERNMENT OF KENYA. Agricultural census 1963. Large Farm Areas, Tab. 1

Die Betriebsgrößenstruktur in dieser Tabelle bezieht sich auf den ganzen Distrikt Laikipia und enthält die Sub-Committee Areas Marmanet und Thomson's Falls, die zum größten Teil aus Gebieten mit gemischter Farmwirtschaft bestehen. Auch die zum Laikipia-Distrikt gehörende Sub-Committee Area Nanyuki enthält am Mount Kenya kleinere Betriebsgrößen mit gemischter Farmwirtschaft. Kleine Betriebsgrößen fehlen jedoch völlig in den Weidewirtschaftsgebieten, wie ein Blick auf die Katasterpläne der Großfarmgebiete zeigt.

Die unterschiedliche Betriebsgrößenstruktur in Gebieten mit gemischter Farmwirtschaft und Weidewirtschaftsgebieten zeigt die Gegenüberstellung der Betriebsgrößenklassen des Distriktes Uasin Gishu (gemischte Farmwirtschaft) und des Bezirkes Laikipia (vorwiegend Weidewirtschaft).

Entsprechend der Betriebsgrößenstruktur sind große Fleischrinderherden je Betrieb in den reinen Weidewirtschaftsbetrieben vorherrschend, wie die *Tabellen 57* und *58* zeigen. Die Milchrinderherden überwiegen z. T. in den kleinen Größenklassen die Fleischrinderherden. Abgesehen von den Verarbeitungs- und Absatzproblemen für Milch und Milcherzeugnisse sind die Milchrinderbestände sehr viel wertvoller. Sie erfordern also sehr viel höhere Investitionen als die Anschaffung der meist minderwertigen Fleischrinder.

Voraussetzung für die optimale Nutzung der Weidewirtschaftsgebiete ist die Aufteilung der Betriebsflächen in eingezäunte Koppeln, die Ausstattung der Koppeln mit Tränken, damit eine geordnete Umtriebsweidewirtschaft ohne zu großen Arbeitsaufwand

Tab. 57 Kenya, Large Farm Areas: Gliederung des Fleisch- und Milchrindbestandes nach der Größe des Viehstapels je Betrieb (Areale 200 mit besonderer Berücksichtigung der Fleischrinderhaltung)

Sub-Committee Area	1—99		100—199		200—499		500—999		1000—1999		über 2000	
	F[a]	M[a]	F	M	F	M	F	M	F	M	F	M
Rumuruti	—	2	1	1	1	3	4	—	4	—	15	—
Donyo Sabuk	1	2	2	—	1	—	—	—	—	—	—	—
Ruiru[b]	5	10	—	3	—	1	—	—	3	—	1	—
Thika[b]	6	12	1	1	—	—	1	—	—	—	—	—
Makuyu[b]	3	4	2	1	1	—	1	—	1	—	1	—
Mitubiri[b]	3	5	4	5	4	1	2	—	—	—	1	—
Elmentaita	3	2	1	2	—	2	1	1[c]	—	—	4	—

[a] F = Fleischrinder, M = Milchrinder.
[b] Die Sub-Committee Areas gehören zu den Arealen 231 und 232, in denen Kaffee- und Sisalplantagen liegen.
[c] In der Tabelle heißt es „500 and over".

Quelle: REPUBLIC OF KENYA 1964: Agricultural census 1964, Tab. 20 und 22.

Tab. 58 Kenya, Large Farm Areas: Gliederung des Fleisch- und Milchrinderbestandes nach
der Größe des Viehstapels je Betrieb (Areal 201 mit Fleisch- und Milchrinderhaltung)

Sub-Committee Area	1—99		100—199		200—499		500—999		1000—1999		über 2000	
	F[a]	M[a]	F	M	F	M	F	M	F	M	F	M
Naivasha	12	26	4	9	6	6	3	5[c]	2	—	6	—
Nanyuki[b]	8	17	14	9	13	23	10	9[c]	12	—	5	—
Dandora	2	2	1	1	—	4	1	3[c]	1	—	1	—
Machakos	—	2	3	1	2	2	8	5[c]	2	—	1	—
Lukenya	2	1	1	3	—	1	2	1[c]	3	—	—	—
Fort Ternan	5	1	4	8	4	2	—	—	—	—	—	—
Lumbwa	16	14	5	3	6	10	1	3[c]	—	—	—	—
Songhor	11	3	6	14	7	7	3	—	1	—	—	—

[a] F = Fleischrinder, M = Milchrinder
[b] Nanyuki liegt zum größten Teil im Areal 200, die Milchrinderhaltung konzentriert sich im
Randgebiet zum Mount Kenya hin im Areal 201
[c] In der Tabelle der Quelle heißt es: „500 and over".

Quelle: REPUBLIC OF KENYA 1964: Agricultural census 1964, Tab. 20 und 22.

und bei bester Weideausnutzung gewährleistet ist. Ein Blick auf die Statistik[199]) zeigt
jedoch, daß das Weidepotential in den Großfarmgebieten bei weitem nicht voll ausgenutzt ist. Zum Beispiel in den Distrikten Laikipia, Nakuru, Kitale, Uasin Gishu, Thika
und Machakos ist grob zusammengerechnet nur die Hälfte des Graslandes in Koppeln
eingeteilt, die andere Hälfte wird nicht einmal überall genutzt. Hier liegen Reserven,
die wahrscheinlich deshalb nicht genutzt wurden, weil es an Kapital und vielleicht
auch an Absatzmöglichkeiten fehlte, die großen Weidewirtschaftsbetriebe ordnungsgemäß zu entwickeln. Auf der anderen Seite ist es auch in den Weidewirtschaftsgebieten
der Großfarmgebiete wie in den Subsistenz-Weidewirtschaftsgebieten zu Verbuschung
der Weidegründe gekommen. TROUP (1953, S. 15) gibt dafür die Erklärung, daß das
Verbot des jährlichen Brennens, die Ausrottung des Wildes, der geringe Ziegenbesatz
und in einigen Fällen die Überweidung die Ursachen der Verbuschung sind. Bis jetzt
hat man offenbar noch kein Verfahren gefunden, den Busch zu vertretbaren Kosten
zu roden. Das Ausreißen des Busches mit schwerem Gerät oder durch Handarbeits-
kräfte führt nach Meinung befragter Farmer nur zu vermehrtem Wurzelschlag. Der
Einsatz chemischer Mittel ist in den extensiven Weidewirtschaften zu teuer. Das Buschbrennen ist umstritten und gefährlich, weil es außer Kontrolle geraten kann. Viele
Weidewirtschaftsbetriebe haben Brandschutzstreifen um ihre Koppeln gezogen.

Umtriebsweidewirtschaft, Buschrodung, Grasansaat und Futterbau — gegebenenfalls
unter künstlicher Bewässerung —, Heubereitung und Silage bieten die Möglichkeiten,
die Futtergrundlagen für das Vieh zu verbessern und die Tragfähigkeit der Weidewirt-

[199]) REPUBLIC OF KENYA. Agricultural census 1964, Tab. 12.

schaftsgebiete in Kenya ganz entscheidend zu erhöhen. Aber die Möglichkeiten, die Futtergrundlage zu verbessern, den Viehbesatz zu vergrößern und zu veredeln, hängen vor allem von den Erlösen ab, die die Farmer für Vieh und tierische Produkte erzielen können. Verkehrsungünstige Gebiete wie das Laikipia-Plateau werden sich noch lange auf extensive Weidewirtschaft beschränken müssen, während absatznahe Betriebe die Intensivierung weiter entwickeln können. Jedoch ist auch die Weidewirtschaft in den Großfarmgebieten von der gesamtwirtschaftlichen Lage des Landes abhängig.

251 Gemischte Farmbetriebe

Wie bereits im Abschnitt über die landwirtschaftlichen Nutzpflanzen in den Großfarmgebieten Kenyas geschildert, haben viele Farmer bis in die Zeit nach dem Zweiten Weltkrieg hinein, je nach den ökologischen Bedingungen auf ihren Betrieben, Mais, Weizen oder beides so lange auf den gleichen Flächen als Monokulturen angebaut, bis der Boden erschöpft war. Hinzu kam in vielen Fällen Bodenabtragung, und bei Auflassen der Ackerflächen samte sich eine postkultivatorische Vegetation an, die keinen oder nur geringen Futterwert für das Vieh hatte. Das Vieh wurde, wenn es überhaupt im Betrieb gehalten wurde, auf dem ungenutzten Naturweideland der Farmer zur Weide getrieben. Die Kolonialverwaltung hat die Getreidemonokulturen noch durch Preisgarantien unterstützt und im Zweiten Weltkrieg gefördert. Schließlich setzte sich die Erkenntnis durch — wie weiter oben beschrieben —, daß nur eine gemischte Farmwirtschaft in Form einer geregelten Feldgraswirtschaft mit einem ausgewogenen Verhältnis zwischen Getreide- und Feldgrasbau sowie Viehhaltung eine optimale Ausnutzung des landwirtschaftlichen Potentials gewährleistet und seine Devastation unterbindet. Aber noch 1958 bauten 13 Betriebe nur Weizen, 21 nur Mais und 10 nur Weizen und Mais an, wie aus *Tabelle 55* hervorgeht. Die Umstellung auf eine geordnete Feldgraswirtschaft ist am weitesten im Raum Nakuru fortgeschritten, aber auch in anderen Regionen ist die Umstellung seit Anfang der fünfziger Jahre im Gange[200]. TROUP (1953, S. 15) kommentiert die Entwicklung wie folgt: „The adoption of alternate husbandry as a general practice constitutes a major and costly operation, requiring in many cases fresh knowledge and skill on the part of the settler, considerably more capital and an initial time lag before obtaining a full return. It is not surprising, therefore, that the settler who is an established wheat or maize grower will prefer to continue growing his particular crop on an ever-increasing acreage in order to make a living and that he is hesitant to start on alternate husbandry, of which system he has no experience and which in many events entails a highly integrated plan of farm management."

Wie weit die gemischte Farmwirtschaft in den Großfarmgebieten Kenyas sich entwickelt hat, sollen *Tabelle 59* und *60* zeigen. Dabei ist jedoch zu berücksichtigen, daß die

---

[200] COLONY AND PROTECTORATE OF KENYA. DEPARTMENT OF AGRICULTURE. Annual report 1955, S. 45

Tab. 59 Kenya, Large Farm Areas: Die Gliederung des Rohertrages ausgewählter Betriebe in den Gebieten mit gemischter Farmwirtschaft im Durchschnitt der Jahre 1958—1961 bzw. 1959—1962

Anteil in % am Rohertrag, erwirtschaftet durch:	Trans Nzoia[a]	Uasin Gishu[b]	Molo, Mau Narok[b]	Njoro[a]
Pyrethrum			17,36	
Annuelle Verkaufsfrüchte			42,29	
Verkaufsfrüchte	34,77	69,36	59,65	40,08
Viehhaltung	63,93	29,98	38,56	59,00
Sonstiges	1,30	0,66	1,79	0,92
	100,00	100,00	100,00	100,00

Anteil in % am Rohertrag der Nutzpflanzen, erwirtschaftet durch:				
Weizen		69,33	60,97	61,37
Mais	88,64	21,55		27,28
Gerste		1,58	22,41	2,22
Hafer		2,42	5,84	1,88
Kartoffeln			8,96	
Sonnenblumen	6,35	0,39		
Kaffee	1,72			
Pyrethrum		2,75	s. oben!	
Sonstige	3,29	1,98	1,82	7,25
	100,00	100,00	100,00	100,00

Anteil in % am Rohertrag der Viehhaltung, erwirtschaftet durch:				
Milchrinder	69,25	89,30	27,74	85,12
Fleischrinder	13,81	8,61	3,85	2,08
Schafe	1,37	0,43	54,20	4,42
Schweine	13,34	0,69	13,27	4,24
Zugochsen	0,03			
	100,00	100,00	100,00	100,00

Anmerkung: Das Zahlenmaterial ist in den vier Quellen, die dieser Zusammenstellung zugrunde liegen, nicht ganz einheitlich aufbereitet, deshalb ergeben sich in dieser Tabelle geringfügige Verschiebungen (vgl. z. B. Pyrethrum).

[a] 1958—1961
[b] 1959—1962

Quellen: REPUBLIC OF KENYA 1965: Farm production costs in the Trans Nzoia area 1958—1961, S. 16, Tab. 7 (Farm Economics Survey Unit. Report 22)

GOVERNMENT OF KENYA 1964: Farm production costs in the Njoro area 1958—1961, S. 16, Tab. 8

GOVERNMENT OF KENYA 1963: Farm production costs in the Uasin Gishu area 1959—1962, S. 15, Ta. 7

GOVERNMENT OF KENYA 1963: Farm production costs in the Molo and Mau Narok areas 1959—1962, S. 17, Tab. 7

Tabellen 59 und 60 zwar die Diversifikation der Betriebseinnahmen zeigen, jedoch nichts darüber aussagen, in welchem Umfang eine geordnete Feldgraswirtschaft, „an alternate husbandry", angewendet wird. Die *Tabelle* 59 zeigt die prozentuale Zusammensetzung der durchschnittlichen Roherträge von rund 20 bis 60 Betrieben aus vier verschiedenen Regionen des Großfarmgebietes von Kenya. Die Betriebe im Distrikt Trans Nzoia erwirtschafteten ihre Haupteinnahmen durch Maisanbau und Milchwirtschaft, die Farmen auf dem Uasin-Gishu-Plateau durch Weizen- und Maisanbau sowie durch Milchwirtschaft. Die Betriebe in dem über 2 000 m hoch gelegenen Molo, Mau Narok-Gebiet sind

Tab. 60   Kenya, Large Farm Areas: Betriebsfläche und Bodennutzung ausgewählter Betriebe in den Gebieten mit gemischter Farmwirtschaft im Durchschnitt der Jahre 1958—1961 bzw. 1959—1962

Fläche je Betrieb für:	Trans Nzoia[a]		Uasin Gishu[b]		Molo, Mau Narok[b]		Njoro[a]	
	acres	ha	acres	ha	acres	ha	acres	ha
Verkaufsfrüchte	180	73	490	198	310	125	199	81
Viehhaltung	1 090	441	992	402	744	301	547	221
Nutzb. Betriebsfläche	1 270	514	1 482	600	1 054	426	746	302
Ödland	101	41	48	19	139	56	36	15
Gesamtbetriebsfläche	1 371	555	1 530	619	1 193	482	782	317

Prozentualer Anteil an der Gesamtbetriebs- fläche für:	%	%	%	%
Verkaufsfrüchte	13,13	32,01	25,99	25,45
Viehhaltung	79,50	64,84	62,36	69,95
Nutzb. Betriebsfläche	92,63	96,85	88,35	95,40
Ödland	7,37	3,15	11,65	4,60
Gesamtbetriebsfläche	100,00	100,00	100,00	100,00
Zahl der untersuchten Betriebe	19	39	57	30

[a] 1958—1961
[b] 1959—1962

Quellen: GOVERNMENT OF KENYA:
   Farm production cost in the Uasin Gishu area 1959—62, S. 9, Tab. 3.
   Farm produktion costs in the Njoro area 1958—61, S. 9, Tab. 3.
   Farm production costs in the Molo and Mau Norok areas 1959—62, S. 10, Tab. 3.
   REPUBLIC OF KENYA:
   Farm production costs in the Trans Nzoia area 1958—61, S. 10, Tab. 3.

am vielseitigsten, indem sie ihre Betriebseinnahmen hauptsächlich durch den Anbau von Pyrethrum, Weizen und Gerste sowie durch Schaf-, Milchrinder- und Schweinehaltung erzielen. Die Farmen in Njoro, das zum Kerngebiet der Großfarmgebiete Kenyas gehört, betreiben haupsächlich Mais- und Weizenanbau sowie Milchwirtschaft[201]).

Auf Betriebsebene zeigt sich, was auch den Statistiken der einzelnen Distrikte entnommen werden kann, daß nämlich der weitaus größere Teil der landwirtschaftlich nutzbaren Fläche der Betriebe als Weideland genutzt wird, wie aus *Tabelle 31* hervorgeht. Das Weideland sind meist „uncultivated meadows and pastures", die vom Verfasser als „Naturweideland" bezeichnet werden. Wie die Beobachtungen im Gelände ergeben, könnte wahrscheinlich der größte Teil dieses Naturweidelandes im Rahmen einer geordneten Feldgraswirtschaft unter Kultur genommen werden. Das Naturweideland stellt also eine Landreserve dar, die gegebenenfalls nach entsprechenden Meliorationen eine erhebliche Ausweitung des Ackerbaues und eine Erhöhung des Viehbesatzes bei ordnungsgemäßer Bewirtschaftung erlaubt.

Tab. 61   Kenya, Large Farm Areas: Die Gliederung der Kosten in ausgewählten Betrieben in Gebieten mit gemischter Farmwirtschaft im Durchschnitt der Jahre 1958—1961 bzw. 1959—1962

Anteil in % an den Gesamt-Betriebskosten für:	Trans Nzoia[a]	Uasin Gishu[b]	Molo, Mau Narok[b]	Njoro[a]
Maschinenpark	28,82	35,67	31,19	33,02
Arbeitskräfte	22,77	14,42	24,21	19,30
Düngemittel	5,70	13,21	8,84	2,59
Saatgut	2,56	8,26	7,69	5,07
sonstige Kosten der Anbaufrüchte	3,55	6,68	4,70	3,42
Futtermittel	19,64	9,48	10,80	19,15
sonstige Kosten der Viehhaltung	4,91	3,74	3,04	7,22
alle anderen Kosten	12,05	8,54	9,53	10,23
	100,00	100,00	100,00	100,00

a 1958—1961
b 1959—1962

Quellen: GOVERNMENT OF KENYA:
   Farm production costs in the Uasin Gishu area 1959—1962, S. 49, Tab. 29.
   Farm production costs in the Njoro area 1958—1961, S. 49, Tab. 27.
   Farm production costs in the Molo and Mau Narok areas 1959—1962, S. 59, Tab. 31.
   REPUBLIC OF KENYA:
   Farm production costs in the Trans Nzoia area 1958—1961, S. 52, Tab. 28.

201) REPUBLIC OF KENYA. Agricultural census 1964, Tab. 12.

Mit der Entstehung der früher sog. „White Highlands" hat die moderne Agrartechnik ihren Einzug in Ostafrika gehalten. Zwar kann man auch heute noch zum Beispiel auf dem Uasin-Gishu-Plateau oder in Trans Nzoia beobachten, daß mit sechs bis acht Paar Ochsen gepflügt wird, aber viele Betriebe sind weitgehend mechanisiert. Die dornigen Probleme, die die Beschäftigung einer großen Zahl afrikanischer Landarbeiter mit sich brachte, hat viele Farmer veranlaßt, so weit wie möglich Arbeitskraft durch Maschineneinsatz zu ersetzen. Fahrzeuge, Traktoren, gegebenenfalls auch Raupenschlepper, Mähdrescher und sonstiges Gerät verursachen $1/4$ bis $1/3$ der Gesamtkosten der Betriebe, die von der Farm Economics Survey Unit untersucht wurden (vgl. *Tabelle 61*).

Nach dem Zweiten Weltkrieg ging man verstärkt an die Aufgabe heran, die durch den Raubbau am Boden in den Gebieten mit gemischter Farmwirtschaft entstandenen Schäden zu bekämpfen. Die Kolonialverwaltung hat hier großen Einfluß ausgeübt, wie zum Beispiel im Abschnitt V der Agricultural Ordinance, 1955 zum Ausdruck kommt. Die landwirtschaftlichen Jahresberichte schildern die Fortschritte in der Anlage von Ackerterrassen, Grasschutzstreifen gegen Bodenerosion, Drainage und Melioration von Vleiböden, der Verbesserung der Wasserversorgung der Farmen, des Wegenetzes, der Einzäunung der Betriebsflächen u. v. a. m. Die wichtigsten Vorhaben waren jedoch die Diversifikation der Betriebszweige, die Einführung der „alternate husbandry" und die Durchsetzung dieser Ziele durch „farm planning", die die Farmer von Experten der Verwaltung für ihre Farmen entwerfen lassen konnten. Durch Entwicklungskredite sollte die Entwicklung vorangetrieben werden. Als Beispiel sei aus dem Jahresbericht von 1957 zitiert: „Financial reinforcement of these developments continued to be by development loans administered by the Board of Agriculture. During the year 189 farmers took up loans totalling £ 347 141. The money was allocated for the following purpose:

Purchase of cattle	155 454
Purchase of sheep	49 330
Purchase of pigs and poultry	9 842
Fencing	21 380
Water supplies	43 607
Dips and sprays	6 005
Buildings	11 267
Machinery	36 041
Various	14 215
Total	£ 347 141

Der Versuch, buchstäblich in letzter Stunde die Entwicklung der White Highlands voranzutreiben, konnte den Lauf der politischen Ereignisse nicht mehr aufhalten, die dahingingen, das „Reservat des weißen Mannes" zu beseitigen. Aber die Beseitigung der Vorherrschaft der Europäer hatte auch tiefgreifende Rückschläge auf die wirtschaftlichen Verhältnisse in den Großfarmgebieten.

Schon mit der Aussicht, in einem von Afrikanern regierten Staat leben zu müssen, verloren viele europäische Farmer das Vertrauen in ihre eigene wirtschaftliche Zukunft, und es kam vorübergehend zu einem völligen Stillstand in der Entwicklung der Farmen. Die kluge Politik der Regierung von Kenya hat jedoch erreicht, daß trotzdem eine Reihe von Farmern blieb und die Entwicklung ihrer Betriebe weiter vorantrieb.

252 Plantagen und Pflanzungen

„Eine Plantage ist ein landwirtschaftlich-industrieller Großbetrieb, der in der Regel unter der Leitung von Europäern bei großem Aufwand von Arbeit und Kapital hochwertige pflanzliche Produkte für den Markt erzeugt", definierte WAIBEL (1933, S. 22). Für die Plantagen des Arbeitsgebietes gilt diese Definition mit einer sehr wichtigen Einschränkung auch heute noch. Denn Eigentum und Leitung vieler Plantagen in Uganda und in Kenya außerhalb der früheren White Highlands befinden sich in der Hand von Indern. Es ist eine Frage der politischen Entwicklung, ob und wann die Plantagen in privaten oder staatlichen afrikanischen Besitz übergehen. In Uganda beteiligt sich die staatliche Uganda Development Company bereits seit Jahren indirekt an der Entwicklung von Teeplantagen. —

Schwierig ist die von Waibel theoretisch vorgenommene Abgrenzung des Begriffes der Pflanzung von der Plantage in der Praxis anzuwenden. Eine klare und kurze Definition gibt RUTHENBERG (1967, S. 183) in Anlehnung an Waibel: „Als Plantagen bezeichnen wir diejenigen Großbetriebe der Tropen, deren Bodenproduktion innerhalb des Betriebes industriell aufgearbeitet wird. Ein Bestand an Dauerkulturen ist eine Pflanzung; Betriebe mit Dauerkulturen, die das Bodenprodukt nicht verarbeiten, sind Pflanzungsbetriebe." Danach können wir feststellen, daß die Mehrzahl der Sisal, Zuckerrohr und Tee produzierenden Betriebe Plantagen sind. Der geringe Transportwiderstand des Sisal-Grünblattes erfordert die Entfaserung in der Nähe der Anbaufläche. Tee und Zuckerrohr verderben nach der Ernte sehr schnell und müssen schon deshalb in der Nähe der Anbauflächen verarbeitet werden. Das schließt nicht aus, daß in der Nachbarschaft der Plantagen Tee-, Sisal- und Zuckerrohrpflanzungsbetriebe bestehen, die ihre Produkte an die Plantagen verkaufen. Auch gemischte Farmbetriebe können die genannten Produkte als Sonderkultur in der Nachbarschaft von Plantagenbetrieben anbauen. Besonders Kaffee wird von sehr vielen gemischten Farmbetrieben als Sonderkultur angepflanzt. 1958 produzierten in den damals sog. „European and Asian Farming Areas" von Kenya 590 von den insgesamt 3 540 Betrieben Kaffee, aber nur 153 produzierten ausschließlich Kaffee, wie aus *Tabelle 55* hervorgeht. Die meisten Kaffeeplantagen liegen in den beiden Arealen 231 an den Aberdares. Hier liegen auch die größten Besitzeinheiten, wie der *Tabelle 38* zu entnehmen ist.

26   Die Stellung der landwirtschaftlichen Betriebe zum Markt

Die Entstehung und Entwicklung der früher inoffiziell so genannten „White Highlands" von Kenya geht auf die unternehmerische Initiative einzelner und auf das Zusammenwirken dieser Initiatoren mit bestimmten Bevölkerungsgruppen zurück: mit der Einwandererbevölkerung, die die Herrschaft und Führung in diesem Gebiet ergriff, und auf das Heer der afrikanischen Arbeitskräfte, das den landwirtschaftlichen Produktionsprozeß erst ermöglichte. Die weißen Führungsgruppen in den White Highlands vertraten — wie weiter oben schon geschildert — gegenüber der Kolonialverwaltung ihre Interessen bis zur letzten Stunde, bis der erwachende afrikanische Nationalismus die europäische Herrschaft in Ostafrika beseitigte. Eines der wichtigsten Gebiete, auf denen die europäische Farmergemeinschaft ihre Interessen durchsetzen mußte — ja um ihre Existenz überhaupt zu kämpfen hatte — war das Ringen um den Absatz ihrer landwirtschaftlichen Erzeugnisse. Trotz aller Initiative und aller Tatkraft einzelner konnte dieser Kampf nur in großen Zusammenschlüssen geführt werden. Deshalb gründeten die Farmer und Pflanzer seit Beginn ihrer Kolonisation in Ostafrika Verkaufsorganisationen und Interessensgruppen, die den Absatz ihrer Produkte in die Wege leiteten und Absatzmärkte in Europa — vorwiegend via London — suchten. Die erfolgreichste, wirtschaftlich machtvollste und vielseitigste Marktorganisation, die europäische Farmer 1919 gründeten, ist die Kenya Farmers' Association. ELSPETH HUXLEY hat in ihrer romanartigen, aber mit vielen Fakten untermauerten Darstellung „No easy way" die Geschichte dieser Farmergenossenschaft nachgezeichnet, ihre Repräsentanten und ihre Querverbindungen zu anderen Marktorganisationen und zur Verwaltung geschildert. Nach TROUP (1953, S. 8) zählte die Kenya Farmers' Association 3 399 Mitglieder, das heißt, daß wahrscheinlich fast jeder europäische Farmer Mitglied dieser Genossenschaft gewesen ist. Ebenfalls nach TROUP (1953, S. 8) betrugen die Geschäftsanteile (der Mitglieder) £ 1 250 000 und ihr Umsatz £ 51 670 000 im Jahr. Die Zahlen beziehen sich offensichtlich auf den Beginn der fünfziger Jahre. (Neueres Material konnte der Verfasser nicht ermitteln.) Heute steht der Beitritt in die Kenya Farmers' Association selbstverständlich allen Farmern in Kenya offen, gleich welcher Hautfarbe. Neben dieser reinen Bezugs- und Absatzgenossenschaft, die ihre Niederlassungen in allen Zentren der Großfarmgebiete Kenyas unterhält, wurde 1947 die Kenya National Farmers' Union gegründet. Die Ziele dieser Union sind u. a., die Interessen der Farmer in Kenya zu fördern und zu schützen und die Regierung im Hinblick auf die Entwicklung der Absatzmärkte für landwirtschaftliche Produkte zu beraten, wie TROUP (1953, S. 8) es ausdrückt.

Bis zu Beginn des Zweiten Weltkrieges beschränkte sich die Marktpolitik des Staates auf Preisstützungen und Frachtpräferenzen für die landwirtschaftlichen Haupterzeugnisse der europäischen Farmer; im allgemeinen mußten die Farmer jedoch selbst sehen, wie sie mit den Absatzproblemen fertig wurden. Im Zweiten Weltkrieg jedoch hat der Staat sehr stark — wie geschildert — auf die landwirtschaftliche Produktion und den Absatz der landwirtschaftlichen Produkte seinen Einfluß ausgeübt, um die Bevölkerung, die Truppen und die Kriegsgefangenen und Internierten in Ost- und Nordafrika sowie im Mittleren Osten zu versorgen. Dieser Einfluß der Verwaltung hat nach dem Zweiten Weltkrieg angehalten, um die Existenz und die Weiterentwicklung der White Highlands zu sichern. Bei der engen Verzahnung der britischen Interessen in Kenya mit denjenigen der Siedler — und vor allem unter dem Einfluß der Siedler selbst — entstanden Körperschaften, die die Landwirtschaft in den White Highlands fördern sollten. — Wie geschildert, wurden auch große Anstrengungen unternommen, die afrikanische Landwirtschaft zu entwickeln. Mit dem Schwinden der Vorherrschaft der Briten in Kenya öffneten sich die Organisationen auch für die afrikanischen Farmer, und schließlich gingen sie ganz in afrikanische Regie über, meist noch unterstützt durch europäische Experten.

Gegen Ende der britischen Kolonialherrschaft in Kenya gibt der „Report of the Committee on the Organization of Agriculture[202])" einen Überblick über die „Boards und Committees", die die Aufgaben haben, der Landwirtschaft und vor allem dem Absatz landwirtschaftlicher Produkte zu dienen. In dem Bericht teilt man diese Boards grob in drei Kategorien ein:

a) Zur ersten Kategorie gehören diejenigen Boards, die der Entwicklung und Erhaltung des Landes, der Wasserreserven und der landwirtschaftlichen Produktion im allgemeinen dienen, hier in diesem Zusammenhang also nicht zu behandeln sind.

b) Zur zweiten Kategorie zählen die hier ebenfalls nicht zu betrachtenden veterinärmedizinischen Dienste.

c) Zur dritten Kategorie gehören die Körperschaften, die sich mit einem Produkt oder mit mehreren Produkten beschäftigen und die Beziehungen zwischen Produzent und Abnehmer berühren. Zu dieser Kategorie gehören drei Gruppen:

Die erste Gruppe sind die autonomen, vom Staat unabhängigen Erzeugerverbände, die durch selbstgewählte Vertreter Einfluß auf Produktion, Absatz, Gütestandards u. a. m. nehmen. Zu ihnen gehören der Tee-, Kaffee- und der Sisal-Board, die Verwaltungscharakter haben; ferner die Cereal Producer Boards, die beratende Funktionen ausüben, und der Coffee Marketing Board, der die Vermarktung des Kaffees organisiert. Hierzu gehört ebenfalls der Pyrethrum Board, der die „Pyrethrum Industry" von der Ausgabe des Saatgutes bis zum Verkauf der Fertigerzeugnisse kontrolliert. Früher waren diese Boards in erster Linie für die Farmer und Pflanzer in den Großfarmgebieten zuständig, und erst seit die Afrikaner stärker an der Produktion von Verkaufsfrüchten beteiligt sind, vertreten die Boards auch die Interessen der afrikanischen Bauern.

Zur zweiten Gruppe gehören diejenigen Körperschaften, die nicht nur die Erzeugerinteressen vertreten, sondern auch jene des Handels und der Verbaucher. Die Aufgaben dieser Boards sind aber wie bei der ersten Gruppe unterschiedlich abgegrenzt. Der Wheat Board hat nur beratende Funktion, der Dairy und der Canning Crops Board

---

[202]) COLONY AND PROTECTORATE OF KENYA 1960: Report of the Committee on the Organization of Agriculture.

haben Verwaltungsaufgaben und der Maize Marketing Board und die übrigen Körperschaften, die jedoch nicht die Landwirtschaft der Großfarmgebiete betreffen, haben in erster Linie Vermarktungsfunktionen.

Es verbleiben als dritte Gruppe noch einige „commodity boards", die keiner der genannten Gruppen eindeutig zuzuordnen sind, sondern die gemischte Aufgaben haben wie der Pig Industry Board, der Uplands Bacon Factory Board und die Kenya Meat Commission, die weder reine Erzeugervertretungen sind noch allein Kontrollfunktionen ausüben, aber auch nicht nur Vermarktungsorganisationen sind, obwohl die Vermarktung ihre wichtigste Aufgabe ist.

Mit dieser äußerst knappen Aufzählung, die weder vollständig ist noch die Aufgaben der genannten Körperschaften vollzählig wiedergibt, sollte nur angedeutet werden, daß die Farmer in den Großfarmgebieten Kenyas, wie überall in den westlichen Gesellschaftsordnungen, bei der Produktion nicht nur von den natürlichen Standortfaktoren abhängig sind, sondern daß sie große Energie auf den Absatz ihrer Produkte verwenden müssen. Die Absatzschwierigkeiten gehörten während der kurzen Geschichte der früher sogenannten „White Highlands" in Kenya meist zu den am schwierigsten zu lösenden Problemen. Die isolierte Lage der White Highlands inmitten einer subsistenzwirtschaftlich ausgerichteten Bevölkerung, ihre Küstenferne und abseitige Lage von den Zentren des Welthandels haben die Wettbewerbsfähigkeit der landwirtschaftlichen Betriebe in den Großfarmgebieten schwer beeinträchtigt. Aber auch hier bahnen sich tiefgreifende Änderungen an. Vorausgesetzt, daß die Großfarmgebiete als solche bestehen bleiben und nicht weiter durch Bodenreformen mit Kleinbauern aufgesiedelt werden, und weiter vorausgesetzt, daß sich Ostafrika weiterhin wirtschaftlich ungestört entwickeln kann, entstehen für die Produkte der Großfarmgebiete von Kenya immer bessere Absatzmärkte in Ostafrika selbst. Der wachsende Wohlstand einer wachsenden Bevölkerung, die fortschreitende Arbeitsteilung zwischen Stadt- und Landbevölkerung, schaffen eine steigende Nachfrage an Fleisch und tierischen Erzeugnissen wie Milch, Butter, Käse und Häute, für Mais und für Brotgetreide. Der einstige Standortnachteil kann sich dann als Standortvorteil entwickeln. Ein Blick auf die Karte lehrt, daß die Großfarmgebiete Kenyas Verkehrsverbindungen durch Eisenbahnen und Straßen zu den dicht bevölkerten Räumen Kenyas und Ugandas haben. Mit Ausnahme der Zuckerindustrie, die, wie gezeigt, auch in Zukunft auf dem Binnenmarkt Ostafrikas gute Entwicklungschancen hat, ist die Situation für die Plantagen und Pflanzungen schwieriger: Kaffee, Tee und Sisal sind nur auf dem Weltmarkt in größeren Mengen abzusetzen, der Verbauch dieser Güter auf dem Binnenmarkt wird immer relativ klein bleiben. Sie gehören zusammen mit der von den Bauern erzeugten Baumwolle und dem Fremdenverkehr zu den wichtigsten Devisenbringern von Kenya und Uganda.

3 Die Bodenbesitzreform in den Großfarmgebieten von Kenya[203])

Landnot in den dichtbesiedelten afrikanischen Bauerngebieten, Landüberfluß in den wirtschaftlich nicht voll entwickelten und dünn bevölkerten Großfarmgebieten sowie der politische Wille der Afrikaner, die Unabhängigkeit ihres Landes zu erringen, waren die Hauptursachen, daß von ihnen immer nachdrücklicher gefordert wurde, den Europäern das Vorrecht zu nehmen, das ihnen allein den Erwerb von Land in den sog. „White Highlands" zusicherte.

Die ersten Verhandlungen während der Lancaster House Conference 1960 zwischen der britischen Regierung und politischen Repräsentanten der Afrikaner zur Erlangung der Unabhängigkeit Kenyas sowie die Katastrophe im Kongo beeinflußten die wirtschaftliche Entwicklung der Kolonie sehr stark: Die Kapital-Abwanderung stieg; Investitionen von außerhalb blieben aus, weil die Investoren die politische Entwicklung abwarten wollten. Die Farmer hörten auf, ihre Farmen weiter zu entwickeln. In Stadt und Land stieg die Arbeitslosigkeit. Die arbeitslosen Afrikaner strömten in die Reservate ihrer Stämme und erhöhten dort die Landnot (CAREY JONES 1965, S. 188—189), so daß der Ruf nach dem Land des Weißen Mannes noch stärker wurde. 1960 war das Ende der White Highlands gekommen: Der Landerwerb wurde allen Rassen erlaubt. Doch nur relativ wenige Afrikaner waren zunächst finanziell in der Lage, eine Europäerfarm zu kaufen. Nach zwei kleineren Siedlungsprogrammen, die man aber als unzureichend betrachtete, konzipierte man deshalb „in a desperate need for actions" — so NOTTIDGE & GOLDSACK (1965, S. 3) — einen umfassenden Siedlungsplan: „The Million-Acre-Settlement Scheme" 1962—1966, nach dem im genannten Zeitraum mehr als 400 000 ha Europäerfarmland in afrikanische Kleinbauernstellen umgewandelt werden sollten.

Ein zentrales Bodenamt (Central Land Board) wählte die Gebiete aus, in denen Siedlungsprogramme durchgeführt werden sollten, und kaufte die in Frage kommenden Farmen einschließlich ihres toten und lebenden Inventars auf. Die Auswahl der Gebiete war sehr schwierig und erfolgte nicht nur danach, ob die Gebiete ihren ökologischen Verhältnissen nach für Kleinbauernwirtschaften geeignet waren. Entscheidend waren vielmehr häufig Bevölkerungsdruck in benachbarten Gebieten oder Gebietsforderungen benachbarter Stämme, denen das Land vor der Einwanderung der weißen Farmer gehörte. Die britische Regierung stellte zum Ankauf der Farmen insgesamt £ 21 520 000 zur Verfügung, von denen £ 11 869 000 als Anleihe und £ 9 651 000 als verlorener Zuschuß gegeben wurden. Für die Durchführung der Siedlungsprogramme stellten die International Bank for Reconstruction and Development und die Commonwealth Development Corporation insgesamt £ 2 471 000 und die Deutsche Bundesregierung £ 1 200 000 als Anleihen zur Verfügung (NOTTIDGE & GOLDSACK 1965, S. 9—10).

---

[203]) Die Ausführungen über die Bodenbesitzreform in den Großfarmgebieten von Kenya sind ein vorwiegend wörtlicher Auszug aus dem Aufsatz des Verfassers in der Zeitschrift DIE ERDE 99 (1968), S. 236—264.

30   Umwandlung von Europäerfarmen in Afrikanerfarmen

Um Nichteuropäer — vorwiegend Afrikaner — in die Lage zu versetzen, in den ehemaligen White Highlands Farmen zu kaufen, wurde das Assisted Owner Scheme eingerichtet. Verfügte der potentielle Käufer einer Farm über ein Drittel des notwendigen
Kapitales und über ausreichende Qualifikationen als Farmer, dann erhielt er im Rahmen
dieses Programmes einen Kredit über die restlichen zwei Drittel des Farmkaufpreises.
Da Afrikaner nur selten mit der Leitung einer großen Farm vertraut waren, wurde etwa
10 km westlich von Thomson's Falls ein Large Scale Farming Training College eingerichtet, in dem zukünftige Farmer oder Farmverwalter Kurse absolvieren können.
Schon im Juni 1962 waren nach NOTTIDGE & GOLDSACK (1965, S. 8) 125 Farmen mit
einer Flächengröße von zusammen 13 760 ha innerhalb des Assisted Owner Scheme in
afrikanische Hände übergegangen. 1964 wurden für Farmkäufe von der Land and
Agricultural Bank of Kenya Kredite in Höhe von £ 2 708 691 vergeben. Die Kredit-
empfänger — alle Inhaber der Staatsbürgerschaft von Kenya — waren ihrer Herkunft
nach zu 80 % Afrikaner, zu 18 % Europäer und zu 2 % Asiaten (Inder) (THE LAND
AND AGRICULTURAL BANK OF KENYA 1965: Annual Report 1964).

31   Umwandlung von Europäerfarmen in afrikanische Genossenschaftsfarmen

Genossenschaftliche Organisationsformen sind in vielen Zweigen der Wirtschaft
Kenyas entwickelt worden, besonders jedoch in der Landwirtschaft. Meist sind diese
Genossenschaften nur Bezugs- und (oder) Absatzgenossenschaften. Mit der Einrichtung
von Co-operative Farms betritt man in Kenya Neuland, und es bleibt abzuwarten, ob
ihnen der gleiche Erfolg beschieden sein wird wie den Kibbuzim in Israel. Die Co-operative Farms wurden nicht aus gesellschaftspolitischen Motiven gegründet. Viele Europäerfarmen, die man aus politischen Gründen in afrikanische Hände überführen wollte,
eignen sich nicht für kleinbäuerliche Flächennutzungsstile, und zwar einmal, weil
wegen der zu geringen Niederschläge nur Viehhaltung möglich ist, zum anderen, weil
die Bodenverhältnisse Großfarmbetrieb mit Maschineneinsatz erfordern. Zur ersten
Gruppe gehören die Co-operative Dairy Ranch Konza (E 5)[204] sowie die Co-operative
Ranches Koma Rock und Lukenya (E 1), östlich bzw. südöstlich von Nairobi mit zusammen 45 730 ha, ferner die Co-operative Ranch Kilombe mit rund 5 000 ha Weideland nordwestlich von Nakuru. Weitere Weidefarmgenossenschaften sind geplant bzw. im
Stadium der Entstehung (S 8). Zur zweiten Gruppe gehören 104 ehemalige Europäerfarmen mit zusammen 52 600 ha Farmland im Bereich des Ol Kalou Salient (C 1). Die
Farmen wurden erst 1965 aufgekauft, nachdem die Farmer wegen der bevorstehenden
Übernahme die ordentliche Bewirtschaftung des Bodens zum Teil schon aufgegeben
hatten. Die schweren, nassen Böden erfordern sehr viel Erfahrung zu ihrer Bearbeitung
und erzielen die besten Erträge durch großflächigen Getreideanbau und Weidewirtschaft.

[204] Vgl. *Fig. 2.*

Etwa 2 000 Familien sollen die Farmen auf genossenschaftlicher Basis übernehmen. Inzwischen sind mehr als 2 000 Familien in das Gebiet eingewandert, die an geeigneten Stellen mit herkömmlichen Methoden illegal in Besitz genommenes Land bebauen[205]). Wie sich unter diesen äußerst schwierigen Verhältnissen die landwirtschaftliche Nutzung in Zukunft entwickeln wird, ist noch nicht zu übersehen.

32   Umwandlung von Europäerfarmen in afrikanische Kleinbauernstellen

Die oben beschriebenen Bodenbesitzreformen führen in der Regel kaum zu nennenswerten Wandlungen des Flächennutzungsstiles, die sich im Landschaftsbild auswirken können. Wirtschaftliche und ökologische Faktoren zwingen die neuen Farmbesitzer, die von den europäischen Farmern in Jahrzehnten erprobten Nutzpflanzen anzubauen und die Viehhaltung in gleicher Weise beizubehalten. Dagegen führt die Umwandlung von Europäerfarmen in afrikanische Kleinbauernstellen zu einer tiefgreifenden Veränderung des Flächennutzungsstiles und damit der Physiognomie der Agrarlandschaft. Diese Wandlung ist so stark und schnell, daß man in Anlehnung an SCHULTZE (1966, S. 11) von einer zweiten Revolution in der Landschaftsentwicklung sprechen kann, wenn man die Schaffung der Europäerfarmen in der ersten Hälfte unseres Jahrhunderts als erste Revolution ansieht.

Die Flächengrößen der Siedlerstellen wurden nicht schematisch festgelegt, sondern nach Netto-Einkommenszielen (income targets), die der Siedler erreichen soll. Nach der Zahlung der halbjährlichen Tilgungsraten für den auf 30 Jahre gewährten Kredit zum Ankauf der Siedlerstelle soll der Siedler ein bestimmtes Netto-Einkommen aus Verkäufen von Farmprodukten erzielen. Jeder Siedler soll außerdem die zur Selbstversorgung seiner Familie nötigen Lebensmittel auf der Siedlerstelle erzeugen können. Dafür rechnet man in der Regel etwas weniger als 1/2 ha Land und eine Kuh. Kleinvieh, wie Ziegen, Schafe und Geflügel, ist nur eingeplant, wenn es der Erzielung von Bargeldeinkommen dient, wird jedoch zur Selbstversorgung gehalten.

Nach der Höhe dieses Netto-Einkommenszieles unterscheidet man Low Density Schemes mit höheren Einkommenszielen, dementsprechend größeren Farmeinheiten und geringerer Bevölkerungsdichte je Siedlungsprogramm und High Density Schemes mit kleineren Einkommenszielen und dementsprechend kleineren Farmeinheiten und größerer Bevölkerungsdichte (vgl. *Figur 2*).

Die Flächengröße der Siedlerstellen ist außerdem von der Ertragsfähigkeit der Böden und ihrer in Aussicht genommenen Nutzung abhängig. Es werden unterschieden:

Bodenklasse I:

Ackerland mit einem jährlichen Nettoertrag von 200 sh. je acre (0,4 ha) unter

---

[205]) DEPARTMENT OF SETTLEMENT, KENYA 1964—66: Annual Report 1964/65, S. 2, 7 und 40—41.

Fig. 2 Settlement Schemes
in den ehem. White Highlands
von Kenya
Quelle: H. HECKLAU 1968,
S. 250—251
© Walter de Gruyter & Co., Berlin

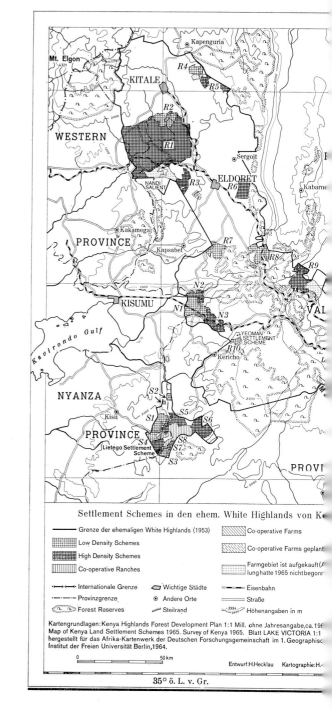

C = Central Province
E = Eastern Province
N = Nyanza Province
R = Rift Valley Province
S = Sotik

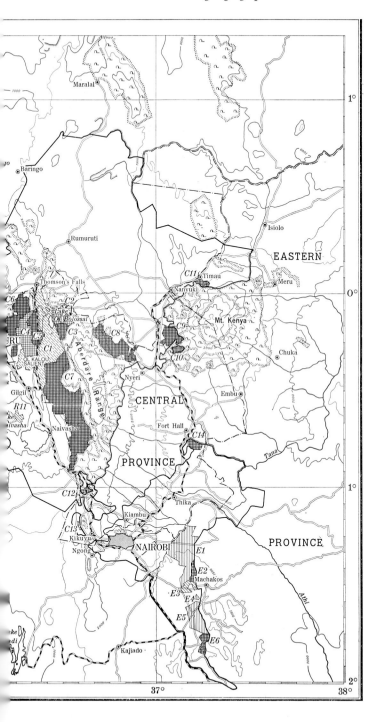

Berücksichtigung der vorgesehenen Nutzung und der zu leistenden Annuitäten zur Tilgung der Kredite zum Kauf und zur Entwicklung der Siedlerstelle,

Bodenklasse II:

dasselbe, aber mit einem jährlichen Nettoertrag von 100 sh. je acre.

Bodenklasse III:

Dauerweideland (Naturweideland), desgleichen, aber mit einem jährlichen Netto-ertrag von 50 sh. je acre.

Bei der Berechnung der Flächengröße der Siedlerstellen werden die Bodenklassen II und III — falls im Bereich der Siedlerstelle vorhanden — in entsprechende Flächen-größen der Bodenklasse I umgerechnet, d. h. 1 acre der Bodenklasse I zählt soviel wie 2 acres der Bodenklasse II und 4 acres der Bodenklasse III (NOTTIDGE & GOLDSACK 1965, S. 19).

Die Siedlerstellen in den High Density Schemes wurden in drei Größen mit 500, 800 und 1 400 sh. Netto-Einkommensziel eingerichtet. Die Low Density Schemes enthalten zwei Kategorien, eine mit 2 000 und eine mit 5 000 sh. Einkommensziel pro Jahr. Bis jetzt gibt es nur ein Siedlungsprogramm mit 5 000 sh. Jahres-Netto-einkommensziel je Siedlerstelle, man nennt es auch „Yeoman Scheme" — also frei übersetzt: Mittelklassebauern-Siedlungsprogramm. Um die Höhe dieser Nettoeinkommen bewerten zu können, muß man das Durchschnittseinkommen des eingeborenen Ost-afrikaners berücksichtigen, das zur Zeit mit 400—600 sh. je Jahr veranschlagt wird (O'CONNOR 1965, S. 1). Außerdem muß man in Betracht ziehen, daß die Flächen-größen, die nötig sind, um diese Einkommensziele zu erwirtschaften, in der Regel sehr großzügig geschätzt wurden und daß ein tüchtiger Siedler sie bei weitem überschreiten kann. Die Erreichung der Einkommensziele ist jedoch auch von der Preisentwicklung auf dem Markt bzw. Weltmarkt abhängig (NOTTIDGE & GOLDSACK 1965, S. 20).

33   Ausblick

Zusammenfassend kann festgestellt werden, daß im Verlauf der Bodenbesitzreform in Kenya zwei Vorgänge stattfinden. Erstens, es wird die Vormachtstellung der Europäer im wichtigsten Wirtschaftszweig des Landes eingeschränkt; zweitens, etwa 30 000—40 000 afrikanische Familien werden Landeigentümer in den früheren White Highlands, wodurch die Landnot in den dicht besiedelten ehemaligen African Reserves etwas gemildert wird. Vergleicht man jedoch diese Verminderung des Bevölkerungs-druckes mit der gegenwärtigen Bevölkerungszunahme der rund 9 Millionen Afrikaner in Kenya, die zur Zeit jährlich etwa 3 % beträgt, dann wird offensichtlich, daß die Landnot in Kenya durch die Bodenbesitzreform nur höchst unvollkommen bekämpft werden kann, wenn es bei einer einfachen Umverteilung des Bodens bleibt. Die politische, wirtschaftliche und auch agrargeographische Bedeutung der Bodenbesitzreform liegt jedoch auch darin, daß sich die Möglichkeit ergibt, die Siedler besonders wirksam in die moderne Geldwirtschaft einzuführen und sie durch intensive Beratung, Schulung und Aufsicht mit modernen Methoden der Landnutzung vertraut zu machen. Es bietet sich in den Aufsiedlungsgebieten Kenyas wie kaum in anderen Teilen Afrikas die Möglichkeit zur Bildung einer bäuerlichen Elite, die Vorbild für das ganze Land sein könnte. Die Fernwirkung auf lange Sicht wäre die Modernisierung und Intensivierung der Landwirtschaft in allen landwirtschaftlich nutzbaren Gebieten Kenyas. Gelingt diese Intensivierung, dann könnte die wachsende Bevölkerung des Landes vor Hungersnöten bewahrt bleiben, die sonst unausbleiblich zu sein scheinen, da die Industrialisierungsmöglichkeiten des Landes aus verschiedenen Gründen beschränkt sind. Agrargeographische Auswirkungen würden sich dann nicht nur in den Aufsiedlungsgebieten selbst zeigen, sondern von dort ausgehend könnten sich die Agrarlandschaften auch in anderen dicht besiedelten Gebieten allmählich wandeln. Dem vorurteilsfreien Betrachter der Verhältnisse kann nicht verborgen bleiben, daß bis jetzt nicht der Boden, sondern der Mensch derjenige Faktor ist, der die landwirtschaftliche Produktion des Landes begrenzt.

4   Zusammenfassung

Die außerordentlich bunte Vielfalt der landwirtschaftlichen Flächennutzungsstile[206]) in Ostafrika ist das Ergebnis der Tätigkeit von Bevölkerungsgruppen mit völlig unterschiedlicher rassischer und sozialer Herkunft, mit extrem verschiedenen kulturellen und zivilisatorischen Traditionen und mit gänzlich verschiedenem Wirtschaftsgeist. Diese Bevölkerungsgruppen bestehen aus Bantu mit uralter Ackerbautradition, aus hirtennomadischen Niloten, Hamiten und Nilo-Hamiten, die heute zum Teil zum seßhaften Ackerbau übergegangen sind, sowie schließlich aus Einwanderern vom indischen Subkontinent und vor allem aus Europa. So verschiedenartig die Bevölkerungsgruppen sind, so differenziert sind auch die ökologischen Bedingungen in Ostafrika. Sie reichen von fruchtbaren, gut beregneten Gebieten mit vulkanischen Böden über Areale mit leicht erschöpfbaren Grundgebirgsböden und unzuverlässigen Niederschlägen bis hin zu halbwüstenhaften Regionen, um nur wenige Beispiele aus der Vielfalt der ökologischen Ausstattung des Untersuchungsgebietes zu nennen. Die Höhengliederung erstreckt sich von den rund 1 000 m ü. d. M. gelegenen weiten, leicht gewellten Ebenen bis in die über 5 000 m hohe, von Gletschern bedeckte Gipfelregion des Mount Kenya. Die stark differenzierte Höhengliederung mit ihren Auswirkungen auf das Klima, die Bodenverhältnisse und die Vegetation schaffen so verschiedenartige Standortbedingungen, daß neben tropischen Früchten wie Bananen, Kaffee und Tee räumlich nicht weit entfernt auch Anbaufrüchte der gemäßigten Zone wie Weizen, Gerste und Kartoffeln gedeihen.

Versucht man eine Ordnung in die chaotische Vielfalt der landwirtschaftlichen Flächennutzungsstile zu bringen, die die so verschiedenartigen Bevölkerungsgruppen in dem ökologisch derart extrem unterschiedlich ausgestatteten Raum entwickelten, dann kann man zunächst zwei Hauptkategorien unterscheiden, die sich in fast allen Aspekten voneinander abheben: die von den Europäern initiierten Flächennutzungsstile in den früheren White Highlands und die traditionellen Flächennutzungsstile der Afrikaner. Die Flächennutzungsstile der Afrikaner weisen alle Übergänge von jenen Wirtschaftsformen auf, die die Tradition rein bewahrt haben, bis zu jenen, die nach

---

[206]) Der landwirtschaftliche Flächennutzungsstil ist die generalisierende Synthese der landwirtschaftlichen Betriebssysteme, der Formen der Landbautechnik, der Agrarverfassungen und anderer Einrichtungen und Methoden, deren sich der landwirtschaftlich tätige Mensch in Abhängigkeit von ökologischen, sozio-ökonomischen und politischen Bedingungen bei der Produktion landwirtschaftlicher Güter bedient. Im einzelnen soll die Synthese bei der kartographischen Darstellung der Sachverhalte berücksichtigen:
  a) Arten und Artenverhältnis der angebauten landwirtschaftlichen Nutzpflanzen,
  b) Arten und Artenverhältnis der gehaltenen Nutztiere,
  c) die Stellung der Tierhaltung innerhalb des landwirtschaftlichen Betriebes bzw. Haushaltes,
  d) die Formen der Landbautechnik (Pflugbau, Hackbau, Maschineneinsatz),
  e) die Bodenbesitzverfassung und die Betriebsgrößenstruktur,
  f) die Stellung der landwirtschaftlichen Betriebe zum Markt.

modernen Gesichtspunkten der tropischen Landbautechnik geführt werden. Die ausschließlich von Afrikanern praktizierten Flächennutzungsstile lassen sich in verschiedene Gruppen einteilen, und zwar in die Subsistenz-Weidewirtschaft, in vermittelnde Stile, bei denen die Viehhaltung größere Bedeutung als der Ackerbau hat und die in vielen Variationen ausgeprägten Flächennutzungsstile, bei denen der Ackerbau gegenüber der Viehhaltung von größerer Bedeutung für die Subsistenzwirtschaft und die partielle Marktproduktion ist. Die Bauern, die die zuletzt genannten Flächennutzungsstile anwenden, können zwar einen hohen Viehbestand haben, aber dieser Viehbestand ist weitgehend wirtschaftlich stillgelegt. Er ist weder in die Bauernwirtschaften integriert, noch wird er nach wirtschaftlichen Gesichtspunkten genutzt.

Die Subsistenz-Weidewirtschaft

Die Lebensräume der Hirtennomaden liegen vorwiegend in den Trockengebieten, in denen die Jahresniederschläge geringer als etwa 500—760 mm (20—30″) sind. Regenfeldbau ist deshalb in den meisten Gebieten nicht durchführbar, und Bewässerungsfeldbau ist nur an sehr wenigen Punkten konzentriert. Die Bevölkerungsdichte ist bei den Hirtennomaden naturgemäß sehr gering. Sie beträgt in weiten Gebieten unter 4 und in kleineren Arealen zwischen 4 und 10 E./km² (MORGAN 1964). Die Hirtennomaden gehören zur konservativsten Bevölkerungsgruppe Ostafrikas, die sich modernen Einflüssen weitgehend verschließt. Futterknappheit infolge extremer Trockenheit sowie Seuchen führten gelegentlich zu katastrophalen Viehsterben, die in der Vergangenheit starke Bevölkerungsdezimierungen durch Hungersnöte auslösten.

Von seiten der Verwaltung wird versucht, gegen die Viehsterben eine Reihe von Maßnahmen zu ergreifen. Beim Auftreten von Seuchen werden Quarantänen über die Gebiete verhängt. Soweit technisch durchführbar, werden Schutzimpfungen vorgenommen. Dammbauten und Brunnenbohrungen sollen die Wasserversorgung verbessern. Durch Weidewirtschaftsprogramme sollen die Hirtennomaden in moderne Weidewirtschaftsmethoden eingeführt werden.

Die Einführung moderner Weidewirtschaftstechniken scheitert jedoch u. a. an dem starken Drang der Hirtennomaden nach Unabhängigkeit und zur Bewahrung der von den Vorvätern übernommenen Lebensweise. Auf die Verbesserung der Bedingungen für die Viehhaltung reagieren sie in der Regel mit der Erhöhung des Viehbestandes. Die Folgen sind katastrophal. Starke Überweidung wegen zu hohen Viehbesatzes führt vor allem an den Flüssen, Wasserstellen, Brunnen und Siedlungsplätzen zu starker, nicht wiedergutzumachender Bodenerosion. Die Vernichtung der Grasnarbe fördert außerdem die Verbuschung der Weidegründe. Solange die Hirtennomaden ihre Tierbestände als Statussymbole „horten" und sich modernen Wirtschaftsmethoden verschließen, bleiben alle Förderungsprogramme erfolglos.

Die Zukunft der Hirtenstämme scheint außerordentlich problematisch zu sein: Katastrophale Bevölkerungsdezimierungen, die in der Vergangenheit eine barbarische Art des biologischen Gleichgewichtes zwischen der Tragfähigkeit des Lebensraumes und der Bevölkerung herstellten, werden heute aus humanitären Gründen verhindert. Die wachsende Bevölkerung verringert mit dem vermehrten Viehbestand durch Übernutzung des Weidepotentials jedoch in immer stärkerem Maße die Tragfähigkeit ihres Lebensraumes, schmälert damit die Existenzgrundlage ihrer Nachkommen. Die Urzeitformen der Agrarverfassung sind bei den Hirtennomaden noch weitgehend unangetastet. Die Nomaden stellen keine Ansprüche auf individuelles Bodeneigentum.

Unter dem Einfluß der britischen Kolonialregierung und der Landwirtschaftspolitik der Regierung von Kenya wurde der Lebensstil der Nomaden gebietsweise mehr und mehr verändert. Standen den Hirtenstämmen vor Ankunft der Europäer riesige Landstriche zur Verfügung, die sie mit ihren Herden durchstreifen konnten, so wurden schon zur Kolonialzeit zur Befriedung der Kolonie die Stammesgebiete durch Grenzen festgelegt. Diese langsame Einengung der Bewegungsfreiheit ist heute bei den Masai am weitesten fortgeschritten. Bei einigen Hirtenstämmen haben Clans sich bereits festbegrenzte — allerdings weder vermessene noch registrierte — Weideareale gesichert, die höchstens von befreundeten Gruppen vorübergehend genutzt werden dürfen. Der nächste Schritt wäre die amtliche Vermarkung und Eintragung der Weideflächen als Landeigentumstitel. Das Problem des persönlichen Grundeigentums und auch das des Gruppeneigentums wird von den Masai diskutiert, und stellenweise ist die Vermarkung und Eintragung von Landeigentumstiteln auch schon im Gange.

In ökologisch geeigneten Gebieten wird die Individualisierung des Grundeigentums bei den Hirtennomaden als unabdingbare Voraussetzung zur Modernisierung der Weidewirtschaft angesehen. Denn nur auf individuellem Grundeigentum ist der Eigentümer bereit, den Viehbesatz den ökologischen Gegebenheiten anzupassen und Maßnahmen zur Erhaltung und Verbesserung des Weidepotentials durchzuführen.

Außerdem können Entwicklungskredite, die zur Modernisierung der Weidewirtschaft unbedingt notwendig sind, nur hypothekarisch gesichert werden, wenn Eigentumstitel vorhanden sind.

Andererseits ist eine geordnete Weidewirtschaft auf individualisiertem Grundbesitz in den extremen Trockengebieten nicht durchführbar, denn bekanntlich ist ja gerade der Hirtennomadismus die Lebens- und Wirtschaftsform, die daran angepaßt ist, die verschiedenen Weidegründe auszunutzen, die unregelmäßig hier und da nach sporadischen Niederschlägen sich bilden.

Weidewirtschaft und Ackerbau (Ackerbau ist gegenüber der Viehhaltung von geringerer Bedeutung)

In dieser Kategorie sind zwei verschiedene Gruppen von Flächennutzungsstilen zusammengefaßt, nämlich einmal der Wanderhackbau in Grenzgebieten des Regenfeldbaus, in denen die schnelle Erschöpfbarkeit der Böden einen häufigen Wechsel der Ackerflächen notwendig macht und unzuverlässig fallende Niederschläge die Daseinssicherung der Bevölkerung durch einen hohen Viehbestand erfordert. Zur zweiten Gruppe gehören die Flächennutzungsstile der Nandi und Kipsigis, die typische

Beispiele dafür sind, wie Stämme mit Hirtentraditionen zu seßhaftem Ackerbau übergegangen sind. Die Stammesgebiete liegen zwar in ökologisch sehr gut ausgestatteten Räumen, aber traditionsbedingt liegt das Schwergewicht der wirtschaftlichen Tätigkeit der Bewohner noch auf der Viehhaltung, obwohl der Ackerbau in den letzten Jahrzehnten mehr und mehr an Bedeutung gewonnen hat.

Ackerbau und Viehhaltung (Ackerbau ist gegenüber der Viehhaltung von größerer Bedeutung)

Diese Flächennutzungsstile sind zwar regional stark differenziert; es lassen sich jedoch gewisse Gruppierungen herausarbeiten, die ökologisch, ethnologisch und sozioökonomisch bedingt sind. Als Gliederungskriterien wurden herangezogen: die Landbautechnik, die Agrarverfassungen und der Grad der Beanspruchung des Bodens als Folge der Relation Bevölkerungsdichte — Bodenvorrat, und zwar mit Gebieten, in denen etwa 10—50 % des Bodens jeweils im Jahr bebaut werden, und jenen Regionen, in denen mehr als 50 % des Bodens unter Kultur sind.

Zur ersten Gruppe gehören — von Ausnahmen abgesehen — die Gebiete mit leichter erschöpfbaren Grundgebirgsböden und für den Pflanzenbau mäßig günstigen klimatischen Bedingungen, zur zweiten zählen jene voll ausgeprägten kleinbäuerlichen Agrarlandschaften im Norden des Victoriasees, am Mount Elgon und in den Gebirgslagen Kenyas, wo hohe agrare Tragfähigkeit und hohe Bevölkerungsdichte zusammentreffen. Die Landnot hat jedoch nicht nur in den dicht besiedelten Ackerbaulandschaften ernste Formen angenommen, sondern auch in einigen Regionen, in denen zwar weniger als 50 % des Bodens jeweils bebaut sind, in denen — wie oben angedeutet — jedoch die ökologischen Bedingungen eine weit geringere agrare Tragfähigkeit aufweisen, weil die vom Anbau erschöpften Böden längere Brachezeiten zur Regeneration ihrer Fruchtbarkeit benötigen.

Die Subsistenzfrüchte

Die Hauptnahrung besteht bei vielen afrikanischen Kleinbauernfamilien nur aus einer Frucht, andere Früchte bilden mehr eine Ergänzung. Nur in einigen Regionen bilden mehrere Früchte zusammen die Grundnahrungsmittel. Grundsätzlich kann man zwischen denjenigen Bevölkerungsgruppen unterscheiden, deren Hauptnahrung aus Körnerfrüchten besteht und jenen, die sich hauptsächlich von M a t o k e (= Kochbananenbrei) ernähren. Fingerhirse (W i m b i), Rohrkolbenhirse (M a w e l e) und Sorghum (M t a m a) bildeten die traditionelle Grundnahrung der Afrikaner vor Eintreffen der Europäer in Ostafrika. Fingerhirse ist in Teso und in Bukedi auch heute noch Hauptnahrungsmittel. Rohrkolbenhirse wird in den heißeren und trockeneren Gebieten im Südosten des Untersuchungsgebietes angebaut sowie vor allem auf der außerordentlich übervölkerten Insel Ukara mit ihren leichten Granitböden. Wegen seiner Anspruchslosigkeit hinsichtlich Bodenfruchtbarkeit und Niederschlägen sowie seiner relativ hohen Erträge ist Sorghum-Anbau vor allem dort verbreitet, wo entweder eine hohe Bevölkerungsdichte eine Übernutzung des Ackerlandes und ein Nachlassen der Ertragsfähigkeit zur Folge hat, oder dort, wo wegen der natürlichen ökologischen Bedingungen anspruchsvollere Pflanzen unsichere Erträge liefern. Häufig werden die Hirsearten nicht nur als Nahrungsmittel, sondern auch als Rohstoff zur Bierbereitung verwendet. Mais wurde in Ostafrika zwar schon angebaut, bevor die Briten dort erschienen. Jedoch durch den Einfluß der Kolonialverwaltung hat Mais in einigen Regionen Ostafrikas die einheimischen Körnerfrüchte entweder fast ganz verdrängt, wie in weiten Bereichen Kenyas, oder doch wenigstens stark ergänzt. Zwei aus Südamerika stammende Knollenfrüchte, Süßkartoffeln und Kassawa, waren ebenfalls schon vor der Ankunft der Briten in Ostafrika weit verbreitet. Ihr Anbau wurde von den Kolonialmächten als Reservefrüchte für Hungersnöte infolge dürrebedingter Mißernten propagiert. Kassawa gedeiht noch in nährstoffarmen, erschöpften Böden bei geringen Niederschlägen und kann bis zu 4 Jahren im Boden bleiben, ohne zu verderben. Kassawa wird häufig als letzte Frucht in der Anbaufolge angebaut. Die aus Asien stammenden Bananen wurden seit Jahrhunderten in Ostafrika kultiviert. Gleichmäßig über das Jahr verteilte, relativ mühelos zu erlangende Erträge haben bewirkt, daß sie nicht durch Körnerfrüchte ersetzt wurden. (Zweifellos spielt auch die Geschmacksfrage eine gewisse Rolle.) Die hohen Standortansprüche der Banane haben ihre Verbreitung als Hauptnahrungsmittel begrenzt. Sie wird jedoch in weiten Bereichen Ostafrikas, vor allem in den Höhenlagen, in kleinen Gruppen auf vielen Bauernstellen angebaut.

Die Verkaufsfrüchte

Die europäischen Kolonialmächte haben eine Reihe von Verkaufsfrüchten in Ostafrika eingeführt, von denen sich Baumwolle und Kaffee in Uganda frühzeitig als die wichtigsten Exportfrüchte entwickelten, die von den Bauern kultiviert werden. Bis 1955 stand Baumwolle an der ersten Stelle in den Exportstatistiken des Protektorats. Von da an übertraf der Kaffee-Export die Ausfuhr der Baumwolle. Ökologische und ökonomische Ursachen bedingen in Ostafrika eine ausgeprägte Artendifferenzierung des Kaffeeanbaus in zwei verschiedenen Höhenlagen über dem Meer. In den tiefer als 1 500 m ü. d. M. gelegenen Gebieten am Victoriasee wird fast ausschließlich *Coffea robusta* angebaut. In höheren Lagen am Mount Elgon und in den Höhenlagen Kenyas zwischen 1 500 und 2 100 m ü. d. M. wird nur *Coffea arabica* kultiviert, dessen Kaffeebohnen größer und von besserer Qualität sind als die des Robustakaffees und deshalb höhere Preise auf dem Weltmarkt erzielen. Kenya-Arabica-Kaffee nimmt sogar wegen seiner Qualität eine Spitzenstellung auf dem Weltmarkt ein. Arabicakaffee ist jedoch in den tieferen Lagen nicht resistent gegen Krankheiten, und Robustakaffee liefert in höheren Lagen geringere Erträge als in tieferen. Während in Uganda der Anbau von Kaffee schon kurz nach Errichtung der Protektoratsverwaltung propagiert wurde, haben sich die weißen Siedler in Kenya lange Zeit gegen den Kaffeeanbau durch Eingeborene gewehrt. Sie befürchteten, daß sich auf unzureichend gepflegten Kaffeepflanzungen der Afrikaner Schädlinge entwickeln und die europäischen Kaffeeplantagen gefährden könnten. Erst nach dem Zweiten Weltkrieg und auf Grund des Swynnerton-

Planes wurde der Arabica-Kaffeeanbau bei den Afrikanern stark gefördert. In den Gebirgslagen Kenyas ist er heute eine der wichtigsten Verkaufsfrüchte geworden. Eine Ausweitung des Kaffeeanbaus wird durch die weltweite Überproduktion und durch den Ausbruch der Kaffeebeerenkrankheit beeinträchtigt. In den höheren Lagen der Gebirge in Kenya — bis in die Kaffeezone herabreichend — wird in zunehmendem Maße von den afrikanischen Kleinbauern Tee angebaut. Das ökologische Potential für den Anbau von Tee ist bis jetzt nur zu einem Bruchteil genutzt. Eine Ausweitung des Teeanbaus ist jedoch ebenfalls wegen des Überangebotes auf dem Weltmarkt problematisch. In begrenzten, hochliegenden Arealen wird seit dem Zweiten Weltkrieg bei den Kleinbauern in Kenya die Pyrethrumproduktion eingeführt, die von den europäischen Farmern in einigen Gebieten der früheren White Highlands seit den dreißiger Jahren mit großem Erfolg betrieben wird.

Auch andere Früchte, die von den afrikanischen Bauern früher gar nicht oder vorwiegend für die Eigenversorgung angebaut wurden, werden jetzt in zunehmendem Maße zum Verkauf angeboten und aus den Bauerngebieten exportiert. *Tabelle 62* zeigt, wie der Anteil der Verkaufsproduktion der afrikanischen Bauern in Kenya, gemessen an der Verkaufsproduktion der Großfarmen, von 1957 bis 1966 gewachsen ist.

Abgesehen von den hier erörterten wenigen Verkaufsfrüchten kann jedes landwirtschaftliche Anbauprodukt auf lokalen oder regionalen Märkten gehandelt werden, ohne daß es statistisch erfaßt werden kann. Namentlich die Pflanzen, die zur Eigenversorgung angebaut werden, können je nach Ernteausfall und lokalen Absatzbedingungen in mehr oder weniger großem Umfang zum Verkauf angeboten werden. In Kenya ist in dieser Hinsicht Mais die populärste Verkaufsfrucht. Die Umsätze unterliegen jedoch sehr erheblichen Schwankungen, die vor allem von den Witterungsbedingungen abhängen. 1961 mußten rund 100 000 t Mais importiert werden (REPUBLIC OF KENYA 1966: Statistical abstract 1966, S. 34). 1968 dagegen war Kenya mit dem Problem eines Maisüberschusses von 1 Million bags konfrontiert (REPORTER v. 23. 8. 1968, S. 34).

Die Viehhaltung

Die Tierhaltung spielt in den traditionellen afrikanischen Bauernwirtschaften im Vergleich zum Anbau auf dem Ackerland aus Gründen der Tradition und wegen zunehmender Landknappheit wirtschaftlich und im Hinblick auf die Eigenernährung der Bauernfamilien nur eine untergeordnete Rolle. Von geringen Ausnahmen abgesehen, werden Zeburinder, Ziegen, Schafe und Hühner gehalten. Die Viehbesatzdichte ist direkt abhängig von der Flächengröße der Buschbrache, die als Hutung und meist als einzige Futtergrundlage für das Vieh zur Verfügung steht. Die Weidegründe wurden bisher gewöhnlich als Gemeineigentum genutzt. Da sich niemand persönlich verantwortlich fühlt, findet keine geordnete Weidepflege statt. Übernutzung durch zu hohen Viehsatz mit den bekannten Folgen der Bodenerosion und Vegetationszerstörung und Verbuschung ist weit verbreitet. In der Gegenwart vollzieht sich jedoch auch hier in vielen Gebieten ein epochaler Wandel mit der Individualisierung des Grund-

Tab. 62   Kenya: Principal crops Production for Sale, 1957—1966

	1957	1958	1959	1960	1961	1962	1963	1964	1965	Thousand Tons 1966
Sisal										
Small farms	0·1	Negl.	1·5	3·0	6·1	2·0	7·0	5·0	5·0	(2·0)
Large farms	41·0	46·0	53·7	59·7	56·0	56·7	63·2	61·4	58·0	(55·0)
Total	41·1	46·0	55·2	62·6	62·3	58·7	70·2	66·4	63·0	(57·0)
Pyrethrum										
Small farms	0·4	0·4	0·6	1·8	2·8	2·7	1·8	2·2	3·3	(6·0)
Large farms	3·0	3·4	4·2	6·7	7·5	7·3	3·9	2·1	2·9	(2·5)
Total	3·4	3·8	4·8	8·5	10·2	10·0	5·7	4·3	6·2	(8·5)
Tea										
Small farms	—	—	0·1	0·1	0·2	0·3	0·4	0·6	0·8	(1·6)
Large farms	9·8	11·2	12·3	13·5	12·2	15·9	17·4	19·3	18·7	(23·4)
Total	9·8	11·2	12·4	13·6	12·4	16·2	17·8	19·9	19·5	(25·0)
Wattle Bark[a]										
Small farms	25·4	24·4	18·8	19·2	16·8	22·0	22·3	21·6	14·8	(12·0)
Large farms	24·0	37·2	28·3	31·0	37·1	39·0	26·5	23·2	20·1	(18·0)
Total	49·4	61·5	47·0	50·2	53·9	61·0	48·8	44·8	34·9	(30·0)

[a] Purchases by Kenya Wattle Manufacturers' Association of green and stick bark.

	1956/57	1957/58	1958/59	1959/60	1960/61	1961/62	1962/63	1963/64	1964/65	1965/66
Wheat[b]										
Small farms	—	—	—	0·7	0·2	1·0	1·1	1·1	2·0	6·5
Large farms	125·1	102·1	96·2	126·7	99·5	83·1	107·8	121·3	118·4	145·8
Total	125·1	102·1	96·2	127·4	99·7	84·1	108·9	122·4	120·4	152·3
Maize										
Small farms	57·0	70·8	79·7	73·4	62·7	71·3	111·3	46·7	75·0	55·8
Large farms	80·0	88·3	76·5	70·4	76·4	85·4	100·4	63·4	55·8	74·9
Total	137·0	159·1	156·2	143·8	139·7	156·7	211·7e	110·1	130·8	130·7
Barley[c]										
Small farms	—	—	—	—	—	—	—	—	—	—
Large farms	24·9	27·6	30·2	24·0	13·3	9·9	19·2	14·7	13·3	14·3
Total	24·9	27·6	30·2	24·0	13·3	9·9	19·2	14·7	13·3	14·3
Clean Coffee[d]										
Small farms	1·5	2·3	3·6	4·6	7·9	8·1	9·4	15·3	15·4	25·7
Large farms	17·0	18·5	19·6	18·8	25·2	19·3	26·4	28·2	23·4	25·6
Total	18·5	20·8	23·2	23·4	33·1	27·4	35·8	43·5	38·8	51·3
Rice Paddy										
Small farms	4·4	5·6	4·4	9·5	14·6	14·3	12·4	12·8	13·7	16·2
Large farms	—	—	—	—	—	—	—	—	—	—
Total	4·4	5·6	4·4	9·5	14·6	14·3	12·4	12·8	13·7	16·2
Cotton										
Small farms	4·7	6·7	10·0	11·0	9·0	5·3	8·5	9·4	13·9	14·1
Large farms	—	—	—	—	—	—	—	—	—	—
Total	4·7	6·7	10·0	11·0	9·0	5·3	8·5	9·4	13·9	14·1

[b] Total production, including seed retentions up to and including 1961/62; thereafter production net of seed retentions.

[c] Actual production upto 1962/63; thereafter estimated from acreage planted.

[d] From 1962/63 and in subsequent years data per coffee refer to International quota year as different from in previous years.

Source: Sisal Growers' Association; The Pyrethrum Marketing Board of Kenya; Tea Board of Kenya; Kenya Wattle Manufacture Association; Coffee Board of Kenya; The Maize and Produce Board (previously, The Maize Marketing Board; The Kenya Agricultural Produce Marketing Board; The West Kenya Marketing Board); Cotton, Lint and Seed Marketing Board, Kenya Farmers Association.

[e] In der Quelle ist 211·6 angegeben.

Quelle: REPUBLIC OF KENYA 1966: Statistical abstract 1966, Tab. 77, S. 63.

eigentums, durch die die Viehwirtschaft auf völlig andere Grundlagen gestellt werden
muß. Die Bauern sind eher geneigt, den Viehbesatz an die Tragfähigkeit ihres eigenen
Landes anzupassen und moderne Weidewirtschaftsmethoden zu akzeptieren.

Die quantitative Artenzusammensetzung des Nutzviehbestandes unterliegt gewissen
Variationen. In tsetseverseuchten Gebieten (Areal 130) fehlt die Großviehhaltung.
Ziegen und Geflügel werden häufig in der Nähe des Hüttenplatzes gehalten. Die
Schafe werden meistens zusammen mit dem Rindvieh in mehr oder weniger großer
Entfernung vom Hüttenplatz zur Weide getrieben. In Süd-Mengo z. B. stellen mehrere
Familien gemeinsam einen Bahima-Hirten an, der das Vieh dieser Familien oft viele
Kilometer weit von den Hüttenplätzen der Familien entfernt weidet. Die Kleinbauern
betrachten die Tiere als Symbol des Wohlstandes, als eine Rücklage für Notzeiten, als
Brautpreis und erst in zweiter Linie als Nahrungs- und Erwerbsquelle. In den Hochlagen
von Kenya bahnt sich in dieser Hinsicht seit Ende der fünfziger Jahre eine tiefgreifende
Wandlung an. Mehr und mehr werden die einheimischen Zebu-Rinder, deren Fleisch-
und Milcherträge gering sind, aufgekreuzt und durch europäische Milchrinderrassen
ergänzt. Zahlreiche Bauern beginnen, Milchwirtschaft zu treiben. Der Erwerb dieser
relativ hochwertigen Rinder wird staatlich überwacht und ist an bestimmte Auflagen
gebunden, wie z. B. an die Einfriedung der Bauernstellen. Eine wirkliche Integration
der Tierhaltung wird jedoch nur von wenigen fortschrittlichen Farmern vorgenommen.
Stallmistdüngung und Zufütterung stehen noch in den Anfängen. Eine interessante
Ausnahmestellung nehmen die Wakara, die Bewohner der Insel Ukara, ein, bei denen
schon vor Ankunft der Europäer Stallmistdüngung und Zufütterung üblich waren.
Kunstwiesen und Kunstweiden werden bei den afrikanischen Kleinbauern nur in sehr
begrenztem Umfang in wenigen Regionen angelegt, da die Afrikaner traditionsgemäß
Gras nicht als eine eigentliche Anbaupflanze betrachten. Am weitesten fortgeschritten
ist die Entwicklung bei den Kikuyu am oberen Rand ihres Siedlungsgebietes zum
Bergwald der Aberdares hin.

Formen der Bodennutzung

Grabstock und Hacke waren die wichtigsten Ackergeräte der Afrikaner bei Ankunft
der Europäer in Ostafrika und sind es in den dicht besiedelten Gebieten auch heute
noch, wo die Kleinheit der Bauernstellen, die Hängigkeit des Geländes in den Berglagen, der Anbau von Dauerkulturen und der Mangel an Weideland für die Haltung
von Zugochsen die Verbreitung des Pflugbaues erschweren und unwirtschaftlich
machen. Der Pflugbau ist schon vor dem Ersten Weltkrieg in Teso eingeführt worden
und hat sich zusammen mit der Ausbreitung der Baumwollkultur durchgesetzt. In
manchen Gebieten gibt es einen sog. „tractor hire service", den die Bauern zum
Pflügen ihrer Felder in Anspruch nehmen können. Eine genaue regionale Abgrenzung
der Gebiete, in denen Hackbau oder Pflugbau betrieben wird, ist nicht möglich. Neben
Gebieten mit ausschließlichem Hackbau und ausschließlichem Pflugbau gibt es Regionen,
in denen beide Techniken angewendet werden. Die Übernutzung des Ackerlandes führte
in vielen Gebieten, namentlich in den dicht besiedelten Berglagen, zu sehr schweren

Erosionsschäden. Zur Erosionsbekämpfung sind auf Veranlassung der Verwaltung Tausende von Kilometern Ackerterrassen, Grasschutzstreifen, Sisalhecken, sog. „trash lines" und in einigen Berglagen Steinwälle von den Afrikanern — oft in Gemeinschaftsarbeit — angelegt worden.

Das Bevölkerungswachstum führte in fast allen Regionen des Arbeitsgebietes zu einem Wandel der Betriebsformen des Ackerbaus. Es darf angenommen werden, daß Wanderfeldbau die vorherrschende Betriebsform in prä- und frühkolonialer Zeit gewesen ist. Inzwischen sind die Bauern in weiten Teilen des Untersuchungsgebietes zur Landwechselwirtschaft mit semipermanentem Anbau übergegangen. Im Zuge der Verknappung des Bodens ist es in den dicht besiedelten Gebieten schließlich zum Vorherrschen des permanenten Ackerbaus gekommen, bei dem die Zahl der Baujahre auf einem Feld größer ist als die Zahl der Brachjahre. Der Zwang, die Brache mehr und mehr zu verkürzen, konfrontiert die Bauern in immer stärkerem Maße mit dem Problem des abnehmenden Ertragszuwachses ihrer Böden. Schon seit alters her versuchten die Bauern — wenn auch unbewußt — durch Fruchtfolgen den Nährstoffhaushalt optimal zu nutzen. Schon die Kolonialverwaltung hat auf Versuchsfarmen Fruchtfolgen erproben lassen, die eine optimale Ausnutzung des Bodens in verschiedenen ökologischen Zonen gewährleisten sollen, ohne dessen Ertragsfähigkeit zu erschöpfen. In den feuchteren Hochlagen Kenyas wurde die Anlage von Futtergrasflächen, verbunden mit der Haltung hochwertiger Milchrinderrassen, in die Rotation anstelle der Buschbrache einbezogen. Zu einem Anfang tiefgreifender Wandlung der Anbaugewohnheiten afrikanischer Bauern kam es jedoch erst im Zusammenhang mit der Individualisierung des Grundbesitzes und der auf wissenschaftlichen Erkenntnissen beruhenden Planung der Betriebsführung, die von fortschrittlichen afrikanischen Bauern angewendet wird. Farmplaner, die von der Verwaltung beschäftigt werden, entwerfen für die Farmer die Pläne, die genau auf die Verhältnisse des jeweiligen Betriebes zugeschnitten sind.

Die Agrarverfassungen

In Jahrhunderten gewachsene afrikanische Bodenbesitzverfassungen, die von Stamm zu Stamm, ja von Clan zu Clan modifiziert sein können, und europäische Bodenrechtsauffassungen sind in den Jahrzehnten der europäischen Kolonialherrschaft hart aufeinander getroffen. Das Grundprinzip der afrikanischen Bodenbesitzverfassungen besteht darin, daß derjenige, der den Boden bebaut, ein Nießbrauchrecht an dem bebauten Stück Land hat, das er meistens auch vererben kann. Aufgelassenes Land jedoch fällt in Gemeineigentum zurück. Dieses unbebaute, der Gemeinschaft gehörende Land kann von allen Angehörigen dieser Gemeinschaft als Weideland für das Vieh benutzt werden. Der Älteste eines Clans, oft auch ein Ältestenrat, ist befugt, von diesem der Gemeinschaft gehörenden Land ein Stück einem einzelnen zur Nutzung zu überlassen.

In der Vergangenheit, als die Stämme noch große Landreserven und genügend Bewegungsspielraum hatten, war eine gleichmäßige und den Bedürfnissen der Stammesmitglieder entsprechende Landverteilung möglich, zumal jede Familie nur soviel Land beanspruchte, wie sie für den Anbau zur Selbstversorgung brauchte. Bei Nachlassen der Ertragsfähigkeit konnten die Ackerparzellen aufgelassen werden, bis deren Fruchtbarkeit sich regenerierte. Infolge der starken Bevölkerungsvermehrung in den letzten Jahrzehnten ist es in den nunmehr festliegenden Stammesgrenzen in vielen Gebieten zu empfindlicher Landknappheit gekommen. Diese Landknappheit wird noch verschärft durch die zunehmende Eingliederung der Bauernbevölkerung in die Geldwirtschaft, die sich darin äußert, daß die Bauern mehr und mehr Land für den Anbau von Verkaufsfrüchten benutzen. Hinzu kommt, daß sie durch bezahlte Arbeitskräfte − in einigen Regionen durch den Einsatz des Pfluges − mehr Land unter Kultur nehmen können als früher. All diese Ursachen führen dazu, daß das Land einen Tausch- und Marktwert erhält und daß es in fast allen Regionen zu einer Individualisierung des Grundeigentums kommt, wenn auch die Formen sehr unterschiedlich sind.

Die Individualisierung des Grundeigentums wurde schon um die Jahrhundertwende von den Briten in Uganda als Voraussetzung der wirtschaftlichen Entwicklung des Protektorates angesehen. Nach Artikel 15 des Uganda Agreement vom 10. 3. 1900 wurde der Boden zwischen der britischen Krone, dem Kabaka und seiner Häuptlingsoligarchie bis auf kleine Flächen verteilt, die anderen Zwecken zugeführt wurden.

In anderen Regionen des Arbeitsgebietes entwickelte sich allmählich De-facto-Grundeigentum ohne staatlichen Einfluß, indem die Familien den Wanderfeldbau aufgaben und das einmal in Besitz genommene Land nicht mehr aufließen. Der so entstandene Grundbesitz wird von den Nachbarn in der Regel anerkannt, ohne daß es einer Formalität bedürfte. Je knapper das Land, desto öfter kommt es jedoch zu Grenzstreitigkeiten. Sicherheit des individuellen Landeigentums ist Voraussetzung dafür, daß Kredite hypothekarisch gesichert werden können. Kredite wiederum sind für die Entwicklung der kleinbäuerlichen Wirtschaften unentbehrlich, und Boden ist das einzige, was der Kleinbauer zur Sicherung der Kredite bieten kann. Deshalb hat man in Kenya begonnen, die kleinbäuerlichen Wirtschaftsflächen zu vermessen, zu vermarken und ins Landregister einzutragen. Am weitesten ist diese Entwicklung im Gebiet der Kikuyu, Meru und Embu vorangeschritten. Hier war sie außerdem von einer tiefgreifenden Agrarreform begleitet, die von der britischen Kolonialverwaltung wegen der herrschenden Landknappheit und der Bodenzersplitterung im Zuge der Bekämpfung des Mau-Mau-Aufstandes in den fünfziger Jahren erzwungen wurde. Mit der Vergabe von Landeigentumstiteln hat Kenya auf dem Gebiet der Bodenbesitzverfassung den Schritt aus der Urzeit der Menschheit in die Gegenwart vollzogen. So nötig dieser Schritt war für die Entwicklung der kleinbäuerlichen Landwirtschaft, so tragisch sind dessen Folgen in sozialer Hinsicht. Hunderttausende werden vom Land verdrängt und so aus den Banden der Stammes- und Familiendisziplin herausgerissen. Man muß sich fragen, wieviele von ihnen entwurzelt im Elend städtischer Slums versinken und wieviele Gelegenheit erhalten werden, an der Entwicklung nichtagrarer Zweige der Wirtschaft mitzuwirken, um ihren Lebensunterhalt zu verdienen.

Die Individualisierung des Grundeigentums − auch in der Form des unvermessenen und unregistrierten De-facto-Grundeigentums − führt zu einer Differenzierung der früher nivellierten kleinbäuerlichen Gesellschaft. Diese Entwicklung muß vom sozial-ethischen Standpunkt aus bedauert werden, ist aber aus wirtschaftlichen Gründen unvermeidlich, wenn man dem Grundsatz folgen will, daß „der Boden dem besten Wirt" gehören soll, der auf ihm das Optimum erwirtschaftet. Leider kaufen viele Personen, die in nichtlandwirtschaftlichen Berufen Geldeinkommen beziehen, Boden auf und lassen ihn durch bezahlte Arbeitskräfte bewirtschaften, so daß die Entstehung eines leistungsfähigen Bauernstandes eher behindert als gefördert wird. Andererseits gibt es inzwischen sehr viel bäuerlichen Zwergbesitz. Diese Kleinstbauern sind gezwungen, den Boden bis zur völligen Erschöpfung auszubeuten.

Landknappheit und Erbgewohnheiten führten in einigen Regionen zu einer den Fortschritt stark behindernden Fragmentation des Bodenbesitzes. Während die Flurzersplitterung in der Central Province von Kenya noch während der Kolonialzeit beseitigt wurde, sind die Bodenbesitzreformversuche in anderen Siedlungsgebieten noch nicht weit gediehen.

Die Stellung der bäuerlichen Betriebe zum Markt

Man darf heute annehmen, daß alle kleinbäuerlichen Betriebe einen Teil ihrer Produktion je nach Ausfall der Ernte verkaufen. Der Grad der Kommerzialisierung der Betriebe ist jedoch sehr unterschiedlich und ist in der Nähe städtischer Absatzmärkte größer als in abseits gelegenen Gebieten. Er kann jedoch wegen des völligen Mangels an zuverlässigen Unterlagen nicht angegeben werden. In Uganda hat die Protektoratsverwaltung die Kommerzialisierung der bäuerlichen Betriebe schon seit der Jahrhundertwende gefördert. In Kenya dagegen stand zunächst die Entwicklung der White Highlands im Vordergrund. Zu einer groß angelegten staatlichen Förderung der Kommerzialisierung der Bauernbetriebe in Kenya kam es erst nach dem Zweiten Weltkrieg.

Landwirtschaftliche Erzeugnisse, die vornehmlich dem Eigenbedarf der bäuerlichen Bevölkerung dienen, können auf lokalen Märkten gehandelt werden, wo sie von keiner Statistik erfaßt werden. Die Vermarktung der Verkaufsfrüchte im engeren Sinne, vor allem der Exportfrüchte, wird durch genossenschaftliche Organisationen, durch Körperschaften des öffentlichen Rechts oder durch Behörden durchgeführt oder überwacht.

Großbetriebliche, marktorientierte Weide-, Farm- und Plantagenbetriebe

Völlig verschieden von den afrikanischen Flächennutzungsstilen sind die von den Europäern in den ersten Jahrzehnten dieses Jahrhunderts eingeführten Flächennutzungsstile in den früher sog. „White Highlands", die heute zu den Large Farm Areas von Kenya gehören. Zu den Large Farm Areas zählen auch die außerhalb der White Highlands liegenden Zuckerrohrplantagen in Central Nyanza sowie die Plantagengebiete an der Küste des Indischen Ozeans und im Raum von Voi außerhalb des Arbeitsgebietes. In diesen Gebieten außerhalb der früheren White Highlands sowie in einigen Regionen von Uganda war es auch den Einwanderern vom indischen Subkontinent möglich, Land zu erwerben und Plantagen zu gründen.

Als Initiatoren der oben angeführten Flächennutzungsstile kommen drei Bevölkerungsgruppen in Betracht: Gentlemenfarmer aus Großbritannien und seinen überseeischen Besitzungen, Buren mit alter landwirtschaftlicher Tradition aus Südafrika und die wenigen Einwanderer vom indischen Subkontinent, die wie die Europäer Plantagengesellschaften gründeten. Im wesentlichen übten alle drei Bevölkerungsgruppen nur dispositive Tätigkeiten aus. Bei der Realisierung ihrer wirtschaftlichen Vorhaben bedienten sie sich eines Heeres afrikanischer Arbeitskräfte.

Die Ursache für die Einwanderung der drei nichtafrikanischen Bevölkerungsgruppen nach Ostafrika, ihren Landerwerb und ihre landwirtschaftliche Betätigung war der Bau der Ugandabahn vom Indischen Ozean zum Victoriasee, der aus verschiedenen Gründen — vorwiegend jedoch aus politisch-strategischen — erfolgte. Die Amortisierung der hohen Kosten des Bahnbaus erforderte eine schnelle wirtschaftliche Erschließung der dünn oder gar nicht besiedelten Gebiete, die die Bahn durchquerte.

Im Wirtschaftsleben von Kenya erlangten im Gegensatz zu Uganda die Großfarmen- und Plantagenbetriebe eine dominierende Stellung. Kurz vor der Unabhängigkeit Kenyas wurden in den Großfarmgebieten auf einem Fünftel des ackerbaulich nutzbaren Bodens des Landes vier Fünftel der Agrarexporte erzeugt. Erst seit Mitte der fünfziger Jahre steigt der Anteil der kleinbäuerlichen Verkaufsproduktion im Vergleich zu den verkauften landwirtschaftlichen Erzeugnissen der Großfarmgebiete, wie *Tabelle 62* zeigt.

Die Bodenbesitzverfassung in den Großfarmgebieten zeichnet sich durch das Vorherrschen von Betrieben in Erbpacht von Staatsland (früher Kronland — heute „public land" genannt) aus. Die Dauer der Pachtverträge läuft über 99, meist sogar über 999 Jahre. Individuelles privates Grundeigentum an landwirtschaftlichen Produktionsflächen ist nicht sehr verbreitet. In den reinen Weidewirtschaftsgebieten herrschen große Betriebsgrößen von über 1 000 ha Nutzfläche vor, während in den Gebieten mit gemischter Farmwirtschaft die Betriebsgrößen wesentlich kleiner sind.

Die ökologischen Bedingungen sind in den Großfarmgebieten ebenfalls außerordentlich unterschiedlich. In den trockeneren Gebieten mit jährlichen Niederschlägen von weniger als durchschnittlich 760 mm wird extensive Weidewirtschaft mit Fleischrinderhaltung (Boranrinder) betrieben. Wo die ökologischen Bedingungen für die Weidewirtschaft und die Lage zu den Absatz- bzw. zu den Verarbeitungszentren etwas günstiger sind, tritt Milchrinderhaltung mit aufgekreuzten einheimischen Rassen hinzu. Die Schafhaltung — in den Weidewirtschaftsgebieten vorwiegend Merinoschafe oder Kreuzungen von Merinoschafen mit einheimischen Rassen — hat nur auf dem Laikipia-Plateau größere Bedeutung erlangt. In den anderen Weidewirtschaftsgebieten werden nur in relativ wenigen Betrieben kleinere Schafherden gehalten. Das Weidepotential der Weidewirtschaftsgebiete ist bei weitem noch nicht voll ausgenutzt, wenn es auch in bestimmten Gebieten wegen Überweidung und unsachgemäßer Weidewirtschaftsmethoden zur Verbuschung der Weidegründe gekommen ist.

In etwas vereinfachter Form kann gesagt werden, daß überall dort in den Großfarmgebieten, wo die jährlichen Niederschläge im Durchschnitt etwa 760 mm übersteigen, gemischte Farmwirtschaft betrieben wird, d. h. daß Anbau auf dem Ackerland und Viehhaltung als Hauptbetriebszweige gelten. In Anpassung an die ökologischen Bedingungen werden in den Gebieten mit gemischter Farmwirtschaft etwa um 1 800 m ü. d. M. Mais und in den höheren Lagen bis fast 2 900 m Weizen als die wichtigsten Körnerfrüchte angebaut. In den Höhelagen von etwa 2 000 bis 2 500 m wird Pyrethrum als Sonderkultur gezogen. In einigen Regionen der mittleren Höhenlagen wird in den Betrieben auch Arabica-Kaffee auf jeweils relativ kleinen Flächen als Nebenerwerbszweig kultiviert. Das Ackerland nimmt in den meisten Gebieten mit gemischter Farmwirtschaft größenordnungsmäßig nur etwa 1/4 bis 1/3 der Wirtschaftsflächen der Betriebe ein, während der Rest unbearbeitet und als Naturweideland der extensiven Weidewirtschaft dient. Früher wurden auf dem Ackerland Weizen und Mais als Monokulturen so lange angebaut, bis die Ertragsfähigkeit der Böden erschöpft war. Dann blieben die Felder der Selbstbegrasung überlassen. Namentlich bis zur großen Weltwirtschaftskrise 1929 nahm die Maismonokultur für die Erhaltung des Agrarpotentials des Landes bedrohliche Ausmaße an. Obwohl sich schon vor dem Zweiten Weltkrieg die Erkenntnis durchgesetzt hatte, daß nur eine geordnete Feldgraswirtschaft mit einer ausgewogenen Rotation von Körnerfrucht- und Feldgrasbau sowie mit Viehwirtschaft eine optimale Ausnutzung und Erhaltung der Ertragsfähigkeit der Böden gewährleistet, konnten die Farmer erst einige Jahre nach dem Zweiten Weltkrieg darangehen, die Erkenntnisse in größerem Umfang in die Praxis umzusetzen. Zwei Weltkriege, eine Absatzkrise 1921, die Weltwirtschaftskrise 1929, Mangel an Kapital zur Entwicklung der viel zu großen Wirtschaftsflächen der Farmen, schwierige Absatzbedingungen, zu allen Zeiten Mangel an qualifizierten Farmarbeitern und vielleicht häufig genug auch an geschulten Farmern selbst sowie die relativ kurze Zeit, die zur Entwicklung der Gebiete mit gemischter Farmwirtschaft zur Verfügung stand, mögen die Hauptursachen dafür sein, daß das landwirtschaftliche Potential der meisten Betriebe noch nicht voll genutzt wird. Namentlich in den fünfziger Jahren sind jedoch erhebliche Anstrengungen unternommen worden, die Farmen zu entwickeln und vom einseitigen Getreidebau zur gemischten Farmwirtschaft zu führen.

Heute spielt die Milchrinderhaltung im Gegensatz zu früher bereits in sehr vielen Betrieben eine bedeutende Rolle. Die intensivste Form der Milchwirtschaft verbunden mit Futterbau und Zufütterung von Kraftfutter wird mit europäischen Rinderrassen betrieben. Bei den weniger intensiven Formen beschränkt man sich auf die Haltung einheimischer Rassen, die mehr oder weniger durch importierte Rassen aufgekreuzt sind. Der Schwerpunkt der Schafhaltung in den Gebieten mit gemischter Farmwirtschaft liegt in den Hochlagen des Molo, Mau Narok-Gebietes, wo die Schafhaltung mit zu den Haupteinnahmequellen der Betriebe gehört, während in anderen Regionen die Schafhaltung nur eine bescheidene Rolle spielt.

Die ökologischen Bedingungen haben auf die Standortwahl der Plantagenbetriebe einen großen Einfluß ausgeübt. Wenn auch Kaffee auf sehr vielen Farmen in kleinen Parzellen angebaut wird, so ist es zur Ausbildung eines Kaffeeplantagen-Gebietes doch nur am unteren Rand der Aberdares gekommen, wo der Kaffee sehr gute Wachstumsbedingungen auf den vulkanischen, leicht sauren, tiefgründigen und nährstoffreichen Böden bei ausgezeichnet geeigneten klimatischen Verhältnissen findet.

Auch die regionale Verteilung des Teeanbaus ist im Arbeitsgebiet — abgesehen von der Verfügbarkeit des Bodens — von den ökologischen Gegebenheiten abhängig. Tee bringt in Ostafrika die besten Erträge bei den klimatischen Bedingungen in Höhenlagen zwischen 1 500 und 2 400 m ü. d. M., wo die jährlichen Niederschläge wenigstens 1 300 mm betragen und möglichst gleichmäßig über das Jahr verteilt sind. Die Böden sollen leicht sauer und feucht sein, dürfen jedoch keine stauende Nässe aufweisen. Diese Voraussetzungen sind im Arbeitsgebiet nur im Raum Kericho, in den Nandi Hills, in den oberen Lagen der Aberdares, des Mount Elgon und des Mount Kenya sowie der Cherangani Hills gegeben. Die wenigen kleinen Teeplantagen in Süd-Mengo befinden sich auf marginalen Standorten.

Sisalplantagen konnte man in den Gebieten anlegen, die für die gemischte Farmwirtschaft wenig oder gar nicht geeignet sind, denn weder lange Trockenzeiten noch nasse Jahre, weder heiße Perioden noch Schädlinge können diesen ausdauernden Pflanzen schwere Schäden zufügen. Sie gedeihen auch auf ärmeren, steinigen Böden, bringen jedoch quantitativ und qualitativ bessere Erträge auf guten Böden bei feucht-warmem Klima. Eine weitere Standortvoraussetzung ist jedoch das Vorhandensein von Wasser, das in großen Mengen bei der Entfaserung des Sisal gebraucht wird. Das sind die Hauptgründe dafür, weshalb die Sisalplantagen im Arbeitsgebiet hauptsächlich im Raum Thika (Areal 232) und im Ostafrikanischen Graben im Areal 215 liegen.

Die Zuckerrohrplantagen sind im Untersuchungsgebiet auch aus klimatischen Gründen auf die tieferliegenden Gebiete nördlich und östlich des Victoriasees begrenzt. Hier konnten die vorwiegend indischen Unternehmer Gesellschaften gründen und Land erwerben. Die Zuckerrohrindustrie in Ostafrika insgesamt gesehen ist noch nicht vom Export abhängig, sondern hat die Aufgabe, den steigenden Zuckerbedarf in dieser Region zu decken und Ostafrika von Zuckerimporten unabhängig zu machen. Das wirtschaftliche Schicksal der übrigen Plantagen ist von der Entwicklung der Preise und Absatzbedingungen auf den internationalen Rohstoffmärkten abhängig.

Die Bodenbesitzreform in den Großfarmgebieten von Kenya

Die extensiven Weidewirtschaftsbetriebe, die für die Flächennutzungsstile der afrikanischen Bauern ungeeignet sind, sowie die sehr kapitalintensiven Plantagenbetriebe wurden bisher in den Eigentumsverhältnissen nur wenig verändert. Landnot in den dicht besiedelten afrikanischen Kleinbauerngebieten in der Nachbarschaft der nicht voll entwickelten gemischten Farmbetriebe waren neben politischen Gründen die Ursache dafür, daß 1962—1966 im Zuge des Million-Acre Settlement Scheme rund 400 000 ha Land vorwiegend in Gebieten mit gemischter Farmwirtschaft den europäischen Farmern abgekauft, in Kleinbetriebe aufgeteilt und an landlose Afrikaner verteilt wurden. Daneben hat man durch kreditpolitische Maßnahmen etwas wohlhabenderen Afrikanern ermöglicht, europäische Großfarmen zu erwerben. Häufig haben sich Afrikaner zu

Genossenschaften zusammengeschlossen und Farmen gemeinsam erworben. Das betrifft vor allem Weidewirtschaftsbetriebe, die vom betriebswirtschaftlichen Standpunkt aus als Großbetriebe optimal zu bewirtschaften sind. Zur Zeit der Geländearbeiten des Verfassers in Ostafrika war es verfrüht — und wahrscheinlich ist es auch heute noch verfrüht —, die zukünftige Entwicklung der Großfarmgebiete von Kenya zu beurteilen. Aber schon heute kann man sagen, daß eine Afrikanisierung dieser Gebiete im Gange ist. Etwa 30 000—40 000 afrikanische Familien haben in den ehemaligen White Highlands Land erhalten. Das hat jedoch die Landnot in den dicht besiedelten afrikanischen Bauerngebieten kaum gemildert.

Nach Auffassung des Verfassers gibt es nur zwei Möglichkeiten, die schnell wachsende Bevölkerung von Kenya und Uganda in Zukunft vor wirtschaftlicher Not zu bewahren: die Intensivierung der Landwirtschaft und die Entwicklung nichtlandwirtschaftlicher Wirtschaftszweige mit dem Schwerpunkt der landwirtschaftlichen Verarbeitungsindustrien, die die Bevölkerungsmassen beschäftigen können, die allein schon wegen der unvermeidlich steigenden Bodenknappheit als Bauern in Zukunft keine Existenzbedingungen mehr finden können.

Anhang: Bildteil
Figuren 3-40

Alle Fotos – Luftbilder[207]) ausgenommen – vom Verfasser

Die Gliederung des Bildteiles folgt der regionalen Dezimalklassifikation der agrargeographischen Karte und der dazugehörenden Legende[208]).

1   Kleinbäuerliche und viehhalterische Subsistenzwirtschaft ohne oder mit partieller Marktproduktion

10   Nomadische, halbnomadische und seßhafte Subsistenz-Weidewirtschaft (Rinder, Ziegen, Schafe, im NE auch Kamele), Ackerbau, individuelle Nutzungsrechte und Grundeigentum nur in kleinen Arealen vorhanden oder im Entstehen.

Fig. 3   Traditionelle Subsistenz-Weidewirtschaft ohne Ackerbau, keine individuellen Nutzungs-rechte und kein individuelles Grundeigentum. Masaihirte mit Zeburinderherde in der Nähe von Narok im Bereich des Areals 100, ca. 1 800 m ü. d. M. 3. 4. 1965

[207]) Dem Director of Surveys (Republic of Kenya), Nairobi, und dem Commissioner of Lands and Surveys (Republic of Uganda), Kampala, sei für die Genehmigung zur Veröffentlichung der Luftbilder gedankt.
[208]) The section containing photographs is arranged according to the regional decimal classifi-cation applied in the map of agricultural geography and the corresponding key.
Le Classement de la partie des illustrations suit la classification décimale régionale de la carte de géographie agricole et de la légende y afférente.

Fig. 4 Seit 1956 eingeführte Umtriebsweidewirtschaft (Rinder, Wollschafe) auf eingezäunten Weideflächen in den Cherangany Hills. Ackerbau von untergeordneter Bedeutung in Hüttennähe, eingetragenes Grundeigentum. (Im Bereich des Areals 100, ca. 3 000 m ü. d. M.) 6. 6. 1965

11 Weidewirtschaft und Ackerbau. Ackerbau ist gegenüber der Viehhaltung (Rinder, Ziegen, Schafe, Hühner) von geringerer Bedeutung

110 Wanderhackbau, Übergang zu semipermanentem Hackbau (weniger als 10 % des Bodens werden bebaut), gewohnheitsrechtliche Agrarverfassungen

Fig. 5 Brandrodungs-Wanderhackbau südwestlich des Mount Kenya an den Kanjiro Mountains in einem Grenzgebiet des Regenfeldbaus im Bereich des Areals 1103, ca. 1 400 m ü. d. M. 18. 2. 1966

Fig. 6 Neu angelegte Bauernstelle in den Ilkamasya (Tukin) Hills südöstlich von Kabarnet im Areal 1102, ca. 2 300 m ü. d. M. Der Ackerbau hat an den steilen Hängen der tief in das schmale Gebirgsmassiv eingeschnittenen Täler bereits zu schweren Erosionsschäden geführt. Die Verwaltung hält die Bauern zu Erosionsschutzmaßnahmen an. Hier hat die Bauernfamilie auf die steile Rodungsfläche „trash lines" — Reisigreihen — zum Schutz gegen die Bodenerosion gelegt. 7. 1. 1968

111 Semipermanenter Pflugbau (10—20 %/o des Bodens werden bebaut), gewohnheitsrechtliche Agrarverfassungen (individuelles De-facto-Grundeigentum)

Fig. 7 Luftbild (1968) im Maßstab von ca. 1 : 24 000; Siedlungsgebiet der Kipsigis, Belgut Division, Distrikt Kericho, Areal 1111, ca. 1 700 m ü. d. M. Die Flureinteilung ist typisch für die Ackerbaugebiete der afrikanischen Kleinbauern in den Berglagen von Kenya. Die Besitzeinheiten erstrecken sich von den Höhen zu Tal. Die Parzellen liegen isohypsenparallel. (Auf dem Bild kennzeichnet am unteren Rand die Straße den Verlauf eines Rückens, der Buschbestand in der Bildmitte einen Flußlauf im Tal.) Contract 68/15 No. 067. © Kenya Government. Freigabe durch Survey of Kenya GN/1/IV/52 vom 13. 8. 1974

Fig. 8   Das Luftbild (*Fig. 7*) vermittelt den Eindruck, als würde das Land ackerbaulich intensiv genutzt. In Wirklichkeit dient nur ein kleiner Teil des Landes dem Ackerbau, der weitaus größere Teil bleibt der Weidewirtschaft vorbehalten, die auf natürlich wiederbegrasten Brachflächen oder auf gerodeten Buschflächen betrieben wird. Grasansaat ist noch nicht üblich. Das gleiche gilt für das Siedlungsgebiet der Nandi, in dem dieses Foto südlich von Kapsabet aufgenommen wurde.
Areal 1110, ca. 2 000 m ü. d. M. 17. 3. 1966

12 Ackerbau und Viehhaltung. Ackerbau ist gegenüber der Viehhaltung (Rinder, Ziegen, Schafe, Hühner) von größerer Bedeutung

120 Semipermanenter Hackbau, Übergänge zu permanentem Hack- und Pflugbau (etwa 10—50 %) des Bodens werden bebaut), gewohnheitsrechtliche Agrarverfassungen, Übergänge zu individuellem Grundeigentum (Kenya) und zu De-facto-Grundeigentum

Fig. 9 Semipermanenter Hackbau mit Übergängen zu permanentem Hack- und Pflugbau am Westabfall des Hochlandes von Kisii, Areal 1204, 1 400—1 500 m ü. d. M. In dem relativ dünn besiedelten Grenzgebiet zwischen den Siedlungsräumen der Luo und Kisii herrscht De-facto-Grundeigentum vor. Im Vordergrund des Fotos Süßkartoffeln, im Mittelgrund gemischt mit Mais. Linke Bildseite Brachland. 29. 11. 1967

Fig. 10 Semipermanenter Hackbau mit Übergängen zu permanentem Hackbau im Bergland von Machakos, nordöstlich des Distriktortes Machakos, 1 400—1 600 m ü. d. M. Wegen der unregelmäßigen Niederschläge, der Entwaldung und der stark erosionsgefährdeten Grundgebirgsböden gehört der Distrikt Machakos zu den Problemgebieten Kenyas. Mißernten treten häufig auf, die früher Hungersnöte bei der Bevölkerung verursachten. Defacto-Grundeigentum.
20. 2. 1966

121 Permanenter Hackbau (über 50 %/o des Bodens werden bebaut), gewohnheitsrechtliche Agrarverfassungen. Übergänge zu individuellem Grundeigentum (Kenya)
und zu De-facto-Grundeigentum

Fig. 11   Luftbild (1965) im Maßstab von ca. 1 : 18 000; Distrikt Kisii, südöstlich des Distriktortes
Kisii im Areal 1214, 1 700—1 900 m ü. d. M. Contract 65/35 No. 1343. © Kenya Government.
Freigabe durch Survey of Kenya GN/1/IV/52 vom 13. 8. 1974

Fig. 12 Distrikt Kisii, östlich des Distriktshauptortes im Areal 1214, 1 700—1 900 m ü. d. M.
Hohe Bevölkerungsdichte und hohe agrare Tragfähigkeit des fruchtbaren, gut beregneten Berglandes von Kisii sowie eine aufgeschlossene Bauernbevölkerung haben zur Entstehung einer gepflegten, intensiv genutzten Agrarlandschaft geführt. De-facto-Grundeigentum vorherrschend;
die Vermarkung, Vermessung und Eintragung des individuellen Grundeigentums steckt noch in
den Anfängen. (Vgl. die *Figuren 7* und *8* mit den *Figuren 11* und *12,* insbesondere die an den
Hüttenplätzen erkennbare unterschiedliche Siedlungsdichte!) 29. 11. 1967

122 Permanenter Hackbau (über 50 %) des Bodens werden bebaut), individuelles Grundeigentum; in Buganda Mailo-Landbesitzverfassung

Fig. 13 Luftbild (1960) im Maßstab von ca. 1 : 12 500; Siedlungsgebiet der Kikuyu im Areal 1221, hier in der Nähe von Nyeri, 1 800—2 000 m ü. d. M. Das Areal 1221 gehört zu den am dichtesten besiedelten Bauerngebieten von Kenya, in dem die Kommerzialisierung der kleinbäuerlichen Landwirtschaft, aber auch die Landnot der Bevölkerung am weitesten fortgeschritten ist. Das Land ist vermarkt, vermessen und als individuelles Grundeigentum in das Landregister eingetragen. Die landlosen und landarmen Kikuyu wurden nach der Bodenreform in dorfähnlichen Siedlungen angesiedelt. Contract 1/60 No. 008. © Kenya Government. Freigabe durch Survey of Kenya GN/1/IV/52 vom 13. 8. 1974

Fig. 14 Kikuyu-Bauernstellen in der Nähe von Nyeri im Areal 1221, 1 800—2 000 m ü. d. M. 14. 3. 1966

Fig. 15—18   Eine fortschrittlich geführte Kikuyu-Bauernstelle in North Tetu, Areal 1221 in der Nähe von Nyeri, 2 000 m ü. d. M.

Fig. 15   Das Farmland ist sauber terrassiert. Auf den Terrassen von unten nach oben: Tee verschiedenen Alters, darüber Pyrethrum und Obstbäume, darüber im Vordergrund: Mischkultur aus Mais und Süßkartoffeln, darüber folgen (siehe *Fig. 16*) Weideland und das Bauernhaus, im Bild nicht sichtbar. 10. 2. 1966

Fig. 16   Auf den terrassierten, eingezäunten Kunstweiden betreibt der Farmer mit europäischen Milchrindern Milchwirtschaft. 10. 2. 1966

Fig. 17 Bäuerin beim Tee-pflücken. Tee, Pyrethrum und Milch sind die wichtigsten Ver-kaufsprodukte in den oberen Lagen des Areals 1221.
10. 2. 1966

Fig. 18 Mit dem wachsenden Wohlstand steigen auch der Wohnkomfort, die Hygiene und der Sinn für schöneres Wohnen: Wellblechgedecktes möbliertes Mehrzimmerhaus mit Gardinen an den Fenstern und Blumen vor der Tür.
10. 2. 1966

123 Semipermanenter Pflugbau vorherrschend (10—50 % des Bodens werden bebaut),
    gewohnheitsrechtliche Agrarverfassungen; Übergänge zu individuellem Grund-
    eigentum (Kenya) und zu De-facto-Grundeigentum

Fig. 19   Luftbild (1963) im Maßstab von ca. 1 : 12 500; Siedlungsgebiet der Luo östlich von
Kisumu im Areal 1234, ca. 1 200 m ü. d. M. Die Entwicklung der Landwirtschaft der Luo wird
durch die starke Flurzersplitterung und die konservative Geisteshaltung der Ältesten erschwert.
Schwierige ökologische Verhältnisse, Übernutzung des Acker- und Weidelandes sowie Verbuschung
sind verbreitet. Contract 63/2 No. 137. © Kenya Government. Freigabe durch Survey of Kenya
GN/1/IV/52 vom 13. 8. 1974

Fig. 20   Luftbild (13. 1. 1968) im Maßstab von ca. 1 : 16 000; Kumi im Siedlungsgebiet der Teso, Areal 1230, ca. 1 200 m ü. d. M. Das Luftbild täuscht eine geschlossene, permanente Nutzung des Ackerlandes vor, weil fast alle Parzellen z. Z. der Aufnahme während der Trockenzeit keine Frucht tragen, so daß zwischen Bau- und Brachland nicht unterschieden werden kann. Kumi County gehört jedoch zu den am dichtesten besiedelten Gebieten Tesos, in dem mehr und mehr Bauern aus Landmangel zu permanentem Anbau übergehen müssen. Film 5/68. © Uganda Government. Freigabe durch Lands and Surveys Department SC. 17(iii) vom 15. 2. 1977

Bilder 21 bis 24: Traditionelle Landwirtschaft in Teso, Areal 1230, ca. 1 200 m ü. d. M.

Fig. 21   Teso-Bauern beim Pflügen in der Nähe von Soroti. Die Zugochsen sind — gemessen an Zugochsen europäischer Rassen — kleinwüchsig; ihre Zugkraft ist gering. Das Geschirr ist primitiv. Das Pflügen der Buschbrache ist wegen des Unkrautwuchses jedoch sehr schwer.
20. 5. 1965

Fig. 22   Frisch gepflügtes Feld auf der linken, Brachland auf der rechten Bildseite. Gebüsch und Bäume werden auf den Feldern nur zum Teil gerodet. Man pflügt darum herum. 20. 5. 1965

Fig. 23 Ein Beispiel für traditionelle afrikanische Mischkulturen, hier in Südost-Teso. Im Vordergrund Fingerhirse mit einigen Stengeln Sorghum und Mais, im Mittelgrund etwas Kassawa und einige junge Bananenstauden, dahinter Busch. 23. 5. 1965

Fig. 24 Ein Beispiel für einen traditionellen Siedlungsplatz der Teso-Bauern in der Nähe von Soroti: geräumige Rundhütten zum Wohnen, kleine, geflochtene und mit Lehm verputzte, urnenförmige Vorratsspeicher, auf Steinen gelagert und mit abnehmbarem Dach versehen. 23. 5. 1965

125 Semipermanenter Pflugbau (10—50 %) des Bodens werden bebaut), individuelles
Grundeigentum vorherrschend

Fig. 25   Links die Pflugfelder der Elgeyo im Areal 1250, ca. 2 300 m ü. d. M., rechts — durch
die gerade Grenzlinie getrennt — das Großfarmland im Distrikt Uasin Gishu, Areal 211.
5. 6. 1965

13   Hackbau ohne Großviehhaltung infolge Tsetsefliegen-Verseuchung; Wiederbesiedlung im Gange (entlang von Straßen in Rodungsgassen)

Fig. 26 Bananen, das Hauptnahrungsmittel der Bevölkerung, unterbaut mit Robustakaffee im Areal 130, ca. 1 200 m ü. d. M. 27. 5. 1965

2   Großbetriebliche, marktorientierte Weide-, Farm- und Plantagenwirtschaft, vorwiegend auf Erbpachtland

20   Weidewirtschaft

Fig. 27   Eingezäuntes, stark verbuschtes Naturweideland eines Weidewirtschaftsbetriebes zwischen Nanyuki und Rumuruti im Areal 200, ca. 1 800 m ü. d. M. 1. 2. 1966

Fig. 28   Fleischrinder (Boranrinder und Boranrinderkreuzungen mit europäischen Rassen, „grade cattle") auf stark verbuschter Naturweidefläche in einem Weidewirtschaftsbetrieb im Areal 201 bei Nanyuki, ca. 1 800 m ü. d. M. 1. 2. 1966

Fig. 29 Friesische Milchrinderherde (Herdbuchvieh) in einem Weidewirtschaftsbetrieb im
Areal 201 bei Nanyuki, ca. 1 800 m ü. d. M. 1. 2. 1966

Fig. 30 Wollschafe auf gepflegtem und streckenweise durch Gräbern bewässertem Weideland
(Hauptgrasart *Themeda triandra*) im Areal 201 bei Nanyuki, ca. 1 800 m ü. d. M. 1. 2. 1966

Fig. 31 Eine der wichtigsten
Voraussetzungen für die Ge-
sunderhaltung des Großviehs
ist das Desinfizieren der Tiere
in Tauchbeizanlagen oder
durch Besprühen mit Insektiziden gegen Zecken, die u. a.
das gefährliche Ostküstenfieber
übertragen.
Tauchbeizanlage in einem
Weidewirtschaftsbetrieb bei
Nanyuki. 1. 2. 1966

21   Gemischte Farmwirtschaft

Fig. 32   Großfarmland im Distrikt Trans Nzoia nordwestlich von Kitale im Areal 210, ca.
1 800 m ü. d. M. Links eingezäuntes Naturweideland, rechts frisch gedrilltes Weizenfeld. 24. 3. 1966

Fig. 33   Großfarmland nordwestlich von Thomson's Falls im Sabukia Valley, Areal 215,
ca. 1 800 m ü. d. M. 9. 2. 1966

Fig. 34   Kaffeepflanzung auf einem Betrieb mit gemischter Farmwirtschaft im Sabukia Valley, Areal 215, ca. 1 800 m ü. d. M. 9. 2. 1966

Fig. 35   Großfarmland bei Njoro im Areal 214, ca. 2 300 m ü. d. M. 29. 1. 1967

Fig. 36   Milchrinderherde auf Großfarmland bei Njoro im Areal 214, ca. 2 300 m ü. d. M.
29. 1. 1967

22   Plantagenwirtschaft

Fig. 37   Teeplantage in den Nandi Hills im Areal 230, ca. 2 000 m ü. d. M. 17. 12. 1967

Fig. 38   Zuckerrohrplantage
östlich von Kisumu am Rande
des Nyando Escarpment im
Areal 221, ca. 1 200 m ü. d. M.
16. 12. 1967

Fig. 39   Sisalplantage bei Solai
im Ostafrikanischen Graben,
Areal 215, ca. 1 500 m ü. d. M.
9. 2. 1966

3 Million-Acre Settlement Scheme 1962—1966 (Bodenbesitzreform, in deren Verlauf
   rund 400 000 ha Land in den ehemaligen White Highlands von Kenya an afrikanische Siedler verteilt wurden)

Fig. 40 Kleinbäuerliche Siedlerstellen auf ehemaligem Europäerfarmland östlich von Gilgil im
Areal 309, ca. 2 000 m ü. d. M. Langsam verlieren sich die Spuren, die die von den Europäern
eingeführte großbetriebliche Farmwirtschaft hinterlassen hatte, und es entsteht eine afrikanische,
kleinbäuerliche Agrarlandschaft. 10. 2. 1966

Literaturverzeichnis[209])

AFRICAN LAND DEVELOPMENT IN KENYA 1946—1962
s. COLONY AND PROTECTORATE OF KENYA.
Ministry of Agriculture, Animal Husbandry and Water Resources, Nairobi 1962.

AFRIKA-KARTENWERK. Herausgegeben im Auftrag der Deutschen Forschungsgemeinschaft von K. KAYSER, W. MANSHARD, H. MENSCHING, L. SCHÄTZL, J. H. SCHULTZE †.
Serie E: Ostafrika (Kenya, Uganda, Tanzania) 2°N — 2°S, 32°E — 38°E.
— Blatt 1: Topographie. Autoren: F. J. W. BADER, H. HECKLAU. Berlin · Stuttgart. (1977).
— Blatt 2: Geomorphologie. Autor: J. SPÖNEMANN (im Druck).
— Blatt 4: Bodenkunde. Autoren: W. E. BLUM, W. MOLL (im Druck).
— Blatt 5: Klimageographie. Autor: R. JÄTZOLD. Berlin · Stuttgart. (1977).
— Blatt 7: Vegetationsgeographie. Autor: F. J. W. BADER. Berlin · Stuttgart. (1976).
— Blatt 11: Agrargeographie. Autor: H. HECKLAU. Berlin · Stuttgart. (1976).

AGRICULTURAL GAZETTEER. Kenya. Undatierte maschinenschriftliche Berichte über die landwirtschaftlichen Verhältnisse der einzelnen Distrikte Kenyas. Es konnten in den Büros der Landwirtschaftsverwaltung eingesehen werden die Berichte für Baringo, Central Nyanza, Elgeyo Marakwet, Elgon Nyanza, Embu, Fort Hall, Kericho, Kiambu, Kitui, Laikipia, Machakos, Meru, Nakuru, Nanyuki, North Nyanza, Nyeri, South Nyanza, Thika, Trans Nzoia, Uasin Gishu, West Pokot. Kolonialzeitliche Verwaltungsgliederung.

AGRICULTURAL PRODUCTION PROGRAMME 1964
s. UGANDA GOVERNMENT 1964: Agricultural Production Programme 1964.

AIRTH, R. 1968: Masai in the new Kenya. Geographical Magazine, London. 40 (1968), S. 1225—1234.

ALDRICH, D. T. A. 1963: The sweet potato crop of Uganda. East African Agricultural and Forestry Journal, Nairobi. 29 (1963—64), S. 42—49.

ANNUAL REPORTS. Kenya. Departments of Agriculture. 1963 bis 1966. Baringo, Bungoma, Busia, Central Nyanza, Elgeyo Marakwet, Embu, Kajiado, Kakamega, Kericho, Kiambu, Kirinyaga, Kisii, Kitui, Laikipia, Machakos, Meru, Murang'a (Fort Hall), Nakuru, Nandi, Narok, Nyandarua, Nyeri, Samburu, South Nyanza, Trans Nzoia, Turkana, Uasin Gishu, West Pokot district. (Maschinenschriftlich vervielfältigt.)

ANNUAL REPORTS. Tanzania. Departments of Agriculture. 1958 bis 1966. Mara Region und Distrikte North Mara, Musoma, Ukerewe. (Maschinenschriftlich vervielfältigt.)

ANNUAL REPORTS. Uganda. Departments of Agriculture. 1959 bis 1965. Distrikte Lango, Teso, Bugishu, Sebei, Bukedi, Busoga und Divisions Mpigi, Mukono, Mityana, Nakasongola. (Maschinenschriftlich vervielfältigt.)

ARROWSMITH, KEITH 1961: Fifty years in Teso. Corona, London. 13 (1961), S. 177—180.

ATLAS OF KENYA. A comprehensive series of new and authentic maps prepared from the National Survey and other governmental sources, with gazetteer and notes on pronunciation and spelling. Nairobi 1959.

ATLAS OF TANGANYIKA, EAST AFRICA. Compiled drawn, and printed by the Survey Division, Department of Lands and Surveys. 3rd ed. Dar es Salaam 1956.

ATLAS OF UGANDA. Published by The Department of Lands and Surveys, Uganda. 2nd ed. Entebbe 1967.

BADER, FRIDO J. WALTER 1965: Uganda. Ein Modellfall afrikanischer Möglichkeiten. Geographische Rundschau, Braunschweig. 17 (1965), S. 83—96.
— 1966: Landschaftsökologie und Landschaftswandel in den Nationalparken Ugandas. Die Erde, Berlin. 97 (1966), S. 246—267.

---

[209]) Einige unveröffentlichte Quellen und Quellen mit bibliographisch unvollständigen Titeln sind im Text zitiert, aber nicht im Literaturverzeichnis aufgeführt.

— 1967 a: Probleme der Erfassung und Darstellung der Vegetation an ausgewählten Teil-
gebieten des Kartenblattes Lake Victoria. (Vorläufige Ergebnisse der Untersuchungen im
Rahmen des Afrika-Kartenwerkes der Deutschen Forschungsgemeinschaft. 2.) Die Erde,
Berlin. 98 (1967), S. 142—149.

— 1967 b: Die Vegetationsgeographie auf dem Blatt Lake Victoria im Afrika-Kartenwerk der
Deutschen Forschungsgemeinschaft. Berichte der Deutschen Botanischen Gesellschaft,
Berlin. 80 (1967), S. 291—297.

— 1970: Die Vegetation Ostafrikas. Dargestellt am Kartenausschnitt der Serie Lake Victoria
im Afrika-Kartenwerk der Deutschen Forschungsgemeinschaft. Berlin. (Maschinenschriftliches Manuskript.)

— 1976: s. AFRIKA-KARTENWERK. Karte E 7.

BADER, F. J. W., & H. HECKLAU 1977: s. AFRIKA-KARTENWERK. Karte E 1.

BAKER, P. R. 1968: The distribution of cattle in Uganda. East African Geographical Review,
Kampala. 6 (1968), S. 63—73.

BAKER, RANDALL 1968: Problems of the cattle trade in Karamoja, Uganda. An environ-
mental analysis. In: Ostafrikanische Studien. Ernst Weigt zum 60. Geburtstag. Nürnberg.
S. 211—226. (Nürnberger Wirtschafts- und Sozialgeographische Arbeiten. 8.)

BAKER, R. E. D., & N. W. SIMMONDS 1951. Bananas in East Africa. Part I: The botanical
and agricultural status of the crop. Empire Journal of Experimental Agriculture, New
York, London. 19 (1951), S. 283—90.

— 1952: Bananas in East Africa. Part II: Annotated list of varieties. Empire Journal of Experimental Agriculture, New York, London. 20 (1952), S. 66—76.

BAKER, S. J. K. 1939 Pastoralist and cultivator in the highlands of East Africa: a study in
contrasting social relationships. In: Congrès International de Sciences anthropologiques et
ethnologiques. Copenhague.

— 1956: Buganda: a geographical appraisal. The Institute of British Geographers. Trans-
actions and Papers, London. 22 (1957), S. 171—179.

BALL, R. S. 1936: Mixed farming in East Africa. 1. Grassland and arable dairying in certain
parts of Kenya. Timbora-Molo, Upper Gilgil-Thomson's Falls, Njoro-Rongai-Subukia.
East African Agricultural Journal, Nairobi. 1 (1935—1936), S. 368, S. 399—411.

— 1937: Mutton sheep in Kenya. East African Agricultural Journal, Nairobi. 3 (1937/38),
S. 129—132.

BARBER, WILLIAM 1966: Some questions about labour force analysis in agrarian economies
with particular reference to Kenya. Nairobi. (University College, Nairobi. Institute for
Development Studies. 16.)

BARBER, WILLIAM J. 1961: The economy of British Central Africa. A case study of economic
development in a dualistic society. London.

BARTON, C. 1921: Notes on the Suk tribe of Kenya Colony. Journal of the Royal Anthropological Institute of Great Britain and Ireland, London. 51 (1921), S. 82—99.

BARTON, C., & T. JUXON 1923: Notes on the Kipsikis or Lumbwa tribe of the Kenya Colony.
Journal of the Royal Anthropological Institute of Great Britain and Ireland, London.
53 (1923), S. 42—78.

BARWELL, C. W. 1956: A note on some changes in the economy of the Kipsigis tribe. Journal of
African Administration, London. 8 (1956), S. 95—101.

BASCOM, W. R., & M. J. HERSKOVITS (eds.) 1959: Continuity and change in African cultures.
Chicago. S. 144—167.

BEECH, M. W. H. 1911: The Suk, their language and folklore. Oxford.

— 1917: Kikuyu system of land tenure. Journal of the African Society, London. 17 (1917—18),
S. 46—59, 136—144.

— 1920—21: Sketch of Elgeyo law and custom. Journal of the African Society, London.
20 (1920—21), S. 195—203.

BELSHAW, D. G. R. 1964: Settlement schemes and the partition of the „White Highlands" of
Kenya. East African Geographical Review, Kampala. 2 (1964), S. 30—36.

— 1968: Price and marketing policy for Uganda's export crops: the reports of the Cotton and Coffee Committees, 1966—67. East African Journal of Rural Development, Kampala. 1 (1968), S. 33—49.

BENNET, GEORGE 1963: Kenya. A political history. The colonial period. Oxford. (Student's Library.)

BERGER, HERFRIED 1957—58: Das Elgongebirge im ostafrikanischen Hochland. Geographischer Jahresbericht aus Österreich, Wien. 27 (1957—58), S. 149—169.

— 1964: Uganda. Bonn. (Die Länder Afrikas. 27.)

BERNARD, FRANK E. 1969: Recent agricultural change east of Mount Kenya. Athens/Ohio. (Papers in International Studies. Africa Series. 4)

BICKNELL, F. J. 1950: The pig industry of Kenya. In: MATHESON, J. K., & E. W. BOVILL (eds.) 1950: East African agriculture. A short survey of the agriculture of Kenya, Uganda, Tanganyika, and Zanzibar, and of its principal products. London, New York, Toronto. S. 135—137.

BLANCKENBURG, PETER VON 1965: Afrikanische Bauernwirtschaften auf dem Weg in eine moderne Landwirtschaft. Frankfurt/Main. (Zeitschrift für ausländische Landwirtschaft. Sonderheft 3.)

BLANKENBURG, PETER VON, & HANS-DIEDRICH CERMER (Hrsg.) 1967: Handbuch der Landwirtschaft und Ernährung in den Entwicklungsländern. Bd. 1. Die Landwirtschaft in der wirtschaftlichen Entwicklung. Ernährungsverhältnisse. Stuttgart.

BLUM, W. E., & W. MOLL: s. AFRIKA-KARTENWERK. Karte E 4.

BLUME, H., & K. H. SCHRÖDER (Hrsg.) 1970: Beiträge zur Geographie der Tropen und Subtropen. Festschrift zum 60. Geburtstag von Herbert Wilhelmy. Tübingen. S. 57—69. (Tübinger Geographische Studien. 34. Sonderband 3.)

BOESLER, K.-A., & A. KÜHN (Hrsg.) 1970: Aktuelle Probleme geographischer Forschung. Festschrift für Joachim Heinrich Schultze aus Anlaß seines 65. Geburtstages. Berlin. (Abhandlungen des 1. Geographischen Instituts der Freien Universität Berlin. 13.)

BOGDAN, A. V., & D. J. PRATT 1967: Reseeding denuded pastoral land in Kenya. Nairobi.

BOHANNAN, P., & G. DALTON (eds.) 1962: Markets in Africa. Evanston, Illinois. (Northwestern University. African Studies. 9.)

BRANNEY, L. 1959 a: Towards the systematic individualization of African land tenure. The background to the Report of the Working Party on African Land Tenure in Kenya. Journal of African Administration, London. 11 (1959), S. 208—214.

— 1959 b: Commentary on the Report of the Working Party on African Land Tenure in Kenya, 1957—58. Journal of African Administration, London. 11 (1959), S. 215—225.

BRASNETT, N. V. 1936: Soil erosion. Uganda Journal, Kampala. 4 (1936), S. 156—161.

BRENDEL, H. 1934: Die Kolonisation Ugandas. Großenhain. (Diss. Leipzig.)

BROWN, L. H. 1958: Development and farm planning in the African areas of Kenya. East African Agricultural Journal, Nairobi. 23 (1957—1958), S. 67—73.

— 1962: Land consolidation and better farming in Kenya. Empire Journal of Experimental Agriculture, New York, London. 30 (1962), S. 277—285.

— 1963 a: The development of the semi-arid areas of Kenya. Nairobi. (Maschinenschriftlich vervielfältigt.)

— 1963 b: A national cash crops policy for Kenya. Part 1.2. Nairobi.

— 1966: A report on the tea growing potential of Kenya. Nairobi. (Maschinenschriftlich vervielfältigt.)

— 1968: Agricultural change in Kenya: 1945—1960. Stanford University. Food Research Institute Studies. 8 (1968), S. 33—90.

BROWN, P. H. 1958: Stock reduction in Nandi. Journal of African Administration, London. 10 (1958), S. 25—33.

BULLOCK, R. A. 1965: Landscape change in Kiambu. East African Geographical Review, Kampala. 3 (1965), S. 37—45.

BUNGOMA DISTRICT. Agricultural sample census. Long rains cycle. Nairobi. (Ministry of Economic Planning and Development.) (Maschinenschriftlich vervielfältigt.)

BURGWIN, W. A. 1964: Smallholder sisal production. Kenya Sisal Board Bulletin. July 1964.

BURTON, G. J. L. 1950: Cereal growing in the Kenya Highlands. In: MATHESON, J. K., & E. W. BOVILL (eds.) 1950: East African agriculture. A short survey of the agriculture of Kenya, Uganda, Tanganyika, and Zanzibar, and of its principal products. London, New York, Toronto. S. 67−73.

CAREY JONES, N. S. 1965: The decolonisation of the „White Highlands" of Kenya. Geographical Journal, London. 131 (1965), S. 186−201.

CHAMBERS, P. C. 1950: Group farming in Kenya. Corona, London. 2 (1950), S. 253−255.

CHENERY, E. M. 1960: An introduction to the soils of the Uganda Protectorate Kawanda. (Uganda Protectorate. Department of Agriculture. Memoirs of the Research Division. Ser. 1. No. 1.)

CLARK, RALPH 1968: Sugar consumption in Kenya. African Journal of Rural Development, Kampala. 1 (1968), S. 48−51.

CLAY, G. F. 1934: Cotton growing in Uganda. Empire Cotton Growing Review, London. 11 (1934), S. 173−179, 289−294.

CLAYTON, ERIC S. 1956: Land use and grain yields in the Kenya Highlands. East African Agricultural Journal, Nairobi. 22 (1956/57), S. 32−34.

− 1957 a: Some factors affecting European agriculture policy in Kenya. East African Economics Review, Nairobi. 3 (1957), S. 219−229.

− 1957 b: Wheat production in Kenya 1955−1956. An economic study. Nairobi.

− 1959 a: Policies affecting agrarian development in Kenya. East African Economics Review, Nairobi. 5 (1959), S. 35−40.

− 1959 b: Safeguarding agrarian development in Kenya. Journal of African Administration, London. 11 (1959), S. 144−150.

− 1960: Labour use and farm planning in Kenya. Empire Journal of Experimental Agriculture, New York, London. 28 (1960), S. 83−92.

− 1961 a: Peasant coffee production in Kenya. World Crops, London. 13 (1961), S. 267−269.

− 1961 b: Cash crops for smallholders. World Crops, London. 13 (1961), S. 295−297.

− 1963: Economic planning in peasant agriculture: a study of the optimal use of agricultural resources by peasant farmers in Kenya. Ashford/Kent.

− 1964: Agrarian development in peasant economies: some lessons from Kenya. London.

CLOUGH, R. C., & W. J. ENGLAND 1961: A report on an economic survey of farming in the Uasin Gishu area 1960/61. Njoro. (Farm Economic Survey Unit. Report. 7.)

COFFEE BOARD OF KENYA 1965: Annual report and accounts of the Coffee Board of Kenya for the year ending 30th September, 1965. For submission to Coffee Conference in January, 1966, in accordance with Section 31 of the Coffee Ordinance, 1960. (Nairobi).

− 1965: Annual report and accounts for the period ended 30th September, 1965. (Nairobi).

− (um 1965): Register of coffee plantations and coffee growers co-operative societies. Nairobi.

− 1966: Kenya coffee industry. A brief description of the organisations concerned with the industry. Nairobi.

COLES, D. M. S. 1966: Some results of a study of the vegetable oil crushing industry of Uganda. Kampala. (Economic Development Research Papers. 107.)

COLLINS, R. O. 1961: The Turkana patrol. Uganda Journal, Kampala. 25 (1961), S. 16−33.

COLONIAL OFFICE 1952: Land and population in East Africa. Exchange of correspondence between the Secretary of State for the Colonies and the Government of Kenya on the appointment of the Royal Commission. London. (Colonial. 290.)

COLONY AND PROTECTORATE OF KENYA 1945: Land utilization and settlement. A statement of government policy. Nairobi.

− 1948: The agrarian problem in Kenya. Nairobi.

− 1949: Native Lands Trust Ordinance (Chapter 100). Nairobi.

− 1950: Report of the Committee on Agricultural Credit for Africans. Nairobi.

— 1951: Communique on land tenure policy. Nairobi.
— 1952: Report of the Board under the chairmanship of Sir William Ibbotson on the marketing of maize and other produce. Nairobi.
— 1955: Ordinance to promote and maintain a stable agriculture, to provide for the conservation of the soil and its fertility, and to stimulate the development of agricultural land in accordance with the accepted practices of good land management and good husbandry. Nairobi.
— 1955: A plan to intensify the development of African agriculture in Kenya. 2nd impr. Nairobi. (Swynnerton-Plan.)
— 1955: Progress report on the three-and-half-year development plan. Nairobi. (Sessional Paper No. 97 of 1955.)
— 1956: Adjustments to the boundaries of the Highlands under Section 67 of the Crown Lands Ordinance, Cap. 155. Nairobi.
— 1956: Report of the Committee of inquiry into the dairy industry. (Nairobi).
— 1957: The development programme 1957/60. Nairobi. (Sessional Paper No. 77 of 1956/57.)
-- 1959: Progress report on the three-year (1957—60) development plan. Nairobi. (Sessional Paper No. 5 of 1958/59.)
— 1959: The pyrethrum industry proposals to amend existing legislation. Nairobi. (Sessional Paper No. 9 of 1958/59.)
— 1959: Report on an enquiry into the prices of agricultural machinery, spare parts and servicing in Kenya. Nairobi.
— 1960: The Coffee Ordinance, 1960. No. 26 of 1960. (Nairobi).
— 1960: The Commission of Inquiry into certain matters concerning the pyrethrum industry. Report. Nairobi.
— 1960: The development programme 1960/63. Nairobi. (Sessional Paper No. 4 of 1959/60.)
— 1960: Kenya European and Asian agricultural census 1958. An economic analysis. Nairobi.
— 1960: Land tenure and control outside the native lands. Nairobi. (Sessional Paper No. 6 of 1959/60.)
— 1960: Report of the Committee on the Organization of Agriculture. (Nairobi).
— 1961: The Agriculture Ordinance, 1955. No. 8 of 1955. Revised edition. Incorporating all amendments made before 1st July, 1961. Nairobi.
— (1962): Kenya African agricultural sample census, 1960/61. Incorporating data for the 1960 World Census of Agriculture. Part I. (Nairobi).
— Annual report of the Veterinary Department 1943. Nairobi 1944.
— Department of Agriculture. Annual reports. 1920 bis 1961. Nairobi.
— Department of Veterinary Services. Annual reports. 1956 bis 1957. Nairobi 1957 bis 1958.
— Lands Department [Department of Lands]. Annual reports. 1953 bis 1963. Nairobi.
— Ministry of Agriculture, Animal Husbandry and Water Resources. Three-year report 1958—1960. (Nairobi) 1961.
— Ministry of Agriculture, Animal Husbandry and Water Resources. African land development in Kenya. 1946—1962. Nairobi 1962.
— Ministry of Agriculture, Animal Husbandry and Water Resources. Final report of the sisal working party. Nairobi 1962.
— Ministry of Agriculture, Animal Husbandry and Water Resources. A history of the fluctuation of the cattle population in Kajiado Masailand during the last twenty years, leading to the disastrous losses in 1961—1962 with comments on past policy and future development. Nairobi 1962. (Maschinenschriftlich vervielfältigt.)
— Ministry of Finance and Economic Planning. Economics and Statistics Division. The system of recording and analysis used in production cost studies of large scale farming in Western Kenya. (Nairobi) 1963. (Maschinenschriftlich vervielfältigt.) (Farm Economics Survey Unit. Report No. 17.)
— Veterinary Department. Annual report 1959. Nairobi 1960.

CORY, H. 1952: The people of the Lake Victoria region. Tanganyika Notes and Records, Dar es Salaam. 33 (1952), S. 22—29.

COTTON LINT AND SEED MARKETING BOARD, KENYA (1964): Tenth annual report for the year ended 31st October, 1964. (Nairobi).

CRANWORTH, B. F. G. 1912: A colony in the making. Or sport and profit in British East Africa. London.

CREMER, HANS-DIEDRICH (u. a.) 1966: Verbesserung der Ernährungssituation in Ostafrika. Stuttgart. (Wissenschaftliche Schriftenreihe des Bundesministeriums für wirtschaftliche Zusammenarbeit. 4.)

DAKEYNE, R. B. 1962: The pattern of settlement in Central Nyanza, Kenya. Australian Geographer, Sydney. 8 (1962), S. 183—191.

DALE, IVAN R. 1955: The Indian origins of some African cultivated plants and African cattle. Uganda Journal, Kampala. 19 (1955), S. 68—72.

DAMES, T. W. C. 1964: Report to the Government of Kenya on reconnaissance of the agricultural potential of the Turkana district. Rome. (Maschinenschriftlich vervielfältigt.)

DAVIDSON, B. R. 1960: The economics of arable land and labour use in African and European areas of Kenya. East African Economics Review, Nairobi. 7 (1960), S. 5—12.

DAVIDSON, B. R., & W. J. ENGLAND 1960: Farm profits and costs. The Uasin Gishu area 1959/60. A study of the causes of farm profits and losses in the Uasin Gishu area during 1959/60. Njoro. (Farm Economics Survey Unit. Report. 3.)

DAVIDSON, B. R.; J. D. MACARTHUR & W. J. ENGLAND 1961: A report on an economic survey of farming in the Njoro area 1959/60. Njoro. (Farm Economics Survey Unit. Report. 6.)

DAVIDSON, B. R., & R. J. YATES 1959: Relationship between population and potential arable land in the African Reserves and in the European Highlands. East African Economics Review, Nairobi. 7 (1960), S. 53—55.

—   1960: The potential supply of arable land in Kenya and its productivity. East African Economics Review, Nairobi. 7 (1960), S. 29—31.

DELF, G. 1963: Asians in East Africa. Nairobi.

DEPARTMENT OF SETTLEMENT, KENYA. Annual reports. 1963 bis 1965. Nairobi 1964 bis 1966.

DEPARTMENT OF VETERINARY SERVICES 1965: A plan for the development of the Kenya Masailand. Kabete. (Maschinenschriftlich vervielfältigt.)

DESPATCH FROM THE GOVERNOR OF KENYA commenting on the East Africa Royal Commission 1953—1955 report. (Nairobi 1956). (Despatch from the Governor of Kenya. 333.)

DEVELOPMENT PLAN. Kenya. 1964—1970. Baringo, Bungoma, Busia, Central Nyanza, Elgeyo Marakwet, Embu, Kajiado, Kakamega, Kericho, Kiambu, Kirinyaga, Kisii, Kitui, Laikipia, Machakos, Meru, Murang'a (Fort Hall), Nakuru, Nandi, Narok, Nyandarua, Nyeri, Samburu, South Nyanza, Trans Nzoia, Turkana, Uasin Gishu, West Pokot district. (Maschinenschriftlich vervielfältigt.)

DEVELOPMENT PLAN. Kenya 1964—1970: Eastern region.

DILLEY, M. R. 1966: British policy in Kenya Colony. 2nd ed. London.

DOWKER, B. D. 1963: Sorghum and millet in Machakos District. East African Agricultural and Forestry Journal, Nairobi. 29 (1963—1964), S. 52—57.

DRIBERG, J. H. 1921: The Lango district. Geographical Journal, London. 58 (1921), S. 119—123.

—   1923: The Lango: a Nilotic tribe of Uganda. London.

DUNDAS, CHARLES 1921: Native laws of some Bantu tribes of East Africa. Journal of the Royal Anthropological Institute of Great Britain and Ireland, London. 51 (1921), S. 217—278.

DUNN, R. P. 1949: Cotton in British East Africa. Memphis, Tennessee.

EAST AFRICA ROYAL COMMISSION 1955: Report 1953—1955. Précis. (Nakuru 1955). (Cmd. 9475.)

—   1956: The East Africa Royal Commission on African land tenure. A note by the African Studies Branch. Journal of African Administration, London. 8 (1956), S. 69—74.

EAST AFRICAN CENSUS, 1948: EAST AFRICAN STATISTICAL DEPARTMENT 1950: Census. 1—3. (Nairobi).

1. African population of Kenya Colony and Protectorate.
2. African population of Uganda Protectorate.
3. African population of Tanganyika Territory.

EASTERN REGION. Development plan. o. O. (1964). (Maschinenschriftlich vervielfältigt.)

THE ECONOMIC DEVELOPMENT OF KENYA
    s. INTERNATIONAL BANK FOR RECONSTRUCTION AND DEVELOPMENT 1963.

THE ECONOMIC DEVELOPMENT OF TANGANYIKA
    s. INTERNATIONAL BANK FOR RECONSTRUCTION AND DEVELOPMENT 1963.

THE ECONOMIC DEVELOPMENT OF UGANDA
    s. INTERNATIONAL BANK FOR RECONSTRUCTION AND DEVELOPMENT 1962.

EDWARDS, D. C. 1956: The ecological regions of Kenya: their classification in relation to agricultural development. Empire Journal of Experimental Agriculture, New York, London. 24 (1956), S. 89—114.

EHRLICH, CYRIL 1956: The economy of Buganda, 1893—1903. Uganda Journal, Kampala. 20 (1956), S. 17—26.

— 1957: Cotton and the Uganda economy, 1903—1909. Uganda Journal, Kampala. 21 (1957), S. 162—175.

— 1965: The Uganda economy 1903—1945. In: HARLOW, VINCENT, & E. M. CHILVER (eds.) 1965: History of East Africa. Bd. II. Oxford. S. 395—475.

ELKAN, WALTER 1958: A half century of cotton marketing in Uganda. Indian Journal of Economics, Bombay. 39 (1958), S. 365—374.

— 1965: The Uganda economy 1903—1945. In: HARLOW, V., & E. M. CHILVER 1965. Oxford. S. 395—475.

ENGELHARD, KARL, & CAY LIENAU 1970: Der Zuckerrohranbau in Ostafrika und sein Einfluß auf die Agrarstruktur am Beispiel des Nyandobeckens. Geographische Rundschau, Braunschweig. 22 (1970), S. 55—63.

ENLOW, C. R. 1958: The grassland situation in Kenya. Nairobi. (Maschinenschriftlich vervielfältigt.)

ESDORN, I. 1961: Die Nutzpflanzen der Tropen und Subtropen der Weltwirtschaft. Stuttgart.

ETHERINGTON, D. M. 1963: Land resettlement in Kenya; policy and practice. East African Economics Review, Nairobi. 10 (1963), S. 22—34.

FAIR, T. J. D. 1963: A regional approach to economic development in Kenya. South African Geographical Journal, Johannesburg. 45 (1963), S. 55—77.

FALLERS, L. A. 1955: The politics of landholding in Busoga. Economic Development and Cultural Change, Chicago. 3 (1955), S. 260—270.

FALLERS, M. C. 1960: The eastern lacustrine Bantu (Ganda and Soga). London. (Ethnographic Survey of Africa. East Central Africa. 11.)

FALLON, F. L. 1962: Famine relief, Kajiado District. Nairobi. (Maschinenschriftlich vervielfältigt.)

FAMILY PLANNING IN KENYA. A report submitted to the Government of Kenya by an advisory mission of the Population Council of the United States of America. Published by the Ministry of Economic Planning and Development. [Nairobi] (1967).

FEARN, HUGH 1955: Population as a factor in land usage in the Nyanza Province of Kenya Colony. East African Agricultural Journal, Nairobi. 20 (1954/55), S. 198—201.

— 1956 a: Cotton production in the Nyanza Province of Kenya Colony 1908—1954. Empire Cotton Growing Review, London. 33 (1956), S. 123—136.

— 1956 b: The diverse pattern of African agriculture in the Nyanza Province of Kenya. In: STAMP, L. D. [ed.] 1956: Natural resources, food and population in inter-tropical Africa. Report of a Symposium ... Makerere College September, 1955. London. S. 21—28.

— 1961: An African economy. A study of the economic development of the Nyanza Province of Kenya, 1903—1953. London.

FELDMAN, F. 1965: Landwirtschaft und Landtechnik in Kenya. Afrika heute, Bonn. 1965. Heft 2, S. 21—25.

FIENNES, R. N. T.-W. 1939: Soil erosion and agricultural planning. Uganda Journal, Kampala. 6 (1939), S. 137—147.

FISHER, J. M. o. J.: The anatomy of Kikuyu domesticity and husbandry. (Nairobi).

FLIEDNER, HANFRIED 1965: Die Bodenrechtsreform in Kenya. Studie über die Änderung der Bodenrechtsverhältnisse im Zuge der Agrarreform unter besonderer Berücksichtigung des Kikuyu-Stammesgebietes. Berlin, Heidelberg, New York. (Afrika-Studien. 7).

— 1968: Die Wandlung der Agrarstruktur in Kenia. Geographische Rundschau, Braunschweig. 20 (1968), S. 81—86.

FRANK, CHARLES R. 1963: The production and distribution of sugar in East Africa. East African Economics Review, Nairobi. 10 (1963), S. 96—110.

FRENCH, M. H. 1955: Cattle breeding problems in Uganda. Uganda Journal, Kampala. 19 (1955), S. 73—84.

GANN, L. H., & P. DUIGNAN 1962: White settlers in tropical Africa. Baltimore.

GAYER, C. M. A. 1957: Report on land tenure in Bugishu. In: UGANDA PROTECTORATE 1957: Land tenure in Uganda. (Entebbe). S. 1—16.

GOLDING, T. R. H. o. J.: African coffee. Nairobi.

GOLDSCHMIDT, W. 1967: Sebei law. Los Angeles, London.

GOLDTHORPE, J. E. 1959: Outlines of East African society. Kampala.

GOLDTHORPE, J. E., & F. B. WILSON 1960: Tribal maps of East Africa and Zanzibar. Kampala. (East African Studies. 13.)

GOLKOWSKY, R. 1969: Bewässerungslandwirtschaft in Kenya. Darstellung grundsätzlicher Zusammenhänge am Beispiel des Mwea Irrigation Settlement. München. (Afrika-Studien. 39.)

GOVERNMENT OF KENYA (1962): Kenya African agricultural sample census, 1960/61. Incorporating data for the 1960 World Census of Agriculture. Part II. (Nairobi).

— 1962: Report on famine relief in Kenya. Nairobi.

— 1962: The Trust Land Ordinance (Cap. 100). Legal Notice No. 535. (LND 1/2/2/3). The Trust Land (Irrigation Areas) Rules, 1962. Nairobi.

— 1963: Agricultural census 1963. Large farm areas. (Nairobi).

— 1963: Farm production costs in the Uasin Gishu area 1959—1962. o. O. (Farm Economics Survey Unit. Report. 16.)

— 1963: Kenya agricultural census, 1962. Scheduled areas and coastal strip. Statistical analysis. (Nairobi).

— 1963: A report on an economic survey of farming in the Trans Nzoia area 1962/63. o. O. (Farm Economics Survey Unit. Report. 14.)

— 1963: Some economic case studies of farms in Elgeyo and West Pokot districts 1962. o. O. (Farm Economics Survey Unit. Report. 15.)

— 1963: The system of recording and analysis used in production cost studies of large scale farming in western Kenya. o. O. (Farm Economics Survey Unit. Report. 17.)

— 1964: Economic Survey 1964. Nairobi.

— 1964: Farm production costs in the Molo and Mau Narok areas 1959—1962. o. O. (Farm Economics Survey Unit. Report. 19.)

— 1964: Farm production costs in the Njoro area 1958—1961. o. O. (Farm Economics Survey Unit. Report. 20.)

— 1964: Some economic aspects of agricultural development in Nyeri district 1962. o. O. (Farm Economics Survey Unit. Report. 21.)

— 1964: Some economic case studies of farms in Nandi district 1962—1963. o. O. (Farm Economics Survey Unit. Report. 18.)

— Department of Co-operative Development. Annual report 1962. Nairobi 1964.

THE GOVERNMENT OF UGANDA AND THE COMMONWEALTH DEVELOPMENT CORPORATION 1964: Uganda tea survey, 1964. Report of the Mission appointed by the Minister of Agriculture and Co-operatives to prepare a plan for the development of tea industry with particular regard to the extension of outgrower schemes, participation of the co-operative movement and the need to obtain external aid. London.

GRAHAM, M. D. 1941: An experiment in native mixed farming in the Nyanza Province of Kenya. East African Agricultural Journal, Nairobi. 8 (1942/43), S. 103—107.

GRIGG, E. 1932: Land policy and economic development in Kenya. Journal of the African Society. London. 31 (1932), S. 1—14.

GULLIVER, P. H. 1955: The family herds. A study of two pastoral tribes in East Africa: the Jie and Turkana. London.

— 1961: Land shortage, social change, and social conflict in East Africa. Journal of Conflict Resolution. Ann Arbor, Mich. 5 (1961), S. 16—26.

— 1966: The family herds. A study of two pastoral tribes in East Africa. The Jie and Turkana. 2nd ed. London.

GULLIVER, P., & P. H. GULLIVER 1953: The central Nilo-Hamites. London. (Ethnographic Survey of Africa. East Central Africa. 7.)

GUY, H. C. W. 1937: Mixed farming in Kenya. 4. The value of native stock. East African Agricultural Journal, Nairobi. 3 (1937/38), S. 319—326.

HAIG, N. S. 1938: An agricultural survey in Buganda. East African Agricultural Journal, Nairobi. 3 (1937/38), S. 450—456.

— 1940: Bananas. In: TOTHILL, J. D. (ed.) 1940: Agriculture in Uganda. London. S. 110—115.

HAILEY, W. M. Lord 1950: Native administration in the British African territories. Part 1. East Africa: Uganda, Kenya, Tanganyika. London.

HARLOW, VINCENT, & E. CHILVER (eds.) 1965: History of East Africa. Bd. 2. London.

HASSELMANN, KARL HEINZ 1968: Erster Bericht über Untersuchungen zur Struktur der Kulturlandschaft in Busoga/Uganda. (Vorläufige Ergebnisse der Untersuchungen im Rahmen des Afrika-Kartenwerkes der Deutschen Forschungsgemeinschaft. 4.) Die Erde, Berlin. 99 (1968), S. 183—188.

— 1970: Untersuchungen zur Struktur der Kulturlandschaft von Busoga/Uganda (zwischen dem Victoria- und dem Kyoga-See). Berlin. (Math.-nat. Diss. Freie Universität Berlin. Noch nicht veröffentlicht.)

HAYES, T. R. 1940 a: Land tenure in the Eastern Province. In: TOTHILL, J. D. (ed.) 1940: Agriculture in Uganda. London. S. 31—38.

— 1940 b: The development of ox cultivation in Uganda. In: TOTHILL, J. D. (ed.) 1940: Agriculture in Uganda. London. S. 54—59.

HEADY, H. F. 1960: Range management in East Africa. Nairobi.

HECKLAU, HANS 1964: Die Gliederung der Kulturlandschaft im Gebiet von Schriesheim/Bergstraße. Ein Beitrag zur Methodik der Kulturlandschaftsforschung. Berlin. (Abhandlungen des 1. Geographischen Instituts der Freien Universität Berlin. 8.)

— 1967: Landwirtschaftliche Flächennutzungsstile im Gebiet des Kartenblattes Lake Victoria. (Vorläufige Ergebnisse der Untersuchungen im Rahmen des Afrika-Kartenwerkes der Deutschen Forschungsgemeinschaft. 1.) Die Erde, Berlin. 98 (1967), S. 135—142.

— 1968 a: Die agrarlandschaftlichen Auswirkungen der Bodenbesitzreform in den ehemaligen White Highlands von Kenya. Die Erde, Berlin 99 (1968), S. 236—264.

— 1968 b: Das Uasin-Gishu—Trans-Nzoia-Plateau im Hochland von Kenya. Eine wirtschafts- und bevölkerungsgeographische Skizze. In: Ostafrikanische Studien. Ernst Weigt zum 60. Geburtstag. Nürnberg. S. 168—191. (Nürnberger Wirtschafts- und Sozialgeographische Arbeiten. 8.)

— 1970: Bewässerungsfeldbau in Kenya. In: BOESLER, K.-A. & A. KÜHN (Hrsg.) 1970: Aktuelle Probleme geographischer Forschung. Festschrift für Joachim Heinrich Schultze aus Anlaß seines 65. Geburtstages. Berlin. S. 475—492. (Abhandlungen des 1. Geographischen Instituts der Freien Universität Berlin. 13.)

— 1976: s. AFRIKA-KARTENWERK. Karte E 11.

HENNINGS, R. O. 1951: African morning. London.

— 1952: Some trends and problems of African land tenure in Kenya. Journal of African Administration, London. 4 (1952), S. 122—134.

— 1961: Grazing management in the pastoral areas of Kenya. Journal of African Administration, London. 13 (1961), S. 191—203.

HERSKOVITS, M. J. 1926: The cattle complex in East Africa. American Anthropologist. 28 (1926), S. 230—272, 361—388, 494—528, 633—644.

— 1962: The human factor in changing Africa. London.

HESMER, HERBERT 1966: Der kombinierte land- und forstwirtschaftliche Anbau. 1. Tropisches Afrika. Stuttgart. (Wissenschaftliche Schriftenreihe des Bundesministeriums für wirtschaftliche Zusammenarbeit. 8.)

HEYER, JUDITH 1965: Some problems in the valuation in the subsistence output. Nairobi. (University College Nairobi. Centre for Economic Research. Discussion Paper. 14.)

— 1966 a: Kenya's agricultural development policy. (Nairobi). (University College Nairobi. Institute for Development Studies. Reprint Series. 18.)

— 1966 b: Preliminary results of a linear programming analysis of peasant farms in Machakos District, Kenya. o. O. (East African Institute for Social Research. Conference Papers. January 1966.)

— 1967 a: The economics of small-scale farming in lowland Machakos. Nairobi. (University College, Nairobi. Institute for Development Studies. Occasional Paper. 1.)

— 1967 b: Input-output data from 16 smallholdings in Masii location, Machakos district, 1962/63. (Nairobi). (University College, Nairobi. Institute for Development Studies. Occasional Paper. 1. Supplement.)

HILL, M. F. 1943: The dual policy in Kenya. London.

— 1960: The white settler's role in Kenya. Foreign Affairs, London. 38 (1960), S. 638—645.

HITCHCOCK, E. 1959: The sisal industry of East Africa. Tanganyika Notes and Records, Dar es Salaam. 52 (1959), S. 4—17.

HOMAN, F. D. 1958: Inheritance in the Kenya native land units. Journal of African Administration, London. 10 (1958), S. 131—135.

— 1963: Succession to registered land in the African areas of Kenya. Journal of Local Administration Overseas, London. 2 (1963), S. 49—54.

HOMAN, F. D., & R. A. SANDS o. J.: Land tenure reform and agricultural development in the African lands of Kenya. Nairobi. (Maschinenschriftlich vervielfältigt.)

HUGHES, O. E. B. 1955: Villages in Kikuyu country. Journal of African Administration, London. 7 (1955), S. 170—174.

HUMPHREY, N. 1947: The Liguru and the land. Sociological aspects of some agricultural problems of North Kavirondo. Nairobi.

HUNTINGFORD, G. W. B. 1950: Nandi work and culture. London.

— 1953 a: The Nandi of Kenya: Tribal control in a pastoral society. London.

— 1953 b: The southern Nilo-Hamites. London. (Ethnographic Survey of Africa. East Central Africa. 8)

— 1955: The economic life of the Dorobo. Anthropos, Fribourg. 50 (1955), S. 602—634.

HUPPERTZ, JOSEFINE 1959: Die Eigentumsrechte bei den Massai. Anthropos, Fribourg. 54 (1959), S. 939—969.

HUXLEY, ELSPETH 1953: White man's country. Lord Delamere and the making of Kenya. 1.2. London.

— 1957: No easy way. A history of the Kenya Farmers' Association and Unga Ltd. Nairobi.

— 1962: Kenya's White Highlands: The end of an experiment. Geographical Magazine, London. 34 (1962), S. 414—424.

HUXLEY, J. 1962: Eastern Africa: the ecological base. Endeavour, London. 21 (1962), S. 98—107.

INGHAM, K. 1955: British administration in Lango district, 1907—1935. Uganda Journal, Kampala. 19 (1955), S. 156—168.

— 1962: A history of East Africa. New York.

INTERNATIONAL BANK FOR RECONSTRUCTION AND DEVELOPMENT 1962: The economic development of Uganda. Report of a mission organized by the International Bank for Reconstruction and Development at the request of the Government of Uganda. Baltimore.

— 1963: The economic development of Kenya. Report of a mission organized by the International Bank for Reconstruction and Development at the request of the Governments of Kenya and the United Kingdom. Baltimore.

— 1963: The economic development of Tanganyika. Report of a mission organized by the International Bank for Reconstruction and Development at the request of the Governments of Tanganyika and the United Kingdom. Baltimore.

JACOB, C. V. 1950: Coffee. In: MATHESON, J. K., & E. W. BOVILL (eds.) 1950: East African agriculture. A short survey of the agriculture of Kenya, Uganda, Tanganyika, and Zanzibar, and of its principal products. London, New York, Toronto. S. 85—95.

JÄTZOLD, RALPH 1967: Aktuelle Probleme der Europäersiedlungen in Ostafrika. Geographische Zeitschrift, Wiesbaden. 55 (1967), S. 42—51.

— 1970: Ein Beitrag zur Klassifikation des Agrarklimas der Tropen (mit Beispielen aus Ostafrika). In: BLUME, H., & K. H. SCHRÖDER (Hrsg.) 1970: Beiträge zur Geographie der Tropen und Subtropen. Festschrift zum 60. Geburtstag von Herbert Wilhelmy. Tübingen. S. 57—69. (Tübinger Geographische Studien. 34. Sonderband 3.)

— 1977: s. AFRIKA-KARTENWERK. Karte E 5.

JAMES, L. 1939: The Kenya Masai, a nomadic people under modern administration. Africa, London. 12 (1939), S. 49—73.

JAMESON, J. D. 1958: Protein content of subsistence crops in Uganda. East African Agricultural Journal, Nairobi. 24 (1958), S. 67—69.

— (ed.) 1970: Agriculture in Uganda. 2nd ed. (London). (Erschienen nach Abschluß des Manuskriptes.)

JENSEN, J. 1967: Kontinuität und Wandel in der Arbeitsteilung bei den Baganda. Berlin, Heidelberg, New York. (Afrika-Studien. 17.)

JENSEN, W. 1968: Agricultural development in East Africa: a review of 1967—68. East African Journal of Rural Development, Kampala. 1 (1968), S. 72—88.

JOHNSTON, BRUCE F. 1964: The choice of measures for increasing agricultural productivity: A survey of possibilities in East Africa. Tropical Agriculture, Colombo. 41 (1974), S. 91—113.

JOHNSTON, H. 1902: The Uganda Protectorate. London.

JONES, P. H. 1959: The marketing of African livestock. Report of an inquiry made by Mr. P. H. Jones into the whole problem of the marketing of African stock. Nairobi. (Ministry of Agriculture, Animal Husbandry and Water Resources.) (Maschinenschriftlich vervielfältigt.)

KAJUBI, W. S. 1965: Coffee and prosperity in Buganda; some aspects of economic and social change. Uganda Journal, Kampala. 29 (1965), S. 135—147.

KARANY, H. 1966: Pricing and marketing of maize in Kenya. (Nairobi). (University College, Nairobi. Institute for Development Studies.)

KAUFMANN, H. 1969: Der asiatische und europäische Bevölkerungsfaktor in Kenya seit der Unabhängigkeit (1963—1968). In: OSTAFRIKANISCHE STUDIEN. Ernst Weigt zum 60. Geburtstag. Nürnberg. S. 309—318. (Nürnberger Wirtschafts- und Sozialgeographische Arbeiten 8.)

KAYSER, KURT; WALTHER MANSHARD; HORST MENSCHING & JOACHIM HEINRICH SCHULTZE 1966: Das Afrika-Kartenwerk. Ein Schwerpunkt-Programm der Deutschen Forschungsgemeinschaft. Die Erde, Berlin. 97 (1966), S. 85—95.

— 1968: Bericht über den Stand der Arbeiten am Afrika-Kartenwerk. Die Erde, Berlin. 99 (1968), S. 21—41.

KENNEDY, T. J. 1962: A study of economic motivation involved in peasant cultivation of cotton. East African Economics Review, Nairobi. 10 (1963), S. 88—95.

KENYA 1 : 250 000. Vegetation. Sheet 1. (Entwurf): C. G. Trapnell, W. R. Birch, M. A. Brunt & D. J. Pratt. o. O. 1966.

KENYA AFRICAN AGRICULTURAL SAMPLE CENSUS, 1960/61. Part I s. COLONY AND PROTECTORATE OF KENYA (1962).

— 1960/61. Part II s. GOVERNMENT OF KENYA (1962).

KENYA AFRICAN DEMOCRATIC UNION 1962: Land tenure and agricultural and pastoral development for independent Kenya. Nairobi.

KENYA AGRICULTURAL CENSUS, 1962 s. GOVERNMENT OF KENYA 1963.

KENYA (CARTER) LAND COMMISSION 1934: Report of the Kenya (Carter) Land Commission. September, 1933. London. (Cmd. 4556.)

— 1934: Report of the Kenya (Carter) Land Commission. The evidence. Vol. 1—3. London. (Colonial. 91.)

— 1934: Kenya (Carter) Land Commission Report. Summary of conclusions reached by His Majesty's Government. London. (Cmd. 4580.)

KENYA CENTRAL LAND BOARD. Annual report. 1963—1965. Nairobi.

KENYA POPULATION CENSUS, 1962. Bd. I, II. Tables. Advance report. 1964; Bd. III. African population. 1966; Bd. IV. Non-African population. 1966. Nairobi.

THE KENYA TEA DEVELOPMENT AUTHORITY 1964: The operations and development plans of the Kenya Tea Development Authority. Nairobi.

— 1964: Annual report and accounts for the Special Crops Development Authority for the period 1st July, 1963 to 19th January, 1964 and for the Kenya Tea Development Authority for the period 20th January, 1964 to 30th June, 1964. (Nairobi).

— 1965: Annual report and accounts for The Kenya Tea Development Authority for the period 1st July, 1964, to 30th June, 1965. (Nairobi).

KENYATTA, J. 1953: Facing Mount Kenya. The tribal life of the Gikuyu. London. (Reprinted. 1st ed. 1938.)

KERR, A. J. 1936: The organization of native Arabica coffee cultivation in Bugishu. East African Agricultural Journal, Nairobi. 1 (1935—1936), S. 314—317.

— 1957: Agricultural cooperation in Uganda. Tropical Agriculture, Nairobi. 34 (1957), S. 103—111.

KOLBE, L. H., & S. J. FOUCHÉ 1959: Land consolidation and farm planning in the Central Province. Nairobi.

LA FONTAINE, J. S. 1959: The Gisu of Uganda. London. (Ethnographic Survey of Africa. East Central Africa. 10)

LAMBERT, H. E. 1950: The systems of land tenure in the Kikuyu land unit. Capetown. (University of Capetown. Communications from the School of African Studies. New Series. 22.)

LAMBERT, N. 1947: Land tenure among the Akamba. African Studies, Johannesburg. 6 (1947), S. 131—147, 157—175.

THE LAND AND AGRICULTURAL BANK OF KENYA. Annual report. 1958, 1961, 1964. Nairobi (1959, 1962, 1965).

LAND TENURE IN UGANDA. Journal of African Law. 2 (1958), S. 1—4.

LANGDALE-BROWN, I. 1959: The vegetation of the Eastern Province of Uganda. Kawanda. (Uganda Protectorate. Department of Agriculture. Memoirs of the Research Division. Ser. 2. No. 1.)

— 1960 a: The vegetation of the West Nile, Acholi and Lango districts of the Northern Province of Uganda. Kawanda. (Uganda Protectorate. Department of Agriculture. Memoirs of the Research Division. Ser. 2. No. 3.)

— 1960 b: The vegetation of the Western Province of Uganda. Kawanda. (Uganda Protectorate. Department of Agriculture. Memoirs of the Research Division. Ser. 2. No. 4.)

LANGDALE-BROWN, I,; H. A. OSMASTON & J. G. WILSON 1964: The vegetation of Uganda and its bearing on land-use. Entebbe, London.

LANGLANDS, BRYAN W. 1965: Maize in Uganda. Uganda Journal, Kampala. 29 (1965). S. 215—221.

— 1966 a: The banana in Uganda — 1860—1920. Uganda Journal, Kampala. 30 (1966), S. 39—63.

— 1966 b: Cassava in Uganda. 1860—1920. Uganda Journal, Kampala. 30 (1966), S. 211—218.

— 1967: Burning in Eastern Africa. East Africa Geographical Review, Kampala. 5 (1967), S. 21—37.

— 1968: Teso District, East Uganda. A study in regional economic development. In: Ost-AFRIKANISCHE STUDIEN. Ernst Weigt zum 60. Geburtstag. Nürnberg. S. 199—210. (Nürnberger Wirtschafts- und Sozialgeographische Arbeiten. 8.)

LAWRENCE, J. C. D. 1955: A history of Teso to 1937. Uganda Journal, Kampala. 19 (1955), S. 7—40.

— 1957: The Iteso. Fifty years of change in a Nilo-Hamitic tribe of Uganda. London.

— 1961: Fragmentation of agricultural land in Uganda. Entebbe.

LEA, J. D., & J. L. JOY 1963: The development of modern arable farming in Uganda. Empire Journal of Experimental Agriculture, New York, London. 31 (1963), S. 137—151.

LEAKEY, L. S. B. 1930: Some notes on the Masai of Kenya Colony. Journal of the Royal Anthropological Institute of Great Britain and Ireland, London. 60 (1930), S. 185—209.

— 1956: The economics of Kikuyu tribal life. East African Economics Review, Nairobi. 3 (1956), S. 165—180.

LECKIE, W. GORDON, & W. LYNE WATT 1937: Labour and land in native reserves. East African Agricultural Journal, Nairobi. 3 (1937/38), S. 37—42.

LE VINE, R. A. 1962: Wealth and power in Gusiiland. In: BOHANNAN, P., & G. DALTON (eds.) 1962: Markets in Africa. Evanston, Illinois. S. 520—536. (Northwestern University. African Studies. 9.)

LEWIS, E. A. 1953: Land-use and tsetse control. East African Agricultural Journal, Nairobi. 18 (1952/53), S. 160—168.

LEYS, N. 1925: Kenya. 2nd ed. London.

LIPSCOMB, J. F. 1950: The dairy industry in Kenya. In: MATHESON, J. K., & E. W. BOVILL (eds.) 1950: East African agriculture. A short survey of the agriculture of Kenya, Uganda, Tanganyika, and Zanzibar, and of its principal products. London, New York, Toronto. S. 125—130.

LIVERSAGE, V. 1935: Agricultural statistics in Kenya. East African Agricultural Journal, Nairobi. 1 (1935—1936), S. 203—205, 211.

— 1936: Tenure of native land in East Africa: The economic aspect. East African Agricultural Journal, Nairobi. 1 (1935—1936), S. 372—383.

— 1938: Some observations on farming economics in the Nakuru district. East African Agriculture, Colombo. 34 (1957), S. 190—198.

LOCK, G. W. 1957: Some aspects and problems of sisal growing in East Africa. Tropical Agriculture, Colombo. 34 (1957), S. 190—198.

— 1962: Sisal: Twenty-five years sisal research. London. (Tropical Science Series.)

LONG, C. A. 1950: The beef cattle of Kenya. In: MATHESON, J. K., & E. W. BOVILL (eds.) 1950: East African agriculture. A short survey of the agriculture of Kenya, Uganda, Tanganyika, and Zanzibar, and of its principal products. London, New York, Toronto. S. 130—132.

LUDWIG, HEINZ DIETER 1967: Ukara — Ein Sonderfall tropischer Bodennutzung im Raum des Victoria-Sees. Eine wirtschaftsgeographische Entwicklungsstudie. München (Afrika-Studien. 22.)

MACARTHUR, J. D. 1962/63: The development of research into the production economics of African peasant farms in Kenya. East African Economics Review, Nairobi. 9 (1962), S. 95—107.

MACARTHUR, J. D., & W. J. ENGLAND 1962 a: A report on an economic survey of farming in the Trans Nzoia area 1960/61. Njoro. (Farm Economics Survey Unit. Report No. 10.)

— 1962 b: A report on an economic survey of farming in the Uasin Gishu area 1961/62. Nakuru. (Farm Economics Survey Unit. Report. 11.)

— 1963: A report on an economic survey of farming in the Molo and Mau Narok area 1961/62. Nakuru. (Farm Economics Survey Unit. Report. 12.)

MACARTHUR, J. D.; R. H. CLOUGH & W. J. ENGLAND 1962: A report on an economic survey of farming in the Njoro area 1960/61. Njoro. (Farm Economics Survey Unit. Report. 9.)

M(A)CDONALD, A. S. 1963: Some aspects of land utilization in Uganda. East African Agricultural and Forestry Journal, Nairobi. 29 (1963/64), S. 147—156.

M(A)cENTEE, P. D. 1960: Improved farming in the Central Nyanza district — Kenya Colony. Journal of African Administration, London. 12 (1960), S. 68—73.

MacGILLIVRAY, D.; A. A. LAWRIE & H. WHITE 1960: Report of the Committee on the Organisation of Agriculture. (Nairobi).

M(A)cGLASHAN, N. D. 1958: Resettlement in the Meru district of Kenya. Geography, Sheffield. 43 (1958), S. 209—210.

— 1960: Consolidating land holdings in Kenya. Geography, Sheffield. 45 (1960), S. 105—106.

M(A)cMASTER, DAVID N. 1962: A subsistence crop geography of Uganda. Bude, Cornwall. (The World Land Use Survey. Occasional Papers. 2.)

— 1963: Speculations on the coming of the banana to Uganda. Uganda Journal, Kampala. 27 (1963), S. 163—175. (Reprinted from: Journal of Tropical Geography, Singapore. 16 (1962), S. 57—69.)

— 1964: Uganda. Focus by the American Geographical Society, New York. 14 (1963—1964), No. 5.

— 1966 a: Changes in the extent and the distribution of cultivation in Uganda 1952—1958. Uganda Journal, Kampala. 30 (1966), S. 63—74.

— 1966 b: Kenya. Focus by the American Geographical Society, New York. 16 (1965—1966), No. 6

M(A)cWILLIAM, M. D. 1957: The East African tea industry. A case study in the development of a plantation industry. Oxford. (Maschinenschriftlich vervielfältigt.)

— 1959: The Kenya tea industry. East African Economics Review, Nairobi. 6 (1959), S. 32—48.

MAHER, COLIN 1936: Mixed farming in East Africa. 2. Grassland and arable dairying in the Trans Nzoia district. East African Agricultural Journal, Nairobi. 2 (1936/37), S. 12—27.

— 1938 a: Notes on soil erosion and land utilization in Nyanza Province. Nairobi. (Maschinenschriftlich vervielfältigt.)

— 1938 b: Preliminary notes on land utilization and soil erosion in the Meru reserve. Nairobi. (Maschinenschriftlich vervielfältigt.)

— 1938 c: Soil erosion and land utilization in the Embu reserve. Nairobi. (Maschinenschriftlich vervielfältigt.)

— (um 1938): Soil erosion and land utilization in the Kamasi, Njemps and East Suk reserves. (Nairobi). (Maschinenschriftlich vervielfältigt.)

— (um 1938): Soil erosion and land utilization in the Ukamba reserves (Machakos). (Nairobi). (Maschinenschriftlich vervielfältigt.)

— 1941—1943: The people and the land: some problems. Part 1.2. East African Agricultural Journal, Nairobi. 1. 7 (1941/42), S. 163—167 & 2. 8 (1942/43), S. 146—151.

MAINI, KRISHAN 1967: Land law in East Afrika. Nairobi, Addis Ababa, Lusaka.

MAIR, L. P. 1933: Baganda land tenure. Africa, London. 6 (1933), S. 187—205.

— 1948: Modern developments in African land tenure: an aspect of culture change. Africa, London. 18 (1948), S. 184—189.

MANN, I. 1967: The organization of the livestock & meat trade in Kenya. Kabete, Kenya. (Maschinenschriftlich vervielfältigt.) (Food and Agriculture Organization of the United Nations. Animal Health and Industry Training Institute.)

MANNERS, ROBERT A. 1962: Land use, labor, and the growth of market economy in Kipsigis country. In: BOHANNAN, P., & G. DALTON (eds.) 1962: Markets in Africa. Evanston, Illinois. S. 493—519. (Northwestern University. African Studies. 9.)

MANSHARD, WALTHER 1965 a: Kigezi (Südwest-Uganda). Die agrargeographische Struktur eines ostafrikanischen Berglandes. Erdkunde, Bonn. 19 (1965), S. 192—210.

— 1965 b: Landbesitz in Tropisch-Afrika. Nachrichten der Gießener Hochschulgesellschaft, Gießen. 34 (1965), S. 115—138.

— (Hrsg.) 1966: Britische Afrikawissenschaften. Stand und Aufgaben. Bonn. S. 99—112.

— 1968: Agrargeographie der Tropen. Eine Einführung. Mannheim/Zürich. (B. I.-Hochschultaschenbücher. 356/356 a.)

MARLOTH, RAIMUND H. o. J.: Report on the potentialities of fruitgrowing in Kenya. Nairobi.

MARSH, Z. A., & G. W. KINGSNORTH 1966: In introduction to the history of East Africa. Cambridge.

MARTIN, E. F. 1940: Land tenure in the Northern Province. In: TOTHILL, J. D. (ed.) 1940: Agriculture in Uganda. London. S. 38—42.

MASEFIELD, G. B. 1950: A short history of agriculture in the British colonies. Oxford.

— 1962 a: Agricultural change in Uganda: 1945—1960. Stanford University. Food Research Institute Studies. 3 (1962), S. 88—124.

— 1962 b: A handbook of tropical agriculture. Oxford.

— 1963: Population increase: a possible effect on crop yields. World Crops, London. 15 (1963), S. 135—137.

MASSOW, HEINRICH v. 1965: Bauern-Tee in Kenya. Afrika heute, Bonn. 1965, S. 291—292.

— 1966: Kapitalhilfeprojekte der Bundesrepublik Deutschland in der Landwirtschaft Kenyas. Afrika heute, Bonn. 1966, S. 36—41.

MATHESON, J. K. 1950: Tea. In: MATHESON, J. K., & E. W. BOVILL (eds.) 1950: East African agriculture. A short survey of the agriculture of Kenya, Uganda, Tanganyika, and Zanzibar, and of its principal products. London, New York, Toronto. S. 198—206.

MATHESON, J. K., & E. W. BOVILL (eds.) 1950: East African agriculture. A short survey of the agriculture of Kenya, Uganda, Tanganyika, and Zanzibar, and of its principal products. London, New York, Toronto.

MATHEW, A. G., & R. OLIVER (eds.) 1963: History of East Africa. Bd. 1. (London).

MAYERS, E., & T. ALLEN 1950: Sugar. In: MATHESON, J. K., & E. W. BOVILL (eds.) 1950: East African agriculture. A short survey of the agriculture of Kenya, Uganda, Tanganyika, and Zanzibar, and of its principal products. London, New York, Toronto. S. 193—197.

MEINERTZHAGEN, R. 1957: Kenya diary 1902—1906. Edinburgh.

MERKER, M. 1910: Die Masai. Ethnographische Monographie eines ostafrikanischen Semitenvolkes. 2. verb. Aufl. Berlin.

MERRILL, ROBERT S. 1960: „Resistance" to economic change: the Masai. Proceedings of the Minnesota Academy of Science, Minnesota. 28 (1960), S. 120—131.

METTRICK, H. 1967: Aid in Uganda — Agriculture. London.

MICHALEK, DIETER 1970: Untersuchungen zum Gestaltwandel der Landschaft im Lango- und Teso-Distrikt (Uganda) — unter besonderer Berücksichtigung der Entwicklung der Agrarlandschaft. (Arbeitstitel. Unveröffentlichtes Manuskript, als Dissertation geplant. Verfasser verstorben.)

MIDDLETON, J., & G. KERSHAW 1965: The central tribes of the north-eastern Bantu. (The Kikuyu, including Embu, Meru, Mbere, Chuka, Mwimbi, Tharaka, and the Kamba of Kenya). London. (Ethnographic Survey of Africa. East Central Africa. 5.)

MINISTRY OF AGRICULTURE AND ANIMAL HUSBANDRY. Development Planning Division: Sugar industry in Central Nyanza. Nairobi (um 1966). (Maschinenschriftlich vervielfältigt.)

MOLNOS, A. 1968: Attitudes towards family planning in East Africa. An investigation in schools around Lake Victoria and in Nairobi. With introductory chapters on the position of woman and the population problem in East Africa. München. (Afrika-Studien. 26.)

MORGAN, A. R. 1958: Uganda's cotton industry — fifty years back. Uganda Journal, Kampala. 22 (1958), S. 107—112.

MORGAN, W. T. W. 1963: The „White Highlands" of Kenya. Geographical Journal, London. 129 (1963), S. 140—155.

— 1964: Kenya 1 : 1 000 000. Density of population map, 1962, Nairobi.

— 1966: Kenya 1 : 1 000 000. Population distribution, 1962. Nairobi.

— (ed.) 1967: Nairobi: City and region. Nairobi, London, New York.

— 1968: The role of temperate crops in the Kenya Highlands. Acta Geographica, Helsinki. 20 (1968), S. 273—278.

MORGAN, W. T. W., & N. M. SHAFFER 1966: Population of Kenya. Density and distribution. A geographical introduction to the Kenya population census, 1962. Nairobi, Lusaka, Addis Ababa.

MOSES, L. 1964: Kenya, Uganda, Tanganyika 1960—1964; a bibliography. Washington. (U.S. Department of State. External Research Staff. External Research Paper. 152.)

MÜLLER, DIETRICH O. 1965: Die historische Entwicklung der Baumwoll- und der Kaffeekultur in Uganda, Kenya und Tanganyika nach der Anbaufläche. Berlin. (Maschinenschriftliches Manuskript.)

— 1968: Vorläufige Mitteilung über Untersuchungen der Struktur der Kulturlandschaften im südlichen Uganda—Kenya—Grenzbereich. (Vorläufige Ergebnisse der Untersuchungen im Rahmen des Afrika-Kartenwerkes der Deutschen Forschungsgemeinschaft. 5.) Die Erde, Berlin. 99 (1968), S. 189—192.

— : Der südliche Uganda—Kenya—Grenzbereich. Eine anthropogeographische Strukturuntersuchung. (in Vorbereitung.)

MUKWAYA, A. B. 1953: Land tenure in Buganda. Present day tendencies. Nairobi, Kampala, Dar es Salaam. (East African Studies. 1.)

— 1962: The marketing of staple foods in Kampala, Uganda. In: BOHANNAN, P., & G. DALTON (eds.) 1962: Markets in Africa. Evanston, Illinois. S. 643—666. (Northwestern University. African Studies. 9.)

MUNGEAM, G. H. 1967: British rule in Kenya, 1895—1912. Nairobi.

NAIDU, NAIDUAYAH N. 1967: Land tenure reform and the process of land consolidation in the Central Province of Kenya. Svensk Geografisk Årsbok, Lund. 43 (1967), S. 86—92.

NASH, V. 1950: Sisal. In: MATHESON, J. K., & E. W. BOVILL (eds.) 1950: East African agriculture. A short survey of the agriculture of Kenya, Uganda, Tanganyika, and Zanzibar, and of its principal products. London, New York, Toronto. S. 178—192.

NEWIGER, N. 1965: Co-operative farming in the former scheduled areas of Kenya. Nakuru. (Maschinenschriftlich vervielfältigt.)

— 1967: Co-operative farming in Kenya and Tanzania. Munich. (Maschinenschriftlich vervielfältigt.)

NJONGE, S. D. 1966: Tea in the economy of Kenya. Léopoldville. (Maschinenschriftlich vervielfältigt.)

NJUGANA WA GAKUO, E. 1960: Bedeutung und Möglichkeiten des Genossenschaftswesens für die Entwicklung der Wirtschaft Kenyas. Freiburg.

NKAMBO-MUKERWA, P. J. 1966: Land tenure in East Africa — some contrasts. In: East African law today. A report of a discussion conference held from April 30 to May 3, 1965, under the auspices of the British Institute of International and Comparative Law, at St. Catherine's, Cumberland Lodge, Windsor Great Park. London. S. 101—114. (The British Institute of International and Comparative Law. Commonwealth Law Series. 5.)

NOTTIDGE, C. P. R., & J. R. GOLDSACK 1965: The Million-acre Settlement Scheme 1962—1966. Nairobi.

OCHSE, J. J. (u. a.) 1966: Tropical and subtropical agriculture (2. Aufl.). Bd. 1.2. New York, London.

O'CONNOR, A. M. 1965: Railways and development in Uganda. A study in economic geography. Nairobi. (East African Studies. 15.)

— 1966: An economic geography of East Africa. London. (Bell's Advanced Economic Geographies.)

ODINGO, R. S. 1969: Observations on land use and settlement in the Kenya Highlands. In: OSTAFRIKANISCHE STUDIEN. Ernst Weigt zum 60. Geburtstag. Nürnberg. S. 254—278. (Nürnberger Wirtschafts- und Sozialgeographische Arbeiten. 8.)

OLLIER, C. D. 1959: The soils of the Northern Province, Uganda (excluding Karamoja District). A reconnaissance survey. Kawanda. (Uganda Protectorate. Department of Agriculture. Memoirs of the Research Division. Ser. 1. No. 3.)

OLLIER, C. D., & J. F. HARROP 1959: The soils of the Eastern Province of Uganda. A reconnaissance survey. Kawanda. (Uganda Protectorate. Department of Agriculture. Memoirs of the Research Division. Ser. 1. No. 2.)

OLOYA, J. J. 1968: Marketing boards and post-war economic development policy in Uganda 1945—1962. Indian Journal of the Agricultural Economic Society, Bombay. 23 (1968), S. 50—58.

OMAMO, W. O. 1959: A comparative economic study of consolidated holdings in Nyeri District in the Central Province of Kenya Colony. (M. Sc. Thesis, University of the Punjab.)

OMINDE, S. H. 1963: Problems of land and population in the Lake Districts of Western Kenya. Makerere. (Reprint from: First Proceedings, East African Academy, Makerere, 1963.)
— 1965: The ethnic map of the Republic of Kenya. Nairobi. (University College, Nairobi Department of Geography. Occasional Memoir. 1.)
— 1968: Land and population movements in Kenya. London, Nairobi, Ibadan.
— 1969: International migration of the economical active age group in Kenya. In: OSTAFRIKANISCHE STUDIEN. Ernst Weigt zum 60. Geburtstag. Nürnberg. S. 227—240. (Nürnberger Wirtschafts- und Sozialgeographische Arbeiten. 8.)

ORCHARDSON, T. Q. 1935: Future development of the Kipsigis with special reference to land tenure. Journal of the East Africa and Uganda Natural Society, Nairobi. 12 (1935), S. 200—210.

OSTAFRIKANISCHE STUDIEN. Ernst Weigt zum 60. Geburtstag. Nürnberg 1969. (Nürnberger Wirtschafts- und Sozialgeographische Studien. 8.)

OVERSTOCKING IN KENYA. East African Agricultural Journal, Nairobi. 1 (1935—1936), S. 16—19, 309—310.

PARDOE, E. 1950: Sheep-farming in Kenya. In: MATHESON, J. K., & E. W. BOVILL (eds.) 1950: East African agriculture. A short survey of the agriculture of Kenya, Uganda, Tanganyika, and Zanzibar, and of its principal products. London, New York, Toronto. S. 141—144.

PARSONS, D. J. 1960: The systems of agriculture practised in Uganda. No. 1—5. Kawanda.
— 1960 a: 1. Introduction and Teso systems.
— 1960 b: 2. The plaintain-robusta coffee systems with a note on the plaintain-millet-cotton areas.
— 1960 c: 3. The northern systems. Part 1.2.
1. The Lango-Acholi systems.
2. The West Nile systems.
— 1960 d: 4. Montane systems.
— 1960 e: 5. Pastoral systems.
(Uganda Protectorate. Department of Agriculture. Memoirs of the Research Division. Ser. 3. No. 1—5.)

PATERSON, R. L. 1956: Ukara Island. Tanganyika Notes and Records, Dar es Salaam. 44 (1956), S. 54—62.

PEDRAZA, C. J. W. 1956: Land consolidation in the Kikuyu areas of Kenya. Journal of African Administration, London. 8 (1956), S. 82—87.

PENWILL, D. J. 1951: Kamba customary law. Notes taken in the Machakos district of Kenya Colony. London. (Custom and Tradition in East Africa.)
— 1960: A pilot scheme for two Kikuyu improved villages near Nairobi. Journal of African Administration, London. 12 (1960), S. 61—67.

PERISTIANY, J. G. 1939: The social institutions of the Kipsigis. London.

PILGRIM, J. W. 1959: Land ownership in the Kipsigis reserve. Paper read at a conference held at the East African Institute of Social Research, Makerere College. Kampala. (Maschinenschriftlich vervielfältigt.)

PÖLLATH, WERNER 1968: Pyrethrum in seiner Bedeutung für die Wirtschaft Kenias. Zeitschrift für Wirtschaftsgeographie, Hagen i. W. 12 (1968), S. 219—220.
— 1969: Pyrethrum in seiner Bedeutung für die Wirtschaft Kenyas. In: OSTAFRIKANISCHE

STUDIEN. Ernst Weigt zum 60. Geburtstag. Nürnberg. S. 377—380. (Nürnberger Wirtschafts- und Sozialgeographische Arbeiten. 8.)

PÖSSINGER, H. 1967: Sisal in Ostafrika. Untersuchungen zur Produktivität und Rentabilität in der bäuerlichen Wirtschaft. Berlin, Heidelberg, New York. (Afrika-Studien. 13.)

POLLOCK, N. C. 1959: Agrarian revolution in Kikuyuland. South African Geographical Journal, Johannesburg. 41 (1959), S. 53—58.

PRATT, D. J. 1960: The grazing of the grazing areas of the lower Uwaso Nyiro basin. A report of a survey conducted during May, 1960. Nairobi. (Maschinenschriftlich vervielfältigt.) (Department of Agriculture. Occasional Paper. 7.)

— 1963: Reseeding denuded land in Baringo district. East African Agricultural and Forestry Journal, Nairobi. 29 (1963/64), S. 78—91.

PRATT, D. J., P. J. GREENWAY & M. D. GWYNNE 1966: A classification of East African rangeland, with appendix on terminology. The Journal of Applied Ecology, Oxford. 3 (1966), S. 369—382.

PROGRESS IN AFRICAN AGRICULTURE, an outline of postwar improvements in Kenya. East African Agricultural Journal, Nairobi. 18 (1952/53), S. 62—66.

THE PYRETHRUM MARKETING BOARD (um 1966): Pyrethrum deliveries as at 28th February, 1966. Pool period October, 1965/September 1966. (Nakuru). (Maschinenschriftlich vervielfältigt.)

RADDATZ, E. 1965: Die Organisation der afrikanischen Bauernbetriebe mit Milchviehhaltung in Kenya. München.

RADWANSKI, S. A. 1960: The soils and land use of Buganda. A reconnaissance survey. Kawanda. (Uganda Protectorate. Department of Agriculture. Memoirs of the Research Division. Ser. 1. No. 4.)

REPORTER. East Africa's News Magazine. Nairobi. 23. 8. 1968. 8. 8. 1969. 5. 9. 1969. 31. 10. 1969.

REPUBLIC OF KENYA 1964: Agricultural census 1964. Large farm areas. (Nairobi).

— 1965: African socialism and its application to planning in Kenya. Nairobi.

— 1965: Farm production costs in the Trans Nzoia area 1958—1961. o. O. (Farm Economics Survey Unit. Report. 22.)

— 1965: Some economic case studies of farms in Nandi and West Pokot districts 1963—1964. o. O. (Farm Economics Survey Unit. Report. 23.)

— Economic Survey. 1965—1967. Prepared by the Statistics Division, Ministry of Economics Planning and Development. Nairobi 1965—1967.

— 1966: Development plan 1966—1970. Nairobi.

— 1966: Report of the Maize Commission of Inquiry. Nairobi.

— 1966: Report of the mission on land consolidation and registration in Kenya 1965—1966. London.

— 1966: Some economic aspects of agricultural development in Nyeri district 1963. o. O. (Farm Economics Survey Unit. Report. 24.)

— 1966: Statistical Abstract 1966. (Nairobi).

— 1967: Statistical Abstract 1967. (Nairobi).

— 1967: Report of the agricultural education commission. Nairobi.

— DEPARTMENT OF AGRICULTURE: Annual reports 1962 bis 1965. Nairobi.

— DEPARTMENT OF VETERINARY SERVICES 1966: Annual report 1962 (Nairobi).

— VETERINARY DEPARTMENT. Annual report 1963. (Nairobi) 1966.

— EASTERN PROVINCE. Department of Agriculture. Annual report. 1966. o. O. (Maschinenschriftlich vervielfältigt.)

RICHARDS, AUDREY I. (ed.) 1954: Economic development and tribal change. A study of immigrant labour in Buganda. Cambridge.

ROSCOE, J. 1911: The Baganda. London.

ROSS, WILLIAM McGREGOR 1927: Kenya from within. A short political history. London.

ROTHERMUND, INDIRA 1966: Die asiatische Minderheit in Ostafrika. Internationales Afrika Forum, München. 2 (1966), S. 411—414.

RUSSEL, E. W. (ed.) 1962: The natural resources of East Africa. Nairobi.

Ruthenberg, Hans 1964: Agricultural development in Tanganyika. Berlin, Göttingen, Heidelberg, New York. (Afrika-Studien. 2.)

— 1966 a: African agricultural production development policy in Kenya 1952—1965. Berlin, Heidelberg, New York. (Afrika-Studien. 10.)

— 1966 b: Der wirtschaftliche Erfolg landwirtschaftlicher Förderungsmaßnahmen in Kenya. Afrika heute, Bonn. 9 (1966), S. 194—199.

— 1967 a: Organisationsformen der Bodennutzung und Viehhaltung in den Tropen und Subtropen, dargestellt an ausgewählten Beispielen. In: Blanckenburg, P. v., & H. D. Cremer (Hrsg.) 1967: Handbuch der Landwirtschaft und Ernährung in den Entwicklungsländern. Stuttgart. Bd. 1. S. 122—208.

Rutishauser, H. E. 1962: The food of the Baganda. Kampala. (The Uganda Museum. Occasional Paper. 6.)

Ryan, T. C. I. 1963: A rejoinder to Mr. Clayton's note on the alien enclave and development. East African Economics Review, Nairobi. 10 (1963), S. 41—46.

Salvadori, M. 1938: La colonisation européenne au Kenya. Paris.

Schlippe, P. de 1956: Shifting cultivation in Africa. London.

Schmidt, G. A., & A. Marcus (Hrsg.) 1943: Handbuch der tropischen und subtropischen Landwirtschaft. Bd. 1.2. Berlin. (Kolonialwirtschaftliche Forschungen. Bd. 1.2.)

Schneider, Harold K. 1957: The subsistence role of cattle among the Pakot and in East Africa. American Anthropologist, Washington. 59 (1957), S. 278—300.

— 1959: Pakot resistance to change. In: Bascom, W. R., & M. J. Herskovits (eds.) 1959: Continuity and change in African cultures. Chicago. S. 144—167.

Schultze, Joachim Heinrich 1955: Beiträge zur Geographie Tropisch-Afrikas. Erläuterungen zu einer in der Beilage befindlichen Kartenserie von Guinea und Ostafrika. In: Wissenschaftliche Veröffentlichungen des Deutschen Instituts für Länderkunde, Leipzig. N. F. 13/14. S. 1—137.

— 1963: Vorläufiger Bericht über Beobachtungen in Uganda und angrenzenden Ländern 1963. Die Erde, Berlin. 94 (1963), S. 363—370.

— 1966: Evolution und Revolution in der Landschaftsentwicklung Ostafrikas. Wiesbaden. (Geographische Zeitschrift. Beihefte Erdkundliches Wissen. 14.)

Schultze, Joachim Heinrich; Hans Hecklau & Frido J. Walter Bader 1967: Vorläufige Ergebnisse der Untersuchungen im Rahmen des Afrika-Kartenwerkes der Deutschen Forschungsgemeinschaft. 1.2. Die Erde, Berlin. 98 (1967), S. 135—149.

Scott H. S. 1936: European settlement and native development in Kenya. Journal of the Royal African Society, London. 35 (1936), S. 178—190.

Segal, A. 1968: The politics of land in East Africa. Economic Development and Cultural Change, Chicago. 16 (1968), S. 275—296.

Shaffer, N. M. 1967: Land resettlement in Kenya. Yearbook of the Association of Pacific Coast Geographers, Corvallis, Oregon. 29 (1967), S. 121—139.

Shannon, Mary I. 1957: Land consolidation in Kenya; helping Africans to make the best use of their land. African World, London. 6 (1957), S. 11—12.

Snell, G. S. 1954: Nandi customary law. Custom and tradition in East Africa. London.

Sorrenson, M. P. K. 1965: Land policy in Kenya 1895—1945. In: Harlow, V., & E. M. Chilver 1965. Oxford. S. 672—689.

— 1967: Land reform in the Kikuyu country. A study in government policy. Nairobi, London.

— 1968: The origin of European settlement in Kenya. London.

Southwold, Martin 1956: The inheritance of land in Buganda. Uganda Journal, Kampala. 20 (1956), S. 88—96.

The Special Crops Development Authority 1961: Annual report and accounts for the period up to 30th June, 1961. (Nairobi).

— 1963: Third annual report and accounts for the year ended 30th June, 1963. (Nairobi).

Speller, C. 1931: Land policy and economic development in Kenya. Journal of the African Society, London. 30 (1931), S. 377—385.

Spencer, P. 1965: The Samburu, a study of gerontocracy in a nomadic tribe. London.

Spinks, G. R. 1966: Marketing of livestock and meat in Kenya. o. O. (Food and Agriculture Organization of the United Nations. East African Livestock Survey. Regional — Kenya, Tanzania, Uganda.) (Maschinenschriftlich vervielfältigt.)

Spönemann, J.: s. Afrika-Kartenwerk. Karte E 2.

Stamp, L. D. (ed.) 1956: Natural resources, food and population in inter-tropical Africa. Report of a Symposium ... Makerere College September, 1955. London 1956.

Storrar, A. 1959: The principles of farm planning. Tropical Agriculture, Colombo. 36 (1959), S. 161—169.

— 1964: A guide to the principles and practices of land settlement in Kenya. Journal of Local Administration Overseas, London. 3 (1964), S. 14—19.

Swynnerton, R. J. M. 1956: Planning African farming in Kenya. o. O. (Conference of directors and senior officers of overseas Departments of Agriculture and agriculture institutions, September, 1956. Paper. 1.)

— 1957: Kenya's agricultural planning. African Affairs, London. 56 (1957), S. 209—215.

— 1962: Agricultural advances in Eastern African Affairs, London. 61 (1962), S. 201—215.

— 1966: The introduction to African agriculture of modern farming methods. In: Manshard, W. (Hrsg.) 1966: Britische Afrikawissenschaften. Stand und Aufgaben. Bonn. S. 99—112.

Swynnerton, R. J. M., J. E. P. Booth & J. T. Moon (um 1953): Report on agrarian policy dealing with population increase, land tenure and fragmentation in Kenya. (Nairobi).

Swynnerton Plan: s. Colony and Protectorate of Kenya 1955.

Tarantino, A. 1949: Notes on Lango. Uganda Journal, Kampala. 13 (1949), S. 145—153.

Taylor, D. R. F. 1964: Changing land tenure and settlement patterns in the Fort Hall district of Kenya. Land Economics, Madison, Wisc. 40 (1964), S. 234—237.

The Tea Board of Kenya 1959: Tea in Kenya. A short illustrated account of an expanding and progressive industry, the tea industry in Kenya. Nairobi.

— (um 1965): Tea in Kenya. (Nairobi).

Thomas, A. S. 1940: Robusta coffee. In: Tothill, J. D. (ed.) 1940: Agriculture in Uganda. London. S. 289—325.

— 1941: The vegetation of the Sese Islands, Uganda. Journal of Ecology, Oxford. 29 (1941), S. 330—353.

Thomas, H. B., & A. E. Spencer 1938: A History of Uganda Land Surveys and of the Uganda Land and Survey Department. Entebbe.

Thompson, A. D. F. 1934: The uses of the banana. Uganda Journal, Kampala. 2 (1934—1935), S. 116—119.

Thornton, D., & N. V. Rounce 1936: Ukara Island and the agricultural practices of the Wakara. Tanganyika Notes and Records, Dar es Salaam. 1 (1936), S. 25—32.

Tothill, J. D. (ed.) 1940: Agriculture in Uganda. London.

Troup, L. G. 1952: Report of an inquiry into the 1951 maize and wheat prices and to ascertain the basis for the calculation annually of a fair price to the producer of maize, wheat, oats and barley, and other farm products, the prices of which are controlled by the government. (Nairobi).

— 1953: Inquiry into the general economy of farming in the Highlands. Nairobi.

Turner, Brenda J. & P. Randall Baker 1968: Tsetse control and livestock development: a case study from Uganda. Geography, Sheffield. 53 (1968), S. 249—259.

Uganda 1962—1963. (ed.): The Government Printer. Entebbe 1964.

Uganda Government: Agricultural reports of the Department of Agriculture. Entebbe. 1925, 1930, 1935, 1950, 1955.

— 1962: Proposals for the future of coffee processing and marketing. Entebbe. (Sessional Paper. 8.)

— 1964: Agricultural production programme 1964. Entebbe.

— 1964: Annual report of the Agriculture Department. 1962. (Entebbe).

— 1964: The real growth of the economy of Uganda 1954—1962. Entebbe.

— 1965: Annual report of the Department of Veterinary Services and Animal Industry. 1963. Entebbe.
— 1964: Statistical Abstract 1964. Entebbe.
— 1965: Statistical Abstract 1965. Entebbe.
— 1966: Statstical Abstract 1966. Entebbe.
— 1965—1967: Report on Uganda Census of Agriculture. Vol. 1—4. Entebbe.
UGANDA PROTECTORATE 1957: The coffee industry in Uganda. Report of the Commission appointed by His Excellency the Governor to inquire into certain aspects of the coffee industry in Uganda. Entebbe.
— 1957: Land tenure in Uganda. (Entebbe).
— 1957: Report of the 1956/57 Lint Price Fixing Committee. Entebbe.
— 1958: Commission of Inquiry into the coffee industry 1957. Entebbe.
— 1960: Uganda census 1959. Non-African population. (Entebbe).
— 1962: Uganda census 1959. African population. (Entebbe).
— 1962: DEPARTMENT OF AGRICULTURE. Storage of agricultural produce. Entebbe 1962.
UGANDA TEA SURVEY 1964
    s. THE GOVERNMENT OF UGANDA AND THE COMMONWEALTH DEVELOPMENT CORPORATION 1964.
UNWIN-HEATHCOTE, M. A., & J. B. CARSON 1951: The Cherangani road in Kenya. Geographical Journal, London. 117 (1951), S. 349—351.
VAJDA, LASZLO 1957: Kulturelle Typen und „Hackbau" in Ostafrika. In: Agrarethnographie. Berlin 1957. S. 112—148. (Deutsche Akademie der Wissenschaften zu Berlin. Veröffentlichungen des Institutes für Deutsche Volkskunde. 13.)
VASTHOFF, J. 1968: Small farm credit and development. The example East Africa. München. (Afrika-Studien. 33.)
VORLAUFER, K. 1967: Physiognomie, Struktur und Funktion Groß-Kampalas. Ein Beitrag zur Stadtgeographie Tropisch-Afrikas. Frankfurt/Main. (Frankfurter Wirtschafts- und Sozialgeographische Schriften. 1/2.)
WAGNER, GÜNTER 1940: Die moderne Entwicklung der Landwirtschaft bei den Kavirondo-Bantu. Zeitschrift der Gesellschaft für Erdkunde zu Berlin, Berlin. 1940. S. 264—287.
— 1949—1956: The Bantu of North Kavirondo. Vol. 1.2. London, New York, Toronto.
WAIBEL, LEO 1933: Probleme der Landwirtschaftsgeographie. Breslau.
WAINWRIGHT, G. A. 1952: The coming of the banana to Uganda. Uganda Journal, Kampala. 16 (1952), S. 145—147.
WALKER, A. A. 1962: Official publications of British East Africa. Part 2—3. Washington, D. C.
    2. Tanganyika.
    3. Kenya and Zanzibar.
    (Library of Congress. Reference Department. General Reference and Bibliography Division.)
— 1963: Official publications of British East Africa. Part 4. Washington, D. C.
    4. Uganda.
    (Library of Congress. Reference Department. General Reference and Bibliography Division.)
WALLER, PETER P., (u. a.) 1968: Grundzüge der Raumplanung in der Region Kisumu (Kenya), Berlin.
WATSON, I. M. 1941: Some aspects of Teso agriculture. East African Agricultural Journal, Nairobi. 6 (1940/41), S. 207—212.
WEBSTER, J. B. 1967: A bibliography of Kenya. (Syracuse, N. Y.). (Syracuse University. Eastern African Bibliographical Series. 2.)
WEIGT, ERNST 1932: Die Kolonisation Kenias. Mitteilungen der Gesellschaft für Erdkunde zu Leipzig. Leipzig. 51 (1930/31), S. 25—123.
— 1936: Die Landfrage in Kenya (Britisch-Ostafrika). Koloniale Rundschau, Berlin-Leipzig. 27 (1936), S. 62—66.
— 1955: Europäer in Ostafrika. Klimabedingungen und Wirtschaftsgrundlagen. Köln. (Kölner Geographische Arbeiten. 6/7.)

— 1958: Kenya und Uganda. Bonn. (Die Länder Afrikas. 10.)

— 1963: Wirtschaftliche und soziale Probleme der neuen Staaten Ostafrikas. Tijdschrift voor Economische en Sociale Geografie, Rotterdam. 54 (1963), S. 229—237.

— 1964: Beiträge zur Entwicklungspolitik in Afrika. Zur aktuellen Problematik der Entwicklungsländer. Wirtschaftliche und soziale Probleme der neuen Staaten Ostafrikas. Köln/Opladen. (Die industrielle Entwicklung. Abt. C. 3.)

WEST, H. W. 1964: The Mailo system in Buganda. A preliminary case study in African land tenure. Entebbe.

WHEELER, S. H. 1917/18: Sisal planting in British East Africa. Journal of the African Society, London. 17 (1917/18), S. 314—318.

WHETHAM, E. 1968: Land reform and resettlement in Kenya. East African Journal of Rural Development, Kampala. 1 (1968), S. 18—29.

WILDE, J. C. DE (u. a.) (eds.) 1967: Experiences with agricultural development in tropical Africa. Baltimore.
Bd. I. The synthesis.
Bd. II. The case studies.

WILSON, J. G. 1962: The vegetation of Karamoja district, Northern Province of Uganda. Kawanda. (Uganda Protectorate. Department of Agriculture. Memoirs of the Research Division. Ser. 2. No. 5.)

WILSON, P. N. 1958: An agricultural survey of Moruita erony, Teso. Uganda Journal, Kampala. 22 (1958), S. 22—38.

WILSON, P. N., & J. M. WATSON 1956: Two surveys of Kasilang erony, Teso, 1937 and 1953. Uganda Journal, Kampala. 20 (1956), S. 182—197.

WILSON, R. G. 1956: Land consolidation in the Fort Hall district of Kenya. Journal of African Administration, London. 8 (1956), S. 144—151.

WORTHINGTON, E. B. 1947: Development plan for Uganda. Entebbe.

WRIGLEY, C. C. 1959: Crops and wealth in Uganda: a short agrarian history. Kampala. (East African Studies. 12.)

— 1965: Kenya: the pattern of economic life 1902—1945. In: HARLOW, W. V., & E. M. CHILVER 1965. Oxford. S. 209—264.

ZIMMER-VORHAUS, E. 1966: German agricultural team in Kenya. Zeitschrift für ausländische Landwirtschaft, Frankfurt a. M. 5 (1966), S. 309—323.

Summary

The extraordinary diversity of modes of agricultural land use[210]) in East Africa is the result of the activities of population groups of entirely different racial and social roots, of contrasting cultural traditions and of greatly differing economic attitudes. These groupes consist of Bantu with their ancient traditions in cultivation, of the nomadic Nilotes, Hamites and Nilo-Hamites of whom some, however, have by now become sedentary cultivators, and finally of immigrants both from the Indian sub-continent and especially from Europe. Similarly varied as the human bases East Africa's are its ecological circumstances. They range from areas of fertile volcanic soils and ample rainfall via those of easily exhaustible soils derived from intrusive igneous rocks and uncertain precipitation, to those resembling semi deserts — to mention but a few examples of the ecological endowment found within the investigated area. As far as the altitudes of different parts are concerned there is again a great differentiation ranging from the undulating expanses of around 1,000 metres above sea level to the glacier covered summit region of Mount Kenya of an altitude exceeding 5,000 metres. This great differentiation of the land according to altitude with its effects on climate, soils and plant cover gives rise to such contrasting conditions for cultivation that one finds in close proximity to tropical crops like bananas, coffee and tea also crops of the temperate regions such as wheat, barley and potatoes.

If one attemps to bring some order into this almost chaotic multitude of land use types developed in this region of such extremely different ecological endowment, one can in the first instance divide them into two main groups which differ from each other in almost every aspect; these are on the one hand the types of land use in the former "White Highlands" introduced by Europeans, and on the other hand the traditional indigenous types. The types, now used by the Africans comprise a continuum of all stages from those preserved completely unchanged to those characterized by employing all principles of modern tropical farming. The types of land use practised exclusively by Africans may in turn be subdivided into the following groups: subsistance grazing economy; intermediate types where animal husbandry is of greater importance than cultivation; finally the great variety of land use types where cultivation plays a more important role than animal husbandry in both complete subsistence farming

[210]) The mode of agricultural land use is the synthesis of the farming systems, agricultural methods, systems of land tenure and other institutions and techniques which are used by the farming population engaged in agricultural production. Ecological, socio-economic and political conditions are dependent factors. In this synthesis with its cartographic representation of the facts, the following are considered:
a) cultivated crops, types and their relative proportion
b) livestock, types and their relative proportion
c) the role of animal rearing on farms, or rather in the farm budgets
d) agricultural methods (cultivation by hoe and plough, use of machinery)
e) the system of land ownership and the structure of farm size
f) the farms in relation to the market

and partial cash cropping. The peasants who practise these latter types may, in fact, own large numbers of animals but these are economically almost of no consequence since they are neither integrated into the farming system nor appreciably utilized on their own account.

Subsistence livestock farming

The habitat of the nomadic herdsmen is mainly the dry regions, with an annual rainfall of less than 500—760 mm (20—30″). Cultivation on the basis of rainfall is impossible in most of these regions and irrigation farming is concentrated at very few points. In the case of these nomadic herdsmen, population density is, naturally, very low. In large areas it amounts to less than 4 inhabitants per square kilometre and in a few smaller areas between 4 and 10 (MORGAN 1964). These nomads comprise the most conservative population group in East Africa, largely rejecting modern influences. Shortage of pasture, consequent upon periods of extreme drought, or epidemics, sometimes led to catastrophic losses of livestock which, in the past, resulted in repeated population decimation due to starvation.

The public administration has tried various measures to combat these livestock losses. In case of an epidemic the infected areas are placed under quarantine. As far as technically possible vaccination programmes are carried out. Construction of dams and drilling of wells aim to improve the water supply. Attempts are also made to introduce the nomadic herdsmen to modern methods of animal husbandry by grazing schemes. The introduction of modern methods of stock farming is frustrated, inter alia, by the herdsmen's passion for independence and for preserving the traditional way of life. As a rule they react to improvements in conditions for animal husbandry by increasing the numbers of their livestock. The consequences are catastrophic. Massive overgrazing leads to serious, irreparable soil erosion, particularly at the river banks, water holes, wells and near settlements. Furthermore, the destruction of the herbaceous vegetation cover induces a degeneration of pasture into scrubland. As long as the nomadic herdsmen continue to "hoard" their animals as status symbols and reject modern methods of stock farming, all attempts at improvement are doomed to failure.

The future of the nomadic tribes appears to be extraordinarily problematical. Catastrophic decimations of the population which in the past resulted in a barbaric kind of biological balance between the productive capacity of the habitat and the population are now prevented on humanitarian grounds. Alas, the growing population, with its increased animal stocks, reduces the pasture potential through overgrazing and, to an ever increasing extent, lowers the productive capacity of its habitat, thereby reducing the basis of subsistence for its descendants. Among the nomads the ancient systems of land tenure have persisted almost unchanged, they are, for instance, not interested in a title to individual ownership of land.

Owing to the measures of the British Colonial Administration and then the agricultural policy of the Government of Kenya, the way of life of the nomads has been increasingly changed region by region. While before the coming of the Europeans the nomadic tribes were able to roam with their herds over vast areas, this came to an end in the colonial period when the tribal territories were demarcated in order to establish peaceful conditions in the colony. This gradual restriction of the freedom of movement is most marked today in the case of the Masai. Amongst some tribes even each clan has definite and secure pastures, unfortunately neither surveyed nor registered, and these may at the most be used temporarily by friendly neighbouring groups.

The next step would be an official demarcation and registration of pasture grounds as property covered by title deeds. The problem of both individual and group ownership of land is being discussed by the Masai and in some cases demarcation and registration of land is already under way.

In ecologically suitable areas, individual ownership of land is considered an essential prerequisite for the modernization of stock farming, for only on individually owned land is the owner of the livestock prepared to adjust the size of his herds to the existing ecological conditions and take measures to maintain and improve the pasture potential.

Furthermore, development credits which are essential for modernizing stock farming can be assured through a mortgage only if there is individual freehold ownership of land. On the other hand, organized pastoral farming on individually owned tracts of land is not feasible in the very areas for it is this very mode of life and economy of these herdsmen which is optimally adapted to utilizing the various pastures which at irregular intervals spring up here and there after sporadic rainfall.

Livestock farming and cultivation (Cultivation being of lesser importance than the keeping of animals)

In this category two different groups of agricultural land use modes are summarized, the first the shifting hoe cultivation on the margins of the areas practising crop farming based on rainfall where the speed with which the soil is exhausted necessitated very frequent moves from one piece of land to another, and where the unreliable rainfall necessitates the keeping of large herds of animals to ensure the continued existence of the population. The second group includes the agricultural land use mode of the Nandi and Kipsigis, typical examples of the way in which tribes with a pastoral tradition have gone over to settled cultivation. Despite the fact that the tribal territories lie in ecologically very favourable areas, traditionally animals are nevertheless the dominant factor in the economy, even though cultivation has gained more and more importance over the last few decades.

Cultivation and livestock farming (Cultivation is more important than animal keeping)

The styles of agriculture land use varies greatly from region to region; nevertheless, certain groupings may be made, determined by ecological, ethnological and socio-economic factors. The criteria for grouping in this way were: the agriculture technology, the land tenure and the measure of the demands made upon the land as a consequence of the relationship between population density and availability of land, this for regions where some 10—50 per cent of the ground is cultivated per year and those where more than 50 per cent of the land is under cultivation.

To the first group belong, apart from a few exceptions, the regions with more easily exhausted top-soil derived from intrusive igneous rocks and moderately favourable climatic conditions for cultivation. The second covers those well defined subsistence farming regions to the north of Lake Victoria, at Mount Elgon and in the mountainous regions of Kenya, where is a coincidence of high agricultural productive potential and high population density. The shortage of land, however, has become acute not only in the densely populated cultivated areas, but also in those regions where, although less than 50 per cent of the ground is cultivated at any one time, the ecological conditions, as indicated above, show a far lower productive potential since the soil when exhausted by cultivation needs a longer resting period to regain its fertility.

The subsistence crops

Among many African peasant families the staple diet is derived from just one crop, other crops playing merely a supplementary role. Only in a few regions several crops together make up the basic diet. Principally one can differentiate between those population groups whose staple diet consists of cereals and those who live mainly on m a t o k e (cooked, mashed banana). Finger millet (w i m b i), bulrush millet (m a w e l e) and sorghum (m t a m a) were the traditional diet of the Africans before the arrival of the Europeans in East Africa. Bulrush millet is grown in the hotter, dryer parts in the south-east of the area studied and in particular on the exceptionally overpopulated island of Ukara, with its light granite derived soils. Because it demands little in the way of soil fertility and rainfall and has relatively high yields, sorghum is grown primarily in those areas where a high population density has resulted in over-cultivation and subsequent diminution of productive capacity, or where the natural ecological conditions in the case of crops needing better growing conditions would mean uncertain yields. The various kinds of millet are often grown not only for food but also for brewing beer. Maize was, in fact, grown in East Africa before British rule but, due to the influence of the colonial administration, has in some regions either almost completely ousted the indigenous cereals, as in large areas of Kenya, or substantially supplemented them. Two tuberous crops which originated in South America, sweet potatoes and cassava, were likewise widely grown in East Africa before the coming of the British. Their cultivation was encouraged by the colonial power as "reserve crops" in case of famine due to harvest failures following droughts. Cassava still grows well in poor, exhausted soil even where there is little rainfall, and may remain in the ground for up to 4 years without spoiling. Cassava is much used as the final crop in a rotation system. Bananas, which came from Asia, have been cultivated in East Africa for centuries. Since harvesting is spread evenly throughout the year and entails relatively little effort, the banana was able to hold its own against its replacement by cereals (no doubt because people were accustomed to and liked its taste). The fact that bananas will flourish only under very favourable conditions has limited their role as a staple food. Nevertheless, over large areas of East Africa, particularly in the higher regions, they are planted in small clumps on many farms.

The cash crops

The European colonial powers introduced a series of cash crops into East Africa, of which cotton and coffee in Uganda soon emerged as the most important export crops cultivated by the peasants. Until 1955 cotton stood at the top of the export statistics of the then Protectorate. After that coffee overtook cotton as the main export crop. Ecological and economic factors determine that two very different varieties of coffee beans are cultivated at two different altitudinal zones in East Africa. In the areas around Lake Victoria lying lower than 1,500 metres above sea level, *Coffea robusta* is grown almost exclusively. At the higher levels, on Mount Elgon and in the higher regions of Kenya between 1,500 metres and 2,100 metres above sea level, only *Coffea arabica* is cultivated, the beans of which are larger and of better quality than the robusta variety and therefore fetch higher prices in the world markets. Indeed the quality of Kenya arabica places it amongst the top grades in the world market. Arabica coffee, however, is not resistant to disease at lower altitudes and at higher levels robusta coffee has smaller yields than at lower altitudes. While in Uganda the growing of coffee was encouraged shortly after the establishment of the Protectorate administration, the white settlers in Kenya resisted the cultivation of coffee by the indigenous population for a considerable period. They feared that pests might develop on the Africans' inadequately tended coffee plots and endanger their own coffee plantations. Not until after the Second World War was the cultivation of arabica coffee by Africans energetically promoted under the Swynnerton Plan. In the mountainous regions of Kenya it has now become one of the most important cash crops on African farms. Expansion of coffee growing is inhibited by world-wide overproduction and the outbreak of coffee berry disease. In the higher altitudes of the mountain regions of Kenya, right up to the coffee zone, African peasants are growing tea on an increasing scale. The ecological potential for the cultivation of tea has been only fractionally realized so far. Unfortunately a surfeit in the supply of tea on the world market makes any extension of tea cultivation likewise problematical. Since the end of the Second World War, in limited, high-lying areas, the peasants of Kenya have introduced pyrethrum production, a crop which the European farmers in some areas of the former White Highlands had been growing with great success since the thirties.

Other crops too, which were formerly grown by the African farmers either mainly for their own consumption or not at all, have increasingly become cash crops and been brought out from the producing areas. *Table 62* shows how production for the market by the African peasants in Kenya, measured against that of the large farms, has grown between 1957 and 1966.

Quite apart from the few cash crops discussed here, any kind of agricultural product may be traded at local or regional markets, without its being included in statistics. The

crops cultivated for subsistence, in particular, may, depending on harvest yields and local marketing conditions, be offered for sale to a greater or lesser extent. In this respect,
maize is the most popular "cash" crop in Kenya. Sales, however, fluctuate greatly,
mainly depending on weather conditions. In 1961 some 100,000 tons of maize had to be
imported (REPUBLIC OF KENYA 1966: Statistical abstract, 1966, 34). In 1968, on the
other hand, Kenya was faced with the problem of one million bags of surplus maize
(REPORTER, 23. 8. 1968, 34).

Livestock farming

In traditional African farming, because of conservatism and the increasing shortage
of land, the keeping of animals plays only a subordinate role in comparison with
arable cultivation, both economically and for subsistence. With very few exceptions,
Zebu cattle, goats, sheep and poultry are kept. The livestock density is directly related
to the uncultivated bush area which serves as pasture and is generally the only feed
base for the animals. Pastures have hitherto been used like commons and since no-one
feels personally responsible there is not orderly care of the grazing land. Overgrazing
by excessive stock, with the well-known consequences of soil erosion, destruction of
vegetation and degradation to scrub, is widespread. But here too a thorough change is
taking place in many areas through the introduction of individual ownership of land,
which means that animal husbandry has to be put on a new footing. The farmers are
now more inclined to adjust the size of their herds to the carrying capacity of their own
land and to adopt modern methods of pastoral farming.

A quantitative analysis of the kinds of domestic animals kept is subject to certain
variations. In tsetse-fly-infested regions there are no cattle (Area 130). Goats and
poultry are very often kept near the settlements whereas sheep, together with the cattle,
are generally driven to pastures quite a distance from the homestead. In South Mengo,
for instance, several families jointly employ a Bahima herdsman, who often minds their
animals many miles away from the family homestead. The peasants regard the animals
mainly as a symbol of prosperity, as a reserve for times of need or the price for a
bride, rather than as a source of food or income. In this respect a far-reaching change
has been gathering momentum in the upper regions of Kenya since the late fifties. To an
ever increasing extent the indigenous Zebu cattle, with their low yields of both milk and
meat, are being improved by cross breeding and augmented by the introduction of
European dairy cattle breeds. A large number of peasants are beginning to practise
dairy farming. Acquisition of these relatively valuable cattle is supervised by the government and certain conditions are laid down, e. g. that the farmland must be fenced. A
real integration of livestock farming with arable cultivation, however, is found only
among a few progressive farmers. The use of barnyard manure and supplementary feedstuffs is still in its infancy. One interesting exception are the Wakara, the inhabitants of
the island of Ukara, among whom the use of barnyard manure and supplementary feedstuffs was customary even before the advent of the Europenas. Improved pastures or
meadows are found amongst African peasants only to a very limited extent in just a

few regions, since the African traditionally does not regard grass as a crop. This development is furthest advanced amongst the Kikuyu on the upper margin of their habitat, towards the Aberdare mountain forest.

Methods of land cultivation

When the Europeans came to East Africa the digging stick and hoe were the most important agricultural tools of the Africans and this is still the case today in the densely populated regions, where the smallness of the holdings, the steep slopes in the mountain areas, the cultivation of perennial crops and the shortage of pasture land for keeping draught oxen make plough cultivation difficult and uneconomical. In Teso plough cultivation had already introduced prior to the First World War and established itself together with the spread of cotton growing. In some areas there is even a tractor hire service which the farmers can make use of to plough their fields. An exact regional demarcation of those areas where either hoe or plough cultivation is practised is not possible everywhere. Alongside regions in which hoe or plough cultivation is practised exlusively there are those in which both methods are used. In many regions, in particular the densely populated mountainous areas, excessive utilization of agricultural land has led to very serious soil erosion. To combat this erosion thousands of miles of terraced arable land, protective grass strips, sisal hedges, trash lines, and, in some mountain areas, stone walls, have been created on the initiative of the administration. This work is done by the Africans, often as a communal undertaking.

In nearly all regions of the area subject to this research project population growth has given rise to changes in the methods of cultivation. It may be assumed that in precolonial and early colonial times shifting cultivation was the prevalent form. In the meantime, farmers in many parts of this area have gone over to a kind of crop rotation with semi-permanent cultivation. In the densely populated regions the growing shortage of land has finally led to the dominance of permanent cultivation where the number of years during which a field bears a crop exceeds the fallow years. The necessity of shortening the fallow period more and more confronts the farmers with the growing problem of the diminishing productive potential of their land. Since ancient times the peasants, albeit unwittingly, tried to make optimum use of the plant nutrients in the soil by an alternation of different crops. Indeed the colonial administration had various alternations of crops tested on experimental farms to find those which would ensure optimum utilization of the land in various ecological zones without exhausting its productive capacity. In the more humid high regions of Kenya cultivation of grass in conjunction with the keeping of high grade dairy cattle was substituted for bush fallow in the cycle sequence. Nonetheless the beginnings of a far reaching change in the cultivation habits of the African peasants came only when land became individually owned and plans for running the farms based on agricultural science became applied by progressive African farmers. Farm planners employed by the administration draw up management plans for a farmer precisely tailored to his particular farm.

The agricultural systems

The decades of colonial domination saw a clash between the African system of land tenure, which had developed over centuries and was often different from tribe to tribe or, indeed, from clan to clan, and the European concept of land ownership. The basic principle of African land tenure systems is that he who works the land enjoys usufructuary rights on the piece of land cultivated, which he can usually also bequeath. Any land abandoned, however, reverts to the community. This uncultivated, communally owned land may be used by all members of the community for pasturing their animals. The elder of a clan, or often the council of elders, is authorized to allocate a piece of this communally owned land to an individual for his own use.

In the past, when the tribes still had large reserves of land and adequate space for moving about, an equitable allocation of land according to the needs of members of the tribe was possible, especially as each family claimed only sufficient arable land as required for subsistence. When the productive capacity of the land became reduced, arable plots could be left fallow until they had regained their fertility. As a result of the population growth of the last decades a marked shortage of land within the now fixed boundaries of tribal territories has arisen in many regions. This land shortage is aggravated by the increasing incorporation of the farming population into the monetary economy, which finds expression in the fact that the farmers use more and more land for growing cash crops; furthermore that by employing paid labour, in some regions by using the plough, they have been able to cultivate more land than formerly. All these factors result in land acquiring a barter or market value and individual land ownership is coming to prevail in nearly every region, even if the exact forms vary a great deal.

As early as the beginning of the century, the British in Uganda regarded individual ownership of land as a prerequisite for the economic development of the Protectorate. In accordance with Article 15 of the Uganda Agreement of 10 March 1900 the land was divided between the British Crown, the Kabaka and his oligarchy of chieftains, with the exception of some small areas which were designated for other purposes.

In other regions of the area studied there is gradually developed a system where land was held in ownerlike possession without any government influence; the families abandoned shifting cultivation and did not leave a piece of land once they had got hold of it. Possession of land acquired in this way is usually recognized by neighbours without the need for any formalities. However, the scarcer land becomes, the more frequently do boundary disputes arise. Security of individual ownership of land is the prerequisite for assuring credit through a mortgage. Credit is essential for the development of the smaller kinds of farms and land ist the only thing the small farmer can offer as security. For this reason a start has been made in Kenya on surveying the land of the small farms and demarcating it and entering it in the land register. This development is most advanced in the territory of the Kikuyu, the Meru and the Embu. Furthermore, in these areas it was accompanied by radical agricultural reform, imposed by the British Colonial Administration because of the prevailing shortage and fragmentation of land, as one of the measures to combat the Mau-Mau uprising in the fifties. With the granting of land title deeds, Kenya has taken the step from primeval times to the present day in the field of land tenure. Necessary as this step was for the further development of small scale farming, its social consequences have been tragic. Hundreds of thousands were driven from the land and thus were torn from ties of tribal and family discipline. One must ask oneself how many of them, thus uprooted, are sinking into the misery of urban slums and how many will find an opportunity to participate in non-agrarian branches of the economy and earn their own living.

Individual ownership of land, also in the form of unmeasured and unregistered de facto possession, leads to a differentiation in the formerly classless subsistence farming society. From the social and ethical point of view this development is to be deplored, but for economic reasons it is inevitable if one wishes to abide by the principle that "the land shall belong to him who tills it best", the one who makes optimum use of it. Unfortunately, many people not engaged in agriculture, but earning money in other occupations, buy up land and pay labourers to work it, so that the development of a class of efficient farmers is hindered rather than helped. On the other hand, a large number of minute holdings has also come into being and these smallest of farmers find themselves forced to exploit the soil until it is completely exhausted.

In some regions shortage of land and customs of inheritance have led to a fragmentation of land which seriously hinders progress. Whereas such fragmentation in the Central Province of Kenya had already been dealt with in colonial times, the attempts at land ownership reform in other settled areas have not yet made much progress.

The place of the smaller farms in the market economy

Today one can assume that all small scale farmers sell part of their produce, the extent being dependent upon the harvest yield. The degree of commercialization of these farms, however, varies considerably, being greater near urban areas with market outlets than in more remote districts. The complete absence of reliable statistics makes it impossible to state how far it has gone. In Uganda the Protectorate Administration encouraged commercialization as far back as the turn of the century. In Kenya, on the other hand, the development of the White Highlands had priority. There was no large scale promotion of commercialization of farms in Kenya by government agencies until after the Second World War.

Agricultural products which serve primarily the needs of the farming population itself are traded at local markets and are thus not covered by any statistical records. The marketing of cash crops in the proper sense, especially the export crops, is carried out or controlled by either co-operatives, public corporations or the authorities themselves.

Large-scale market orientated ranching, mixed farming and plantations

Totally different from the African modes of agricultural land use are those introduced by the Europeans in the first decades of this century in the former White Highlands, which are now part of the "Large Farm Areas" of Kenya. To the Large Farm
Areas belong also the sugar cane plantations in Central Nyanza, situated outside the
White Highlands, and the plantation areas on the coast of the Indian Ocean and in the
area of Voi, outside the region studied. In these areas outside the former White Highlands, and in some regions of Uganda, it was also possible for immigrants from the
Indian sub-continent to acquire land and establish plantations.

As the initiators of the modes of agricultural land use described above, three types
of people may be mentioned: gentleman farmers from the United Kingdom or its overseas possessions, Boers from South Africa with long agricultural traditions and those
few immigrants from the Indian sub-continent who, like the Europeans, founded plantations companies. In essence, all three of these population groups engaged only in mana-
gerial activities. For the realization of their economic projects they used a whole army
of African labourers.

The underlying cause for the immigration of these three non-African population
groups to East Africa, their acquisition of land and their farming activities was the
building of the Uganda Railway from the Indian Ocean to Lake Victoria, which came
about for various reasons, primarily political and strategic. The need to amortize the
high construction costs of the railway demanded the speedy development of the thinly
settled or totally unpopulated areas through which it passed.

Contrary to the situation in Uganda, the large farm and plantation owners assumed
a dominant role in the economic life of Kenya. Shortly before Kenya became independent, the large farms occupying merely one-fifth of the agricultural land in the country
produced four-fifths of the agricultural exports. Only since the mid-fifties has the
proportion of crops marketed by the small farmers begun to increase in comparison
with the agricultural products sold by the large farms, as *Table 62* shows.

The system of land tenure in the large farm areas is characterized by the predominance of lease-hold, government owned land (formerly Crown land, now called "public
land"). The leases run for 99 or, more often, for 999 years. Individual private ownership of agricultural land is not very widespread. In the areas used exclusively for
pasture farming there is a predominance of large farms with over 1,000 hectares
(2,471 acres), whereas in the areas with mixed farming the average farms are much
smaller in size.

Ecological conditions are likewise extraordinarily varied in the areas of the large
farms. In the dryer regions with an annual precipitation averaging less than 760 mm
an extensive kind of pastoral farming with beef cattle (Boran breeds) is found. Where
the ecological conditions for livestock farming are more favourable and where is some-
what easier access to markets or processing centres, dairy farming with improved indigenous breeds prevails. Sheep farming, in the pastoral farming areas mainly with merino

sheep or a cross between merinos and indigenous breeds, has assumed some importance merely on the Laikipia Plateau. In the other pastoral farming areas only relatively few enterprises keep sheep and rather small flocks at that. The grazing potential of the pastoral regions is far from being fully realized, even though in certain areas overgrazing and inexpert pastoral farming management have resulted in the pastures becoming overgrown by scrub.

Put rather more simply it may be said that everywhere in the large farm areas where annual precipitation averages more than about 760 mm mixed farming is practised, i. e. both arable cultivation and animal husbandry are important branches. In accordance with the ecological conditions, maize is grown in those mixed farming regions some 1,800 metres above sea level whereas in the higher regions, up to almost 2,900 metres, wheat is the most important cereal crop. In those upper regions between about 2,000 and 2,500 metres pyrethrum is grown as a special crop. In some parts of these moderately high regions the farmers also sometimes cultivate coffee (*Coffea arabica*) on relatively small areas as a supplementary source of income. In most regions with mixed farming, agricultural land amounts to only about a quarter to a third of the total area of a farm, whereas the remainder is not cultivated and serves as natural grazing land for the extensive pastoral farming. Formerly monoculture with wheat and maize was practised on the arable land until the productive capacity of the soil was exhausted, when the fields were left to grass over spontaneously. Right up to the Great Depression of 1929, maize monoculture continued to an extent that threatened the conservation of the agricultural potential of the country. Although is had been realized before the Second World War that only proper ley farming with a balanced alternation between cereals and improved grass, linked with stock farming, ensured optimum utilization of the land and the conservation of its productive capacity, it was not until some years after the war that the farmers were able to put this knowledge into practice on a larger scale. Two world wars, the marketing crisis of 1921, the world economic crisis of 1929, lack of capital to develop the excessively large farm areas, difficult marketing conditions, a constant shortage of qualified farm workers and, perhaps only too often of trained farmers, all these factors, together with the relatively short time which has been available for developing the areas of mixed farming may be the main reasons why the agricultural potential of most farms has still not been fully realized. During the fifties, however, great efforts were made to develop the farms and encourage them to go over from cereal monoculture to mixed farming.

In contrast to earlier times, keeping of dairy cattle has come to play an important part on many farms today. The most intensive form of dairy farming, which goes together with the cultivation of fodder crops and supplementary feeding of the stock with concentrated feedstuffs is practised with European breeds of cattle. In the less intensive forms indigenous breeds which have been improved to a greater or lesser extent by crossing them with imported breeds are used. Emphasis on sheep farming in the mixed farming areas occurs mainly in the higher parts of the Molo, Mau Narok region, where sheep farming represents one of the main sources of income for the farmers; in other areas the keeping of sheep plays only a subordinate role.

Ecological conditions have exerted a great influence on the siting of the plantations. Even though coffee is grown on small plots on a large number of farms, a coffee plantation region has developed only on the lower slopes of the Aberdare Mountains, where the volcanic, slightly acid, fertile topsoil of considerable depth, together with most suitable climatic conditions, provides a very good environment for growing this crop.

The regional distribution of tea cultivation in the area under study, leaving aside the availability of land, is also dependent upon ecological conditions. In East Africa, tea gives the best yield in the climatic conditions which prevail between 1,500 and 2,400 metres above sea level, where the annual rainfall is at least 1,300 mm and also spread fairly evenly over the whole year. The soils should be slightly acid and moist, but must not be water-logged. In the area under study these prerequisites occur only in the Kericho area, in the Nandi Hills, in the higher regions of the Aberdare Mountains, at Mount Elgon and Mount Kenya, and in the Cherangani Hills. The few small tea plantations in South Mengo lie in marginal locations.

Sisal plantations may be sited in those areas which are little or not all suited for mixed farming, since neither long, dry periods nor wet years, neither heat nor pests can seriously harm these tough plants. Although they grow quite well on poorer stony soils, they give quantitatively and qualitatively better yields on good soil in a humid and warm climate. A further location prerequisite, however, is the availability of water, which is required in large quantities for the initial stripping of sisal. These are the main reasons why the sisal plantations in the area under study lie mainly in the Thika region (Area 232) and in the East African rift valley (in Area 215).

For climatic reasons also the sugar cane estates in the area under study are confined to the low-lying areas north and east of Lake Victoria. There the mainly Indian entre-preneurs were able to form companies and acquire land. Viewed as a whole, the sugar cane industry in East Africa is not yet dependent upon exports, indeed its task is to meet the rising demand for sugar in this region and make East Africa independent of sugar imports. The economic fate of the other plantations is, in contrast, dependent upon the price developments and market conditions of the world market in raw materials.

Land ownership reform in the large farm areas of Kenya

Little has changed so far in the form of ownership of the extensively managed ranches which, like the capital-intensive plantations, are not suitable for the agricultural land use modes of the African farmers. Shortage of land in the densely populated African areas of small farms lying close to the not yet fully developed mixed farms, as well as political factors, were the reasons why in 1962—1966, following the "Million Acre Scheme", about 400,000 hectares of land, mainly in the mixed farming areas, were bought from European farmers, divided into small holdings and distributed among landless Africans. In addition, a credit policy enabled more prosperous Africans to buy large European farms. Frequently Africans have formed co-operatives and purchased farms jointly; this applies primarily to ranches which are optimally managed as large enterprises. At the time when the author carried out his field-work in East Africa it was too early, and it is probably still too early today, to predict the future development of the areas of large farms in Kenya. But already today one can state that the Africanization of this region is under way; approximately 30,000 to 40,000 African families have been allocated land in the former White Highlands. This, however, has done little to alleviate the shortage of land in the densely populated African peasant farming areas.

In the opinion of the author, there are only two possibilities for safeguarding the fast growing population of Kenya and Uganda against economic distress in the future: intensification of agriculture and the development of non-agricultural branches of the economy, with the emphasis on processing industries of agricultural products which would give employment to the masses who, if only because of the inevitably increasing scarcity of land, can in the future no longer find a livelihood in Farming.

Résumé

L'extrême variété des modes de mise en valeur des surfaces agricoles[211]) en Afrique orientale est le résultat des activités de groupes ethniques aux origines raciales et sociales les plus diverses, aux traditions de culture et de civilisation totalement différentes et aux comportements économiques absolument dissemblables. Ces groupes ethniques se composent de Bantous, dont les traditions agricoles sont extrêmement anciennes, de bergers nomades Nilotes, Chamites et Nilo-Chamites qui sont aujourd'hui passés en partie à l'agriculture sédentaire, ainsi que, en dernier lieu, d'immigrants originaires du sous-continent indien et surtout d'Europe. A la diversité de ces groupes ethniques en Afrique orientale correspondent par ailleurs des conditions écologiques aussi variées. Celles-ci offrent un éventail qui va des régions à sol volcanique, fertiles et bien arrosées, aux zones semi-désertiques en passant par des aires à sol sur roches primitives, rapidement appauvri, et où les précipitations sont incertaines, — et cela pour ne citer que quelques exemples de la grande diversité écologique de la région, objet de cette étude. Les nivaux s'étagent des larges plaines légèrement vallonnées, situées à environ 1.000 m d'altitude, aux cîmes du Mount Kenya, recouvertes de glaciers et atteignant plus de 5.000 m. Ces fortes dénivellations et leurs influences sur le climat, sur la nature du sol et sur la végétation créent des conditions locales si différentes qu'à côté de fruits tropicaux tels que bananes, café ou thé poussent aussi, à proximité, des produits agricoles des zones tempérées tel que le blé, l'orge et les pommes de terre.

Si l'on essaie de démêler quelque peu cette chaotique diversité des modes de mise en valeur des surfaces agricoles, qu'ont développés des groupes ethniques si différents dans une région aussi variée écologiquement, on peut distinguer tout d'abord deux catégories principales aux aspects presque entièrement différents: les modes de mise en valeur introduits par les Européens dans les anciens « White Highlands » et les styles traditionnels pratiqués par les Africains. Dans les styles de ces derniers se retrouvent toutes les étapes de transition allant des formes d'économie traditionnelles, préservées dans toute leur pureté, à celles qui obéissent aux conceptions modernes de

---

[211]) Les modes de mises en valeur des surfaces agricoles sont la synthèse qui généralise des systèmes d'exploitation, des formes de technique agricole, des constitutions agraires et autres agencements et méthodes dont l'homme, travaillant dans l'agriculture et soumis aux conditions écologiques, sociologiques et politiques, se sert pour la production de biens agricoles. En détail, la synthèse doit prendre en considération, lors de la représentation cartographique des faits:
a) les espèces de plantes agricoles utiles cultivées et leur rapport entre elles,
b) les espèces de bétail de rapport entretenu et leur corrélation entre elles,
c) la place de l'élevage dans l'exploitation agricole ou, selon le cas, dans la vie domestique,
d) les formes de technique agricole (culture à la charrue, culture à la houe, emploi de machines),
e) le régime foncier et la structure de dimension des exploitations,
f) la position des exploitations agricoles à l'égard du marché.

la technique agricole tropicale. Les modes de mise en valeur des surfaces agricoles pratiqués exclusivement par les Africains peuvent être subdivisés en différents groupes, à savoir: économie de subsistance reposant sur l'exploitation des pâturages, formes intermédiaires où l'élevage a plus d'importance que la culture du sol, enfin les styles les plus divers de mise en valeur des surfaces agricoles où l'agriculture revêt plus d'importance que l'élevage pour l'économie de subsistance et la production partielle de marché. Les fermiers qui pratiquent ce dernier mode de mise en valeur des surfaces agricoles peuvent, certes, posséder un important cheptel, mais qui est d'un apport économique notablement négligeable car il n'est ni intégré à la vie économique des fermes ni exploité selon les normes économiques de rentabilité.

Economie de subsistance reposant sur l'exploitation des pâturages

Les territoires où vivent les bergers nomades se trouvent principalement dans les zones arides où les précipitations annuelles sont inférieures à 500—760 mm (20—30 pouces). Une agriculture dépendant de la pluviosité est pour cela impraticable dans la plupart des secteurs alors qu'une agriculture irriguée se trouve concentrée en un très petit nombre de points. La densité de la population est naturellement très faible chez les bergers nomades. Elle n'atteint pas les quatre habitants au km² dans les secteurs vastes et se chiffre entre 4 à 10 habitants dans les zones plus petites (MORGAN 1964). Les bergers nomades appartiennent au groupe de population le plus conservateur de l'Afrique orientale, très fermé aux influences modernes. Une pénurie de fourrage, consécutive à une sécheresse extrême, ainsi que des épidémies, ont parfois entraîné une mortalité du bétail désastreuse, qui provoquait autrefois de fortes décimations de la population par la famine.

L'administration, quant à elle, essaie de prendre une série de mesures à l'effet de prévenir cette mortalité du bétail. Lorsque des épidémies se produisent, les territoires touchés sont mis en quarantaine. On procède à des vaccinations préventives dans la mesure où cela est techniquement possible. L'alimentation en eau devrait être améliorée par la construction de barrages et le forage de puits. Des programmes d'exploitation pastorale sont mis en oeuvre pour initier les bergers nomades aux méthodes modernes d'exploition des pâturages.

L'introduction de techniques modernes d'exploitation pastorale ne réussit cependant pas en raison, entre autres, du très fort désir des bergers nomades à préserver leur indépendance ainsi qu'à leur volonté de conserver le mode de vie de leurs ancêtres. En règle générale, leur réaction à la suite de l'amélioration des conditions d'élevage se traduit par un accroissement de leur cheptel. Les conséquences en sont catastrophiques. Une surexploitation des pâturages par suite d'un trop grand nombre de bêtes provoque une forte et irréparable érosion du sol, surtout le long des fleuves, aux points d'eau, autour des puits et sur les lieux d'habitations. La destruction de la couche d'herbe favorise en outre la transformation des pacages en brousse. Tant que les bergers nomades « thésauriseront » leur cheptel, symbole de leur rang, et se fermeront aux méthodes économiques modernes, tous les programmes de promotion seront voués à l'échec.

L'avenir des tribus nomades semble être très problématique: alors que dans le passé la décimation catastrophique de la population établissait une forme barbare d'équilibre biologique entre la capacité de peuplement de l'espace vital et la population qui y vivait, aujourd'hui cette décimation est jugulée pour des raisons humanitaires. D'autre part, avec ce cheptel accru et par une surexploitation des potentialités du pacage, la population en accroissement réduit d'autant la capacité nutritive de l'espace vital et amoindrit ainsi les bases d'existence des futures générations. Les formes archaïques du régime foncier sont encore en grande partie intactes chez les bergers nomades. Ceux-ci n'aspirent d'ailleurs pas à une propriété foncière individuelle.

Sous l'influence du gouvernement colonial britannique et celle de la politique agricole du gouvernement du Kenya, le style de vie des nomades a subi de plus en plus des transformations dans certaines régions. Alors qu'avant l'arrivée des Européens les tribus pastorales avaient à leur disposition d'immenses contrées qu'ils pouvaient parcourir avec leurs troupeaux, à l'époque coloniale et cela pour pacifier la colonie, les territoires de ces tribus furent délimités par des frontières. Cette lente limitation de la liberté de mouvement est aujourd'hui à son stade le plus avancé chez les Massai. Chez certaines tribus pastorales, des clans ont déjà délimité des zones de pâturage — qui n'ont toutefois été ni arpentées ni enregistrées — que seuls des groupes amis peuvent, à la rigueur, utiliser provisoirement. La prochaine mesure serait le bornage et l'enregistrement officiels des pâturages qui tiendraient lieu de titre de propriété foncière. Le problème de la propriété foncière privée ainsi que celui de la propriété collective sont discutés par les Massai; par endroits, le bornage et l'enregistrement des titres de propriété foncière sont déjà en cours.

Dans des régions écologiquement appropriées, l'individualisation de la propriété foncière chez les bergers nomades est considérée comme condition sine qua non à la modernisation de l'économie pastorale. Car c'est seulement sur une propriété foncière individuelle que son propriétaire est prêt à adapter le nombre de têtes de son cheptel aux données écologiques et à appliquer des mesures nécessaires à la sauvegarde et à l'amélioration du potentiel du pacage.

Par ailleurs, des crédits au développement, qui sont absolument nécessaires à la modernisation de l'économie pastorale, ne pourront être garantis par des hypothèques que tout autant qu'il existe des titres de propriété.

D'autre part, une économie pastorale ordonnée sur une propriété foncière individualisée n'est pas réalisable dans les zones très arides car, comme on le sait, le nomadisme pastoral est précisément la forme de vie et d'économie adaptée à la nécessité d'utiliser les différents pâturages qui se forment irrégulièrement ici et là après des précipitations sporadiques.

Exploitation des pâturages et agriculture (l'agriculture ets d'une importance moindre par rapport à l'élevage)

Dans cette catégorie sont compris 2 groupes différents de style d'exploitation des surfaces agricoles, à savoir, la culture itinérante à la houe pratiquée dans des régions à la limite de la zone de culture dépendant de la pluviosité, régions où l'épuisement rapide des sols rend nécessaire de fréquents changements de terrains labourables et où l'irrégularité des précipitations exige de nombreuses têtes de cheptel pour assurer l'existence de la population. D'autre part, le second groupe réunit les styles d'exploitation des surfaces agricoles tels qu'ils sont pratiqués par les Nandi et les Kipsigis et qui montrent d'une manière caractéristique comment des tribus à tradition pastorale sont passées à l'agriculture sédentaire. Les territoires des tribus se trouvent, certes, dans des espaces très bien dotés sur le plan écologique, mais le poids de la tradition fait que l'essentiel de l'activité économique repose sur l'élevage du bétail bien que la culture du sol ait de plus en plus gagné en importance au cours des dernières décennies.

Agriculture et élevage (l'agriculture est d'une plus grande importance par rapport à l'élevage)

Bien que ces styles d'exploitation des surfaces agricoles soient fortement différenciés selon les régions, on peut cependant dégager certaines formes de groupements qui sont conditionnées par des facteurs écologiques, ethnologiques et sociologiques. Ont été choisis comme critères de classification: la technique agricole, les régimes fonciers et le degré de sollicitation du sol en tant que conséquence de la relation densité démographique — réserves de sol, et ce dans des secteurs où l'on cultive environ 10 à 50 % du sol dans l'année et dans les régions dans lesquelles plus de 50 % du sol est cultivé.

A quelques exceptions près, font partie du premier groupe les zones ayant des sols sur roches primitives, et qui s'appauvrissent rapidement, et ayant des conditions climatiques modérément favorables aux productions végétales; dans le deuxième groupe, on trouve des régions agricoles accusant tous les caractères de la petite exploitation paysanne, et qui sont situées au nord du lac Victoria, au pied du Mount Elgon et dans les sites montagneux du Kenya, où se rencontrent une grande capacité agricole et une forte densité démographique. Cependant, la pénurie de terrains n'a pas seulement pris des formes graves dans les régions agricoles à forte densité d'habitat mais encore dans quelques contrées où, certes, moins de 50 % du sol est cultivé mais aussi dans lesquelles — comme on l'a donné à entendre plus haut — les conditions écologiques offrent une capacité agricole beaucoup plus faible parce que les sols, épuisés par l'exploitation, ont besoin d'une mise en jachère plus longue pour la régénération de leur fertilité.

Les produits agricoles de subsistance

L'alimentation principale des nombreuses familles de petits paysans africains consiste uniquement en un seul produit; d'autres produits représentent plutôt un complément. Dans quelques régions seulement, plusieurs produits constituent ensemble les aliments de base. En principe, on peut distinguer ceux des groupes de population dont l'alimentation principale est à base de céréales, et ceux qui se nourissent principalement de m a t o k é (= boullie de bananes cuites). L'éleusine (w i m b i), le millet à chandelles (m a w e l e) et le sorgho (m t a m a) constituaient l'alimentation traditionelle de base des Africains avant l'arrivée des Européens en Afrique orientale. Dans le Teso et le Bukedi, l'éleusine est aujourd'hui encore l'aliment principal. Le millet à chandelles est cultivé dans les régions plus chaudes et plus arides, situées au sud-est de la zone étudiée, et plus particulièrement dans l'île, excessivement surpeuplée, d'Ukara aux sols granitiques légers. Etant donné d'une part que le sorgho n'exige du sol que peu de fertilité et ne demande pas beaucoup de précipitations, et que d'autre part son rendement est relativement élevé, sa culture est surtout répandue là où une forte densité de population entraîne une surexploitation des terres labourables et une diminution de la productivité, ou bien là où des plantes plus exigeantes ne fournissent que des productions incertaines en raison des conditions écologiques naturelles. Les différentes espèces de millet sont souvent utilisées non seulement comme produit alimentaire mais encore comme matière première pour la fabrication de la bière. Le maïs était déjà cultivé en Afrique orientale avant l'arrivée des Britanniques, mais sous l'influence de l'administration coloniale celui-ci a, sinon presque complètement supplanté les céréales aborigènes dans certains régions de l'Afrique orientale, comme c'est le cas dans de vastes secteurs du Kenya, du moins les a fortement complétés. Deux tubercules provenant d'Amérique du Sud, les patates douces et le manioc, étaient également très répandues avant l'arrivée des Britanniques en Afrique orientale. Leur culture fut propagée par les puissances coloniales en tant que « produits de réserve » pour les cas de famine provoquée par de mauvaises récoltes dues à la sécheresse. Le manioc peut pousser dans des sols épuisés, pauvres en substances nutritives, et ce même si les précipitations sont faibles, et peut y rester jusqu'à 4 années sans s'avarier. Le manioc est souvent cultivé comme dernier produit dans la succession des cultures. Les bananes, provenant d'Asie, étaient cultivées depuis des siècles dans l'Est africain. Une production régulièrement répartie sur toute l'année et relativement facile à obtenir a fait que les bananes n'ont pas été supplantées par des céréales. (La question de goût joue sans aucun doute un certain rôle). Du fait que la banane exige beaucoup quant aux conditions de son implantation, sa propagation, comme aliment principal, a été limitée. Elle est cependant cultivée sur de vastes espaces de l'Afrique orientale, particulièrement sur les hauteurs, sous forme de petits ensembles et ce, dans de nombreuses petites exploitations paysannes.

Les produits de marché

Les puissances coloniales européennes ont introduit en Afrique orientale toute une série de produits destinés à la vente parmi lesquels le coton et le café qui sont devenus très tôt, en Ouganda, les produits d'exportation les plus importants qui soient cultivés par les paysans. Jusqu'en 1955, le coton occupait la première place dans les statistiques d'exportation du protectorat. Depuis cette date, les exportations de café ont dépassé celles du coton. Des causes écologiques et économiques occasionnent en Afrique orientale une différenciation prononcée des espèces dans la culture du café à deux niveau différents d'altitude. Dans les régions du lac Victoria situées à moins de

1,500 m d'altitude on cultive presque exclusivement le *Coffea robusta*. A des niveaux d'altitude plus élevés du Mount Elgon et sur parties hautes du Kenya, c. à. d. entre 1.500 et 2.100 m au dessus du niveau de la mer, on ne cultive que le *Coffea arabica* dont les grains sont plus gros et de meilleure qualité que ceux de l'espèce « robusta » et qui atteignent par conséquent des prix plus élevés sur le marché mondial. Le café « arabica » du Kenya occupe même une position de pointe sur le marché mondial en raison de sa qualité. Néanmoins, dans les régions inférieures, le café « arabica » n'offre pas de résistance aux maladie, et la culture du café « robusta » donne des récoltes plus faibles dans les régions supérieures que dans les régions moins élevées. Alors qu'en Ouganda la culture du café avait déjà été propagée peu après l'installation de l'administration du protectorat, au Kenya, par contre, les colons blancs se sont longtemps opposés à la culture du café par les indigènes. Ils craignaient, en effet, que des parasites ne fassent leur apparition dans des plantations de café africaines, insuffisamment entretenues, et que ces parasites viennent menacer les plantations de café des Européens. Ce n'est qu'après la deuxième guerre mondiale et cela en vertu du plan Swynnerton, que la culture du café « arabica » a été fortement encouragée en milieu africain. Dans les régions montagneuses du Kenya, le café est devenu aujourd'hui l'un des plus importants produits de marché. La surproduction mondiale et l'apparition de la maladie du grain de café entravent l'extension de la culture de café. Dans les niveaux supérieurs des montagnes du Kenya — jusqu'à la limite de la zone de café —, les petits paysans africains cultivent de plus en plus du thé. Le potentiel écologique nécessaire à la culture du thé n'a encore été utilisé que fort partiellement. Mais l'offre surabondante du thé sur le marché mondial rend une extension de cette culture également problématique. Depuis la deuxième guerre mondiale la production de pyrèthre est introduite chez les petits paysans du Kenya vivant dans des zones délimitées et situées en altitude; les fermiers européens pratiquent cette culture avec succès dans certains secteurs des anciens « White Highlands » depuis les années trente.

D'autre produits encore, que les paysans africains ne cultivaient pas autrefois sinon pour leurs propres besoins, sont maintenant de plus en plus proposés à la vente et exportés hors des zones paysannes. Le *tableau comparatif N° 62* montre comment la part de la production obtenue par les paysans africains du Kenya et destinée à la vente a augmenté entre 1957 et 1966 par rapport à la production des grandes exploitations.

Exception faite de ces quelques produits de marché, énoncés ci-dessus, tout autre produit agricole peut être commercialisé sur les marchés locaux ou régionaux sans pour autant qu'il soit chiffré statistiquement. Notamment, les plantes cultivées pour l'alimentation personnelle du paysan peuvent être offertes à la vente en quantités plus ou moins élevées selon les résultats des récoltes et les conditions locales d'écoulement. Sur ce plan, le maïs est le produit de marché le plus populaire au Kenya. Cependant, les chiffres de vente sont soumis à des fluctuations considérables qui dépendent surtout des conditions atmosphériques. En 1961, environ 100.000 t de maïs ont dû être importées (REPUBLIC OF KENYA 1966: Statistical Abstract 1966, p. 34). En 1968, au contraire, le Kenya a dû faire face à un problème d'excédent de maïs d'un million de sacs (REPORTER du 23/8/1968, p. 34).

L'élevage

Sur le plan économique comme sur celui de l'autoravitaillement des familles de paysans, l'élevage ne joue qu'un rôle mineur dans l'économie paysanne traditionnelle africaine comparé à la culture des terres labourables, et cela d'une part en raison des traditions, et d'autre part à cause de la pénurie croissante en terrains. A quelques rares exceptions, ils élèvent des zébus, des chèvres, des moutons et des poules. Le nombre de têtes du cheptel dépend directement de la superficie du terrain en friche gagné sur la brousse qui est offert en pâturage au bétail et qui est le plus souvent son unique source de nourriture. Jusqu'à maintenant les pacages ont été habituellement utilisés en propriété collective. Puisque personne ne se sent personnellement responsable il n'y a pas d'entretien régulier des pâturages. Une surexploitation causée par le trop grand nombre de têtes de bétail est largement répandue — avec les conséquences connues: érosion du sol, destruction de la végétation, regain des terrains par la brousse. A l'époque actuelle, cependant, une transformation qui fera date est en train de s'opérer également ici dans de nombreux secteurs, à savoir: l'individualisation de la propriété foncière, qui oblige à donner des bases totalement différentes à l'élevage du bétail. Les paysans sont plus disposés à adapter le nombre de têtes de leur cheptel à la capacité productive de leurs propres terres et à accepter des méthodes modernes d'explotation des pâturages.

La composition quantitative des espèces formant le cheptel varie en fonction de certains facteurs. Dans des régions où sévit la mouche tsé-tsé (zone 130), l'élevage du gros bétail est absent. On élève souvent des chèvres et des volailles à proximité des cases. Les moutons sont le plus souvent menés au pâturage avec les bovins à une distance plus ou moins éloignée des cases. Dans le Sud du Mengo, par exemple, plusieurs familles engagent en commun un berger Bahima qui fait pâturer leur bétail souvent à des kilomètres de distance de leurs cases. Les petits paysans considèrent les animaux comme symbole de prospérité, comme biens de réserve pour les temps difficiles, comme prix à acquitter pour une fiancée, et en second lieu seulement comme source de nourriture et de revenus. Dans les parties hautes du Kenya, une profonde transformation se prépare en ce domaine depuis la fin des années cinquante. De plus en plus, on fait des croisements entre les zébus indigènes, qui produisent peu de viande et de lait, et des races européennes de bovins laitiers qui les améliorent. De nombreux paysans commencent à faire de l'élevage laitier. L'acquisition de ce bétail, d'une qualité relativement supérieure, est non seulement contrôlée par l'Etat, mais est liée à certaines obligations, comme par exemple, enclore des terrains. Cependant, seuls quelques fermiers progressistes procèdent à une réelle intégration de l'élevage. Le fumage et la distribution d'une nourriture d'appoint n'en sont encore qu'à leurs débuts. Une place intéressante et exceptionnelle est occupée par les Wakara, habitants de l'île d'Ukara, qui utilisaient déjà, et ce bien avant l'arrivée des Européens, le fumage et la pratique d'une alimentation d'appoint. Des prairies et des pâturages artificiels ne sont aménagés par les petits paysans africains que dans peu de régions et sur des surfaces très limitées, car, traditionellement, les Africains ne considèrent pas l'herbe comme une véritable plante de culture. C'est chez les Kikuyu, à la bordure supérieure de leur territoire en direction de la forêt de montagne des Aberdares, que cette évolution a le plus avancé.

Formes d'exploitation du sol

Le bâton fouisseur et la houe étaient les plus importants intsruments aratoires des Africains au moment de l'arrivée des Européens en Afrique orientale et le sont aujord'hui encore dans les régions à forte densité d'habitat où la petite taille des parcelles la déclivité du terrain sur les versants montagneux, la pratique des cultures permanentes et le manque de pâturages pour l'alimentation de boeufs de trait, rendent l'extension de la culture à la charrue difficile et peu économique. La culture à la charrue a été introduite à Teso dès avant la première guerre mondiale et s'est imposée en même temps que l'extension de la culture du coton. Dans certaines régions il existe un « tractor hire service » que les paysans peuvent utiliser pour labourer leurs champs. Il n'est pas partout possible de délimiter avec précision les zones dans lesquelles la culture se fait à la houe ou à la charrue. Outre les secteurs où se pratique exclusivement soit la culture à la houe soit la culture à la charrue, il existe aussi des régions dans lesquelles les deux méthodes sont utilisées parallèlement. La surexploitation des terres labourables a provoqué dans de nombreuses régions, notamment dans les zones montagneuses à forte densité d'habitat, de graves dommages dus à l'érosion. Pour combattre celle-ci les Africains ont, à l'instigation de l'administration, aménagé sur des milliers de kilomètres — souvent sous forme de travail collectif — des champs en terrasse, des bandes d'herbe faisant fonction de bandes protectrices, des haies de sisal (« trash lines ») et même des remblais de pierres dans certaines régions montagneuses.

L'accroissement démographique a provoqué dans presque toutes les régions de la zone étudiée un changement dans les formes de pratique de l'agriculture. On peut supposer que l'agriculture itinérante a été la forme dominante de la culture du sol à l'époque pré-coloniale et aux débuts de la colonisation. Depuis, dans de vastes parties de la zone étudiée, les paysans en sont venus à la pratique de l'assolement avec cultures semi-permanentes. Par suite de la pénurie de terres, les secteurs à forte densité d'habitat connaissent finalement une prédominance de la culture permanente dans laquelle le nombre d'années de culture dans un champ est supérieur à celui des années de jachère. Devant cette obligation de réduire de plus en plus la durée de la jachère, les paysans doivent faire face, dans une mesure toujours plus grande, au problème de la diminution de la capacité productive de leur terre. De tout temps déjà — bien que ce fût inconscient — les paysans ont essayé d'exploiter de façon optimale les réserves en substances nutritives des terres par une rotation des cultures. L'administration coloniale avait déjà testé, dans des fermes expérimentales, des formes d'assolement devant garantir une mise en valeur optimale du sol dans diverses zones écologiques sans pour autant en épuiser la capacité productive. Dans les niveaux montagneux humides du Kenya, on a introduit dans la rotation des cultures, à place de la jachère autrefois laissée en brousse, la culture d'herbes fourragères, à laquelle a été associé l'élevage de races de bovins laitiers de qualité supérieure. Cependant, les débuts d'une transformation plus profonde des habitudes agricoles des paysans africains ne se sont fait qu'avec l'individualisation de la propriété foncière et la planification, à base de connaissances scientifiques, de la gestion des exploitations qui est appliquée par les paysans africains progressistes. Des planificateurs agronomes, employés par l'administration, dressent, pour les fermiers, les plans qui sont exactement conçus suivant les caractéristiques de chaque exploitation.

Les régimes fonciers

Les régimes africains de propriété foncière, qui se sont développés au cours des siècles et peuvent être différents d'une tribu à l'autre, et même d'un clan à un autre, et les conceptions européennes du droit foncier se sont fortement heurtés pendant les décennies de domination coloniale européenne. Le principe fondamental des régimes africains de propriété foncière est que, celui qui cultive la terre a un droit d'usufruit sur la parcelle cultivée, un droit qui peut, dans la plupart des cas, se transmettre par héritage. Cependant, les terres abandonnées redeviennent propriété collective. Ces terres non cultivées appartenant à la collectivité, peuvent être utilisées, comme pâturages pour le bétail, par tous les membres de cette communauté. Le doyen d'un clan, ou souvent un conseil des Anciens, est habilité à donner en jouissance, à un individu, une parcelle des terres appartenant à la collectivité.

Dans le passé, lorsque les tribus possédaient encore de grands espaces de terre et suffisamment de liberté de mouvement, il était possible de procéder à une répartition équitable des terrains pouvant répondre aux besoin des membres de la tribu, d'autant plus que chaque famille ne demandait qu'autant de terres qu'il lui fallait pour son entretien propre. Lorsque la capacité productive du sol diminuait, les parcelles labourées pouvaient être laissées à l'abandon jusqu'à ce que leur fertilité se soit régénérée. Par suite de la forte croissance démographique au cours des dernières décennies il survint, dans de nombreuses régions, une pénurie sensible de terres à l'intérieur des limites tribales, qui sont maintenant fixes. Cette pénurie de terres est encore aggravée par l'intégration croissante de la population paysanne dans l'économie monétaire qui s'exprime par le fait que les paysans exploitent de plus en plus de terrains pour y cultiver des produits de marché. De plus, ils sont en mesure de cultiver une plus grande surface qu'auparavent grâce à l'emploi d'une main-d'oeuvre rémunérée et, dans quelques régions, à l'utilisation de la charrue. Toutes ces causes font que les terres acquièrent une valeur d'échange ou une valeur marchande et que presque partout il y a individualisation de la propriété foncière, même si les formes en sont très diverses.

L'individualisation de la propriété foncière était déjà au début du siècle, considérée en Ouganda par les Britanniques comme une condition préalable au développement économique du protectorat. Conformément à l'art. 15 de l'« Uganda Agreement » du 10/3/1900, la terre a été partagée entre la couronne britannique, le Kabaka et son oligarchie de chefs, exceptées quelques zones de petites dimensions vouées à d'autres objectifs.

Dans d'autres régions de la zone étudiée s'est développée peu à peu une propriété foncière de facto, sans influence étatique, par le fait que les familles ont abandonné la culture intinérante et sont restées sur les terres dont elles avaient pris possession. En règle générale les voisins reconnaissent cette prise de possession sans qu'il y ait besoin de formalités. Cependant, plus le terrain est rare, plus on en vient à des querelles sur les limites. La sécurité de la propriété foncière individuelle est une condition préalable à la garantie des crédits hypothécaires. D'autre part, des crédits sont indispensables au développement des exploitations des petits paysans chez qui la terre est le seul bien qu'ils peuvent offrir en garantie des crédits. C'est pourquoi, on a commencé au Kenya à arpenter et à borner les terrains des petits paysans et à les inscrire au registre cadastral. C'est sur le territoire des Kikuyu, Meru et Embu que ce processus de développement est le plus avancé. Celui-ci a été en outre accompagné d'une profonde réforme agraire qui avait été imposée, lors de la lutte contre la révolte Mau-Mau, dans les années cinquante, par l'administration coloniale britannique à cause de la pénurie de terres et du morcellement de la propriété foncière. Avec l'attribution de titres de propriété foncière le Kenya a franchi, en matière de régime foncier, le pas menant des temps primitifs de l'humanité à l'ère moderne. Autant ce pas était nécessaire pour le développement de l'agriculture « petit paysan » autant ses conséquences en sont tragiques sur le plan social. Des centaines de milliers de personnes sont chassées de la campagne et arrachées ainsi aux liens de la discipline tribale et familiale. Il faut se demander combien d'entre eux, déracinés, se perdront dans la misère des « slums » urbains et combien auront la possibilité de participer au développement des secteurs non agraires de l'économie et de gagner ainsi leur vie.

L'individualisation de la propriété foncière — également sous la forme de propriété de facto non arpentée et non enregistrée — amène une différenciation de la société « petit paysan » autrefois uniforme. Cette évolution est regrettable du point de vue de l'éthique social, mais néanmoins inévitable pour des raisons économiques si l'on veut suivre le principe selon lequel « la terre (doit appartenir) au meilleur agriculteur » qui est en mesure d'obtenir un rendement optimale de son terrain. Malheureusement, beaucoup de personnes dont les revenus proviennent de professions non agricoles achètent de la terre et la font travailler par une main-d'oeuvre rémunérée, si bien que la formation d'une classe paysanne efficiente est plutôt freinée qu'encouragée. D'autre part, il existe maintenant de nombreuses propriétés paysannes minuscules. Les paysans de ces minuscules terrains sont obligés d'exploiter le sol jusqu'à son épuisement total.

La pénurie de terres et les moeurs succéssorales amènent dans certaines régions une fragmentation de la propriété foncière, ce qui est un lourd handicap pour le progrès. Alors que le morcellement des terres a été aboli dans la province centrale du Kenya, durant l'époque coloniale, les tentatives de réforme foncière dans d'autres secteurs ruraux ne sont pas encore très avancées.

Position des exploitations agricoles à l'égard du marché

On peut supposer aujourd'hui que toutes les exploitations « petit paysan » vendent une partie de leur production suivant les résultats de la récolte. Cependant, le degré de développement commercial de ces exploitations est très inégal; il est plus élevé à proximité des débouchés urbains que dans les zones situées à l'écart. Mais l'absence totale de documents précis ne permet pas de l'indiquer. En Ouganda, l'administration du protectorat avait déjà encouragé le développement commercial des exploitations agricoles depuis le début du siècle. Au Kenya, par contre, la priorité a d'abord été donnée au développement des White Highlands. Ce n'est qu'après la deuxième guerre mondial qu'il y eut au Kenya un encouragement étatique de grande envergure du développement commercial des entreprises agricoles.

Les produits agricoles, servant principalement à couvrir les besoins propres de la population rurale, peuvent être négociés sur les marchés locaux où ils ne font l'objet d'aucune statistique. La commercialisation des produits de marché, au sens étroit du terme, et principalement des produits d'exportation, est assurée ou contrôlée soit par des organismes coopératifs, soit par des personnes morales de droit public, soit encore par les autorités.

Exploitations de pâturages, grandes fermes et plantations, orientées vers les marchés, et gérées suivant les normes d'une grande entreprise

Les styles d'exploitation des surfaces agricoles, introduits par les Européens au cours des premières décennies de ce siècle dans les secteurs appelés autrefois « White Highlands » et faisant aujourd'hui partie des « Large Farm Areas » du Kenya, sont totalement différents des modes employés par les Africains. Font également partie de ces « Large Farm Areas » les plantations de canne à sucre du Nyanza central situées en dehors des White Highlands, ainsi que les zones des plantations que l'on recontre sur la côte de l'Océan Indien et dans la région de Voi en dehors des zones étudiées. Dans ces secteurs qui se trouvent hors des anciens White Highlands et dans certaines régions de l'Ouganda, les immigrants venus du sous-continent indien ont eu la possibilité d'acquérir des terres et de fonder des plantations.

Trois groupes de population sont considérés comme les promoteurs des styles d'exploitation des surfaces agricoles, tel qu'il est mentionné plus haut: Les gentlemen-farmer venus de Grande-Bretagne et de ses possessions d'outre-mer, les Boers d'Afrique du Sud avec leur vieille tradition agricole et les rares immigrés du sous-continent indien qui ont fondé des sociétés de plantation à l'instar des Européens. Ces trois groupes de population n'ont exercé pour l'essentiel que des activités de commandement, employant pour la réalisation de leurs projets économiques une très nombreuse main-d'oeuvre africaine.

Le mobile de l'immigration en Afrique orientale de ces trois groupes de population non africaine et le motif qui les a incité à acquérir des terres et de s'y livrer à des activités agricoles, était la construction du chemin de fer de l'Ouganda, reliant l'Océan Indien au lac Victoria, et dont la motivation était entre autres et principalement politico-stratégique. L'amortissement des frais élévés engagés pour ces travaux exigeait une mise en valeur économique rapide des régions, peu ou pas du tout peuplées, que le chemin de fer traversait.

Contrairement à ce qui s'est passé en Ouganda, les grandes entreprises agricoles et les grandes plantations acquièrent une position dominante dans la vie économique du Kenya. Peu de temps avant l'indépendance du Kenya, les quarte cinquièmes des exportations agricoles étaient produits, dans les secteurs des grandes exploitations, sur un cinquième de la surface agricole labourable du pays. Ce n'est que depuis le milieu des années cinquante que la part de la production destinée à la vente et provenant des petits exploitations, a augmenté, par comparaison avec le quota commercialisé par les grandes exploitations ainsi que le montre le « *tableau N° 62* ».

Le régime de la propriété foncière dans les secteurs de grandes exploitations est caractérisé par la prédominance d'exploitation en emphytéose des terres domaniales (autrefois terres appartenant à la couronne — appelées aujourd'hui « public land »). La durée des contrats de fermage s'étend sur 99 ans, le plus souvent même sur 999 ans. La propriété foncière individuelle privée n'est pas très fréquente en ce qui concerne les aires de production agricole. Dans les régions à exploitation exclusive des pâturages des superficies d'exploitation de plus de 1.000 ha de surface utile prédominent, tandis que dans les zones à exploitation mixte la moyenne des superficies est beaucoup plus petite.

Les conditions écologiques dans les régions de grandes exploitations sont également extrêmement diverses. Dans les zones sèches, aux précipitations annuelles de moins de 760 mm en moyenne, on pratique une exploitation pastorale extensive avec élevage de bovins de boucherie (bœufs boran). Là où les conditions écologiques se prêtent un peu mieux à l'exploitation des pâturages et où la situation est un peu plus favorable par rapport aux centres d'écoulement ou de transformation, il s'y ajoute l'élevage de bovins laitiers issus de races indigènes croisées. L'élevage ovin — dans les secteurs d'exploitation pastorale, princepalement des mérinos ou des croisements de mérinos avec des races indigènes — n'a acquis une plus grande importance que sur le plateau de Laikipia. Dans les autres secteurs d'exploitation pastorale on n'a de petits troupeaux de moutons que dans relativement peu d'entreprises. Le potentiel en pâturage des secteurs d'exploitation pastorale n'est pas encore, tant s'en faut, totalement mis en valeur, même si dans certaines zones consécutivement à une surexploitation des pâturages et des méthodes d'exploitation mal appropriées, les pacages ont été repris par la brousse.

Sous une forme plus simplifée, on peut dire que dans tous les secteurs de grandes exploitations où les précipitations annuelles dépassent 760 mm en moyenne on pratique une économie mixte, c'est à dire que l'agriculture et l'élevage sont considérés comme les branches principales de l'économie. En conformité avec les conditions écologiques, les céréales les plus importantes, cultivées dans les secteurs d'exploitation mixte, sont le maïs à environ 1.800 m d'altitude et le blé aux niveaux supérieurs jusqu'à près de

2.900 m. Aux niveaux situés entre 2.000 m et 2.500 m environ on cultive le pyrèthre comme culture spéciale. Dans certaines régions d'altitude moyenne on cultive dans les exploitations également du café (*Coffea arabica*) sur des surfaces relativement réduites et ce, comme ressource d'appoint. La terre cultivée n'occupe, dans la plupart des secteurs d'exploitation mixte qu'$^1/_4$ à $^1/_3$ des surfaces d'exploitation, le reste étant inculte et servant de pâture naturelle pour l'exploitation extensive des pâturages. On cultivait autrefois sur les terres labourées, du blé et du maïs en monoculture jusqu'à ce que la capacité productive du sol soit épuisée. Les champs étaient ensuite abandonnées et se trouvaient ainsi exposés à l'envahissement de l'herbe. La monoculture du maïs avait pris des proportions menaçantes pour la préservation du potentiel agricole du pays, notamment jusqu'à la grande crise économique mondiale de 1929. Bien que l'on ait reconnu dès avant la deuxième guerre mondiale que seule une économie de culture fourragère organisée, comportant une rotation équilibrée de culture de céréales et de plantes fourragères ainsi que l'élevage, garantit une exploitation optimale et une préservation de la capacité productive des sols, ce ne fut que quelques années après la deuxième guerre mondiale que les fermiers furent en mesure de mettre en pratique ces expériences sur une plus grande échelle. Deux guerres mondiales, une mévente en 1921, la crise économique mondiale en 1929, le manque de capitaux pour développer les surfaces d'exploitation beaucoup trop vastes des entreprises agricoles, des conditions difficiles d'écoulement, l'insuffisance chronique d'ouvriers agricoles qualifiés et peut-être aussi, fréquemment, le manque de fermiers suffisamment bien formés, de même que le temps relativement court dont ils disposaient pour développer ces zones d'économie mixte, tous ces facteurs ont pu être les raisons principales pour lesquelles le potentiel agricole de la plupart des exploitations agricoles n'est pas encore totalement mis en valeur. Notamment dans les années cinquante, on a entrepris cependant des efforts considérables pour développer les fermes et passer d'une monoculture des céréales à une économie agricole mixte.

Aujourd'hui et contrairement au passé, l'élevage de bétail laitier joue déjà un rôle important dans de très nombreuses entreprises. La forme la plus intensive de production laitière, combinée à la culture de fourrage vert et à une distribution complémentaire d'aliments concentrés, est pratiquée avec des races bovines européennes. Dans les formes moins intensives on se limite à l'élevage de races indigènes plus ou moins améliorées par croisement avec des races importées. Le centre principal de l'élevage ovin dans les zones à économie mixte se trouve sur les hauteurs de la région Molo, Mau Narok où l'élevage ovin est l'une des sources principales de revenu des exploitations alors que dans d'autres régions il ne joue qu'un rôle modeste.

Les conditions écologiques ont exercé une grande influence sur le choix de l'emplacement des plantations. Même si on cultive du café dans de très nombreuses fermes sur de petites parcelles, une région de plantations de café n'a pu se développer que sur le bord inférieur des Aberdares où le café trouve de très bonnes conditions de croissance sur les sols volcaniques, légèrement acides, profonds et riches en matières nutritives ainsi que d'excellentes conditions climatiques.

La répartition régionale de la culture du thé dépend également, dans la zone étudiée, des données écologiques — sans parler de la disponibilité de sol. Dans l'Est africain, le thé donne les meilleurs rendements dans les conditions climatiques qui règnent aux niveaux situés entre 1.500 et 2.400 m d'altitude et où les précipitations annuelles atteignent au moins 1.300 mm et se répartissent le plus régulièrement possible tout au long de l'année. Les sols doivent être légèrement acides et humides sans pour autant présenter de retenue d'eau. Dans la zone étudiée ces conditions ne se retrouvent que dans la région de Kericho, dans les Nandi Hills, dans les niveaux supérieurs des Aberdares du Mount Elgon et du Mount Kenya ainsi que dans ceux des Charangani Hills. Les quelques petites plantations de thé dans le Mengo-Sud se trouvent sur des emplacements marginaux.

Des plantations de sisal ont pu être implantées dans des régions qui se prêtent peu ou pas du tout à une exploitation agricole mixte, car ni de longues saisons sèches, ni des années humides, ni des périodes de chaleur ni des parasites ne peuvent causer de graves dommages à ces plantes vivaces. Elles poussent même sur des sols pauvres et pierreux mais elles donnent un rendement quantitativement et qualitativement supérieur sur de bons sols et sous un climat chaud et humide. Une autre condition d'emplacement est cependant la présence d'eau qui est nécessaire en grande quantité pour le défibrage du sisal. Telles sont les raisons principales qui expliquent pourquoi les plantations de sisal dans la zone étudiée se trouvent surtout dans la région de Thika (zone 232) et dans la fosse est-africaine (zone 215).

Dans la zone étudiée, les plantations de canne à sucre sont limitées, pour des raisons climatiques, aux régions d'altitude inférieure au Nord et à l'Est du lac Victoria. Les entrepreneurs, en majorité indiens, ont pu y fonder des sociétés et acquérir des terres. L'industrie de la canne à sucre en Afrique orientale ne dépend pas encore, dans son ensemble, de l'exportation mais a pour rôle de couvrir les besoins croissants en sucre de cette région et de rendre l'Afrique orientale indépendante des importations de ce produit. Le sort économique des autres plantations est fonction de l'évolution des prix et des conditions d'écoulement sur les marchés internationaux de matières premières.

La réforme de la propriété foncière dans les régions de grandes exploitations du Kenya

Les domaines pratiquant une exploitation extensive des pâturages, laquelle ne se prête pas aux méthodes de mise en valeur des terres par les paysans africains, et les plantations qui nécessitent beaucoup de capitaux n'ont été que peu transformés jusqu'alors en ce qui concerne la situation de la propriété. Une pénurie de terres dans les régions peuplées par des petits paysans africains, régions à grande densité d'habitat et situées à proximité des exploitations mixtes qui n'étaient pas entièrement développées, a été, outre les raisons politiques, la cause pour laquelle en 1962—1966, au cours du « Million-acre Settlement Scheme » environ 400.000 ha de terres situées principalement dans les régions d'exploitation mixte, ont été achetés par des fermiers européens, divisés en petites exploitations et distribuées à des Africains sans terre. D'autre part, des mesures de politique de crédit ont permis à des Africains un peu plus aisés d'acquérir de grandes fermes européennes. Les Africains ont souvent formé des coopératives et ont acquis des fermes en commun. Cesi est souvent valable pour les exploitations pastorales qui, du point de vue de la gestion, peuvent être gérées de façon optimale sous forme de grandes exploitations. A l'époque où l'auteur travaillait sur le terrain en Afrique orientale il était prématuré — et cela l'est probablement aujourd'hui encore — de porter un jugement sur le développement futur des zones de grandes exploitations au Kenya. Mais on peut dire dès maintenant qu'une africanisation est en cours dans ces régions. Environ 30.000 à 40.000 familles africaines ont reçu des terres dans les anciens White Highlands. Mais cela n'a guère atténué la pénurie de terres dans les régions occupées par des paysans africains et où la densité de population est trop forte.

De l'avis de l'auteur, il n'existe que deux possibilités permettant de préserver, à l'avenir, la population en croissance rapide du Kenya et de l'Ouganda d'une misère économique: l'intensification de l'agriculture et le développement de branches économiques non agricoles, en particulier celui des industrie de transformation des produits agricoles pouvant employer les masses de population qui ne pourront plus trouver, à l'avenir, en tant que paysans, de conditions d'existence, ne serait-ce qu'en raison de la pénurie croissante des terres qui est inévitable.

AFRIKA - KARTENWERK

Serie N: Nordafrika (Tunesien, Algerien)
Series N: North Africa (Tunisia, Algeria)
Série N: Afrique du Nord (Tunisie, Algérie)

Serie W: Westafrika (Nigeria, Kamerun)
Series W: West Africa (Nigeria, Cameroon)
Série W: Afrique occidentale (Nigéria, Cameroun)

Serie E: Ostafrika (Kenya, Uganda, Tanzania)
Series E: East Africa (Kenya, Uganda, Tanzania)
Série E: Afrique orientale (Kenya, Ouganda, Tanzanie)

Serie S: Südafrika (Moçambique, Swaziland, Republik Südafrika)
Series S: South Africa (Mozambique, Swaziland, Republic of South Africa)
Série S: África do Sul (Moçambique, Suazilândia, República da África do Sul)

Karten und Beihefte	Maps and monographs	Cartes et monographies
Blatt	Sheet	Feuille
1 Topographie	Topography	Topographie
2 Geomorphologie	Geomorphology	Géomorphologie
3 Geologie	Geology	Géologie
4 Bodenkunde	Pedology	Pédologie
5 Klimageographie	Geography of Climates	Géographie des climats
6 Hydrogeographie	Hydrogeography	Hydrogéographie
7 Vegetationsgeographie	Vegetation Geography	Géographie végétale
8 Bevölkerungsgeographie	Population Geography	Géographie de la population
9 Siedlungsgeographie	Settlement Geography	Géographie de l'habitat
10 Ethnographie/Linguistik	Ethnography/Linguistics	Ethnographie/Linguistique
11 Agrargeographie	Agricultural Geography	Géographie agricole
12 Wirtschaftsgeographie	Economic Geography	Géographie économique
13 Verkehrsgeographie	Transportation Geography	Géographie des transports
14 Geomedizin	Medical Geography	Géographie médicale
15 Historische Geographie	Historical Geography	Géographie historique
16 Historische Siedlungs-geographie	Historical Geography of Settlement	Géographie historique de l'habitat

Zu den Karten N 1, W 1, E 1 und S 1 erscheinen keine Beihefte.
No monographs will be published to sheets N 1, W 1, E 1 and S 1.
Il n'y aura pas de monographies accompagnant les cartes N 1, W 1, E 1 et S 1.